83 30.-

Bernhard und Karl Philberth
DAS ALL

VIA·VERITAS·VITA

BERNHARD UND KARL PHILBERTH

DAS ALL

PHYSIK DES KOSMOS

CHRISTIANA-VERLAG STEIN AM RHEIN

Photonachweis:

Erste und vierte Umschlagseite:
Pferdekopfnebel im Orion (Horsehead-nebula in Orion). Astro-Bilderdienst.
Patronat: Schweiz. Astronomische Gesellschaft, CH-6206 Neuenkirch/Luzern.

Der gezeigte Nebel hat seinen Namen von einem Pferdekopf-ähnlichen Wirbel (Umschlag-Rückseite). Dieser sich langsam drehende Gasball gehört zu einer großen Dunkelwolke, worin der Orionnebel ein heller Fleck ist. Derartige Wolken sind die Geburtsstätte neuer Sterne. Die Umschlag-Vorderseite zeigt einen jungen Stern, der heißer ist und daher blauer leuchtet als unsere Sonne. Sein Licht regt Gaswolken zum Emissions-Leuchten an — vor allem in der sogenannten roten Wasserstoff-Spektrallinie.

Seite 2: Comet West. Plate 15147. 8 M 103aO M.C.
Photo mit freundlicher Genehmigung von Dr. Ivan Nikoloff,
Direktor der staatlichen Sternwarte von Perth, Westaustralien.

Erste Auflage: Juni 1982: 1.–5. Tausend

Schmid-Fehr AG, Druckerei, CH-9403 Goldach

ISBN 3 7171 0821 2

TEIL I
GRAVITATION UND EXPANSION

von Karl Philberth

PROBLEME UND ERGEBNISSE

GLEICHUNGEN UND LÖSUNGEN

TEIL II
WELTMODELLE UND GRUNDLAGEN

von Bernhard Philberth

MODELLE DES WELTALLS

GRUNDLAGEN DER PHYSIK

TEIL III von Bernhard Philberth

WELTALL UND WAHRHEIT

DER MAKROKOSMOS

DER MIKROKOSMOS

DIE KOSMISCHE GESCHICHTE

ALLMACHT UND EWIGKEIT

* Auch für Nicht-Physiker

** Nur für Fach-Physiker

Die Kapitel mit * oder ** können überschlagen werden, ohne den großen Zusammenhang zu verlieren. Mathematische Formeln können ignoriert werden.

Vorwort

Das Weltall hat die Menschen seit jeher zutiefst bewegt. Die Vorstellungen über Bestand seit Ewigkeit oder Entstehung in der Zeit, über Unendlichkeit oder Endlichkeit hat die Geistesgeschichte aller Kulturen entscheidend geprägt. Auch uns hat das All mit seinen Geheimnissen zeit unseres Lebens in Bann gehalten. Einstein hat wahrhaftig recht: «Die Jahre bangen Forschens in der Nacht, mit ihrem drängenden Verlangen, ihrem Schwanken zwischen Zuversicht und Erschöpfung und schließlichem Hinaustreten in das Licht, — nur die es erfahren haben, können es verstehen.» Wir erleben es als eine Befreiung und wunderbare Erfüllung, mit unseren Allgemeinen Feldgleichungen und unserem kosmologischen Weltmodell das von uns während Jahrzehnten angestrebte Ziel erreicht zu haben.

Freude und Hilfe ist uns die freundschaftliche Verbundenheit mit führenden Astronomen, Astrophysikern und Kosmologen rund um die Erde. Konkret danken wir für die Diskussion der Allgemeinen Feldgleichungen von Karl Philberth durch die Herren J. Ehlers (Max-Planck-Institut für Astrophysik, München), H. Hora (University of New South Wales), R. Ruffini (Universita Roma) und W. Stoeger (Specola Vaticana).

Die langwierigen Arbeiten am kosmologischen Weltmodell von Bernhard Philberth waren durch 25 Jahre gute Zusammenarbeit mit unseren Industriepartnern, welche die Gegenstände unserer Erfindungen produzierten, wirtschaftlich mitgetragen worden. Umgekehrt ist spezielle technische Produktivität heute nur im Rahmen umfassender wissenschaftlicher Tätigkeit möglich. Der Zuverlässigkeit der Fabrikanten K. Bausch, A. Ess und M. Rüetschi ist es zu verdanken, daß wir — trotz anderweitiger unangenehmer Erfahrungen in den letzten Jahren — mit der Verwertung unserer schöpferischen Ideen in Europa bleiben konnten.

Herzlichen Dank unserem verstorbenen Vater und unserer hochbetagten Mutter für Vertrauen und Hilfe in harten Zeiten. Besonderen Dank dem Verleger A. Guillet, der es uns ermöglichte, unsere zusammengefaßten Arbeiten mit diesem Buch vorzulegen.

Bernhard und Karl Philberth
Puchheim-München, Juni 1982

Gravitation und Expansion

von Karl Philberth

PROBLEME UND ERGEBNISSE

Diese Darstellung beschreibt und diskutiert Grundgedanken unserer Gravitations-Theorie. Sie ist einfach gehalten und in sich selbständig. Gelegentliche Hinweise auf GLEICHUNGEN UND LÖSUNGEN wenden sich vorzugsweise an den Fachmann.

Seit Diracs grundlegenden Veröffentlichungen über die «Hypothese der großen Zahlen» [4] ist die Diskussion nicht mehr abgerissen, ob die Gravitations-«Konstante» G (die nachfolgend Gravitationsfaktor genannt wird), wirklich eine Konstante ist, oder ob sie vom kosmischen Alter T abhängt. Trotz der einleuchtenden Argumente zugunsten einer solchen Abhängigkeit konnte sich diese Annahme aus verschiedenen Gründen [45] nicht durchsetzen. Der wichtigste Grund ist wohl der, daß es noch keine völlig befriedigende quantitative Gravitations-Theorie für variables G gibt. Das ist ein bedauerlicher Mangel. Denn die Frage, ob und wie G vom kosmischen Alter T und lokalen Dichteschwankungen abhängt, gehört zu den grundlegendsten Fragen der Kosmologie. Solange diese Frage nicht geklärt ist, bleiben alle Aussagen über die raum-zeitliche Struktur und die Energiebilanz des Kosmos im Bereich der Spekulation. Die Präzision der dG/dT-Messungen schreitet rasch voran. Noch für dieses Jahrzehnt werden genügend genaue Meßergebnisse erwartet.

Der Vorstoß der Physik in Richtung der unteren Grenze der Schöpfung, in den Bereich der Atome und Elementarteilchen, hat ungeahnte Überraschungen gebracht. Ungeahnte Überraschungen kann auch der Vorstoß in Richtung der oberen Grenze bringen. Deshalb ist es wichtig, die kosmologische Forschung nicht einseitig in die Richtung von Mode-Vorstellungen zu lenken. Solange man noch keine zuverlässigen Meßergebnisse über den zeitlichen und räumlichen Verlauf von G hat, muß man alle sinnvollen Denkmöglichkeiten in Betracht ziehen. Von besonderem Interesse sind die vier nachfolgenden Möglichkeiten:

I) G ist eine echte Naturkonstante. Das ist die hergebrachte Auffassung. Sie ist die Grundlage von Einsteins Allgemeiner Relativitätstheorie.

II) G ist eine a priori gegebene Funktion vom kosmischen Alter T. In erster Linie kommt hier die Proportionalität zu $1/T$ in Frage. Die

«Zwei-Metrik-Theorie» [5—11,45] bevorzugt diese Proportionalität, wenngleich sie nicht auf diese beschränkt ist.

III) G läßt sich als Faktor einer Wechselwirkung im Sinne der drei anderen Wechselwirkungen verstehen. Falls diese Auffassung richtig ist, sollte es eines Tages möglich sein, die «Große Vereinigte Theorie» zu finden, die elektrische, schwache, starke und gravitatorische Wechselwirkung miteinander vereint. Das Ergebnis einer solchen Theorie könnte mit I) oder II) übereinstimmen.

IV) G ist durch den Kosmos als Ganzes bestimmt, hängt also von dessen Massen und dessen Raum-Zeit-Struktur ab. Diese Vorstellung ist schon von Brans und Dicke erwogen worden. In ihrer berühmt gewordenen Theorie [15,19] ist sie aber nicht konsequent durchgeführt. Denn nach ihrem Ansatz ist die Krümmung von $1/G$ proportional der Ruhemassendichte $(\Box G^{-1} \propto \varrho_r)$ — was gerade keine gesamtkosmische, sondern eine lokale Definition bedeutet. Dieser Ansatz führt auch — falls der Proportionalitätsfaktor nicht unglaubwürdig klein gewählt wird — zu Widersprüchen mit inzwischen gewonnenen astrophysikalischen Meßergebnissen.

Unsere kosmologische Gesamt-Konzeption [22] steht hinsichtlich der Gravitation auf dem Boden der Alternative IV). Darauf aufbauend haben wir eine quantitative Gravitations-Theorie entwickelt [14,43,44]. Diese Theorie umfaßt das als Gln.(1) gezeigte System kovarianter Gleichungen. Wie später ausgeführt wird, ist dieses Gleichungssystem für sich allein unterbestimmt. Das heißt, um das gesamtkosmische und lokale Geschehen eindeutig zu beschreiben, müssen zu den Gln.(1) noch einschränkende Bedingungen hinzugenommen werden. Es ist gelungen, derartige Bedingungen als einfache Prinzip-Aussagen zu formulieren, die direkt auf der Grundlage des vorgenannten Punktes IV) stehen; vgl. vorletztes Kapitel *Die Komponenten des Potential-Tensors*.

Für die konkrete Anwendung dieser neuen Theorie auf komplizierte astrophysikalische Vorgänge wäre es vorteilhafter, wenn die ebengenannten Prinzip-Aussagen durch kovariante Gleichungen ersetzbar wären und somit die Theorie ausschließlich durch kovariante Gleichungen ausgedrückt werden könnte. Anstrengungen in dieser Richtung sollten unternommen werden. Jedoch ist es nicht sicher, ob dieses Ziel überhaupt erreichbar ist. Denn kovariante Gleichungen drücken infinitesimale Zusammenhänge aus — im Gegensatz zu dem in IV) postulierten globalen Zusammenhang. Es könnte also sein, daß die genannten Prinzip-Aussagen durch einen grundsätzlich anderen mathematischen Apparat beschrieben werden müßten.

Verallgemeinerungen von Einsteins Feldgleichungen

Einsteins Konzeption vom Wesen der Gravitation ist genial einfach und seine allgemein relativistischen Feldgleichungen haben durch die Meßergebnisse der letzten Jahrzehnte einen ungeahnten Siegeszug erfahren. Diese Feldgleichungen gelten aber bekanntlich nur mit konstantem *G*. Viele Wissenschaftler sehen darin eine Evidenz dafür, daß *G* tatsächlich konstant ist. Das ist aber nicht überzeugend; denn gerade wie Newtons Theorie ein Grenzfall von Einsteins Theorie für kleine Geschwindigkeiten und Massendefekte ist, so könnte Einsteins Theorie ihrerseits ein Grenzfall für kleine, das heißt nicht-kosmologische Räume und Zeiten sein. Einstein selbst hat diese Möglichkeit erwogen und seine Feldgleichungen vorübergehend erweitert durch eine «Kosmologische Konstante», das ist ein additiver Ergänzungs-Tensor zum Energie-Impuls-Dichte-Tensor T_i^k. Diese Kosmologische Konstante hat heute noch Anhänger.

Daher ist es naheliegend, eine Theorie für variables *G* nicht unabhängig von Einsteins Allgemeiner Relativitätstheorie, sondern als deren «kosmologische Verallgemeinerung» zu suchen. Es gibt verschiedene solche Theorien, die die Allgemeine Relativitätstheorie als Spezialfall für $G =$ konstant enthalten. Auch unsere eigene Theorie gehört dazu. Betrachten wir aber zunächst zwei andere Theorien dieser Art, die besonders charakteristisch und bekannt sind: Die «Zwei-Metrik-Theorie» von Canuto et alteri und die Brans-Dicke-Theorie [5,15].

Der Grundgedanke der Zwei-Metrik-Theorie ist bestechend einfach: Wenn man als Längen- und Zeit-Maßstäbe nicht «Atom-Einheiten» – etwa die Wellenlänge beziehungsweise Schwingungsdauer einer Spektrallinie – benutzt, sondern Längen- und Zeit-Maßstäbe, die proportional dem Produkt aus *G* und den Atom-Einheiten sind, so bleibt *G* bezüglich dieser «Einstein Einheiten» konstant. Somit sind in diesen Einheiten die Einstein'schen Feldgleichungen unverändert anwendbar. Diese Theorie kann man als die direkteste Erweiterung von Einsteins Feldgleichungen auf veränderliches *G* ansehen. Denn wenn *G*, ausgedrückt in Atom-Einheiten, als Funktion der Raum-Zeit-Koordinaten bekannt ist, liefert sie eindeutige Ergebnisse, wobei lediglich vorausgesetzt ist, daß Einsteins Feldgleichungen bezüglich der Einstein-Einheiten gültig sind.

Die Zwei-Metrik-Theorie hat allerdings auch ihre Schwächen: Wenn man nach dem von Canuto et alteri geschaffenen Formalismus die Feldgleichungen von Einstein-Einheiten umformuliert auf Atom-Einheiten

— die ja letztlich doch die naturgegebenen Einheiten sind — dann erhält man erweiterte Einstein'sche Gleichungen, die wesentlich komplizierter und weniger überzeugend sind als die ursprünglichen. Grundsätzlich arbeitet dieser Zwei-Metrik-Formalismus für jede Art von G-Abhängigkeit, also auch für die weiter oben genannten Möglichkeiten I)—IV). Aber die von Canuto et alteri bevorzugte Festlegung auf $G \propto 1/T$ findet in der «Hypothese der großen Zahlen» zwar eine phänomenologische, jedoch keine physikalische Rechtfertigung. Mit $G \propto 1/T$ geht aufgrund dieser Theorie ein sphärisch strukturierter Kosmos nach der Expansions-Phase zu einer Kontraktions-Phase über — in qualitativer Übereinstimmung mit dem sogenannten Standard-Modell für konstantes G.

Die Brans-Dicke-Theorie hat zwei wichtige Grundgedanken: Der eine stützt sich auf das Mach'sche Prinzip und postuliert, daß G vom Kosmos als Ganzem abhängt; der andere besteht darin, daß in Einsteins Feldgleichungen der Energie-Impuls-Dichte-Tensor T_i^k der Materie durch einen additiven variablen Tensor ergänzt werden muß, der die Energie-Impuls-Dichte der Gravitation ausdrückt — im Gegensatz zur obengenannten Kosmologischen Konstanten, die heute von ihren Anhängern vorzugsweise dem Vakuum als solchem zugeschrieben wird.

Die von uns beiden entwickelte Theorie hat diese zwei Grundgedanken mit der Brans-Dicke-Theorie gemeinsam. Bei uns ist aber die quantitative Formulierung konsequent. Die Brans-Dicke-Proportionalität $\Box G^{-1} \propto \varrho_r$ wurde schon beim obigen Punkt IV) erörtert. Ein konkreter Vergleich der Feldgleichungen von Brans-Dicke mit denen von uns findet sich in *Theorie und Gleichungen.*

Unter Bezug auf *Kosmisches Gravitations-Potential* und insbesondere Gln.(3.12) kann man hinsichtlich unserer Feldgleichungen (1) zusammenfassend sagen: Der erstgenannte Grundgedanke ist, in bestem Einklang mit dem Mach'schen Prinzip, durch die Definition unseres «Kosmischen Tensors» C_i^k und durch $P_n^n = 0$, also die verschwindende Spur des «Potential-Tensors» P_i^k, erfüllt. Der zweitgenannte Grundgedanke ist durch unseren Potential-Tensor P_i^k erfüllt, dessen Rechtfertigung und Komponenten-Festlegung je ein Kapitel gewidmet sein wird.

Der freie kosmische Parameter

In diesem Kapitel werden kosmische Modelle betrachtet, die hinsichtlich der Massenverteilung und hinsichtlich G homogen («ausgeglättet») sind und deren Weltruhemasse M_r als Funktion von der kosmischen Zeit T gegeben ist. Bezüglich solcher Modelle haben die Feldgleichungssysteme der drei im vorangegangenen Kapitel erörterten Theorien eine interessante Gemeinsamkeit: Sie haben außer den Anfangsbedingungen jeweils genau einen «künstlich» vorzugebenden freien Parameter. Dieser Parameter ist bei den Zwei-Metrik-Gleichungen und unseren Gleichungen eine Funktion von T, dagegen bei Brans-Dicke und bei den durch die Kosmologische Konstante erweiterten Einstein-Gleichungen eine Konstante.

Der freie Parameter ist bei den Zwei-Metrik-Gleichungen vorzugsweise die Wahl der Funktion $G = G(T)$, bei den Brans-Dicke-Gleichungen vorzugsweise die Wahl des Proportionalitätsfaktors zwischen $\Box G^{-1}$ und ϱ_r, bei unseren Gleichungen vorzugsweise die Wahl der Expansions-Funktion $A = A(T)$. Man kann den freien Parameter von jedem dieser drei Feldgleichungssysteme aber etwa auch durch die Bedingung festlegen, daß G konstant sein soll. Dadurch werden die Zwei-Metrik-Gleichungen und die Brans-Dicke-Gleichungen identisch mit Einsteins Gleichungen, was — bei gleichen Anfangsbedingungen — natürlich auch Identität der zugehörigen kosmischen Modelle bedeutet.

Das kosmische Modell nach unseren Gleichungen (1) dagegen, kann zwar für konstantes G mit demjenigen nach Einsteins Gleichungen übereinstimmen, aber es muß nicht: Eine andere kosmische Lösung ist beispielsweise der völlig statische Fall, also G, M_r und A konstant. Das bedeutet aber keinen Widerspruch zur obenstehenden Aussage über den genau einen freien Parameter. Die größere kosmologische Vielfalt für vorgegebenes G ergibt sich bei unseren Gleichungen lediglich aufgrund der Tatsache, daß dabei die Expansionsfunktion $A = A(T)$ als Lösung einer Differentialgleichung entsteht, die nicht erster, sondern zweiter Ordnung ist, was eine zusätzliche Anfangsbedingung bringt. Wenn für die kosmologische Anwendung unserer Gleichungen aber nicht $G = G(T)$, sondern umgekehrt $A = A(T)$ vorgegeben wird — was nach unserer Konzeption das einzig Natürliche ist — dann ergibt sich nach Gl.(3.7) die Funktion $G = G(T)$ ebenfalls als Lösung einer Differentialgleichung zweiter Ordnung; es dürfen also grundsätzlich auch zwei Anfangsbedingungen vorgegeben werden. Tatsachlich sind diese aber nicht willkürlich vorgebbar, sondern legen sich durch die Entwicklung der Raum-Zeit-Struktur und der Materie in der Ursprungsphase des Kosmos fest. Konkrete Lösungen $G = G(T)$ geben die Gln.(9.1 bis 9.7).

Unsere Theorie als Ganzes umfaßt außer den Gleichungen (1) auch Prinzipien, deren wichtigstes das in *Theorie und Gleichungen* dargelegte «Prinzip der verschiedenen Ursachen» ist. Aufgrund desselben ist die Expansion des Kosmos gleichförmig, also $A \propto T$. Der konkrete Wert von dA/dT bildet sich in der ersten kosmischen Phase heraus und läßt sich, wie andernorts gezeigt [22,14,43], mit Hilfe der Elementarzeit τ berechnen.

Räumliche G-Schwankung im Sternzentrum

Nach den heutigen Meßergebnissen hat G entweder gar keine lokalen Schwankungen, oder diese sind sehr klein. Der Astrophysiker mag sich mit deren Vernachlässigung begnügen, jedoch der das Wesen der Gravitation erfassende Theoretiker muß lokale G-Schwankungen quantitativ erfassen, selbst wenn sie extrem klein sind. Denn sie sind ein Prüfstein für die innere Konsequenz seiner Theorie. In Ergänzung zu *Raum-Abhängigkeit von G,* wo die Frage der lokalen G-Schwankungen durch auf dem Boden unserer Theorie stehende Berechnungen behandelt ist, soll sie jetzt ohne mathematischen Apparat und unter allgemeinen Gesichtspunkten behandelt werden.

Wenn G gesamtkosmisch bestimmt ist, dann hat es im inhomogenen Kosmos mindestens sekundäre, das heißt indirekt über die zeitlichen G-Veränderungen verursachte lokale Schwankungen. Das erklärt sich aus der Endlichkeit der Informationsgeschwindigkeit und kann durch ein einfaches Beispiel veranschaulicht werden: Wenn bei einem zunächst ausgeglätteten kosmischen Modell in einem lokalen Bereich plötzlich die Ruhemassendichte ϱ_r ihren Wert ändert (vergleiche hierzu die Überlegungen im 2. Absatz von *Kosmische Lösungen*), dann kann G im Inneren dieses Bereichs anfangs «nicht wissen», daß es sich nur um eine lokale Änderung handelt und es reagiert daher anfangs so, wie wenn die Änderung gesamtkosmisch wäre. Umgekehrt weiß G außerhalb dieses Bereiches anfangs überhaupt nichts von der lokalen Änderung und es reagiert daher anfangs überhaupt nicht darauf. Diese verschiedene Reaktion des G-Wertes innerhalb und außerhalb des Bereichs bedeutet aber lokale G-Schwankung.

Es ist physikalisch sinnvoller und einfacher, nicht mit dem Gravitationsfaktor G, sondern mit dessen Reziprokwert $\gamma \equiv G^{-1}$ zu rechnen. Das tut auch die Brans-Dicke-Theorie. In Übereinstimmung mit dieser und mit der Zwei-Metrik-Theorie sehen wir G und damit auch γ als Skalare an, das heißt als gegen speziell-relativistische Transformationen invariante Größen.

Fragen wir zunächst unbefangen und voraussetzungslos, wie die lokale γ-Schwankung im Zentrum eines statischen, von anderen Massen weit entfernten sphärischen Sterns aussehen könnte. Aus Symmetriegründen verschwindet die Ableitung nach der Radialkoordinate r, es ist also $\partial\gamma/\partial r = 0$. Dagegen ist für zeitlich nicht-konstantes γ zu erwarten, daß $\partial\gamma^2/\partial r^2$ von Null verschieden ist und sich durch mindestens eine im Zentrum gegebene physikalische Größe bestimmt. Größen wie das kosmische Alter T, der kosmische Radius A, der Sternradius r_s, die Sternmasse m_s und dergleichen gehören nicht dem Zentrum zu, das heißt, sie sind dort nicht direkt meßbar. Dem Zentrum zugehörige Größen sind dessen Ruhemassendichte ϱ_r, dessen Druck p und dessen Gravitationspotential Φ; ferner das dortige γ und seine Ableitungen nach der Zeit. Nur solche Größen kommen für die Bestimmung von $\partial^2\gamma/\partial r^2$ in Frage.

Die Proportionalität von $\partial^2\gamma/\partial r^2$ mit ϱ_r oder mit p entspricht der Poisson-Gleichung der Elektrostatik und lautet in kovarianter Form $\Box\gamma \propto \varrho_r$ beziehungsweise $\Box\gamma \propto p$. Argumente gegen diesen Ansatz sind schon eingangs in Punkt IV) gebracht worden. Daraus ist zu schließen, daß ϱ_r und p keinen Beitrag zu $\partial^2\gamma/\partial r^2$ liefern.

Demnach ist $\partial^2\gamma/\partial r^2$ im Zentrum aus den noch verbleibenden Werten des Zentrums aufgebaut; das ist das Gravitationspotential Φ sowie γ und dessen zeitliche Ableitungen. Das Gravitationspotential Φ drückt man am sinnvollsten durch sein Verhältnis zum absoluten Gravitationspotential $-c^2$ aus. Aus Dimensionsgründen folgt nun direkt, daß im Sternzentrum $\partial^2\gamma/\partial r^2$ gleich diesem Potentialverhältnis mal einer Linearkombination aus $\partial^2\gamma/\partial R^2$ und $(\partial\gamma/\partial R)^2/\gamma$ ist, wobei R als Abkürzung für cT gebraucht ist. Wie physikalische Erwägungen zeigen, haben die beiden dieser Linearkombination zugehörigen dimensionslosen Beifaktoren Absolutwerte in der Größenordnung von 1.

Nach dem Ebengesagten ist die lokale Schwankung gemäß $\partial^2\gamma/\partial r^2$ sekundärer Art, das heißt indirekt über die zeitliche G-Veränderung verursacht. Das steht ganz im Einklang mit dem im Kapitel *Theorie und Gleichungen* dargelegten «Prinzip der verschiedenen Ursachen», von dem wir aber bei der jetzigen Herleitung keinen Gebrauch gemacht haben. Wegen der kosmologischen Erstreckung von $R \equiv cT$ — das heute im realen Kosmos 20 Milliarden Lichtjahre ist — sind $\partial^2\gamma/\partial R^2$ und $(\partial\gamma/\partial R)^2/\gamma$ und damit auch $\partial^2\gamma/\partial r^2$ extrem klein. Das Verhältnis der lokalen γ-Schwankungen zu γ selbst ist extrem klein. Deshalb darf die zur Berechnung von $\partial^2\gamma/\partial r^2$ dienende obengenannte Linearkombination aus $\partial^2\gamma/\partial R^2$ und $(\partial\gamma/\partial R)^2/\gamma$ einfach aus dem großräumigen Mittelwert von γ errechnet, also als von r unabhängige Funktion vom kosmischen Alter T behandelt werden.

Räumliche G-Schwankung zwischen den Sternen

Die vorausgegangene Untersuchung der lokalen γ-Schwankung im Sternzentrum soll jetzt erweitert werden auf den ganzen Stern und auf den interstellaren Raum. Einfachheitshalber wird vorausgesetzt, daß der Stern homogen und sein Gravitations-Massendefekt klein ist. Das Gravitationspotential Φ im Zentrum ist rund $-m_s\gamma^{-1}r_s^{-1}$, wobei m_s die Sternmasse und r_s den Sternradius bedeutet. In erster Näherung darf $\partial^2\gamma/\partial r^2$ innerhalb des Sterns als konstant angesehen werden. Unter Berücksichtigung der beiden letzten Absätze des vorangehenden Kapitels ergibt sich daraus: Die vom Sternzentrum aus gerechnete lokale Schwankung von γ innerhalb des Sterns ist näherungsweise gegeben durch $\frac{1}{2}m_s(\gamma r_s c^2)^{-1}r^2$ mal genannte, nur von T abhängige Linearkombination. Das ist eine extrem flache Wanne.

Ab jetzt wird nicht mehr ein solcher Stern für sich allein betrachtet, sondern eine große Zahl von solchen Sternen, die nach Art eines Würfelgitters mit dem Kantenlängen-Abstand r_a voneinander angeordnet sind. Es sei $r_a \gg r_s$. Zwischen den Sternen sei Vakuum. Großräumig sei ihre mittlere Ruhemassendichte gleich ϱ_r.

Die räumliche γ-Schwankung zwischen diesen Sternen kann man mit Hilfe folgender Überlegung halb-quantitativ verstehen: Man stelle sich vor, das Vakuum, in welches diese Stern-Anordnung eingebettet ist, sei die Überlagerung von zwei homogenen drucklosen Staubwolken; einer «positiven» mit der Dichte ϱ_r und einer «negativen» mit der Dichte $-\varrho_r$. Bei dieser Hilfsvorstellung repräsentiert die positive Staubwolke den ausgeglätteten Kosmos, der den großräumigen Mittelwert von γ bestimmt. Die negative Staubwolke hat zusammen mit der Stern-Anordnung den großräumigen Dichte-Mittelwert Null. Beide zusammen ergeben also lokale γ-Schwankungen, aber keinen Beitrag zum großräumigen Mittelwert von γ.

Offensichtlich hat die negative Staubwolke in jedem von immer 8 benachbarten Sternen aufgespannten würfelförmigen Zwischenbereich die Masse $-m_s$. Sie ist nach Voraussetzung homogen und hat in diesem Bereich äußerst kleinen Gravitations-Massendefekt. Daher hat man in jedem solchen Bereich, wenn man ihn sich zu einer Kugelgestalt deformiert denkt, vergleichbare Verhältnisse wie in jedem der betrachteten Sterne; aber mit dem Unterschied, daß die Masse $-m_s$ statt m_s und daß der Radius ungefähr $\frac{1}{2}r_a$ statt r_s ist. Somit ist — wenn man die Frage des Potential-Nullpunkts der Gesamt-Anordnung einfachheitshalber außer acht läßt — die vom Bereichszentrum aus gerechnete lokale

γ-Schwankung innerhalb des Bereichs größenordnungsmäßig gegeben durch $-m_s(\gamma r_a c^2)^{-1} r^2$ mal genannte, nur von T abhängige Linearkombination. Das ist eine extrem flache «umgestülpte» Wanne, also eine Gewölbeform.

Der Betrag der Krümmung der γ-Wanne innerhalb des Sterns ist offensichtlich viel größer als der Betrag der Krümmung der γ-Wanne innerhalb des vorgenannten Zwischen-Bereichs; das Verhältnis ist größenordnungsmäßig $\frac{1}{2} r_a : r_s$. Andererseits ist der Betrag der Differenz zwischen Zentrum und Rand der γ-Wanne ($r = r_s$ beziehungsweise $r \approx \frac{1}{2} r_a$) bei der Stern-Wanne viel kleiner als bei der Zwischen-Bereichs-Wanne; das Verhältnis ist größenordnungsmäßig $r_s : \frac{1}{2} r_a$. Dagegen ist der Betrag der γ-Wannen-Steilheit am Rand der beiden Wannen gleich groß. Das ist für die Glaubwürdigkeit unserer Theorie der lokalen γ-Schwankungen sehr wichtig. Es bedeutet nämlich, daß die «kleinen» γ-Wannen der Sterne und die «großen», «umgestülpten» γ-Wannen der Zwischen-Bereiche sich stetig und knickfrei aneinanderfügen. Die vorausgehenden Worte «klein» und «groß» gelten aber nur im relativen Bezug zueinander; denn wegen der Multiplikation mit der obengenannten Linearkombination sind alle diese Wannen im Verhältnis zum Mittelwert von γ extrem klein.

Im 1-dimensionalen Schnitt und bei umgedrehtem Vorzeichen sieht also die Funktion der lokalen γ-Schwankung wie eine Girlanden-Reihe aus, die an äquidistanten, die Sterne darstellenden Nägeln aufgehängt ist. Dabei fallen die Bereiche an den Nägeln nur mit ihrer Krümmung ins Gewicht, nicht aber mit ihrer Höhe. Diese Art der lokalen γ-Schwankung, die man als interstellares Wannenfeld bezeichnen könnte, entspricht der Tatsache, daß γ gesamtkosmisch bestimmt ist.

Eine ganz andere Struktur der lokalen γ-Funktion ergäbe sich aus der schon im vorangehenden Kapitel verworfenen, der Poisson-Gleichung entsprechenden Proportionalität von $\partial^2\gamma/\partial r^2$ mit ϱ_r: Hier wären die den Sternen und deren Umgebung zugehörigen γ-Wannen — deren große Tiefe mit den heutigen Meßergebnissen unvereinbar ist — nicht durch «Girlanden»-Wannen, sondern durch relativ flache γ-«Ebenen» verbunden. Das entspricht einer lokalen, nicht einer gesamtkosmischen Bestimmung von γ.

Die umgedrehte Girlanden-Reihe kann man natürlich auch als Trichterfeld auffassen: Jeder Stern bildet den Boden eines γ-Funktion-Trichters, der sich bis etwa $\frac{1}{2} r_a$ erstreckt und dort stetig und knickfrei an den zum nächsten Stern gehörigen Trichter anschließt. Diese Auffassung ist in *Raum-Abhängigkeit von G* vertreten. Die dort aufgrund kovarianter Gleichungen exakter errechneten lokalen γ-Schwankungen stimmen gut überein mit denjenigen, die soeben mit Hilfe einfacher Überlegungen und elementarer Rechnungen erhalten wurden. Am Ende von *Raum-Abhängigkeit von G* sind Zahlenbeispiele gegeben. Wie sie zeigen, sind die lokalen γ-Schwankungen praktisch vernachlässigbar.

Rechtfertigung des Potential-Tensors

Im Vergleich zu Einsteins Gleichungen (1.0) enthalten unsere Gleichungen (1) zwei zusätzliche Tensoren: C_i^k und P_i^k. Der «Kosmische Tensor» C_i^k besteht aus kovarianten zweiten Ableitungen von γ. Er ist durch Gl.(2.8) definiert. Mit der Festlegung des gesamtkosmischen Mittelwertes von γ nach Gln.(3.12) und der Festlegung der lokalen γ-Schwankungen nach den beiden vorausgegangenen Kapiteln und *Raum-Abhängigkeit von G*, ist auch C_i^k festgelegt. Wenden wir uns nun dem «Potential-Tensor» P_i^k zu.

Nach seiner Dimension und seiner Bedeutung ist der Potential-Tensor P_i^k eine Energie-Impuls-Dichte – ebenso wie der übliche Tensor T_i^k. Während T_i^k der Materie zugehört und daher der direkten physikalischen Messung (beispielsweise als Dichte der trägen Masse) zugänglich ist, gehört P_i^k der Gravitation zu und ist der direkten Messung nicht oder kaum zugänglich. Diese meßtechnische Unzugänglichkeit hat den prinzipiellen Grund, daß man zwar Materie als Stück herausgreifen oder sie durch Absorption messen kann, daß es aber Gravitation weder als herausnehmbares Stück noch als absorbierbare Partikel gibt. Sie hat aber auch einen praktischen Grund, nämlich die extreme Kleinheit der zu messenden Werte.

Freilich ist die Energiedichte-Komponente $-P_0^0$ des Tensors P_i^k insofern die Dichte einer echten Energie, als diese «schwer» ist, gerade wie die der Materie zugehörige Energie schwer ist. Aber diese Schwere ist keine Eigenschaft, die zu einer von Gln.(1) unabhängigen Definition von P_i^k führt; denn der durch Gln.(1) gegebene Zusammenhang zwischen G_i^k und P_i^k drückt ja gerade die Raum-Zeit-Deformation durch P_i^k und damit die Schwere dieser Energie aus.

Aus derartigen Gründen sind Zweifel geäußert worden, ob unser Tensor P_i^k überhaupt eine echte, das heißt physikalisch reale Größe ist – oder ob er nicht einfach ein formaler Zusatzterm ist, der nur den Zweck hat, die von uns gewünschte kosmologische Lösung mit Hilfe der Gln.(1) gewaltsam herbeizuziehen.

Solche Zweifel sind unberechtigt. Ein zum Energie-Impuls-Dichte-

Tensor T_i^k additiv hinzukommender Tensor, wie unser Tensor P_i^k, ist bei zeitlich variablem G unerläßlich; schon allein zur Aufrechterhaltung des für die ganze Physik fundamentalen Satzes der Erhaltung der Energie. Das sei anhand eines einfachen Beispiels gezeigt.

Betrachtet sei ein starrer statischer Neutronenstern mit zunächst 20% gravitatorischem Massendefekt. Der Stern sei weit entfernt von allen anderen Objekten. Dazwischen sei ideales Vakuum, also auch keinerlei Materietransport. Das bedeutet: $T_i^k = 0$. Im Lauf eines langen Zeitintervalls erhöhe sich der Gravitationsfaktor G um 5%. Wie reagiert der Stern? Untersuchen wir einige Alternativen:

α) Die gesamte Masse und damit die gesamte Energie des Sterns bleibt erhalten. Als Ausgleich für die vergrößerte Selbstgravitation des Sterns vergrößert sich seine kinetische Energie, er wird heißer. Diese zunächst einladende Alternative ist physikalisch irreal. Das kann man etwa so erkennen: Wenn G nicht zu- sondern ab-nimmt, dann müßte der Stern kälter werden — das kann er aber nur bis er die absolute Temperatur Null erreicht hat.

β) Sein Massendefekt steigt von 20% auf 21%, er verliert also 1% seiner undefektierten Energie. Diese Energie von 1% könnte:

β_1) in nichts vergehen. Das wäre eine Verletzung des Satzes der Erhaltung der Energie und ist deshalb abzulehnen.

β_2) als «Feldstärke-Energie» abwandern. Sie kann sich aber auf diese Weise nicht weit vom Stern entfernen. Denn ab dem Sternrand fällt angenähert die Feldstärke-Energiedichte mit r^{-4} (wie beim sphärischen elektrischen Feld), die Feldstärke-Energieflußdichte mit r^{-3} (ein Abfallen mit r^{-2} würde Energietransport mit Überlichtgeschwindigkeit bedeuten. Vgl. Gln.7.7 und 7.8). Der Energiefluß ist aber das $4\pi r^2$-fache der Energieflußdichte. Er strebt also mit wachsendem r gegen Null. Somit verletzt auch diese Alternative die Energieerhaltung und scheidet daher aus.

β_3) als «Gravitations-Energie» abwandern. Um den Satz der Energieerhaltung zu befriedigen, muß diese Abwanderung einen bis in kosmologische Abstände konstanten Energiefluß, also eine mit r^{-2} fallende Energieflußdichte haben (vgl. Gl.7.6). Diese muß unabhängig sein von der Beschleunigung des Beobachters. Das verifiziert sie als Komponente eines Energie-Impuls-Dichte-Tensors der Gravitation. Es ist unser «Potential-Tensor» P_i^k

Unter den obigen Alternativen befriedigt also nur die unter β_3) genannte Komponente eines Tensors P_i^k den Energieerhaltungs-Satz. Das allein schon gibt einem solchen Tensor Existenzberechtigung.

Zur Energieerhaltung muß im vorausgehenden Beispiel die gravitatorische Energieflußdichte P_0^1 (wo «1» die r-Koordinate bedeutet) großräumig mit r^{-2} abfallen und der zugehörige konstante Energiefluß muß gleich der Sternenergie-Abnahme pro Zeit sein. Damit ist P_0^1 festgelegt. Eine diesen Anforderungen quantitativ entsprechende P_0^1-Funktion ergibt sich eindeutig aus unseren Feldgleichungen (1). Sie ist durch die Gln.(6.11) und (7.6) ausgedrückt. Diese Tatsache darf man als Bestätigung für die innere Konsequenz unserer Theorie ansehen. Denn die Definition des bei der Berechnung von P_0^1 entscheidend mitwirkenden Tensors C_i^k (vgl. Gln.2.10, 2.11 und 6.4) ist nicht etwa von uns auf die Lösung dieses lokalen Problems abgestellt worden. Vielmehr hatten wir schon vorher unsere Definition von C_i^k rein aus gesamtkosmischen Zusammenhängen hergeleitet [14,43] und erst später daran gedacht, unsere Gln.(1) mit diesem C_i^k auf das lokale Beispiel anzuwenden.

Offenbar besteht der am vorausgehenden Beispiel gezeigte Zusammenhang zwischen Gravitations-Energieflußdichte P_0^1 und Energieerhaltung grundsätzlich auch in komplizierteren Fällen, etwa bei nichtsphärischen, nicht-homogenen und nicht-statischen Sternen. Deshalb postulieren wir — insbesondere in Hinblick auf die Festlegung unseres Tensors P_i^k — die Gültigkeit des Satzes der Erhaltung der Energie als ein allgemeines Prinzip unserer Theorie [22,30].

Als zusätzliche Nebenbedingung erweitern wir das weiter oben genannte und in *Theorie und Gleichungen* dargelegte «Prinzip der verschiedenen Ursachen» von γ auf P_i^k. Jedoch ist γ ein Skalar, während P_i^k ein Tensor ist. Daher muß die Erweiterung dieses Prinzips so heißen: P_i^k bestimmt sich gesamtkosmisch und ist in einem völlig statischen kosmischen Modell für einen darin ruhenden Beobachter an jeder Stelle isotrop; das heißt: Seine nichtdiagonalen Komponenten verschwinden, seine drei Hauptdrücke P_1^1, P_2^2, P_3^3 sind einander gleich und — wegen $P_n^n = 0$ — gleich ein Drittel seiner Energiedichte $-P_0^0$. Im völlig statischen Modell ist γ nach dem Prinzip konstant, nach Gl.(2.11) also $P_{i;k}^k = 0$. Speziell für einen sphärischen Stern sind $P_{0;k}^k = P_{2;k}^k = P_{3;k}^k = 0$ trivial und hat $P_{1;k}^k = 0$ die isotrope Lösung $-\frac{1}{3}P_0^0 = P_1^1 = P_2^2 = P_3^3 \propto g_{00}^{-2}$, die eindeutig ist und deren Proportionalitätsfaktor vom großräumigen Mittelwert gegeben ist. Anisotrope Lösungen, etwa $-P_0^0 = P_1^1 \propto r^{-2} g_{00}^{-1}$ mit $P_2^2 = P_3^3 = 0$, sind nach dem Prinzip ausgeschlossen. Die isotrope Lösung zeigt, daß das Verhältnis der lokalen Schwankungen der P_i^k-

Komponenten zum extrem kleinen Mittelwert (Gl.4.10), die Größenordnung 1 nur bei Sternen mit starker Raumzeit-Deformation, also starker Selbstgravitation erreicht.

In einem Kosmos mit variablem γ generieren Sterne anisotrope P_i^k-Komponenten, die proportional $\gamma^{-1}\partial\gamma/\partial R$ sind (mit $R \equiv cT$). Ein quasi-Massenpunkt generiert etwa: $-P_0^0 = P_1^1 = m_s c^2 r^{-2} \gamma^{-1}\partial\gamma/\partial R : (8\pi)$ und $P_2^2 = P_3^3 = 0$ und $-P_1^0 = P_0^1 = -\mu c^2 r^{-2} \gamma^{-1}\partial\gamma/\partial R : (4\pi)$, wobei m_s seine Masse und μ sein Gravitations-Massendefekt ist.

Die weiter oben im Kapitel *Räumliche G-Schwankung zwischen den Sternen* entwickelte Hilfsvorstellung der überlagerten positiven und negativen Staubwolke ist auch wertvoll zu einer klaren Unterscheidung zwischen dem mit der kosmischen Expansion durch Gl.(4.9) verknüpften P_i^k-Mittelwert, den ihm durch Raumzeit-Deformation eingeprägten Schwankungen, und den Stern-generierten P_i^k-Anteilen («$P^k_{i\,\mathrm{Stern}}$»).

Die Verstrahlung der Materie

Nach der Allgemeinen Relativitätstheorie verhält sich eine homogene, sphärische und drucklose Staubwolke hinsichtlich ihrer inneren Metrik und der negativen Beschleunigung ihres Radius genau so wie ein sphärischer Ausschnitt aus einem homogenen, sphärischen und drucklosen kosmischen Modell [2]. Nach unserer Theorie ist das anders: In einem Großraum-Ausschnitt sind die Tensoren C_i^k und P_i^k der Gln.(1) nicht vernachlässigbar; dadurch wird die gleichförmige kosmische Expansion möglich. Dagegen sind diese Tensoren in der Staubwolke vernachlässigbar, falls deren Dichte groß gegen die mittlere kosmische Dichte ist; deshalb verhält sich eine solche Staubwolke nach unserer Theorie praktisch genau so wie nach Einsteins Theorie.

Häufig wird die Meinung vertreten, eine solche Staubwolke müsse (wenn sie genügend Masse hat) unausweichlich durch ihren Grenzradius r_g (= Gravitationsradius = Schwarzschildradius) hindurchstürzen und dann für immer ein Schwarzes Loch bleiben. Wir vertreten dagegen die Meinung, daß kein Schwarzes Loch entsteht, sondern die Materie in c-bewegte ruhemasselose Partikel verstrahlt, die radial entfliehen. Wir haben das andernorts unter verschiedenen Aspekten diskutiert [22,14,43] und begnügen uns jetzt mit einigen grundsätzlichen relativistischen Überlegungen.

Man stelle sich vor, auf den frei fallenden Staubkörnern der Wolke seien Mikro-Laboratorien stationiert. Nach Einsteins und nach unseren Gleichungen fallen diese mit durch den Grenzradius r_g hindurch, ohne irgend eine Singularität hinsichtlich der Gezeitenkräfte oder des Zeitablaufs zu messen. Aber wenn sie r_g durchfallen haben, gibt es kein Zurück mehr. Denn innerhalb r_g sind sozusagen Raum und Zeit vertauscht: Genauso unentrinnbar wie Partikel hier außen altern, verändert sich dort deren Abstand vom Zentrum. Grundsätzlich kann diese Radius-Veränderung eine Verkleinerung («Hineinfallen») oder eine Vergrößerung («Herausfallen») sein. Vor Erreichen des Zentrums $r = 0$ fallen die Partikel aus Stetigkeitsgründen hinein. Danach – so behaupten wir – folgt die Phase des Herausfallens.

Bekanntlich gibt es ein schwerwiegendes Argument gegen dieses Herausfallen: Herausfallende Partikel begegnen hineinfallenden Staubkörnern weit außerhalb r_g, also an einer Stelle wo grundsätzlich noch Umkehr-Möglichkeit besteht. Das ist paradox. Denn nach erfolgter Begegnung mit von ihnen stammenden Rückkehrpartikeln aber vor Erreichen von r_g könnten Mikrolaboratorien durch Einschalten von Raketentriebwerken umkehren – so daß von ihnen stammende Rückkehrpartikel überhaupt nicht entstehen.

Dieses Gegenargument setzt aber stillschweigend voraus, daß die Umkehr an der Singularitätsstelle $r \equiv 0$ «sofort» erfolgt. Ebensogut und ebensoschlecht darf man voraussetzen, daß die Umkehr erst «nach kurzem Aufenthalt» an der Stelle $r = 0$ erfolgt. Beide Voraussetzungen sind nämlich gleich leer. Sie sind physikalisch nicht real; denn Uhren außerhalb r_g können in den Bereich $r < r_g$ nicht hineinmessen und Uhren innerhalb r_g werden bei $r = 0$ zerstört. Ausnahmslos alles, was durch den Grenzradius r_g hindurchgefallen ist, wird durch die unendlichen Gezeitenkräfte an der Singularität $r = 0$ existentiell «zerfetzt» und daraus wird ohne direkte zeitliche Verknüpfbarkeit eine c-bewegte Strahlung «neugeboren».

Je größer die Aufenthaltsdauer Δt an der Singularitätsstelle $r = 0$ angenommen wird, desto kleiner wird der Abstand zwischen dem Grenzradius r_g und dem Begegnungspunkt der Staubkörner des Wolkenrandes mit deren Rückkehrpartikeln. Dieser Abstand ist im Prinzip $r_g e^{-c\Delta t/r_g}$. Daher genügt für eine Staubwolke mit etwa Sonnenmasse eine Aufenthaltsdauer von einer Millisekunde oder länger, um den Begegnungspunkt formal auf weniger als eine Elementar-Länge λ an den Grenzradius r_g heranzurücken. Innerhalb derart extrem kleiner Abstände wird wegen der quantenphysikalischen Unbestimmtheit das vorgenannte Paradoxon inhaltslos. Praktisch ist es so, wie wenn sich die randständigen Staubkörner der kollabierenden Wolke mit der c-bewegten Strahlung am Grenzradius r_g begegnen.

Das Phänomen ist also sehr einfach: Die kollabierende Staubwolke verstrahlt, wenn ihr Rand den Grenzradius r_g approximiert hat. Der beschriebene «Ausflug» der Staubteilchen zur Singularität $r = 0$ ist vielleicht nur eine formale Hilfsvorstellung. Denn außenbleibende Beobachter können davon nichts feststellen, weil r_g ein Horizont ist – mitbewegte Beobachter können davon nichts berichten, weil sie ausgelöscht sind. Dieser relativitäts-physikalische Aspekt findet seine komplementäre Ergänzung im existenz-physikalischen Aspekt. In diesem ist der Grenzradius r_g eine nicht-überschreitbare quasi-unendliche Grenze jenseits derer kein Sein ist.

Der nachfolgende Beitrag GLEICHUNGEN UND LÖSUNGEN wendet sich vor allem an den Fachmann, der mit Einsteins Feldgleichungen (1.0) vertraut ist. Für den anderen Leser bietet er Gelegenheit, eine ungefähre Vorstellung vom Wesen und den Grenzen dieser Gleichungen zu bekommen, die in lapidarer Kürze das gigantische Gebäude der Allgemeinen Relativitätstheorie ausdrücken.

Nach den Einstein-Gleichungen (1.0) sind die 4 mal 4 gleich 16 Komponenten des Tensors G_i^k denen des Tensors T_i^k proportional. Alle diese Komponenten haben eine anschauliche physikalische Bedeutung. Zum Beispiel ist T_0^0 die mit $-c^2$ multiplizierte Massendichte, während die anderen Komponenten von T_i^k die Impulsdichten und die Drücke sind. G_i^k beschreibt die Krümmungen der Raumzeit-Struktur. G_0^0 ist ein Maß für die Zeit-Zeit-Krümmung.

Oft sind T_0^0 und G_0^0 die einzigen erheblichen Komponenten. Dann besagen Gln.(1.0) angenähert die Proportionalität der Krümmung des Gravitations-Potentials mit der Massendichte. Das entspricht der Newtonschen Theorie und der Poisson-Gleichung der Elektrostatik, wonach die Potential-Krümmung proportional der Ladungsdichte ist.

Trotz dieser entsprechenden Aussagen der klassischen Gleichungen mit Gln.(1.0), besteht ein Wesens-Unterschied: Die klassischen Potential-Unterschiede sind eingebettet in die euklidische Raumzeit-Struktur – die relativistischen «Potential»-Unterschiede *sind* die Abweichungen von der euklidischen Raumzeit-Struktur.

Massen krümmen die Raumzeit. Diese bahnbrechende Konzeption Einsteins ist unumstößlich. Jedoch sind wir zur Überzeugung gelangt, daß ihre Formulierung nach Gln.(1.0) einer erst im kosmologischen Bereich relevanten Verallgemeinerung bedarf, die wir jetzt vorlegen.

Wir führen eine neue metrische Gravitations-Theorie ein, die nicht auf konstante Werte der Gravitations-«Konstante» $G \equiv \gamma^{-1}$ beschränkt ist. Unsere Theorie ist in sich widerspruchsfrei und anscheinend mit allen anerkannten Meßergebnissen vereinbar. Betreffend den Gesamtkosmos ist sie vollständig; betreffend lokale Probleme ist sie bedingt vollständig, wie abschließend in *Überblick und Folgerungen* diskutiert ist. Sie ist — siehe *Probleme und Ansätze* — eine «Ein-Metrik-Theorie», welche unsere kovarianten Feldgleichungen (1) und unser «Prinzip der verschiedenen Ursachen des Gravitations-Skalarfeldes und des Gravitations-Potentials» umfaßt. Diese unsere Feldgleichungen verallgemeinern diejenigen von Einstein: Wir ergänzen seinen Krümmungs-Term γG_i^k durch einen anderen tensoriellen Krümmungs-Term $C_i^k = -2\gamma_{;i}^{;k} + 2\delta_i^k \Box\gamma$ und ergänzen seine der Materie zugehörige Energie-Impuls-Dichte T_i^k durch eine der Gravitation zugehörige tensorielle Energie-Impuls-Dichte P_i^k. Das kosmische Ergebnis unserer Theorie ist das gleichförmig expandierende Universum. Ihre nicht-kosmischen Ergebnisse sind denen von Einsteins Allgemeiner Relativitäts-Theorie sehr ähnlich, weil astrophysikalisch die beiden Ergänzungsgrößen und die lokalen Schwankungen von G vernachlässigbar sind.

Unsere Feldgleichungen sind in den beiden folgenden Kapiteln hergeleitet und zu Beginn des letzten Kapitels erklärt. Sie lauten:

$$\gamma G_i^k + C_i^k = 8\pi c^{-4}(T_i^k + P_i^k), \quad \text{mit } C_i^k \equiv -2\gamma_{;i}^{;k} + 2\delta_i^k \Box\gamma; \qquad T_{i;k}^k = 0; \quad P_n^n = 0. \tag{1}$$

Diese Gleichungen erschienen im Report No 25, Aug. 1980 [43] und No 29, Nov. 1981 [44] der Universität New South Wales, Australien.

Probleme und Ansätze

Ist G, die sogenannte Gravitations-«Konstante» (wir nennen sie «Gravitationsfaktor»), tatsächlich eine Konstante oder ändert sie sich? Das ist eine der wichtigsten unbeantworteten Fragen in Kosmologie und Astrophysik. Für Einsteins Allgemeine Relativitäts-Theorie [1–3] muß G konstant sein. Untersuchen wir, wie sich Einsteins Theorie mit veränderlichem G vereinbaren läßt.

Viele Arbeiten von Canuto, Dirac, Goldman, Hsieh, Narlikar und anderen Autoren [4–9] beruhen auf der Annahme, daß Einsteins Theorie in einem Einheiten-System gilt, das vom Einheiten-System der Atom-Konstanten verschieden ist. Diese «Zwei-Metrik»-Theorie scheint die gesuchte Vereinbarkeit zu liefern. Weil aber «der» Maßstab und «die» Uhr grundlegende Elemente der natürlichen Vorstellung und der Theorie Einsteins sind, sollte man ernsthaft nach Theorien suchen, in denen die mit der Einführung von zwei Arten von Einheiten – nämlich den «Einstein-Einheiten» und den «Atom-Einheiten» – verbundene Problematik nicht auftritt. In diesem Aufsatz stellen wir eine Theorie vor, welche, wie üblich, nur mit einer Art von Einheiten operiert. Es ist eine «Ein-Metrik»-Theorie, die sich auf die üblichen «Atom-Einheiten» stützt, also beispielsweise Metallstäbe und Quarzkristall-Uhren. Letztlich kann erst aufgrund von Meßergebnissen entschieden werden, welche Theorie der Wirklichkeit entspricht. Möglicherweise fällt die Entscheidung noch in diesem Jahrzehnt.

Einsteins Feldgleichungen ohne die sogenannte Kosmologische Konstante lauten in der ko-kontravarianten Komponenten-Darstellung:

$$\gamma G_i^k \equiv \gamma(R_i^k - \tfrac{1}{2}\delta_i^k R_n^n) = 8\pi c^{-4} T_i^k \quad \text{mit:} \tag{1.0}$$

γ	$\equiv G^{-1}$, wobei	R_i^k	Ricci-Tensor
G	Gravitations-«Konstante»	R_n^n	Krümmungs-Skalar
G_i^k	Einstein-Tensor	c	Lichtgeschwindigkeit
δ_i^k	Kronecker-Tensor	T_i^k	Energie-Impuls-Tensor

Die kovariante Divergenz von Einsteins Feldgleichungen ist

$$\gamma_{;k} G_i^k + \gamma G_{i;k}^k = 8\pi c^{-4} T_{i;k}^k .$$

Da $G_{i;k}^k = 0$ und nach der Standard-Definition von T_i^k auch $T_{i;k}^k = 0$ ist, muß nach Einsteins Feldgleichungen $\gamma_{;k} G_i^k$ identisch verschwinden. Daher muß $\gamma_{,k}$ Null sein.

Man kann Einsteins Feldgleichungen mit variablem γ vereinbaren, indem man die Definition von T_i^k «etwas» verändert; derart, daß nicht mehr $T_{i;k}^k = 0$, sondern $(\gamma^{-1} T_i^k)_{;k} = 0$ ist [10,11]. Eine derart veränderte Definition von T_i^k verzerrt aber die ursprüngliche Bedeutung von T_i^k. Betrachten wir beispielsweise einen ausgeglätteten sphärischen Kosmos, dessen gesamte Materie nur aus mitbewegten Ruhemasse-Partikeln besteht: Wenn T_i^k die Energie-Impuls-Dichte von nichts anderem als der Materie darstellt, dann verschwindet $T_1^1 = T_2^2 = T_3^3$ und ist T_0^0

reziprok proportional zu irgend einem mitbewegten Teilvolumen. Das vereinbart sich mit $T^k_{0;k} = 0$, vereinbart sich aber für veränderliches γ nicht mit $(\gamma^{-1}T^k_0)_{;k} = 0$. Entsprechende Überlegungen für den Mittelpunkt eines sphärischen Sterns führen zur selben Schlußfolgerung.

Wir behalten die Standard-Definition von T^k_i bei: Es ist der Energie-Impuls-Dichte-Tensor von der Materie, das heißt, von allem außer der Gravitation. Wir behalten also

$$T_{ik} = T_{ki}\,; \qquad T^k_{i;k} = 0\,. \tag{1.1}$$

Anstatt zwei Arten von Einheiten zu benutzen oder die Standard-Definition von T^k_i zu verändern, ergänzen wir γG^k_i durch einen Tensor C^k_i der «Kosmischer Tensor» genannt sei und ergänzen wir T^k_i durch einen Tensor P^k_i der «Potential-Tensor» genannt sei. Unsere neuen Feldgleichungen haben die Form

$$\gamma G^k_i + C^k_i = 8\pi c^{-4}(T^k_i + P^k_i)\,, \tag{1.2}$$

wobei die Tensoren C^k_i und P^k_i in den folgenden Kapiteln definiert und bestimmt werden. Diese neuen Feldgleichungen gelten auch für veränderliches γ. Sie sind auf alle lokalen und kosmischen Bereiche anwendbar. Unsere Theorie ist mit dem Äquivalenz-Prinzip vereinbar [12–14].

Theorie und Gleichungen

Die Gln. (1.2) umfassen die Feldgleichungen sowohl von unserer Theorie, als auch (mit $P^k_i \equiv 0$) von der Brans-Dicke Skalar-Tensor-Theorie [15,3]. Es ist geeignet, einige Merkmale unserer Theorie durch den Vergleich mit der Brans-Dicke-Theorie zu erklären.

Nach beiden Theorien ist C^k_i aus Termen aufgebaut, deren jeder kovariante Ableitungen von γ enthält. Einer unserer Einwände gegen die Brans-Dicke Theorie ist, daß sie außer C^k_i keinen weiteren Tensor P^k_i enthält. Sie versucht zwei verschiedene Dinge – nämlich Krümmung und Energie-Impuls-Dichte – durch einen einzigen Tensor auszudrücken.

In unserer Theorie haben C^k_i und P^k_i verschiedene und wohl-definierte physikalische Bedeutungen. Der «Kosmische Tensor» C^k_i stellt eine Krümmung dar. Diese Krümmung wird in diesem Kapitel erklärt. Der Name «Kosmischer Tensor» ist in *Kosmische Lösungen* erklärt.

Unser «Potential-Tensor» P^k_i stellt alle tensoriellen Energie-Impuls-Dichten dar, die nicht von T^k_i dargestellt werden. Während T^k_i die

Energie-Impuls-Dichten aller Arten von Materie darstellt (zB Ruhemassen, Neutrinos, elektro-magnetische Felder, schwache und starke Wechselwirkungen), stellt P_i^k die tensorielle Energie-Impuls-Dichte der Gravitation dar. Wir nennen dieses tensorielle Feld «Gravitations-Potential», damit es nicht mit dem «Gravitations-Feld» verwechselt wird, dessen Energie-Impuls-Dichte durch den wohlbekannten Nicht-Tensor t_i^k dargestellt wird.

Da sowohl G_{ik} als auch T_{ik} und C_{ik} symmetrisch sind (Gln.1.1 und 2.2), ist nach Gl.(1.2) auch P_{ik} symmetrisch. Da P_i^k ein ruhemasseloses Feld ausdrückt, postulieren wir, daß seine Spur verschwindet:

$$P_{ik} = P_{ki} \; ; \qquad P_n^n = 0 \, . \tag{2.1}$$

Brans und Dicke bestimmen C_i^k mit Hilfe einer zusätzlichen skalaren Gleichung: Nach ihrer Annahme ist der d'Alembertian von γ proportional der Spur von T_i^k, somit $\Box \gamma \propto T_n^n$. Es ist jedoch schwierig, diese Annahme und deren Konsequenzen mit einigen neueren Meßergebnissen zu vereinbaren. Unsere Theorie lehnt diese Annahme ab. Wir argumentieren in nachstehender Weise.

Die Anwendung der letztgenannten Annahme von Brans und Dicke auf einen unbewegten Stern mit vernachlässigbarer Selbst-Gravitation ergibt angenähert $\Delta\gamma \propto \varrho$, wobei $\Delta\gamma$ der Laplacian von γ, und ϱ die Massendichte des Sterns ist. Das Newtonsche Potential Φ des Sterns ist durch $\Delta\Phi \propto \varrho$, gegeben. Nach Brans und Dicke ist also ϱ die Quelle sowohl von γ als auch von Φ. Nach unserer Konzeption dagegen sind γ und Φ wesenhaft verschieden voreinander. Wir postulieren, daß sie verschiedene Ursache haben, also nicht zur selben Quelle gehören.

Diese Konzeption könnte man das «Prinzip der verschiedenen Ursachen des Gravitations-Skalarfeldes und des Gravitations-Potentials» nennen. Das Skalar-Feld γ ist primär bestimmt durch den Kosmos im ganzen, das intrakosmische Gravitations Potential (dessen erste Näherung Φ ist) ist primär bestimmt durch die lokalen Schwankungen der Massen-Verteilung; im Verhältnis zum Gesamtkosmos. Nach diesem Prinzip gibt es in einem völlig statischen kosmischen Modell keine Schwankung des Gravitations-Skalarfeldes γ und gibt es in einem ausgeglätteten isotropen kosmischen Modell keine Schwankung des Gravitations-Potentials. Die Anwendung unseres Prinzips auf den ganzen Kosmos und auf lokale Objekte ist in *Kosmische Lösungen* und *Lokale Potentialenergie-Dichte* gezeigt. Die Erweiterung dieses Prinzips auf P_i^k bedeutet: Für jeden in einem völlig statischen kosmischen Modell ruhenden lokalen Beobachter ist $P_1^1 = P_2^2 = P_3^3$ und $P_i^k = 0$ für $i \neq k$.

In unserer Theorie sind die Ableitungen des skalaren Feldes γ nicht direkt durch die lokalen Werte von T_i^k bestimmt. Physikalische Überlegungen zusammen mit einfachen Rechnungen werden zur Gl. (2.8) führen, die C_i^k als Funktion der Ableitungen von γ ausdrückt.

Unser Tensor C_i^k ist ein Krümmungs-Tensor. Er ergänzt den Krümmungs-Term γG_i^k in Gl. (1.2). Da G_i^k eine Raumzeit-Raumzeit-Krümmung darstellt und eine tensorielle gemischte Raumzeit-γ-Krümmung nicht existiert (weil das Christoffel-Symbol Γ_{im}^k kein Tensor ist), muß C_i^k/γ eine γ-γ-Krümmung darstellen. Daraus schließen wir, daß C_i^k aus Tensoren aufgebaut ist, welche zweite kovariante Ableitungen von γ enthalten. Es gibt zwei Grund-Tensoren dieser Art: $\gamma_{;i}^{;k}$ und $\delta_i^k \Box\gamma$. Sie haben die selbe Dimension wie C_i^k. Das führt zu folgendem Ansatz

$$C_i^k = K\gamma_{;i}^{;k} + C\delta_i^k \Box\gamma\,, \qquad \text{mit } \Box\gamma \equiv \gamma_{;n}^{;n}\,, \tag{2.2}$$

wo *K* und *C* dimensionslose Konstante sind.

Unter Benutzung der bekannten Identität

$$(\gamma_{;i}^{;k} - \delta_i^k \Box\gamma)_{;k} = \gamma_{;k} R_i^k\,, \tag{2.3}$$

ergibt sich die kovariante Divergenz von Gl. (2.2) zu

$$C_{i;k}^k = K R_i^k \gamma_{;k} + (K+C)\delta_i^k (\Box\gamma)_{;k}\,. \tag{2.4}$$

Da $G_{i;k}^k = 0$, führen die Gln. (1.1) und (1.2) zu

$$\gamma_{;k} G_i^k = -C_{i;k}^k + 8\pi c^{-4} P_{i;k}^k\,. \tag{2.5}$$

Innerhalb jedes flachen Raumzeit-Bereichs ist G_i^k identisch Null, so daß also auch die Summe der beiden rechts stehenden Terme von Gl. (2.5) identisch Null ist. Unter dem Gesichtspunkt der Einfachheit postulieren wir, daß in Bereichen mit $G_i^k = 0$ und also auch $R_i^k = 0$, jeder der beiden Terme der rechten Seite von Gl. (2.5) für sich gleich Null ist. Die Anwendung dieses Postulats auf Gl. (2.4) führt zu $K+C = 0$.

Mit $K+C = 0$ und $i = 0$ ergeben die Gln. (2.4) und (2.5):

$$\gamma_{;k} \left[(1+K) G_0^k - \tfrac{1}{2}K\delta_0^k G_n^n\right] = 8\pi c^{-4} P_{0;k}^k\,. \tag{2.6}$$

In einem unbewegten statischen Stern mit vernachlässigbarer Selbst-Gravitation sind G_0^0 und G_n^n angenähert gleich $-8\pi c^{-2}\varrho/\gamma$ — wobei ϱ die Massendichte ist — und sind G_0^1, G_0^2, G_0^3 angenähert gleich Null.

Unter diesen Bedingungen folgt aus Gl.(2.6), daß

$$P^k_{0;k} \approx -(1+\tfrac{1}{2}K)\varrho c^2\ \gamma_{;0}/\gamma\ . \tag{2.7}$$

Wenn der Faktor $(1+K/2)$ von Gl. (2.7) ungleich Null ist, dann ist die Divergenz von P^k_0 proportional zu ϱ und $\gamma_{;0}/\gamma$. Derartige Proportionalität verletzt die Energie-Erhaltung und ist unannehmbar. Das führt zu der Annahme $(1+K/2)=0$. Einzelheiten über $P^k_{0;k}$ finden sich in *Lokaler Potentialenergie-Fluß* und *Energie-Erhaltung und -Lokalisation.*

Die vorausgehenden Überlegungen resultieren in $K+C=0$ und $1+K/2=0$. Nach Gl.(2.2) ist daher der Kosmische Tensor gleich

$$C^k_i = -2\gamma^{;k}_{;i} + 2\delta^k_i\Box\gamma\ , \quad \text{mit} \quad \Box\gamma \equiv \gamma^{;n}_{;n} \tag{2.8}$$

und die explizite Form unserer neuen Feldgleichungen (1.2) heißt

$$\gamma G^k_i - 2\gamma^{;k}_{;i} + 2\delta^k_i\Box\gamma = 8\pi c^{-4}(T^k_i + P^k_i) \tag{2.9}$$

wobei der «Potential-Tensor» P^k_i die tensorielle Energie-Impuls-Dichte von allem außer Materie darstellt. $T^k_i + P^k_i$ ist die gesamte Energie-Impuls-Dichte für $t^k_i = 0$, also in einem frei fallenden lokalen System.

Wenn γ konstant, also sowohl $\gamma^{;k}_{;i}$ als auch $\Box\gamma$ Null ist, besteht eine gewisse Ähnlichkeit zwischen den Gln.(2.9) und Einsteins Feldgleichungen für nicht-verschwindende Kosmologische Konstante. In diesem Fall entspricht unser P^k_i-Term dem die Kosmologische Konstante enthaltenden Term: Die kovariante Divergenz beider Terme verschwindet. Trotzdem dürfen zwei bemerkenswerte Unterschiede nicht übersehen werden. Während nämlich unser P^k_i-Term verschwindende Spur hat (Gl. 2.1) und veränderlich ist, hat der die Kosmologische Konstante enthaltende Term eine nicht-verschwindende Spur und ist konstant, weil er das Produkt aus einer Konstanten mit δ^k_i darstellt.

Interessanterweise ergibt Gl.(2.8) wegen Gl.(2.3) die Beziehung

$$C^k_{i;k} = -2\gamma_{;k} R^k_i \tag{2.10}$$

und ergeben die Gln.(1.1), (2.8), (2.9) und (2.10)

$$8\pi c^{-4} P^k_{i;k} = \gamma_{;k}(-G^k_i + \delta^k_i G^n_n)\ . \tag{2.11}$$

Die folgenden Kapitel befassen sich mit der Anwendung unserer Feldgleichungen auf den ganzen Kosmos und auf lokale Probleme. Diese Anwendungen werden den Potential-Tensor P^k_i festlegen. Zugleich werden sie erweisen, daß unsere Definition von C^k_i und die nachfolgenden Ausführungen über P^k_i sinnvoll und realistisch sind.

Wenden wir unsere Feldgleichungen (2.9) auf den Gesamtkosmos an. Ein ausgeglätteter und isotroper sphärischer Kosmos wird durch die Robertson-Walker-Metrik [3,16] beschrieben:

$$ds^2 = A^2(\eta)\left[-d\eta^2 + d\chi^2 + \sin^2\chi\,(d\theta^2 + \sin^2\theta\, d\Phi^2)\right], \qquad (3.1)$$

mit ds invariantes Linienelement, A kosmischer Radius, χ Radialkoordinate, η Zeitkoordinate.

η und χ sind dimensionslos. η ist definiert durch

$$\eta = c\int_0^T A^{-1}\, dT + \eta_h, \qquad (3.2)$$

wobei T das kosmische Alter und η_h der η-Wert am «Horizont» $T = 0$ ist.

Die Robertson-Walker-Metrik nach Gl.(3.1) gibt die nachstehenden Werte für die Komponenten und Spuren des Einstein-Tensors G_i^k, des Ricci-Tensors R_i^k (vergleiche [16]) und des Kosmischen Tensors C_i^k nach Gl.(2.8). Es wird angenommen, daß im betrachteten ausgeglätteten Modell die räumlichen Ableitungen von γ verschwinden. Die Ableitungen $\partial/\partial\eta$ werden durch Punkte dargestellt.

$$G_0^0 = -3A^{-4}(A^2 + \dot{A}^2);\quad G_1^1 = G_2^2 = G_3^3 = A^{-4}(-A^2 + \dot{A}^2 - 2A\ddot{A}); \qquad (3.3)$$
$$G_n^n = -6A^{-3}(A + \ddot{A});$$

$$R_0^0 = 3A^{-4}(A\ddot{A} - \dot{A}^2);\quad R_1^1 = R_2^2 = R_3^3 = A^{-4}(2A^2 + \dot{A}^2 + A\ddot{A}); \qquad (3.4)$$
$$R_n^n = 6A^{-3}(A + \ddot{A});$$

$$C_0^0 = -6A^{-3}\dot{A}\dot{\gamma};\quad C_1^1 = C_2^2 = C_3^3 = -2A^{-3}(\dot{A}\dot{\gamma} + A\ddot{\gamma}); \qquad (3.5)$$
$$C_n^n = -6A^{-3}(2\dot{A}\dot{\gamma} + A\ddot{\gamma}).$$

Alle anderen Komponenten verschwinden.

Wegen Gln.(2.1) und (2.8) ist die Verjüngung von Gl.(2.9):

$$\gamma G_n^n + C_n^n = 8\pi c^{-4} T_n^n. \qquad (3.6)$$

Die Gln.(3.3), (3.5) und (3.6) ergeben

$$(A\gamma) + \partial^2(A\gamma)/\partial\eta^2 = -\tfrac{4\pi}{3}c^{-4}A^3 T_n^n = \tfrac{4\pi}{3}c^{-2}A^3\varrho_r, \qquad (3.7)$$

wo $\varrho_r = -c^{-2}T_n^n$ die mittlere Ruhemassen-Dichte des kosmischen Substrats ist.

Die allgemeine Lösung von Gl.(3.7) ist

$$A\gamma = \frac{4\pi}{3} c^{-2}\left[\sin\eta\int\varrho_r A^3\cos\eta\, d\eta - \cos\eta\int\varrho_r A^3\sin\eta\, d\eta\right] + C_1\sin\eta + C_2\cos\eta\,, \tag{3.8}$$

wo C_1 und C_2 willkürliche Konstante sind.
Für $\eta = 0$ schreibt sich Gl.(3.8) so

$$A\gamma = -\frac{4\pi}{3} c^{-2}\int\varrho_r A^3\sin\eta\, d\eta + C_2\,. \tag{3.9}$$

Im kosmischen Alter $T = 0$ führt Gl.(3.2) zu $\eta = \eta_h$. Nehmen wir an, daß für $T = 0$ der Kosmos mit $A = 0$ anfing. Dann lautet Gl.(3.9) so

$$A\gamma = -\frac{4\pi}{3} c^{-2}\int_{\eta_h}^{0}\varrho_r A^3\sin\eta\, d\eta\,, \qquad \text{mit} \quad \eta_h \leqslant 0\,. \tag{3.10}$$

Mit $ds = 0$ und $d\theta = d\Phi = 0$ gibt Gl.(3.1) die für radial einfallende Lichtstrahlen oder gravitatorische Informationen gültige Beziehung

$$d\eta = -d\chi\;; \qquad \eta = -\chi\,,$$

wenn η und χ für unseren Standpunkt hier und jetzt nach Definition Null sind.

Somit führt Gl.(3.10) zu

$$A\gamma = \frac{4\pi}{3} c^{-2}\int_{0}^{\chi_h}\varrho_r A^3\sin\chi\, d\chi\,, \qquad \text{mit} \quad \chi_h \geqslant 0\,, \tag{3.11}$$

wo χ_h der χ-Wert am Horizont, also für $T = 0$ ist.

Es ist interessant, Gl.(3.11) in folgender Form anzuschreiben

$$-\frac{1}{3}\gamma^{-1}\int_{0}^{\chi_h}\frac{4\pi\varrho_r A^3\sin^2\chi}{A_0\sin\chi}\, d\chi = -\frac{1}{3}G\int dm_r/r = -c^2\,, \tag{3.12}$$

wobei A und ϱ_r Funktionen von χ sind, während A_0 der kosmische Radius für unseren Standpunkt hier und jetzt ist. $dm_r \equiv 4\pi\varrho_r A^3\sin^2\chi\, d\chi$ ist das «retardierte» Ruhemassen-Inkrement, welches in der Kugel-Schale der Dicke $Ad\chi$ damals enthalten war, als die jetzt hier eintreffende Information von dieser Schale abging. r ist der radiale Abstand $A_0\sin\chi$.

Schon früher sind auf das Machsche Prinzip aufbauende Größenordnungs-Beziehungen vorgeschlagen worden (vergl. [14, 15, 17—23]), die unseren exakten Gln.(3.12) ähneln. Die Gln.(3.12) haben eine fundamentale physikalische Bedeutung: Ein Drittel des «retardierten kosmischen Gravitations-Potentials» ist gleich dem «Grenz-Potential» $-c^2$. Das retardierte Gravitations-Potential [24] ist analog dem wohlbekannten retardierten elektrostatischen Potential [16].

Betreffend die ebengenannte Interpretation der Gln.(3.12) tauchen zwei Fragen auf. Die erste ist: Warum ist der radiale Abstand r im Nenner des Potential-Inkrements dm_r/r gleich $A_0 \sin\chi$, und nicht $A \sin\chi$? Diese Frage beantwortet sich in dem entscheidenden Unterschied zwischen der kosmischen und der lokalen Form des retardierten Potential-Inkrements. Das lokale Inkrement ist reziprok proportional dem radialen Abstand zu der Zeit, als die Gravitations-Information vom betrachteten Objekt abging. Dagegen ist das kosmische Inkrement reziprok proportional dem unveränderlichen «Positions-Faktor» $\sin\chi$ des betrachteten Objekts und dem kosmischen Radius A_0 — denn die Expansion des Kosmos bedeutet eine Expansion seiner räumlichen Struktur und damit, sozusagen, auch eine Expansion der «Gravitations-Feldlinien» bis sie hier und jetzt ankommen, also zur Zeit, da der kosmische Radius A_0 ist.

Die zweite Frage betrifft den Faktor $\frac{1}{3}$ in den Gln.(3.12). Auf den ersten Blick würde es befriedigender sein, wenn dieser Faktor 1 wäre. Wir haben darauf folgende Antwort gefunden: Das kosmische retardierte Potential ist kein relatives Potential im klassischen Sinn oder im Sinn eines unterschiedlichen Zeitablaufs. Es ist vielmehr ein fundamentales Raumzeit-Phänomen, das «absolute Potential». Sein Wert ist ein Drittel vom entsprechenden klassischen Wert $-G\int dm_r/r$.

Die vorausgehenden Gleichungen dieses Kapitels gelten für den hyperbolischen beziehungsweise für den euklidischen Fall, wenn man:
in Gln.(3.1), (3.8—12): $\sin\eta$, $\sin\chi$ ersetzt durch $sh\,\eta$, $sh\,\chi$ oder η, χ
und in Gl.(3.8) zusätzlich: $\cos\eta$ ersetzt durch $ch\,\eta$ oder 1,
in Gln.(3.3) und (3.4): die Terme A^{-2} vorzeichendreht oder 0 setzt,
in Gl.(3.7): den 1. Term vorzeichendreht oder 0 setzt, dagegen
in Gln.(3.2), (3.5), (3.6): nichts verändert.

Kosmische Lösungen

Wieder wenden wir unsere Feldgleichungen auf den ausgeglätteten und isotropen sphärischen Kosmos an. Die Gln.(2.9), (3.3) und (3.5) ergeben

$$-3A^{-4}(A^2+\dot{A}^2)\gamma \quad -6A^{-3}\dot{A}\dot{\gamma} \quad = \quad 8\pi c^{-4}(\mathrm{T}^0_0+\mathrm{P}^0_0)\,, \qquad (4.1)$$

$$A^{-4}(-A^2+\dot{A}^2-2A\ddot{A})\gamma \; -2A^{-3}\dot{A}\dot{\gamma} \; -2A^{-2}\ddot{\gamma} \quad = \quad 8\pi c^{-4}(\mathrm{T}^1_1+\mathrm{P}^1_1)\,, \qquad (4.2)$$

wobei die Punkte $\partial/\partial\eta$ bedeuten. Gl.(4.2) ist auch für die Komponenten ${}^2_2$ und ${}^3_3$ gültig. Die Terme A^{-2} drehen ihr Vorzeichen im hyperbolischen Fall und verschwinden im euklidischen Fall.

A, $\dot{A}$, γ, $\dot{\gamma}$ und T^0_0 sind stetige Funktionen von η. Dagegen ist $T^n_n = -c^2\varrho_r$ nicht notwendig stetig. Stellen wir uns beispielsweise ein kosmisches Modell vor, bei dem durch eine vor-programmierte Nuklear-Reaktion plötzlich, im ganzen Kosmos, 1‰ der Ruhemasse verstrahlt und sich damit $|T^n_n|$ um 1‰ reduziert. So ein «Sprung» von T^n_n bewirkt einen Sprung von $T^1_1 = T^2_2 = T^3_3$ und nach Gl.(3.7) einen Sprung von $\ddot{A}\gamma$ und/oder $A\ddot{\gamma}$. Daher darf man die theoretische Möglichkeit einer Unstetigkeit von T^1_1, $\ddot{A}$ und $\ddot{\gamma}$ nicht ausschließen. Unter diesem Gesichtspunkt ist es wichtig, daß Terme mit T^1_1, $\ddot{A}$ und $\ddot{\gamma}$ zwar in Gl.(4.2), aber nicht in Gl.(4.1) enthalten sind. Daher bedeutet die Stetigkeit von T^0_0 zugleich auch die Stetigkeit von P^0_0 und $P^1_1 = P^2_2 = P^3_3 = -\frac{1}{3} P^0_0$.

Eine einfache, auf Gl.(3.7) und die Ableitung von Gl.(4.1) nach η gestützte Direkt-Rechnung führt zu der Beziehung

$$\dot{P}^0_0 + \dot{T}^0_0 - A^{-1}\dot{A}\,T^n_n = \text{Terme mit } A, \dot{A}, \ddot{A}, \gamma, \dot{\gamma}. \qquad (4.3)$$

Die Gln.(1.1) und (3.1) ergeben

$$\dot{T}^0_0 - A^{-1}\dot{A}\,T^n_n = -4A^{-1}\dot{A}\,T^0_0. \qquad (4.4)$$

Die Gln.(4.3) und (4.4) führen zu

$$\dot{P}^0_0 = 4A^{-1}\dot{A}\,T^0_0 \text{ plus Terme mit } A, \dot{A}, \ddot{A}, \gamma, \dot{\gamma}. \qquad (4.5)$$

Gl.(4.5) läßt sich folgendermaßen kommentieren: Sogar $\dot{P}^0_0 \equiv \partial P^0_0/\partial\eta$ ist stetig, wenn nicht nur A, $\dot{A}$, γ, $\dot{\gamma}$, sondern auch $\ddot{A}$ stetig ist – und in der Tat nehmen wir an, daß $\ddot{A}$ stetig ist. Man vergleiche hierzu das in diesem Kapitel weiter unten Gesagte.

Diese Tatsachen, nämlich die Stetigkeit von P^0_0 und sogar die Stetigkeit von $\dot{P}^0_0$ (für stetiges $\ddot{A}$) sind sehr befriedigend. Sie stehen im Einklang mit unserer Interpretation von P^k_i als dem Tensor, der die zur Gravitation gehörige Energie-Impuls-Dichte darstellt. Eine solche Energie-Impuls-Dichte muß stetig sein; zumal sie durch die gravitatorische Wechselwirkung aller kosmischen Massen zustande kommt.

Es kommen die überzeugenden Ergebnisse dieses und des vorangehenden Kapitels – nämlich die Einfachheit der Gl.(3.7), die physikalische Bedeutung der Gln.(3.12) und die Stetigkeit von P^0_0 und P^1_1 – durch die Bedingung $P^n_n = 0$ und vor allem durch die Definition von C^k_i nach den Gln.(2.8) zustande. Das zeigt, daß unsere Definition von C^k_i vernünftig ist. Zugleich zeigt sich damit die fundamentale Bedeutung von C^k_i für die den ganzen Kosmos beherrschenden Gleichungen. Deshalb ist es gerechtfertigt, C^k_i als «Kosmischen Tensor» zu bezeichnen.

Es gibt 6 voneinander unabhängige kosmische Funktionen von η, nämlich A, γ, T^0_0, T^1_1, P^0_0, P^1_1. Bis jetzt haben wir aber erst 4 voneinander unabhängige Gleichungen: $T^k_{0;k} = 0$ (Gl.1.1), $P^n_n = 0$ (Gl.2.1), ferner die Gln.(4.1) und (4.2). Es gibt noch eine fünfte Gleichung, die man «astrophysikalische Gleichung» nennen könnte, weil sie den Übergang von Ruhemassen-Energie in Strahlungsmassen-Energie (zB durch Photonen oder Neutrinos erzeugende Kernprozesse) kennzeichnet. Diese 5 Gleichungen bringen keine Einschränkung bezüglich der kosmischen Expansion. Sie gelten für jede willkürlich gegebene Funktion $A = A(\eta)$, falls A und $\dot{A}$ stetig sind. Sie umfassen beispielsweise auch das durch Einsteins Feldgleichungen festgelegte «Standard-Modell», dessen Expansion negativ beschleunigt ist.

Zur Einschränkung dieser Vielfalt auf ein wohldefiniertes Modell bedarf es der Einführung einer sechsten Gleichung. Wir wählen die Gleichung

$$R^0_0 = 0 \quad \text{im mitbewegten System eines isotropen Kosmos} \qquad (4.6)$$

Wir gründen diese Gleichung auf das Prinzip der verschiedenen Ursachen (siehe *Theorie und Gleichungen*). Nach diesem Prinzip schwankt das Gravitations-Potential in einem ausgeglätteten isotropen kosmischen Modell nicht. Für die Newtonsche Physik bedeutet dies, daß $\Delta\Phi$, der Laplacian des Newtonschen Potentials, identisch verschwindet; für Einsteins und unsere Theorie ist die äquivalente Gleichung [16,25] durch $R^0_0 = 0$ gegeben. Aus den Gln.(3.4) und (4.6) folgt

$$\dot{A}^2 - A\ddot{A} = 0 \,, \quad \text{mit der allgemeinen Lösung} \quad A = a e^{k_h \eta}, \qquad (4.7)$$

wo a und k_h irgendwelche Konstanten sind. Die Gln.(3.2) und (4.7) ergeben

$$A = k_h c T \quad \text{und} \quad \eta - \eta_0 = k_h^{-1} \ln(T/T_0) \;; \qquad (4.8)$$

dabei ist T das kosmische Alter (das nach Voraussetzung für $A = 0$ verschwindet) und sind η_0 und T_0 die gegenwärtigen Werte von η und T.

Die erste der Gln.(4.8) drückt gleichförmige Expansion aus. In der Tat ist der gleichmäßig expandierende Kosmos unser bevorzugtes Modell. Das ist andernorts ausführlicher beschrieben und begründet [22,26–30]. Nach den Newtonschen Gesetzen ist die gleichförmige Expansion die direkte Folge der räumlichen Konstanz des Gravitations-Potentials. Interessanterweise befriedigt das radiale Geschwindigkeitsfeld eines gleichförmig expandierenden Kosmos die spezielle Relativitäts-Theorie (vergleiche [14,31–33,41,43]).

Die Gln.(3.3) und (4.7) ergeben $G^0_0 - 3G^1_1 = 0$, so daß sich aus den Gln.(2.8) und (2.9) bezüglich des gleichförmig expandierenden Kosmos folgende Beziehung ergibt

$$(P^0_0 - 3P^1_1) + (T^0_0 - 3T^1_1) = (C^0_0 - 3C^1_1)c^4/(8\pi)\,, \qquad (4.9)$$

wo $-T^0_0$ und $-P^0_0$ die Energie-Dichte, $T^1_1 = T^2_2 = T^3_3$ und $P^1_1 = P^2_2 = P^3_3$ die Drücke sind. Gl.(4.9) zeigt eine bemerkenswerte «Komplementarität» von T^k_i und P^k_i: Die Summe ihrer «Pseudo-Spuren» ($^0_0$-Komponente minus die anderen diagonalen Komponenten) hängt ausschließlich von Termen ab, die zweite kovariante Ableitungen von γ enthalten.

In der Allgemeinen Relativitätstheorie ist die totale Energie eines statischen Systems durch ein Volumen-Integral über $-T^0_0 + [T^1_1 + T^2_2 + T^3_3]$ gegeben [16]. Somit verschwindet die Energie des gesamten statischen Systems, wenn die vorausgehend genannte Pseudo-Spur von T^k_i identisch verschwindet. In diesem Zusammenhang ist es interessant, unser kosmisches Modell für den total statischen Fall zu betrachten, das heißt, für den Fall bei dem alle Variablen konstant sind. In diesem Fall verschwindet C^k_i und Gl.(4.9) ergibt

$$-(T^0_0 + P^0_0) + [(T^1_1 + P^1_1) + (T^2_2 + P^2_2) + (T^3_3 + P^3_3)] = 0\,. \qquad (4.10)$$

Da in unserer Theorie die tensorielle Energie-Impuls-Dichte durch $(T^k_i + P^k_i)$ anstatt durch T^k_i gegeben ist, drückt das Verschwinden der Pseudo-Spur von $(T^k_i + P^k_i)$ nach Gl.(4.10) die energetische Null-Bilanz des gesamten Kosmos aus: Seine Materie-Energie und seine Gravitations-Energie kompensieren sich miteinander zu Null [22,30].

Ein direkter Weg zum Verstehen der energetischen Null-Bilanz des gesamten Kosmos ist die Tatsache, daß es großräumig keine Gravitations-«Feldlinien» gibt, das heißt, daß Γ^1_{00}, Γ^2_{00} und Γ^3_{00} verschwinden. Eine andere Beschreibung der energetischen Null-Bilanz des ausgeglätteten Kosmos ist die Gleichung

$$T^0_0 + P^0_0 + t^0_0 = 0\,, \qquad (4.11)$$

wo t^0_0 die $^0_0$-Komponente des «Pseudo-Tensors t^k_i des Gravitations-Feldes» ist. In Übereinstimmung mit Gl.(4.1) ist im mitbewegten Koordinaten-System

$$t^0_0 = 3c^4(8\pi A^4)^{-1}\,(A^2\gamma + \dot{A}^2\gamma + 2A\dot{A}\dot{\gamma})\,. \qquad (4.12)$$

Dieses und das nächste Kapitel befassen sich mit lokalen Schwankungen von γ und P_i^k in einem nicht-homogenen Kosmos. Einfachheitshalber beschränken wir diese Untersuchungen auf idealisierte Spezialfälle. Die Ergebnisse werden für das Verständnis der grundlegenden Zusammenhänge und für die entsprechende Anwendung auf realistischere Fälle nützlich sein. Die in diesen beiden Kapiteln gegebenen Beweisführungen werden nicht immer so streng sein wie in den vorangehenden Kapiteln.

Wir betrachten ein sphärisches kosmisches Modell. Soweit nicht anders vermerkt, soll dieses isotrop sein — abgesehen von einem in ihm enthaltenen statischen, homogenen und sphärischen Stern mit der Masse m_s, der Dichte ϱ und dem Radius r_s. Dieser Stern soll im Substrat ruhen und vernachlässigbare Selbst-Gravitation haben. Wir benutzen Schwarzschild-Koordinaten $ct, r, \vartheta, \varphi$, wobei t bis auf irgendeine additive Konstante mit dem kosmischen Alter T übereinstimmt und wobei der Radius r vom Mittelpunkt des Sterns aus gerechnet ist. Die Komponenten sind

$g_{00} \approx -1$ und $g_{11} \approx 1$ für nicht-kosmische Abstände vom Stern,
$g_{22} = r^2$, $g_{33} = r^2 \sin^2\vartheta$ und $g_{ik} = 0$ für $i \neq k$.

Wenn dieses kosmische Modell als völlig statisch angenommen wird, dann ist, wegen des Prinzips der verschiedenen Ursachen (siehe *Theorie und Gleichungen*), γ konstant, also $\gamma_{;i} = \gamma_{,i} = 0$. Hieraus und aus Dimensions-Überlegungen kann man bezüglich des nicht-statischen Kosmos Rückschlüsse auf den Wert von $\gamma_{,1,1} \equiv \partial^2\gamma / \partial r^2$ im Sternmittelpunkt ziehen. Es ergibt sich

$$\partial^2\gamma / \partial r^2 = f_1(\partial\gamma / \partial ct)^2/\gamma + f_2(\partial^2\gamma / \partial ct^2) , \text{ für } r = 0, \quad (5.1)$$

wo $|f_1|$ und $|f_2|$ dimensionslose Faktoren sind, deren jeder verschwinden oder die Größenordnung 1 oder die Größenordnung $m_s(r_s\gamma c^2)^{-1}$ haben kann. Der letzte Ausdruck ist kleiner als 1 ; auch dann, wenn die Selbstgravitation nicht vernachlässigbar ist. Unter den im wirklichen Kosmos gegebenen Bedingungen haben $(\partial\gamma/\partial ct)^2/\gamma$ und $|\partial^2\gamma/\partial ct^2|$ höchstens die Größenordnung $\gamma(cT)^{-2}$, wobei T das kosmische Alter ist. Vergleiche hierzu die Ungleichungen (6.3).

Im Sternmittelpunkt verschwindet $\partial\gamma/\partial r$ und ist $|\partial^2\gamma/\partial r^2|$ nach Gl.(5.1) extrem klein. Folglich sind die räumlichen Schwankungen von γ innerhalb des Sterns vernachlässigbar klein, falls der Stern keine kosmischen Dimensionen hat. Die Abschätzung von γ außerhalb des Sterns ist komplizierter. Jedoch haben unsere Untersuchungen gezeigt, daß die räumlichen Schwankungen von γ auch außerhalb des Sterns extrem klein und für praktisch alle astrophysikalischen Berechnungen vernachlässigbar sind. Genaueres siehe in *Raum-Abhängigkeit von G*.

Wenden wir uns nun zur Abschätzung der lokalen Schwankungen von P^k_i. Es ist sinnvoll P^k_i als Überlagerung zweier Beiträge aufzufassen. Der eine Beitrag ist der in *Kosmische Lösungen* dargestellte isotrope «See», der andere Beitrag ist individuell vom betreffenden Stern generiert. Also:

$$P^k_i = P^k_{i\,\mathrm{See}} + P^k_{i\,\mathrm{Stern}} \,. \tag{5.2}$$

Nach Gl.(5.2) sind die Gln.(2.1) auch für $P^k_{i\,\mathrm{Stern}}$ gültig, weil sie sowohl für P^k_i als auch für $P^k_{i\,\mathrm{See}}$ gültig sind.

Falls das betrachtete kosmische Modell völlig statisch ist, sind aus Dimensionsgründen nur zwei Möglichkeiten betrachtenswert: Nämlich daß für $r \approx r_s$ der Betrag von $P^0_{0\,\mathrm{Stern}}$ entweder die Größenordnung $m_s c^2 r_s^{-3}$ oder die Größenordnung $m_s c^2 r_s^{-3}\, m_s (r_s \gamma c^2)^{-1} = m_s^2 r_s^{-4} \gamma^{-1}$ hat. Tatsächlich sind aber alle zwei Möglichkeiten nicht annehmbar. Die erste ist nicht annehmbar, weil sie bedeuten würde, daß in der Nähe des Sternrandes $|P^0_{0\,\mathrm{Stern}}|$ der Massenenergie-Dichte ϱc^2 vergleichbar ist; die zweite ist nicht annehmbar, weil sie bedeuten würde, daß $P^k_{i\,\mathrm{Stern}}$ der nicht-tensoriellen Energie-Impuls-Dichte t^k_i der Gravitations-«Feldstärke» entspricht. Übrigens kann $P^k_{i\,\mathrm{Stern}}$ auch keine Terme enthalten, in denen in irgend einer Potenz der kosmische Radius A vorkommt. Denn als gesamtkosmische Größe hat A keine direkte lokale Relevanz. Nach dem in diesem Absatz Gesagten gibt es also im völlig statischen Modell keinen annehmbaren Ausdruck für $P^0_{0\,\mathrm{Stern}}$. Daraus schließen wir, daß in diesem Modell $P^k_{i\,\mathrm{Stern}}$ identisch verschwindet.

Beim un-statischen Modell führen Dimensions-Analysen zum Ansatz

$$P^0_{0\,\mathrm{Stern}} = K_s m_s c^2 r^{-2} \gamma^{-1} \frac{d\gamma}{dct}\,, \quad \text{für nicht-kosmisches} \quad r \gg r_s\,, \tag{5.3}$$

wobei $|K_s|$ eine dimensionslose Konstante ist, die verschwinden oder die Größenordnung 1 oder die Größenordnung $m_s(r_s \gamma c^2)^{-1}$ haben kann. Zwar können Dimensions-Überlegungen für sich allein nicht ausschließen, daß auf der rechten Seite von Gl.(5.3) noch ein zusätzlicher Faktor (r_s/r) oder $(r_s/r)^2$ hinzutritt. Aber dennoch schließen wir diese Möglichkeit aus, weil $-P^0_{0\,\mathrm{Stern}}$ nach seiner Konzeption die Energiedichte einer sich über große Entfernungen erstreckenden gravitatorischen Verknüpfung zwischen dem Stern und den anderen kosmischen Massen darstellt. Befriedigenderweise führt Gl.(5.3) schließlich zu einer Gleichung — nämlich Gl.(5.5) — die r_s nicht enthält. Nach Gl.(6.9) wird sich $P^1_{0\,\mathrm{Stern}}$ als proportional r^{-2} erweisen. Auch das spricht zugunsten von Gl.(5.3).

$P^k_{i\,\mathrm{Stern}}$ und $P^k_{i\,\mathrm{See}}$ sind miteinander verknüpft. Daraus läßt sich mit Hilfe der jetzt folgenden Überlegung die Konstante K_s von Gl.(5.3) bestimmen. Stellen wir uns ein völlig statisches, großräumig isotropes und sphärisches kosmisches Modell mit dem kosmischen Radius A vor. Es sei angenommen, daß jede seiner Komponenten T^1_1, T^2_2 und T^3_3 gleich Null ist, daß also $T^0_0 = T^n_n$ ist und daß seine Ruhemasse aus vielen einander gleichen Sternen der weiter oben beschriebenen Art gebildet ist, deren gegenseitige Abstände ungefähr einander gleich und groß gegen r_s sind. Stellen wir uns nun vor, dieses kosmische Modell möge seinen Radius quasi-statisch von A auf $A + dA$ steigern und nehmen wir an, das neue Modell mit dem gesteigerten Radius $A + dA$ sei — früher oder später nach der Steigerung — auch wieder völlig statisch. Wir vergleichen nun den völlig statischen Zustand vor der Steigerung mit demjenigen nach der Steigerung. Nachfolgend sind die Größen T^0_0, T^n_n, ϱ_r und P^0_0 als kosmische Mittelwerte zu verstehen.

Die eben beschriebene Steigerung des kosmischen Radius scheint hinsichtlich P^0_0 zu einem Widerspruch zu führen: Gl.(4.9) mit $C^k_i = 0$ und $T^1_1 = 0$ ergibt $P^0_0 = -T^0_0/2$. Daher ist $d(A^3 P^0_0) = d(A^3 T^0_0) = 0$, also $dP^0_0 = -3P^0_0 dA/A$. Nach Gl.(2.1) ist aber $P^n_n = 0$, ist also P^0_0 eine «strahlungsartige Größe», die der Rotverschiebung unterliegt. Demnach sollte dP^0_0 gleich $-4P^0_0 dA/A$ sein. Man hat somit ein «Rotverschiebungs-Defizit» von $-P^0_0 dA/A$. Mit $P^0_0 = -T^0_0/2$ ist das Volumenintegral über dieses Defizit gleich $-\frac{1}{2}Mc^2 dA/A$, wobei M die kosmische Masse ist. Tatsächlich besteht aber kein Widerspruch hinsichtlich P^0_0; denn die Sterne sind Quellen des P^0_0-Feldes. Wir postulieren, daß das Volumen-Integral über ihren Beitrag, also über $P^0_{0\,\mathrm{Stern}}$ von allen Sternen, gerade das Volumen-Integral über das genannte Rotverschiebungs-Defizit deckt.

Die Zahl der Sterne ist M/m_s. Daher ist nach Gl.(5.3) das Volumen-Integral über $P^0_{0\,\mathrm{Stern}}$ von allen Sternen gleich $4\pi K_s Mc^2$ mal $\int \gamma^{-1}(d\gamma/dcT)\,dr$. Ebenso wie das Integral über das Rotverschiebungs-Defizit, ist auch dieses Integral infinitesimal. Man darf es mit $\gamma^{-1} d\gamma$ identifizieren, weil die gravitatorische Informations-Geschwindigkeit längs dem radialen Abstand r von jedem Stern gleich c ist. Die am Ende des letzten Absatzes postulierte Deckung des Rotverschiebungs-Defizits bedeutet also

$$-\tfrac{1}{2}Mc^2 dA/A + 4\pi K_s Mc^2 \gamma^{-1} d\gamma = 0 . \qquad (5.4)$$

Gl.(3.7) mit $\partial^2(A\gamma)/\partial\eta^2 = 0$ und $d(A^3\varrho_r) = 0$ ergibt $dA/A = -d\gamma/\gamma$. Somit führt Gl.(5.4) zu $K_s = -(8\pi)^{-1}$ und Gl.(5.3) lautet

$$\mathrm{P}^0_{0\,\mathrm{Stern}} = -m_s c^2 (8\pi r^2 \gamma)^{-1} \frac{d\gamma}{dcT} = m_s c^2 (8\pi r^2 G)^{-1} \frac{dG}{dcT}, \tag{5.5}$$

für nicht-kosmische Werte von r mit $r \gg r_s$.

Verändern wir das vorausgehend untersuchte kosmische Modell durch Hinzufügung eines isotropen Photonen-«Meeres». Dieses Meer hat $\mathrm{T}^n_n = 0$. Nach Gl.(3.7) beeinflußt es also γ nicht. Außerdem kompensiert das Rotverschiebungs-Defizit der T^0_0-Komponente dieses Meeres gerade das Rotverschiebungs-Defizit der zugehörigen P^0_0-Komponente. Aus diesen Gründen bleiben die Gln.(5.4) und (5.5) auch für das veränderte Modell gültig.

Lokaler Potentialenergie-Fluß

Es sei das am Anfang des vorigen Kapitels definierte «Ein-Stern-Modell» betrachtet. Die Metrik ist nahezu flach und $\mathrm{P}^k_{i\,\mathrm{Stern}}$, der individuelle Beitrag des Sterns, ist durch Gl.(5.2) festgelegt. Die Gln.(5.5) geben $\mathrm{P}^0_{0\,\mathrm{Stern}}$. Die nicht-diagonale Komponente $\mathrm{P}^1_{0\,\mathrm{Stern}}$ wird weiter unten berechnet werden; im gegenwärtigen Zusammenhang ist sie vernachlässigbar. Alle anderen nicht-diagonalen Komponenten von $\mathrm{P}^k_{i\,\mathrm{Stern}}$ verschwinden. Fragen wir jetzt nach $\mathrm{P}^1_{1\,\mathrm{Stern}}$ und nach $\mathrm{P}^2_{2\,\mathrm{Stern}} = \mathrm{P}^3_{3\,\mathrm{Stern}}$.

Gemäß dem im Zusammenhang mit Gl.(5.1) Gesagten ist $\gamma_{;1}$ vernachlässigbar klein. Ferner ist $\gamma_{;0}\mathrm{G}^0_1$ vernachlässigbar klein. Daher führt Gl.(2.11) zu $\mathrm{P}^k_{1;k\,\mathrm{Stern}} \approx 0$. Zusammen mit $\mathrm{P}^n_{n\,\mathrm{Stern}} = 0$ erhellt damit aus einer einfachen Direkt-Rechnung die ungefähre Gleichheit von $\mathrm{P}^1_{1\,\mathrm{Stern}}$ mit $-\mathrm{P}^0_{0\,\mathrm{Stern}}$ für $r \gg r_s$. So ergibt sich aufgrund der Gln.(5.5)

$$\mathrm{P}^1_{1\,\mathrm{Stern}} \approx -\mathrm{P}^0_{0\,\mathrm{Stern}} \approx m_s c^2 (8\pi r^2 \gamma)^{-1} \frac{d\gamma}{dcT}; \quad \mathrm{P}^2_{2\,\mathrm{Stern}} = \mathrm{P}^3_{3\,\mathrm{Stern}} \approx 0, \tag{6.1}$$

für nicht-kosmische Werte von r mit $r \gg r_0$. Es sei erwähnt, daß das Alter T des wirklichen Kosmos die Größenordnung 10^{10} Jahre und deshalb $|\gamma^{-1} d\gamma/dcT|$ höchstens die Größenordnung von 10^{-10} reziproken Lichtjahren hat.

Zum besseren physikalischen Verständnis von $\mathrm{P}^k_{i\,\mathrm{Stern}}$ kann man sich dieses als die Energie-Impuls-Dichte von zwei überlagerten Energie-Flüssen mit Lichtgeschwindigkeit veranschaulichen, wovon der eine vom Stern kommt, während der andere zum Stern geht. Die Energiedichten und Drücke beider Flüsse addieren sich, ihre Impulse kompensieren sich mehr oder weniger. Unvollständige Kompensation bedeutet $P^1_{0\,\mathrm{Stern}} \neq 0$. Nach der Definition von P^k_i übertragen beide Flüsse Gravitations-Energie.

Nach den Gln.(6.1) zusammen mit der ebengenannten Doppel-Fluß-veranschaulichung ist es leicht, das $P^k_{i\,\mathrm{Stern}}$-Feld innerhalb und außerhalb vom betrachteten Stern oder irgend einem anderen Objekt mit vernachlässigbarer Selbst-Gravitation zu bestimmen: Es ist einfach die Überlagerung aller individuellen Doppel-Flüsse, die zu den das Objekt aufbauenden Ruhemassen-Partikeln gehören.

Diese Methode ergibt für den Sternmittelpunkt, also für $r = 0$:

$$P^1_{1\,\mathrm{Stern}} = P^2_{2\,\mathrm{Stern}} = P^3_{3\,\mathrm{Stern}} = -\tfrac{1}{3} P^0_{0\,\mathrm{Stern}} = m_s c^2 (8\pi r_s^2 \gamma)^{-1} \frac{d\gamma}{dcT} . \qquad (6.2)$$

Die Berechnung von $P^1_{0\,\mathrm{Stern}}$ wird einfach, wenn man voraussetzt, daß

$$1 \gg \frac{m_S}{r_s \gamma c^2} \gg \frac{r_s}{cT} \; ; \qquad \left|\frac{d\gamma}{dcT}\right| < 10\,\frac{\gamma}{cT} \; ; \qquad \left|\frac{d^2\gamma}{dcT^2}\right| < 10\,\frac{\gamma}{(cT)^2} . \qquad (6.3)$$

Die erste Doppel-Ungleichung bedeutet, daß die Selbstgravitation des betrachteten Sterns klein ist, aber nicht verschwindet. Für die Sonne ist $m_s(r_s\gamma c^2)^{-1}$ etwa 10^{-6} und ist r_s/cT etwa 10^{-18}; für unsere Erde ist $m_s(r_s\gamma c^2)^{-1}$ etwa 10^{-9} und r_s/cT etwa 10^{-20}. Die Faktoren 10 auf den rechten Seiten der beiden anderen Ungleichungen (6.3) sind etwas willkürlich. Diese beiden Ungleichungen bedeuten: Die Beträge der ersten und der zweiten zeitlichen Ableitung von γ sind vergleichbar mit oder kleiner als γ/T beziehungsweise γ/T^2. In dem unserer konkreten Konzeption vom wirklichen Kosmos entsprechenden Modell gelten diese beiden Ungleichungen sogar ohne die Faktoren 10. Dieses Modell expandiert gleichförmig und ist sphärisch mit $A \gg cT$. Es ist an anderer Stelle [14,22,30,43] erklärt worden. Das Verhältnis A/cT hängt von der «Elementarzeit» [28,34,35] ab. Mit $i = 0$ lautet Gl.(2.11):

$$8\pi c^{-4} P^k_{0;k} = -G^1_0\, \partial\gamma/\partial r + (G^1_1 + G^2_2 + G^3_3)\, \partial\gamma/\partial ct . \qquad (6.4)$$

In dieser Gleichung und in diesem Absatz ist der Index «Stern» fortgelassen. Wie eine einfache aber nicht ganz kurze Rechnung zeigt, ist aufgrund der Gl.(5.1) und der Ungleichungen (6.3) für $r < r_s$ auf der rechten Seite von Gl.(6.4) der erste Term vernachlässigbar gegenüber dem zweiten und ist sowohl $P^1_1 + P^2_2 + P^3_3$ als auch $C^1_1 + C^2_2 + C^3_3$ vernachlässigbar gegenüber $T^1_1 = T^2_2 = T^3_3$. Ferner darf man $\partial\gamma/\partial ct$ durch $d\gamma/dcT$ ersetzen. Somit ergeben die Gln.(2.8), (2.9) und (6.4):

$$P^k_{0;k\,\mathrm{Stern}} \approx 3p\gamma^{-1} d\gamma/dcT , \quad \text{für} \quad r < r_s , \qquad (6.5)$$

wobei $p = T^1_1 = T^2_2 = T^3_3$ der klassische hydrostatische Druck ist.

Nach den herkömmlichen Regeln der Tensor-Analysis ergibt sich

$$P^k_{0;k\,\mathrm{Stern}} = r^{-2}\partial(r^2 P^1_{0\,\mathrm{Stern}})/\partial r + \partial P^0_{0\,\mathrm{Stern}}/\partial cT \text{ , für } r = 0 \text{ .} \quad (6.6)$$

Für $r = 0$ ist diese Gleichung exakt. Wie sich aufgrund der Gl.(5.1) und der Ungleichungen (6.3) ergibt, ist Gl.(6.6) innerhalb des ganzen Sterns angenähert gültig und ist der zweite Term auf ihrer rechten Seite vernachlässigbar. Daher liefern die Gln.(6.5) und (6.6):

$$P^k_{0;k\,\mathrm{Stern}} \approx r^{-2}\partial(r^2 P^1_{0\,\mathrm{Stern}})/\partial r \approx 3p\gamma^{-1}d\gamma/dcT \text{ .} \quad (6.7)$$

Gl.(6.7) liefert

$$P^1_{0\,\mathrm{Stern}} \approx 3\int_0^r 4\pi r^2 p\,dr \;\; (4\pi r^2\gamma)^{-1}\frac{d\gamma}{dcT} \text{ .} \quad (6.8)$$

Unter klassischen Bedingungen ist $-3\int_0^{r_s} 4\pi r^2 p\,dr$ gleich der Selbst-gravitations-Energie des Sterns — sogar wenn der Stern nicht homogen ist [36]. Nach der ersten von den Ungleichungen (6.3) sind die Bedingungen im betrachteten Stern angenähert klassisch. Daher führen Gl.(6.8) und $P^1_{0\,\mathrm{Stern}} = P^0_{1\,\mathrm{Stern}}\, g_{00}/g_{11}$ zu

$$-P^0_{1\,\mathrm{Stern}} \approx P^1_{0\,\mathrm{Stern}} \approx -\mu c^2(4\pi r^2\gamma)^{-1}\frac{d\gamma}{dcT}, \qquad \text{für } r > r_S, \quad (6.9)$$

wobei $\mu \leq 0$ der Massendefekt, das heißt das Massendefizit aufgrund der Selbst-Gravitation ist. Interessant ist die durch die Gln.(5.5) und (6.9) zum Ausdruck kommende Analogie zwischen $P^0_{0\,\mathrm{Stern}}$ und $P^1_{0\,\mathrm{Stern}}$: Das Verhältnis zwischen diesen beiden Größen ist angenähert $(m_s/2) : \mu$.

Nach der ersten Ungleichung (6.3) ist $|\mu| \ll m_s$. Unter diesen Umständen ist μ angenähert proportional γ^{-1}; somit

$$-\mu/\gamma \approx d\mu/d\gamma \;; \qquad \text{somit} \quad -\frac{\mu}{\gamma}\frac{d\gamma}{dcT} \approx \frac{d\mu}{dcT} \text{ .} \quad (6.10)$$

Setzen wir voraus, daß der Stern hinsichtlich seiner Materie ein geschlossenes System ist, das heißt, daß zwischen dem Stern und seiner Umgebung kein Materie-Austausch besteht. Dann ist seine Masse m_s gleich μ plus eine Konstante, die manchmal die «Partikel-Masse» genannt wird. Daher ist $d\mu/dT$ gleich dm_s/dT und die Gln.(6.9) und (6.10) führen zu

$$4\pi r^2 P^1_{0\,\mathrm{Stern}}\, dcT \sim d\mu c^2 \approx dm_s c^2, \quad \text{für } r > r_s. \quad (6.11)$$

Die Gln.(6.11) sind interessant und sehr überzeugend. Sie drücken Energie-Erhaltung aus: Das Massenenergie-Inkrement (rechte Seite) aufgrund der Veränderung von γ wird «geliefert» von der Gravitations-Energie (linke Seite), welche in den Stern hineinfließt. Gravitations-Energie läuft sozusagen auf den Stern zu und baut sein Selbstgravitations-Feld auf.

Die Gleichungen 5.1 bis 6.11 wurden aus Gründen der Einfachheit für Sterne kleiner Selbstgravitation hergeleitet, die sowohl sphärisch und statisch (dh aus inkompressiblem Material), als auch homogen sind. Die Bedingung der Homogenität ist aber meistens gar nicht erforderlich. Beispielsweise die Gln.(6.5)–(6.11) stimmen auch dann, wenn die Massendichte ϱ vom Radius r abhängt. Nach Gln.(6.11) gilt für einen solchen Stern das Gesetz der Energie-Erhaltung. Dieses Gesetz und das Gesetz der Impuls-Erhaltung gelten aber nicht nur für den Stern als Ganzes, sondern auch lokal für jede Stelle innerhalb und außerhalb des Sterns. Sie lassen sich sinnvoll durch folgende Gleichungen ausdrücken:

$$\partial\left[(-g)(\mathrm{T}^{ik}+\mathrm{P}^{ik}+t^{ik})\right]/\partial \mathrm{x}^{k} = 0\,, \tag{7.1}$$

wo $g \equiv g_{00}g_{11}g_{22}g_{33}$ und wo t_i^k der in einem frei fallenden lokalen System verschwindende Energieimpulsdichte-Pseudotensor der Feldenergie ist. Diese Gleichungen gelten für beliebige Koordinatensysteme, obwohl die Gravitationsenergie bekanntlich nicht «objektiv» lokalisierbar ist, weil das Gravitationsfeld vom Beschleunigungszustand des Beobachters abhängt [36]. Sie unterscheiden sich von den aus Einsteins Theorie hergeleiteten Gleichungen $\partial\left[(-g)(\mathrm{T}^{ik}+t^{ik})\right]/\partial\mathrm{x}^k = 0$ nach Landau-Lifschitz [16], durch das Hinzutreten von P_i^k, das die Energieimpuls-Dichte der Potentialenergie ausdrückt. P_i^k hat eine merkwürdige Mittelstellung zwischen T_i^k und t_i^k: Einerseits ist es wie T_i^k ein echter Tensor, andererseits ist es wie t_i^k eine gravitatorische Energie-Form.

In einem Polarkoordinaten-System ist $(-g)$ angenähert gleich $r^4 \sin^2\vartheta$. Die Koordinate r hat die Dimension einer Länge, die Koordinaten ϑ und φ sind dimensionslos. Es ist nicht verwunderlich, daß die in einem solchen «dimensions-gemischten» System erhaltenen Werte von t_i^k unbefriedigend sind; denn der Nichttensor t_i^k hängt wesentlich von der Wahl des Koordinatensystems ab. Plausible Werte von t_i^k erhält man in einem «natürlichen» Koordinatensystem. Das natürlichste räumliche Koordinatensystem ist das kartesische. Aus den Polarkoordinaten r, ϑ, φ läßt sich durch die übliche Transformation

$$x = r\sin\vartheta\cos\varphi, \quad y = r\sin\vartheta\sin\varphi, \quad z = r\cos\vartheta, \tag{7.2}$$

ein «quasi-kartesisches» Koordinatensystem x, y, z bilden. Dieses ist zwar im allgemeinen nicht orthogonal, aber bei zentralsymmetrischen Problemen sind seine drei Koordinaten gleichberechtigt. Wir normieren es so, daß überall $g_{11}g_{22}g_{33} = 1$.

Ein solches Koordinaten-System kann man sich an einem Gedanken-Modell veranschaulichen: Im flachen Raum wird aus extrem dünnwandigen Gummiplatten ein Zellensystem konstruiert, dessen Zellen Einheitswürfel sind, deren Kanten die Koordinatenabschnitte $dx = 1$, $dy = 1$, $dz = 1$ darstellen. Die Zellen sind mit nicht komprimierbarer masseloser Flüssigkeit gefüllt. Stellt man beispielsweise einen schweren Massepunkt in den Koordinaten-Ursprung dieser Konstruktion, so verzieht sie sich. Aber die räumlichen Koordinaten x, y und z bleiben gleichberechtigt und die Volumina der Zellen bleiben überall gleich, so daß $g_{11}g_{22}g_{33}$ gleich 1 ist. Wird in einem solchen Koordinaten-System eine zu allen räumlichen Koordinaten orthogonale Zeitkoordinate ct benutzt, so ist $g_{01} = g_{02} = g_{03} = 0$, während g_{00} eine Funktion von allen 4 Koordinaten sein kann.

Mit $g_{11}g_{22}g_{33} = 1$ und $g_{01} = g_{02} = g_{03} = 0$ geben Gln.(7.1) für $i = 0$:

$$\partial\left[\mathrm{T}_0^k + \mathrm{P}_0^k + t_0^k\right] / \partial x^k = 0, \tag{7.3}$$

was direkt das Verschwinden der 4-dimensionalen Divergenz der gesamten Energieflußdichte ausdrückt.

Im eben besprochenen quasi-kartesischen Koordinaten-System ist für einen Stern vorgenannter Art $\partial \mathrm{T}_0^k / \partial x^k = 0$. Ferner ist $\partial \mathrm{P}_0^0 / \partial x^0$ vernachlässigbar. Daher liefert Gl.(7.3), wenn man die für das quasikartesische Koordinaten-System gültigen t_i^k-Werte in Polar-Koordinaten ausdrückt, die approximativen Beziehungen

$$\frac{\partial t_0^0}{\partial ct} + r^{-2}\,\frac{\partial\left[r^2(t_0^r + \mathrm{P}_0^r)\right]}{\partial r} = 0, \quad \text{also} \quad t_0^r = -\mathrm{P}_0^r - r^{-2}\int_0^r \frac{\partial t_0^0}{\partial ct}\, r^2 dr, \tag{7.4}$$

wobei t_0^r die radiale Flußdichte der Feldenergie und P_0^r die radiale Flußdichte der Potentialenergie ausdrückt.

Die negative Feldenergie-Dichte $-t_0^0$ ist näherungsweise gleich dem halben Quadrat der klassischen Feldstärke f, geteilt durch $4\pi G$. Das räumliche Integral hierüber ist betragsgleich dem Massendefekt des Sterns. Aus t_0^0 und den Gln.(6.8) und (7.4) ergibt sich angenähert:

$$t_0^r = \frac{dG}{dct}\, G^{-1} r^{-2} \int_0^r (-t_0^0 + 3p)\, r^2 dr \qquad \text{mit} \quad t_0^0 = f^2/(8\pi G), \tag{7.5}$$

wobei p den klassischen hydrostatischen Druck bedeutet. Wenn der Stern homogen ist, geben die Gln.(6.8) und (7.5) die konkreten Werte:

				im Stern		außerhalb	
P_0^r	=	$2\pi/9\ \varrho^2 dG/dct$	mal	$-3r_S^2 r + \frac{9}{5}r^3$	bzw.	$-\frac{6}{5}r_S^5 r^{-2}$	(7.6)
t_0^0	=	$2\pi/9\ \varrho^2 G$	mal	r^2	bzw	$r_S^6 r^{-4}$	(7.7)
t_0^r	=	$2\pi/9\ \varrho^2 dG/dct$	mal	$3r_S^2 r - 2r^3$	bzw	$r_S^6 r^{-3}$	(7.8)

Damit sind im besprochenen Koordinaten-System die Energiedichten und Energieflußdichten eindeutig lokalisiert. Das Gesetz der Energie-Erhaltung ist auch lokal gültig: Mit steigendem Gravitations-Faktor G wird die Massendefekt-Energie des Sterns gesteigert negativ. Diese negative Energie wird durch den außerhalb des Sterns konstanten Potentialenergie-Fluß $4\pi r^2 \mathrm{P}_0^{\mathrm{r}}$ aus großem Abstand in den Stern transportiert. Durch den Feldenergie-Fluß $4\pi r^2 t_0^{\mathrm{r}}$ wird ein Teil (5/6) dieser negativen Energie wieder in die Umgebung des Sterns transportiert, wo er den äußeren Teil der negativen Feldenergie aufbaut, deren Dichte $-t_0^0$ ist.

Raum-Abhängigkeit von G

Dieses an Kapitel *Lokale Potentialenergie-Dichte* anknüpfende Kapitel befaßt sich mit lokalen γ-Schwankungen. Diese werden mit Hilfe einer kovarianten Gleichung (Gl.8.5) bestimmt, deren Gültigkeit für den nachfolgend definierten Spezialfall wir verifizieren. Die Lösungen dieser Gleichung lassen sich aber näherungsweise auch auf allgemeinere und realistischere Fälle anwenden.

Wenn nicht anders vermerkt, befassen wir uns mit einem Spezialfall, den man das «kosmische Modell der statischen Massen» nennen könnte: Großräumig ist es isotrop, also homogen. Es ist sphärisch und sein kosmischer Radius A ist konstant. Es enthält keine Strahlung und alle Ruhemassen sind statisch, das heißt unbewegt. Lokale Massenballungen haben vernachlässigbare Selbst-Gravitation und ihre Dimensionen sind gegenüber A vernachlässigbar. Zeitliche und räumliche Veränderungen von γ sind zugelassen.

Nach dem Prinzip der verschiedenen Ursachen (siehe *Theorie und Gleichungen*) ist das Gravitations-Skalarfeld γ primär vom Gesamtkosmos bestimmt. Daraus schließen wir, daß γ vom kosmischen Radius A und von der gesamten kosmischen Ruhemasse M_r abhängt, daß es aber nicht explizit von $\mathrm{T}_{\mathrm{n}}^{\mathrm{n}}$ und $\mathrm{G}_{\mathrm{n}}^{\mathrm{n}}$ abhängt, weil diese Skalare lokalen Schwankungen unterworfen sind. Da A und M_r als konstant vorausgesetzt sind, ist es sinnvoll zu postulieren, daß sich γ durch eine Linearkombination der Skalare $\Box\gamma$, γ und 1 bestimmt. Somit schreiben wir

$$K_1 \Box\gamma + K_2\gamma - K_2\gamma_0 \quad = \quad 0\ , \tag{8.1}$$

wobei K_1, K_2 und γ_0 Konstante sind, die von A und M_r abhängen. Nach dem obengenannten Prinzip hat der völlig statische Kosmos keine

Schwankungen von γ (vgl *Theorie und Gleichungen*), so daß $\gamma = \gamma_0$ und $\Box\gamma = 0$. Diese beiden Gleichungen befriedigen die Gl.(8.1).

Bestimmen wir K_1, K_2 und γ_0. Wegen Gl.(2.1) gibt die Verjüngung von Gl.(2.9):

$$\Box\gamma + \tfrac{1}{6}G^n_n\gamma - \tfrac{4}{3}\pi c^{-4}T^n_n = 0\,. \tag{8.2}$$

Wenn das betrachtete kosmische Modell nicht nur vom vorausgehend definierten «Typ der statischen Massen» sondern dazu noch ausgeglättet ist, dann sind T^n_n und G^n_n konstant und hängen von A und M_r ab. Nach Gl.(3.3) ist dann G^n_n gleich $-6A^{-2}$. Die Ruhemassen-Dichte $-c^{-2}T^n_n$ ist dann gleich der kosmischen Ruhemasse M_r geteilt durch das kosmische Volumen $2\pi^2A^3$. Also ist

$$G^n_n = -6A^{-2}\,; \qquad T^n_n = -\tfrac{1}{2}M_r c^2\pi^{-2}A^{-3}\,. \tag{8.3}$$

Die Gln.(8.2) und (8.3) liefern

$$\Box\gamma - A^{-2}\gamma + 2M_r/(3\pi c^2A^3) = 0\,. \tag{8.4}$$

Der Vergleich zwischen den Gln.(8.1) und (8.4) gibt $K_1 = 1$, $K_2 = -A^{-2}$ und $\gamma_0 = 2M_r/(3\pi c^2 A)$. Somit lautet Gl.(8.1)

$$\Box\gamma - A^{-2}(\gamma-\gamma_0) = 0, \qquad \text{mit } \gamma_0 \equiv 2M_r/(3\pi c^2A)\,. \tag{8.5}$$

Die sechsfache Differenz zwischen den Gln.(8.2) und (8.5) gibt

$$\gamma(G^n_n + 6A^{-2}) = 8\pi c^{-4}[T^n_n + \tfrac{1}{2}M_r c^2\pi^{-2}A^{-3}]\,. \tag{8.6}$$

Wie der Vergleich mit Gl.(8.3) zeigt, umfassen die runden Klammern von Gl.(8.6) die lokale Abweichung von G^n_n, während die eckigen Klammern die nicht von der Zeit abhängende lokale Abweichung von T^n_n umfassen. Wir nennen diese Abweichungen $G^n_{n\,dev}$ beziehungsweise $T^n_{n\,dev}$. Gl.(8.6) schreibt sich also

$$\gamma G^n_{n\,dev} = 8\pi c^{-4}T^n_{n\,dev}\,. \tag{8.7}$$

Der kosmische Mittelwert von G^n_n nach den Gln.(3.3) und (8.3) gehört zu der großräumigen Metrik g_{ik} nach Gl.(3.1). In analoger Weise gehört die lokale Abweichung $G^n_{n\,dev}$ zu einer lokalen Metrik-Abweichung $g_{ik\,dev}$. Weil aber G^k_i nicht linear in g_{ik} und seinen Ableitungen ist, hängt $g_{ik\,dev}$ nicht allein von $G^n_{n\,dev}$, sondern auch vom kosmischen Mittelwert von G^n_n ab.

Nach Gl.(8.7) entspricht der Zusammenhang zwischen $G^n_{n\,dev}$ und $T^n_{n\,dev}$ dem Zusammenhang zwischen G^n_n und T^n_n in Einsteins verjüngter Feldgleichung. Das ist sehr befriedigend.

Nachdem wir nun Gl.(8.5) hergeleitet und verifiziert haben, gehen wir dazu über, sie zur Berechnung der γ-Schwankungen zu benutzen. Dies kann geschehen mit Hilfe der bekannten Beziehung

$$\Box\gamma = g^{-\frac{1}{2}} \partial (g^{\frac{1}{2}} g^{ik} \partial\gamma / \partial x^k) / \partial x^i . \qquad (8.8)$$

Gl.(8.5) hat verschiedenartige Lösungen. Untersuchen wir zuerst diejenigen für den ausgeglätteten «Kosmos der statischen Massen». Es gibt eine von den räumlichen Koordinaten unabhängige Lösung

$$\gamma = \gamma_0 [1 + K_3 \sin(cT/A) + K_4 \cos(cT/A)] \qquad (8.9)$$

und eine von der Zeitkoordinate unabhängige kugelsymmetrische Lösung

$$\gamma = \gamma_0 [1 + K_5 / \sin\chi + K_6 / \cos\chi] , \qquad (8.10)$$

wobei K_3, K_4, K_5 und K_6 dimensionslose Konstante sind und χ die dimensionslose Radialkoordinate ist. Wir schließen die Lösung nach Gl.(8.10) und alle anderen nur von den räumlichen Koordinaten χ, θ und Φ abhängenden Lösungen aus; denn diese Lösungen verletzen das sogenannte Kosmologische Prinzip, das die großräumige Homogenität des Kosmos fordert. Es gibt auch Lösungen vom Typ wandernder Wellen. Wenn solche wellenartigen Lösungen eine lange Wellenlänge haben, dann schließen wir sie ebenfalls wegen der Verletzung des Kosmologischen Prinzips aus. Wenn sie aber eine kurze Wellenlänge haben, dann ist ihr Beitrag zum Term $A^{-2}(\gamma - \gamma_0)$ in Gl.(8.5) vernachlässigbar und sie genügen angenähert der Gleichung $\Box\gamma = 0$. Lösungen dieses kurzwelligen Typs könnten sich der Lösung nach Gl.(8.9) überlagern. Unter realistischen Bedingungen dürften sie jedoch vernachlässigbar sein. Daher ziehen wir sie für unsere hiesigen Überlegungen nicht in Betracht. Insgesamt hat also dieser Absatz zu dem Ergebnis geführt, daß nur die Lösung nach Gl.(8.9) betrachtet werden muß.

Jetzt wenden wir uns dem «Modell der statischen Massen» mit lokalen Massenballungen zu und fragen nach Lösungen von Gl.(8.5), deren großräumiger Mittelwert durch Gl.(8.9) gegeben ist. Kraft dieser Randwert-Bedingung ist die Lösung eindeutig, wenn die Konstanten K_3 und K_4 gegeben sind. Im Fall des «Modells der statischen Massen» sind sie willkürlich gegeben. Im Fall des wirklichen Kosmos sind durch die Geschichte des Kosmos seit dessen Anbeginn, zwei entsprechende Konstante gegeben (vergleiche Gl.3.8). Es ergibt sich, daß γ in folgender Form geschrieben werden kann

$$\gamma = \varphi_0 + F_1 \varphi_1 + F_2 \varphi_2 , \qquad (8.11)$$

wobei φ_0 durch die rechte Seite von Gl.(8.9) gegeben ist, φ_1 und φ_2 gleich $(d\varphi_0/dcT)^2/\varphi_0$ beziehungsweise $d^2\varphi_0/dcT^2$ sind und F_1 und F_2 Funktionen der räumlichen Koordinaten darstellen. Der nachfolgende Absatz gibt Näherungs-Ergebnisse, die aus Gl.(8.5) zusammen mit den Gln.(8.8), (8.9) und (8.11) entstehen.

$$\varphi_1 \approx (\partial\gamma/\partial cT)^2/\gamma \quad \text{und} \quad \varphi_2 \approx \partial^2\gamma/\partial cT^2. \tag{8.12}$$

Wenn alle Massenballungen schwere kugelsymmetrische Sterne mit gleichen Massen und gleichen Abständen und mit zwischengelagertem Vakuum sind, dann haben die Funktionen F_1 und F_2 die Form von Trichtern. Diese Trichter und ihre Übergänge haben keine «Ecken», das heißt, ihre Ableitungen sind stetig. Die Tiefe der entsprechenden γ-Feld-Trichter hat für $r_a \gg r_s$ die Größenordnung von $r_a r_g(\varphi_2-\varphi_1)$, wenn r_a den Abstand zwischen den Sternen und r_g den Gravitations-Radius (= Schwarzschild-Radius) der Sterne bedeutet und wenn φ_1 und φ_2 durch die Gln.(8.12) gegeben sind. Interessanterweise hängt die Tiefe der Trichter nicht vom Radius r_s der Sterne ab. Wenn die Sterne homogen sind, dann ist die räumliche Krümmung $3\,\partial^2\gamma/\partial r^2$ der γ-Trichter im Stern-Mittelpunkt angenähert gleich $\Phi/c^2(\varphi_1-2\varphi_2) \approx {}^3/_4\, r_g r_s^{-1}(2\varphi_2-\varphi_1)$, wobei $\Phi < 0$ die Newtonsche Potential-Differenz zwischen dem Stern-Mittelpunkt und dem Zwischenbereich ist. Weil $r_g r_s^{-1} = 2m_s(r_s\gamma c^2)^{-1}$, paßt dieses Ergebnis zu dem in Zusammenhang mit Gl.(5.1) Gesagten.

Verallgemeinern wir das vorausgehend besprochene «Modell der statischen Massen» insofern, als wir ab jetzt annehmen, es expandiere gleichförmig, wobei alle Ruhemassen relativ zum mitbewegten Substrat-Koordinaten-System unbewegt bleiben. Es ist vernünftig zu unterstellen, daß Gl.(8.7) seine Gültigkeit wenigstens angenähert beibehält. In Anbetracht der Gln.(3.3), (4.7) und (4.8) muß die erste der Gln.(8.3) abgewandelt werden in $G^n_n = -6A^{-2}[1 + (dA/dcT)^2]$, während die zweite unverändert bleibt. Daher muß Gl.(8.5) abgewandelt werden in

$$\Box\gamma - A^{-2}[\gamma + (dA/dcT)^2\gamma - \gamma_0] = 0, \text{ mit } \gamma_0 \equiv 2M_r/(3\pi c^2 A). \tag{8.13}$$

In diesem Fall ist γ_0 nicht konstant sondern proportional $1/T$. Hinsichtlich der lokalen «γ-Trichter» gilt das im vorangehenden Absatz Gesagte auch für die Lösungen von Gl.(8.13). Es gilt in grober Annäherung auch für die Sterne des wirklichen Kosmos.

Somit ist es leicht zu verifizieren, daß die räumlichen Schwankungen von γ sehr klein und für praktisch alle astrophysikalischen Berechnungen vernachlässigbar sind. In der Tat, nach den Ungleichungen (6.3) und den Gln.(8.12) haben die Beträge von φ_1 und φ_2 höchstens die Größenordnung $\gamma/(cT)^2$. Die relative Tiefe oder Höhe der γ-Trichter ist daher vergleichbar mit $r_a r_g/(cT)^2$. Für die Sterne unserer Galaxie hat dieses Verhältnis die Größenordnung 10^{-32}, für die durchschnittlichen Galaxien des Universums hat es die Größenordnung 10^{-16}.

Zeit-Abhängigkeit vom G

Der räumliche Mittelwert von $\gamma \equiv G^{-1}$ bestimmt sich gesamtkosmisch. Gl.(3.7) drückt das in differentieller, Gl.(3.12) in integraler Form aus. Nachfolgend wird Gl.(3.7) auf das im Hauptkapitel DER MAKROKOSMOS und in [14,43] dargelegte kosmische Modell angewandt.

Dieses Modell ist sphärisch. Ab dem Inhomogenisierungsalter T_i expandiert es gleichförmig und sein Radius $A \equiv R_h$ ist nach Gl.(4.8) cT mal eine Konstante k_h, die im «1-set-Fall» gleich $ln(T_i/\tau)/\pi$ und im «2-set-Fall» gleich $2ln(T_i/\tau)/\pi$ ist. τ bedeutet die Elementardauer.

Für $T < T_i$ ist A angenähert gleich $cT\,ln(T/\tau)/\pi$ (im 1-set-Fall) beziehungsweise $2cT\,ln(T/\tau)/\pi$ (im 2-set-Fall). Wie genauere Untersuchungen zeigen, darf man aber zur Bestimmung von G rein formal so rechnen, wie wenn schon im Intervall $\tau \leq T \leq T_i$ die Beziehung $A = k_h cT$ gälte – vorausgesetzt, daß man für diese Rechnung nicht die Welt-Nukleonenzahl, sondern die ihr zugehörige Ruhemassendichte ϱ_r nimmt.

Dieses kosmische Modell kann man hinsichtlich ϱ_r vereinfachend in drei Epochen einteilen:

1. Epoche: $\tau \leq T \leq T_i$. Hier unterstellen wir, daß $\varrho_r = (3m/4\pi\lambda^3)(\tau/T)$, wobei m die Elementarmasse und λ die Elementarlänge ist.
2. Epoche: $T_i \leq T \leq T_s$. Hier ist $\varrho_r \propto T^{-3}$, mit stetigem Anschluß von ϱ_r an die 1. Epoche.
3. Epoche: $T_s \leq T \leq T_e$. Hier ist $\varrho_r \propto T^{-3}T^{\delta}$, mit stetigem Anschluß von ϱ_r an die 2. Epoche. T_e ist das kosmische End-Alter. δ ist konstant. $\delta - 2 = \varepsilon$ ist der «Wirkungsdichte-Exponent».

Die nachfolgend gebrauchte Variable η ist nach Gl.(4.8) ein logarithmisches Maß für das kosmische Alter T. Die in η enthaltene willkürlich festzulegende additive Konstante legen wir so fest, daß $\eta = 0$ für $T = T_i$. Also $\eta = k_h^{-1} ln(T/T_i)$. Die Konstante η_s ist der η-Wert für $T = T_s$, also $\eta_s = k_h^{-1} ln(T_s/T_i)$.

Unter diesen Voraussetzungen und der Voraussetzung eines in der 1. Epoche schwingungsfreien G-Verlaufs, liefert Gl.(3.7):

1. Epoche: T von τ bis T_i

$$G = 4\,(hc/m^2)\,(1 + k_h^{-2}/4)\,\tau\, T^{-1}. \qquad (9.1)$$

2. Epoche: T von T_i bis T_s

$$G = 4\,C_o T\,[\,1 + (1 + 4\,k_h^2)^{-1}(2k_h \sin\eta - 4\,k_h^2 \cos\eta)\,]^{-1} \qquad (9.2)$$

$$\text{mit} \quad C_o = (hc/m^2)\,(k_h^{-2}/4)\,(\tau/T_i^2)\,. \qquad (9.3)$$

3. Epoche: T von T_s bis T_e

$$G = 4\,K_o T[\,(T/T_s)^\delta + K_a \sin\eta + K_b \cos\eta\,]^{-1} \qquad (9.4)$$

$$\text{mit} \quad K_o = (hc/m^2)\,(k_h^{-2}/4)\,(1 + \delta^2 k_h^2)\,(\tau/T_i^2)\,, \qquad (9.5)$$

$$K_a = \delta^2 k_h^2 \sin\eta_s - \delta k_h \cos\eta_s + 2k_h(1 + \delta^2 k_h^2)\,(1 + 4k_h^2)^{-1}\,, \qquad (9.6)$$

$$K_b = \delta^2 k_h^2 \cos\eta_s + \delta k_h \sin\eta_s - 4k_h^2(1 + \delta^2 k_h^2)\,(1 + 4k_h^2)^{-1}\,. \qquad (9.7)$$

Die Teilabschnitte der 1., 2. und 3. Epoche fügen sich — wie man leicht nachrechnet — stetig und knickfrei aneinander zu einer wannenartigen Gesamtkurve. Der winzige Zusatz-Term $k_h^{-2}/4$ in Gl.(9.1) entwickelt sich erst im Laufe der 1. Epoche. Der Wert von T_s ist aufgrund der kosmischen Ballungsdynamik festzulegen; wir nehmen $T_s = 5 \cdot 10^9$ Jahre. Der Wert von T_i darf nicht vorgegeben werden, sondern er ergibt sich implizit daraus, daß die G-Kurve für das heutige T (nämlich $T_0 = 20 \cdot 10^9$ Jahre) den heutigen Meßwert von G ergeben muß. Die Werte der Naturkonstanten h, c, m, τ, λ finden sich in der Tabelle am Buch-Ende.

Etwas problematisch ist der in den Gln.(9.1), (9.2) und (9.4) angegebene Vorfaktor 4. Er gilt dann, wenn ϱ_r tatsächlich den für die 1. Epoche unterstellten Wert $(3m/4\pi\lambda^3)(\tau/T)$ hat. Es könnte aber sein, daß sich ϱ_r *für* $\tau \ll T \leq T_i$ auf einen anderen Wert einstellt — beispielsweise auf das $^2/_3$- oder das $^1/_3$-fache davon. Dann müßte der Vorfaktor 4 durch den Vorfaktor 6 bzw 12 ersetzt werden. In diesem Fall würde der heutige relative zeitliche G-Anstieg $dG/dT \cdot G_0$ kleiner ausfallen. Die Tabellenwerte des Kapitels *Der Gravitationsfaktor* in DER MAKROKOSMOS sind direkt nach den Gln.(9.1)—(9.7), also mit dem Vorfaktor 4, berechnet und gelten für den 2-set-Fall.

Überblick und Folgerungen

Um den Gültigkeitsbereich von Einsteins Feldgleichungen auf veränderliches G auszudehnen, ergänzen wir seinen Krümmungs-Term $\gamma\, G_i^k$ durch einen zusätzlichen Krümmungs-Term C_i^k und ergänzen wir seinen Energie-Impuls-Dichte-Term T_i^k durch einen zusätzlichen Energie-Impuls-Dichte-Term P_i^k. So entstehen unsere Feld-Gleichungen (1), worin G_i^k der übliche Einstein-Tensor (mit $G_{i;k}^k = 0$), T_i^k die übliche Energie-Impuls-Dichte der Materie, $\gamma^{-1} \equiv G$ die skalare Gravitations-«Konstante» und C_i^k der vorausgehend definierte «Kosmische Tensor» ist. Unser symmetrischer «Potential-Tensor» P_i^k stellt die Energie-Impuls-Dichte der Gravitation dar. Die Tensor-Summe $T_i^k + P_i^k$ ist die gesamte Energie-Impuls-Dichte – vorausgesetzt, daß $t_i^k = 0$, was in einem frei fallenden lokalen Koordinaten-System der Fall ist.

Diese Gleichungen (1) sind sehr allgemein und umfassen (mit $\gamma =$ konstant und $P_i^k \equiv 0$) auch die von Einstein. Nach unseren Feldgleichungen (1) ist jede Art von isotroper kosmischer Struktur (sphärisch, euklidisch oder hyperbolisch) vereinbar mit jeder Art von kosmischer Radius-Funktion $A = A(\eta)$ (zB expandierend-rekontrahierend, Geschwindigkeit Null anstrebend oder immer expandierend). Die Anwendung unserer verjüngten Feldgleichungen auf ein ausgeglättetes isotropes kosmisches Modell ergibt eine das Machsche Prinzip befriedigende fundamentale Gleichung (3.12). Nach dieser Gleichung ist ein Drittel des «kosmischen retardierten Gravitations-Potentials» gleich dem «Grenz-Potential» $-c^2$. Diese Beziehung untermauert unsere Feldgleichungen und besonders die Definition des Kosmischen Tensors C_i^k.

Nach dem zu den Feldgleichungen (1) hinzukommenden Prinzip der verschiedenen Ursachen des Gravitations-Skalarfeldes und des Gravitations-Potentials (siehe *Theorie und Gleichungen*) ist das Gravitations-Skalarfeld γ primär durch den Kosmos im ganzen bestimmt, während das intrakosmische Gravitations-Potential primär durch die lokalen Schwankungen der Massen-Verteilung bestimmt ist. In einem völlig statischen kosmischen Modell gibt es keine Schwankungen des Gravitations-Skalarfeldes (also $\gamma_{,i} = 0$) und in einem ausgeglätteten isotropen kosmischen Modell gibt es keine Schwankungen des Gravitations-Potentials (also $R_0^0 = 0$ in einem mitbewegten Koordinaten-System). Aufgrund dieser Tatsachen sind die lokalen γ-Schwankungen des wirklichen Kosmos vernachlässigbar klein (vgl *Raum-Abhängigkeit von G*) und ist die Expansion des (geschlossenen oder offenen) Kosmos gleichförmig.

Ein ausgeglättetes isotropes kosmisches Modell charakterisiert sich durch 6 voneinander unabhängige Funktionen der dimensionslosen Zeitkoordinate η, nämlich A, γ, T_0^0, T_n^n, P_0^0, P_n^n. Unsere Gleichungen (1) plus die «astrophysikalische Gleichung» (Übergang von Ruhemasse zu Strahlungsmasse) plus die gleichförmige Expansion ergeben 6 voneinander unabhängige Beziehungen zwischen diesen Funktionen (vgl.

Kosmische Lösungen). Daher ist unser kosmisches Modell von den Randwert-Bedingungen aus völlig bestimmt.

Im ausgeglätteten isotropen kosmischen Modell mit gleichförmiger Expansion zeigt P_i^k zwei erwähnenswerte Eigenschaften. Die eine ist die Tatsache, daß P_i^k und $dP_i^k/d\eta$ immer stetige Funktionen sind, auch wenn T_n^n eine unstetige Funktion von η ist. Die andere ist die «Dualität» von P_i^k und T_i^k. Wenn das kosmische Modell völlig statisch ist, dann wird diese Dualität evident: $P_0^0 - P_1^1 - P_2^2 - P_3^3 = -T_0^0 + T_1^1 + T_2^2 + T_3^3$. Diese Gleichung (4.10) drückt zugleich das Verschwinden der Gesamt-Energie des Kosmos aus.

Zur Anwendung unserer Feldgleichungen (1) auf intrakosmische Probleme müssen die lokalen Werte von T_i^k und zusätzlich die von γ und P_i^k bestimmt werden. Der Mittelwert von γ bestimmt sich aus dem Gesamtkosmos, die lokalen Schwankungen von γ sind im allgemeinen vernachlässigbar (siehe oben). Die lokalen Werte von P_i^k sind die Überlagerung des vom Gesamtkosmos bestimmten isotropen Wertes $P_{i\,See}^k$ und des vom betrachteten Objekt dazu gelieferten individuellen Beitrags $P_{i\,Stern}^k$. Mit Hilfe von Dimensions-Betrachtungen und Untersuchungen über den kosmischen Energie-Haushalt und die kovariante Divergenz von $P_{0\,Stern}^k$ konnten wir (siehe *Lokale Potentialenergie-Dichte* und *Lokaler Potentialenergie-Fluß*) alle Komponenten $P_{i\,Stern}^k$ festlegen; jedoch nur unter speziellen Bedingungen (statischer nicht-relativistischer Stern). Weitere Untersuchungen sollten auf die Verallgemeinerung dieser Bedingungen hinzielen und P_i^k möglichst mit Hilfe einer Lagrange-Dichte ausdrücken, was zu einer kovarianten Festlegung von P_i^k führen könnte.

Es ist sinnvoll, die Größen unserer Theorie in folgender Reihenfolge zu bestimmen: Das «Prinzip der verschiedenen Ursachen» ergibt $A \propto T$ (Gl.4.8); der Faktor $k_h = A/cT$ «entwickelt sich» im Laufe der ersten kosmischen Phase [14,22,43]. T_i^k bestimmt sich aus der Massen-Entstehung der ersten kosmischen Phase [30] und die nachfolgenden lokalen Reaktionen [14,22]. Sodann liefert Gl.(3.12) den kosmischen Mittelwert von γ und Gln.(8.5) und (8.13) die lokalen Werte von γ. Daraus legt sich C_i^k durch Gl.(2.8) fest. Der kosmische Mittelwert von P_i^k ist durch die Gln.(2.1) und (4.9) gegeben, während $P_{i\,Stern}^k$, der lokal generierte P_i^k-Beitrag, durch die Gln.(2.1), (6.1), (6.11) gegeben ist. Nach Festlegung dieser Größen erhält man G_i^k aus Gl.(2.9).

Betrachten wir einen selbst-gravitierenden Stern, der nicht im Materie-Austausch mit der Umgebung steht. Wenn $\gamma^{-1} \equiv G$ zunimmt, dann nimmt seine Selbst-Gravitation zu und folglich nimmt seine Gesamtmasse ab. Weit vom Stern entfernt ist seine Gravitations-«Feldstärke» und der zugehörige Pseudo-Tensor t_i^k vernachlässigbar. Wie sich herausstellt (Gl.6.11), kommt der radiale Energie-Fluß $4\pi r^2 P^1_{0\,\mathrm{Stern}}$ für die zeitliche Änderung der Gesamtmasse des Sterns auf. Somit ist das Gesetz der Energieerhaltung nicht verletzt. Dieses Gesetz gilt auch lokal; es ist ausdrückbar durch Gln.(7.1) mit $i = 0$. In speziellen Koordinaten-Systemen (nämlich mit $g_{11}g_{22}g_{33} = 1$ und $g_{01} = g_{02} = g_{03} = 0$) erhält es die einfache Form der Gl.(7.3), die das Verschwinden der 4-dimensionalen Divergenz von $T_0^k + P_0^k + t_0^k$ bedeutet. T_i^k und P_i^k sind als tensorielle Größen objektiv lokalisierbar, während t_i^k zwar auch lokalisierbar ist, aber nur hinsichtlich des jeweils gewählten Koordinatensystems. Die Gln.(7.6 bis 7.8) geben für ein «quasi-kartesisches» Koordinaten-System die Werte der radialen Potentialenergie-Flußdichte P_0^r, der negativen Feldenergie-Dichte t_0^0 und der radialen Feldenergie-Flußdichte t_0^r eines sphärischen und homogenen Sterns aus inkompressiblem Material. Wie daraus hervorgeht, klingt der Feldenergie-Fluß $4\pi r^2 t_0^r$ außerhalb des Sterns proportional $1/r$ ab. Er hat also keine große Reichweite — im Gegensatz zum Potentialenergie-Fluß $4\pi r^2 P_0^r$, der außerhalb des Sterns konstant ist.

Wir schlußfolgern, daß unsere Theorie in ihrer physikalischen Bedeutung und ihren grundsätzlichen Aussagen vernünftig ist. Unsere Untersuchungen haben keinen inneren Widerspruch gezeigt. Die nichtkosmischen Ergebnisse unserer Theorie nähern sich stark den Ergebnissen von Einsteins Theorie, welche ihrerseits mit praktisch allen modernen Beobachtungsergebnissen vereinbar sind [37]. Gesamtkosmisch bedeutet unser obengenanntes Prinzip die Gleichförmigkeit der Expansion — und in der Tat ist gleichförmige Expansion beobachtet worden [38—40]. Unsere Theorie ist anscheinend mit allen zuverlässigen Meßdaten vereinbar.

Wir sind überzeugt, daß sowohl unsere kovarianten Feldgleichungen (1) als auch unser «Prinzip der verschiedenen Ursachen . . .» nützlich und realistisch sind. Der Charakter dieser Gleichungen ist ganz verschieden vom Charakter dieses Prinzips: Die Gleichungen sind ein allgemeiner Rahmen, der vor allem theoretisch geprüft werden sollte; das Prinzip ist eine das Wesen der Gravitation betreffende Aussage, deren Richtigkeit sich durch die Beobachtungen bestätigen muß, daß γ vom kosmischen Alter abhängt aber praktisch keine lokalen Schwankungen hat und daß der Kosmos gleichförmig expandiert.

A	kosmischer Radius (Welt-Hyperradius)
A_0	kosmischer Radius jetzt
c	Lichtgeschwindigkeit
C, C_1, C_2	Konstante
C_i^k	Kosmischer Tensor
C_n^n	seine Spur
ds	Linienelement
g_{ik}	metrischer Tensor
G	Gravitationsfaktor (Gravitations-«Konstante»)
G_i^k	Einstein-Tensor
G_n^n	seine Spur
$k_h, K, K_s, K_1–K_6$	Konstante
m_s	Sternmasse
dm_r	Ruhemassen-Inkrement
M	kosmische Masse (totale Weltmasse)
M_r	kosmische Ruhemasse
p	Druck
P_i^k	Potential-Tensor
P_n^n	seine Spur
r	Radialkoordinate
r_a	Sternabstand
r_g	Gravitations-Radius
r_s	Stern-Radius
R_i^k	Ricci-Tensor
R_n^n	seine Spur
t	Zeitkoordinate
T	kosmisches Alter
T_0	kosmisches Alter jetzt
T_i	Inhomogenisierungs-Alter
T_s	Vergehungsbeginn-Alter
T_e	End-Alter
t_i^k	Energie-Impuls Pseudo-Tensor der Gravitation
T_i^k	Energie-Impuls-Tensor der Materie
T_n^n	seine Spur
γ	identisch mit $1/G$
Γ_{im}^k	Christoffel-Symbol
δ_i^k	Kronecker-Tensor
δ	Nukleonenzahl-Exponent
ε	Wirkungsdichte-Exponent
η	dimensionslose Zeitkoordinate
η_h	η-Wert am Horizont
η_0	η-Wert jetzt
ϑ	Winkel (lokal)
θ	Winkel (kosmisch)
λ	Elementar-Länge
μ	Massendefekt
π	3.14159...
ϱ	Massendichte
ϱ_r	Ruhemassendichte
τ	Elementar-Dauer
φ	Winkel (lokal)
$\varphi_1, \varphi_2, \varphi_3$	Funktionen von T
Φ	Winkel (kosmisch)
$\mathit{\Phi}$	Newtonsches Potential
χ	dimensionslose Radialkoordinate
χ_h	χ-Wert am Horizont
i, k	Lauf-Indexe 0, 1, 2, 3
ch	cosinus hyperbolicus
sh	sinus hyperbolicus
$\propto$	proportional
$\approx$	ungefähr gleich
$\equiv$	identisch gleich
Δt	Zeit-Differenz
$\mathit{\Delta}$	Laplace-Operator
$\Box$	d'Alembert-Operator
,	Koordinaten-Ableitung
;	kovariante Ableitung
;	kontravariante Ableitung
$\cdot$	Ableitung nach η

1 Ehlers, J., 1973. Survey of General Relativity Theory. In: *Relativity, Astrophysics and Cosmology.* Edited by W. Israel. p. 1-125. D. Reidel Publishing Company, Dordrecht-Holland. ISBN 9027703698.

2 Misner, Ch. W., Thorne, K. S. und Wheeler, J. A., 1973. *Gravitation.* W. H. Freeman and Company, San Francisco. ISBN 0716703440.

3 Weinberg, S., 1972. *Gravitation and cosmology.* John Wiley & Sons, Inc., New York. ISBN 0471925675.

4 Dirac, P. A. M., 1979. The Large Numbers Hypothesis and the Einstein theory of gravitation. *Proc. of the Roy. Soc.,* London, A. 365, p. 19–30.

5 Canuto, V. M. und Owen, J. R., 1979. Scale covariance and G-varying cosmology. IV. *The Astrophys. Journal, Suppl. Series,* Vol. 41, No. 2, p. 301–326.

6 Canuto, V. und Hsieh, S.-H., 1980. Case for an open universe. *Physical Review Letters,* Vol. 44, No. 11, p. 695–698.

7 Canuto, V. M. und Narlikar, J. V., 1980. Cosmological tests of the Hoyle-Narlikar conformal gravity. *The Astrophys. Journal,* 236, p. 6–23.

8 Canuto, V. M. und Hsieh, S.-H., 1981. Scale covariant gravitation: VI. *The Astrophys. Journal,* Sept. 1, 1981.

9 Canuto, V. M. und Goldman, I., 1981. Atomic and gravitational clocks. *NASA Goddard Inst. for Space Studies,* Goddard Space Flight Center, USA, New York, N. Y. 10025-7886.

10 Canuto, V. und Hsieh, S.-H., 1980. Cosmological variation of G and the solar luminosity. *The Astrophys. Journal,* Vol. 237, No. 2, p. 613–615.

11 Canuto, V. M., 1981. The earth's radius and the G variation. *Nature,* Vol. 290, No. 5809, p. 739–744.

12 Nordtvedt, K. Jr., 1968. Equivalence Principle for massive bodies. II. Theory. *Physical Review,* Vol. 169, No. 5, p. 169 (1017).

13 Thorne, K. S., Lee, D. L. und Lightman A. P., 1973. Foundations for a theory of gravitation theories. *Physical Review D,* Vol. 7, No. 12, p. 3563–3578.

14 Philberth, K., 1982. Generalized relativistic field equations and the uniformly expanding «Three Stage Universe». *Speculations in Science and Technology* (ISSN 0155-7785), Vol. 5, No. 2, p. 189–212.

15 Brans, C. und Dicke, R. H., 1961. Mach's Principle and a relativistic theory of gravitation. *Physical Review,* Vol. 124, No. 3, p. 925–935.

16 Landau, L. D. und Lifshitz, E. M., 1971. *The classical theory of fields,* 3[d] rev. Engl. ed., Addison-Wesley, Reading, Massachusetts; Pergamon Press, Oxford. Kap. X–XII.

17 Bastin, J. A., 1960. An extension of the Newtonian law of gravitation. *Proceed. of the Cambridge Philosophical Society,* Vol. 56, p. 401–409.

18 Dicke, R. H., 1970. *Gravitation and the universe.* American Philosophical Society, Independence Square, Philadelphia.

19 Dicke, R. H., 1961. Experimental tests of Mach's Principle. *Physical Review Letters,* Vol. 7, No. 9, p. 359–360.

20 Berry, M., 1976. *Principles of cosmology and gravitation.* Cambridge University Press. ISBN 0521290287.

21 Canuto, V. und Hsieh, S.-H., 1978. Mach's Principle, the cosmological constant, and the scale-covariant theory of gravity. *Physical Review D,* Vol. 18, No. 10, p. 3577–3580.

22 Philberth, B., 1980. *Der Dreieine* (I 5 bis I 7). 5. Auflage. Christiana-Verlag, CH-8260 Stein am Rhein. ISBN 3717101838.

23 Norton, J., Erscheint (1981). Einstein, Mach's Principle and the origins of the General Theory of Relativity. *Proceed. of the Australasian Assoc. for the Hist., Phil. and Soc. Studies of Sciences,* No. 12.

24 Fock, V., 1964. *The theory of space, time and gravitation;* 2[d] revised edition. Pergamon Press, Oxford. Compare § 70.

25 Vogt, H., 1961. *Die Struktur des Kosmos als Ganzes.* Morus-Verlag GmbH, Berlin.

26 Prokhovnik, S. J., 1976. Cosmological lore – and some heresies. *Foundations of Physics,* Vol. 6, No. 6, p. 687–705.

27 Prokhovnik, S. J., 1978. Space and time in the cosmological context. *Speculations in Science and Technology,* Vol. 1, No. 1, p. 91–98.

28 Philberth, K., 1974. *Elektron, Pion, Proton und Elementarlänge,* Anhang: Makrokosmos, Mikrokosmos, Kosmische Geschichte. 2. Auflage. Christiana-Verlag, CH-8260 Stein am Rhein. ISBN 3 7171 0514 0.

29 Knappik, J. J., 1976. *Dynamiczna ekspansja kosmosu.* TDM XIV Serii Zielonej «Biblioteki Polskiej» Katolicki Osrodek Wydawniczy, Veritas, 4–12 Praed Mews, London W2 2QZ.

30 Philberth, K., 1977. The generation of matter and the conservation of energy. p. 113–129 in *Cosmology, History and Theology,* edited by Yourgrau W. & Breck A. D. Plenum Press, New York, ISBN 0 306 30940 8.

31 Philberth, B., 1963. Le gradient de temps comme grandeur de base de la théorie de la relativité. *Comptes Rendus Hebdomadaires des Séances de l'Académie des Sciences* (Paris), t. 256, p. 3012–15.

32 Philberth, B., 1968. Die Zeit in der relativistischen Physik. *Akten des XIV. Internat. Kongresses für Philosophie,* Wien, 2.–9. 9. 1968. Herder, Wien, p. 408–416.

33 Prokhovnik, S. J., 1967. *The logic of Special Relativity.* Cambridge University Press. New ed. 1978, New South Wales Univ. Press, Kensington-Australia, ISBN 909465 72 X.

34 Ehrlich, R., 1976. Possible evidence for the quantization of particle lifetimes. *Physical Review D,* Vol. 13, No. 1, p. 50–55.

35 Ehrlich, R., 1977. Hypothesis of quantized particle lifetimes reexamined, and its connection with the hypothesis of quantized time. *Physical Review D,* Vol. 15, No. 3, p. 929–930.

36 Vergleiche Zitat 2: Box 23.1 und Exercise 23.7.

37 Will, C. M., 1979. The confrontation between gravitation theory and experiment. Published in: *General Relativity,* edited by Hawking S. W. and Israel W. Cambridge University Press. ISBN 0 521 222850.

38 Sandage, A., 1975. The redshift-distance relation. VIII. Magnitudes and redshifts of Southern galaxies. *The Astrophys. Journal,* 202, p. 563–582.

39 Tammann, G. A., 1977. The Hubble constant and the local expansion field. In: *Décalages vers le rouge et expansion de l'univers,* p. 43–74. Edit. du Centre Nat. de la Rech. Scient. ISBN 2 222 02022 0.

40 Tammann, G. A., Yahil, A. und Sandage, A., 1979. The velocity field of bright nearby galaxies. II. *The Astrophys. Journal,* 234, p. 775–784.

41 Philberth, B., 1964. Le gradient de temps comme grandeur de base dans la théorie de la relativité et Le temps dans la physique relativiste. Extrait du *Bulletin de l'Académie royale Belgique (Classe de Sciences),* Série 5, Tome L, p. 523–533.

42 Philberth, B., 1966. Connexité des grandeurs électro-magnétiques. *Atti dell'Accademia Ligure di Scienze e Lettere,* Vol. XXIII.

43 Philberth, K., 1980. Generalized relativistic field equations and the uniformly expanding «Three Stages Universe». *Report No. 25 of the Department of Theoretical Physics,* University of New South Wales, Australien.

44 Philberth, K., 1981. A metric gravitation theory for varying gravitation «constant» G. *Report No. 29 of the Departm. of Theoret. Physics,* Univ. of New South Wales, Australien.

45 Canuto, V. M., 1981. The variation of G: a modern look. *An. Acad. brasil. Ciênc.,* 53 (2).

Weltmodelle und Grundlagen

von Bernhard Philberth

MODELLE DES WELTALLS

Die berühmten relativistischen Feldgleichungen Einsteins haben die gesamte Kosmologie bis heute beherrscht. Jedoch vermochten sie nur Weltmodelle mit konstantem Gravitationsfaktor G und mit gebremster Expansion zu erfassen. Das Fehlen von verallgemeinerten Feldgleichungen für variables G veranlaßte, ein wenig befriedigendes Weltmodell zum «Standard» zu machen.

Das Standard-Modell postuliert: An einem Singularitätspunkt, vor welchem alle Aussagen leer werden, sei alle Weltmasse in einem Punkt als Strahlung mit unbegrenzter Dichte und Temperatur existent gewesen. Das Universum sei von diesem mysteriösen Punkt in einer Expansion mit anfänglich unbegrenzt großer Geschwindigkeit gestartet. Im Abnehmen der Dichte und Temperatur mit der expansiven Weitung des Weltraumes habe das Universum – nach einer Anfangs-Ära, über die verwegene Spekulationen umgehen – nacheinander charakteristische Phasen durchlaufen: bis $10^{-4}\,s$ eine Hadron-Ära mit Bildung gewaltiger Massen an Nukleonen und Antinukleonen; bis $1\,s$ eine Lepton-Ära bei Verstrahlung der Antinukleonen mit Nukleonen und Bildung großer Massen an Elektronen und Antielektronen; bis $10^6\,a$ eine Strahlen-Ära bei Verstrahlung der Antielektronen mit Elektronen und Bildung der Elemente; bis heute eine Materie-Ära, in der sich die Quasare, Galaxien, Sonnen und Planeten geballt hätten.

Durch die Wirkung der Gravitation der Massen aufeinander sei die Expansion bis auf die heutigen Werte der «Nebelflucht» abgefallen. Die Lösung der Einstein-Gleichungen durch Alexander Friedmann, mit Voraussage der Nebelflucht, und die spätere Beobachtung der heutigen Expansion durch Edwin Hubble, mit Bestimmung der «Hubble-Konstanten», dazu die fiktive Rückextrapolation der Expansion auf einen hypothetischen Singularitätspunkt, war die Grundlage für die Konzeption des «heißen, dichten Ursprungs» von Friedmann und Gamow. Die «Hintergrundstrahlung» und die «Elementenhäufigkeit» boten gute Aussichten, dieses Weltmodell zu bestätigen und als Standard zu behalten.

Die Hintergrundstrahlung war von Dicke bereits theoretisch aufgrund dieses Weltmodells vorausgesagt worden, so daß deren spätere Entdeckung durch Pencias und Wilson als ein starkes Argument für dieses

Weltmodell gewertet wird. Es ist damit heute schwierig, sich mit anderen Erklärungsmöglichkeiten Gehör zu verschaffen. Die Voraussage von 5°*K* aus dem Standard-Modell war – verglichen mit dem heutigen Meßwert von 2,7°*K* – gut, wogegen mit den Frequenzen und Energien noch stärkere Probleme auftreten. Eddington hatte auch schon eine Hintergrundstrahlung von 3,2°*K* als Wirkung kosmischen Staubes vorausgesagt.

Die Elementenhäufigkeit – insbesondere das Helium-Wasserstoff-Verhältnis und die Häufigkeit der CNO-Kerne (mit 12 bis 18 Nukleonen) – scheinen soweit mit diesem Weltmodell verträglich, daß dies ebenfalls als ein Argument für dieses Weltmodell gewertet wird. Andere Weltmodelle haben demgegenüber mit der Elementenhäufigkeit große Schwierigkeiten. Die Berechnungen sind aber von vielen, noch nicht hinreichend sicheren Voraussetzungen abhängig und müssen so schwer überschaubare und so komplizierte Vorgänge berücksichtigen, daß die Ergebnisse noch sehr fragwürdig sind.

Die Versuche, das Standard-Modell mit der Hintergrundstrahlung und der Elementenhäufigkeit zu verifizieren, haben weitgehend ad-hoc-Charakter. Es ist zwar legitim, zu versuchen Rechnungen mit Fakten in Einklang zu bringen. Weil dies aber nur den Nachweis der Möglichkeit einer Realität erbringen kann, muß sich dies mit produktiver Kritik verbinden. Es besteht daher die Aufgabe der Erarbeitung besserer Modelle mit Prüfung und Vergleich verschiedener, verfolgungswert scheinender Modelle. Interessante Probleme für die künftige Forschung sind nachfolgend mit «●» angemerkt.

Das Standard-Modell ist sowohl aus grundsätzlichen als auch konkreten Gründen fragwürdig. Der immense Aufwand an Intelligenz für dieses willkürlich standardisierte Modell darf nicht darüber hinwegtäuschen, daß die Konzeption dieses Modells naiv ist.

Argumente gegen das Standard-Modell

1. Das Standard-Modell bietet die Möglichkeit, ungelöste Probleme in der Rückextrapolation auf eine selbst unerfaßbare Singularität gegenstandslos werden zu lassen. Aber eben dadurch wird ein Singularitätspunkt dieser Art selbst prinzipiell fragwürdig: Woher oder durch was sollte die Weltmasse an diesem Punkt entstanden sein!

Der Schwarzschild-Radius einer Masse M' ist $2M'G/c^2$; der existentielle Grenzradius des Weltalls ist $MG/2c^2$. Mit der heutigen effektiven

Weltmasse M beim heutigen Gravitationsfaktor G wäre dies ein existentieller Grenzradius von $20 \cdot 10^9$ Lichtjahren; eben der heutige Weltradius. Wenn – wie das Standard-Modell annimmt – die Weltmasse und der Gravitationsfaktor immer konstant gewesen wären, hätte der Weltradius früher kleiner als der existentielle Grenzradius des Universums sein müssen; in der Anfangszeit sogar um dutzende Zehnerpotenzen kleiner.

Die wesenhafte Hinorientierung aller Existenz auf die Existenzgrenze gilt auch für den Gesamt-Kosmos als System, das der Existenzgrenze von innen begegnet. Die These, daß kosmische Existenz nur in einem permanenten Anliegen an einer Existenzgrenze grundsätzlich möglich ist – dh als Grenzmasse existierend – scheint uns unabdingbar: als Urgrund, warum überhaupt etwas ist und nicht nicht-ist. Das Universum hätte demnach mit den Zustandsgrößen des Standard-Modells überhaupt nicht existieren können.

2. Genügend bald nach dem Singularitätspunkt müßte eine Expansionsgeschwindigkeit gegeben gewesen sein, die um ein Vielfaches höher als die Invarianzgeschwindigkeit c gewesen wäre; um so mehr überhöht, je früher nach dem Singularitätspunkt. Die Weltmasse hätte also in vielen, wenn nicht sogar unbegrenzt vielen, existentiell voneinander durch Horizonte gesonderten Teilgebieten derart zugleich entstanden sein müssen, daß diese Bereiche mit Verminderung der Expansionsgeschwindigkeit sich zu dem tatsächlichen, überall ähnlichen Kosmos vereint hätten. Dies ist einfachhin unbegreiflich.

3. Relativitätsphysikalisch sind Geschwindigkeiten größer als Invarianzgeschwindigkeit c unmöglich. Es muß somit die Ausnahme postuliert werden, daß ein als solcher expandierender Raum mit darin stationierten Massen derartige Überlichtgeschwindigkeiten relativ zueinander gestattet: ein äußerst fragwürdiges Postulat; zumal die Relativitätsphysik einen solchen absoluten Raum prinzipiell verneint.

Vielleicht ließe sich aber das Standard-Modell auch mit anfänglichen Expansions-Geschwindigkeiten durchführen, die der quasi-unendlichen Invarianzgeschwindigkeit c nur entsprechend nahe kämen ●.

4. Die Unterstellung einer im ursprünglichen Singularitätspunkt unendlich großen Massendichte scheint für ein normales Realitätsempfinden unannehmbar; ein Argument, das freilich dem Theoretiker schwach erscheint. Nur wenn einmal weiter entwickelte Sub-Elementarteilchen-Theorien die Möglichkeit eines Ur-Teilchens von der Masse des ganzen Weltalls und entsprechender Dichte glaubhaft machen sollten, könnten

wir uns mit einem dem Standard-Modell entsprechenden heißen, dichten Ursprung befreunden. Es würde damit sogar ein quantenphysikalisch-unobjektivierbares Springen des Universums über Zwischen-Zustände bis zu einer Hadron-Ära möglich werden, bei welchem ua das Problem von relativistisch fraglichen Relativgeschwindigkeiten größer als *c* gegenstandslos würde. Die SU(5)-Theorie — mit ihrer grandiosen Vereinigung von starker, elektromagnetischer und schwacher Wechselwirkung — ergibt ohnehin bereits X-Partikel, als potentielle Substrukturelemente, mit 10^{15}-facher Nukleonmasse. Sicher gab es keine Ära bei 10^{-40} Sekunden mit 10^{-31} Meter Weltradius mit vorwiegend X-Partikeln: Wenn das ganze Universum nur einen Radius besitzt, der einem einzigen X-Partikel adäquat ist, wie können dann darin 10^{70} X-Partikel existieren, bei einer Weltmasse mit etwa 10^{150} kg/m^3 Dichte?

Im allzu verständlichen Bedürfnis, der ungreifbaren Unendlichkeit zu entrinnen, wird im Rahmen des Standard-Modells auch ein Ursprung mit einem Weltradius gleich einem Nukleonradius von 10^{-15} m als denkbar erwogen. Die damit auf 10^{100} kg/m^3 «reduzierte» Anfangsdichte löst aber das Grundsatzproblem auch noch nicht: wie die die Weltmasse repräsentierenden Partikel auf solchem Raum nebeneinander existieren können sollten bzw in welchen Räumen und Zeiten sich elektrische und magnetische Felder miteinander induzieren sollten.

Aber sogar wenn man diese Massen- und Partikel-Dichten noch akzeptieren wollte, wären keinesfalls die zugehörigen Wirkungsdichten annehmbar; insbesondere dann nicht, wenn der Gravitationsfaktor *G* von der Wirkungsdichte abhängig wäre. Demgegenüber kommen Wirkungsdichten im Standard-Modell gar nicht vor.

5. Wenn in der Hadron-Ära Nukleon-Antinukleon-Paare erzeugt worden wären, hätten sich diese nicht derart großräumig trennen können, daß ganze Sterne und Galaxien aus einer Nukleonenart verblieben wären. Würde man doch diesen extrem unwahrscheinlichen Fall für unseren Teil des Kosmos ansetzen, wäre der beobachtbare Kosmos nicht in so auffälliger Weise überall typisch. Möglicherweise hätte allerdings die Unsymmetrie der schwachen Wechselwirkung den Überschuß bewirken können; oder eine Nichterhaltung der Baryonenzahl in einer hypothetischen Vor-Ära mit massenhaftem Auftreten von X-Partikeln. Nach Sacharow könnte dabei in negativer Zeitrichtung vom Singularitätspunkt eine CPT-invariante Spiegelwelt entstanden sein, die sogar mit uns identisch sein könnte; ein ebenso reizvoller wie unglaublicher Aspekt.

6. Das Problem, wie sich die Massen aus dem weitgehend homogenen Plasma überhaupt ballen konnten, dürfte im Standard-Modell kaum lösbar sein; erst recht dürfte die Frage nach Zahl, Größe und Drehimpulsen der Galaxien kaum beantwortbar sein. Der Vorschlag, Mini-Schwarzlöcher als Kondensationskerne anzunehmen, macht nur die Hoffnungslosigkeit deutlich.

Überhaupt wäre im Singularitätspunkt und bald danach ein Zustand maximaler Wahrscheinlichkeit mit minimaler Information gewesen. Verstößt eine mit der Ballung einhergehende Strukturierung gegen den 2. Hauptsatz? Was würde ein Verstoß bedeuten? Während ein Verstoß gegen den 1. Hauptsatz – daß keine Energie entstehen oder verschwinden kann – die Existenz beträfe, würde ein Verstoß gegen den 2. Hauptsatz – daß der Ordnungsgrad immer nur kleiner werden kann – nur die Art des Geschehens betreffen. Die Entropie ist ein fiktiver Begriff, der von verschiedenen Wissenschaftlern und in verschiedenen Bezügen verschieden gefaßt wird.

Warum muß überhaupt ein in engem Bereich aufgestellter, formulierter und approbierter Begriff universell gelten? Das Sein und die Existenz selbst hat eben höhere Mächtigkeit als alle Lehrsätze, die sich der Mensch in seinem Denken aufgrund seiner Erfahrung aufstellt; bis hin zu den logischen Grundsätzen etwa des Widerspruchssatzes oder sogar des Identitätssatzes. Das Argument, daß man ohne diese Grundsätze überhaupt nicht denkend operieren könnte, mag richtig sein. Aber dann kann man es eben nicht. Was sind denn überhaupt die Natur- und Denkgesetze; in welcher Autorität von wem gesetzt?

Konkret: Warum sollte die Schwerkraft nicht grundsätzlich fähig sein, ein fast homogenes Plasma in sich strukturierende Ballungen zerfallen zu lassen; falls etwa die dem Standard-Modell nicht gegebene Instabilitätsbedingung durch eine andere Ballungssteuerung ersetzt würde? Bei der Ballung wird Gravitationsenergie getätigt. Vermutlich müßte unter Einbeziehung dieser negativen Gravitationsenergie der Begriff der Entropie korrigiert bzw erweitert werden.

7. Die in den frühen Ballungs-Phasen beobachtete Elementenhäufigkeit scheint uns gegen das Standard-Modell zu sprechen. Es gibt viele Reaktionswege, die von Wasserstoff und Helium – an den kritischen Nukleonenzahlen 5 und 8 vorbei – zu CNO-Kernen führen. Das Standard-Modell fordert – aus überheißem und überdichtem Anfang kommend – abnehmende Temperatur. Es hätte demnach mindestens sekundenlang eine Phase durchlaufen werden müssen, in der CNO-Kerne und weiterhin schwere Kerne aufgebaut worden wären.

8. Die Einstein-Gleichungen stellen eine spezielle Verknüpfung zwischen Art der Expansion und Größe des Universums her: Ein Universum von endlicher Größe (mit positiver, sphärischer Krümmung) hätte damit zwangsläufig eine so stark gebremste Expansion, daß diese in endlicher Zeit in eine Kontraktion übergehen müßte. Umgekehrt würde eine so schwach gebremste Expansion, daß nie eine Kontraktion folgen würde, sich zwangsläufig mit einem auch in Raum und Masse unendlich großen Universum (mit ungekrümmter, euklidischer Struktur oder mit negativer, hyperbolischer Krümmung) verbinden.

Unterstellt man, daß wir in der Expansionsphase eines endlich großen Universums wären, so müßte ein Singularitätspunkt weniger als $^2/_3$ des Hubble-Alters zurückliegen. Astronomische Beobachtungen und astrophysikalische Berechnungen — etwa von Kippenhahn — ergeben aber für Kugelhaufen-Sterne ein höheres Alter als $^2/_3$ des Hubble-Alters.

9. Schon Lifschitz und Alfvén haben darauf hingewiesen, daß die gegebenen Peculiarbewegungen der Galaxien einen Zusammenfall zu einer Singularität unmöglich machen würden. Die durchweg unterstellte Interpretation der Einstein-Gleichungen im Sinne gravitationsbedingter Expansionsbremsung würde schon mit der ersten Kontraktionsphase keine Dichten mehr ergeben, welche mittelschwere Elemente wieder zu Wasserstoff zerschlagen könnten.

Wir halten jedoch dieses Argument gegen das Standard-Modell nur bedingt für berechtigt, denn der Raum als solcher könnte bis zur Punktförmigkeit kontrahieren, womit sich die Peculiarbewegungen in ansteigende Temperaturen umsetzen würden.

10. Für ein — nach den Einstein-Gleichungen — später wieder kontrahierendes Universum ergibt sich zudem das Problem der «fehlenden Weltmasse»: es wäre das 100-fache, allerwenigstens das 10-fache der beobachteten Masse erforderlich. Für so große «verborgene Massen» — wie Neutronensterne, Schwarze Löcher, Neutrinowolken mit Neutrino-Restmassen ungleich null usw — besteht keine Wahrscheinlichkeit.

11. Ein Universum mit so schwach gebremster Expansion, daß dies nach der Einstein-Gleichung unendlich groß sein müßte, wäre mit seiner Unendlichkeit höchst problematisch. Ewigkeit, Unendlichkeit und Singularität bieten zwar vielfach aus einer Hoffnungslosigkeit im Greifbaren ein Ultimum Refugium in einer ungreifbaren Grenzenlosigkeit. Jedoch ergäben sich die Probleme der Horizonte und das wohl unlösbare Problem, wie überhaupt aus einer Singularität ein Universum mit unendlicher Größe an Raum und Masse hervorgehen könnte.

Die Beobachtungen und Auswertungen von Sandage und Tammann weisen — allerdings mit noch großen Unsicherheiten — auf ein überhaupt konstant expandierendes Universum hin, was mit dem Standard-Modell nach den Einstein-Gleichungen unvereinbar wäre.

12. Unter der Annahme, daß prinzipiell eine Expansions-Bremsung aufgrund der Gravitation jeder Masse auf jede andere gegeben sein müsse, taucht ein grundsätzliches Problem auf: Wieso sind die expansiven Bewegungsenergien relativ zu den kontraktiven Gravitationsenergien geradeso proportioniert, daß sie weder eine so starke Expansion ergeben, die eine Ballung der Massen verhindert hätte, noch eine so schwache Expansion, die schon in Zeiten vergleichbar der Entstehungszeit wieder in Kontraktion übergegangen wäre. Freilich könnte man unterstellen, daß vielleicht million, trillion oder beliebig mehr Kosmen gestartet seien, aber eben nur dieser, in welchem wir leben und denken, gerade eine kritische Proportion gehabt habe. Aber bei Start aus einem Singularitätspunkt in unbegrenzt kurzer Entstehungszeit müßten unbegrenzt viele Kosmen starten, ohne daß auch nur einer die erforderliche Proportion gehabt hätte.

Nur in einem Modell mit wesenhaft ungebremster Expansion verschwindet dieses eigenartige Problem.

13. Hinter einer prinzipiell gebremsten Expansion, wie es die Einstein-Gleichungen fordern, verbirgt sich eine grundlegende Problematik: Auch im Standard-Modell — im Spezialfall mit quasi-homogener Massenverteilung — erfährt ein Massenpunkt gegenüber dem Substratpunkt, an dem er sich gerade befindet, keine Geschwindigkeitsänderung. Bei konstanter Krümmung (positiv oder null oder negativ) und quasihomogener Massenverteilung ist schon aus Symmetriegründen nicht einzusehen, wo geschwindigkeitsändernde Gravitationskräfte herkommen sollten. Trotzdem scheint jene Massenkugel, die eine Substratstelle mit Radius r umgibt, eine Masse in dieser Entfernung r proportional r negativ zu beschleunigen: als Grund für eine Bremsung der Expansion.

Grundsätzliches zum Standard-Modell

Ein von der Erde abgehendes Geschoß kann relativ zum Erd-Schwerpunkt elliptische oder parabolische oder hyperbolische Bahn beschreiben. Das Standard-Modell unterstellt ein analoges Verhalten der großkosmisch verteilten Massen relativ zueinander, weshalb die zugehörige Art kosmischer Expansion als «elliptisch» oder «parabolisch» oder «hyperbolisch» bezeichnet wird. Eine «Gesamtenergie gleich null» für parabolische Expansion bezieht sich entsprechend auf die Summe einer «kinetischen» Energie und einer «potentiellen» Energie im Sinne dieser Analogie; ist also von ganz anderer Art wie die «Gesamtenergie gleich null» der Dirac-Eddington-Konzeption bzw unseres Weltmodells.

Nur aufgrund der Unterstellung dieser Analogie wird eine Expansion als wesenhaft gebremst angenommen. Ebenfalls nur aufgrund dieser Unterstellung verbindet sich eindeutig eine elliptische Expansion mit elliptischer Raumkrümmung, bzw eine parabolische Expansion mit einem euklidischen Raum, bzw eine hyperbolische Expansion mit einer hyperbolischen Raumkrümmung. Die aus der implizit unterstellten Analogie kommende, gleichartige Bezeichnung wesenhaft verschiedener Dinge mag dazu beigetragen haben, daß diese fiktive Unterstellung nicht reflektiert worden ist und als ein schwer überwindbares Vorurteil die derzeitige Kosmologie beherrscht.

Gegen diese in der Wissenschaft fixierte Unterstellung ist kaum aufzukommen. Auch das Dirac-Konzept mußte sich dieser Unterstellung unterwerfen. Diese Unterstellung war Mitursache, daß Theorien mit veränderlichem Gravitationsfaktor G gar keine Start-Chancen erhielten. Einen mit dem Weltalter T veränderlichen Gravitationsfaktor G durch die Feldgleichungen Einsteins erfaßbar zu machen, gelang erst V. M. Canuto (vgl: Acad. brasil. Cienc. 1981, 53), indem er — zu den atomar orientierten Einheiten — eine von G implizit bestimmte, astronomisch orientierte Längen- und Dauer-Einheit einführte. Diese «Zwei-Metrik-Theorie» führt speziell mit $G = const$ auf die Einstein-Gleichungen bzw ergibt speziell mit $G \cdot T = const$ eine modifiziert-gebremste Expansion. Die konflikthafte Verknüpfung der positiven Raumkrümmung eines endlich-großen Weltalls mit irreal starker Bremsung bzw von schwacher Bremsung mit einer negativen Raumkrümmung und damit unendlich-großem Weltall wird damit nicht gelöst. Diese Verallgemeinerung der Einstein-Gleichungen auf variables G steht immer noch unter dem Zwang der Unterstellung einer prinzipiellen Bremsung der kosmischen Expansion durch die Gravitation.

Tatsächlich entspricht diese Unterstellung dem klassisch-philosophischen Verständnis des Raumes als lediglich Ausdruck des Verhältnisses der Massen zueinander. Die Wirkung der Massen aufeinander wird damit fiktiv zum Urphänomen gemacht, auf welches sich die Raumgestalt einstellt. In dieser Auffassung würden etwa die Peculiarbewegungen eine Raumkontraktion zu einer punktförmigen Singularität verhindern können.

Grundsätzlich ist aber auch ein anderes Wesen des Raumes denkbar. In diesem ist die Raumexpansion das Urphänomen, auf das sich die Wirkung der Massen aufeinander und das Verhältnis der Massen zueinander einstellt. In dieser Auffassung ist die Bewegung eines Geschosses relativ zur Erde die Folge einer lokalen Inhomogenität, die nicht zwangsläufig auf die gesamtkosmischen Verhältnisse übertragbar ist. In dieser Auffassung, die uns real scheint, könnte eine Expansion ua auch prinzipiell ungebremst — sogar etwa constant *c* — sein, bzw könnte eine Kontraktion trotz beliebiger Peculiarbewegungen wieder zu einer punktförmigen Singularität führen. In dieser Auffassung ist das Substrat nicht nur eine fiktive Zuordnung zur faktischen Massen-Verteilung und -Bewegung, sondern Ausdruck einer Raumzeit-Struktur als primärer Seinsmächtigkeit.

Im Standard-Modell werden die Einstein-Gleichungen im ersteren Sinne angewendet; möglicherweise sind die Einstein-Gleichungen sogar auf diese Auffassung fixiert. Dies scheint uns der Grund, warum die Einstein-Gleichungen (wenigstens in der noch nicht von uns verallgemeinerten Form) kein realistisches Weltmodell liefern können: weil sich eben damit zwangsläufig die reale sphärische Krümmung eines endlichen Weltraumes mit einer in Kontraktion übergehenden Expansion mit irreal-starker Bremsung, bzw die fortlaufende Expansion real-verschwindender Bremsung mit einer hyperbolischen Krümmung eines irreal-unendlichen Weltraumes verbinden müßte.

Mit den von uns verallgemeinerten Einstein-Gleichungen wäre hingegen auch eine sphärische Krümmung mit schwacher Bremsung, insbesondere mit Konstant-Expansion möglich. Es wäre zu prüfen, ob mit unseren Feldgleichungen auch wesentliche Argumente gegen das Standard-Modell entkräftet werden könnten ●.

Vor allem steht gegen das Standard-Modell — zumindest im Zusammenhang mit den Einstein-Gleichungen — das damit anzunehmende Auftreten der gesamten Weltmasse am Singularitätspunkt. Dafür ist kein irgendwie physikalischer Grund einsehbar. Für jeden Physiker ist dies zutiefst unbefriedigend. Hingegen wollen immer wieder Theologen darin eine Art Gottesbeweis sehen: den Beweis für «einen Ersten Beweger». Die begründete Unzufriedenheit mit dem Standard-Modell veranlaßte viele Physiker und Kosmologen nach anderen Modellen zu suchen. Weil diese alle — teils aus anderen Unzulänglichkeiten, teils an der Falsifizierung durch gesteigerte Beobachtungsmöglichkeiten — zusammenbrachen, wurde notgedrungen das Standard-Modell eben als «Standard» beibehalten.

Die pseudo-theologische Reaktion auf die unphysikalische Grundlage des Standard-Modells provozierte insbesondere Hoyle, zusammen mit Bondi und Gold, zur Konzeption seines Steady-State-Modells:

Nach dem Steady-State-Modell sollte schon seit unbegrenzter Zeit ein expandierendes Universum von immer gleichartig-typischer Struktur bestanden haben; ein unbegrenzt ausgedehntes Universum mit immer und überall gleicher mittlerer Dichte und Galaxenverteilung. Die Fluchtbewegung jeder konkreten Galaxie von jeder beliebigen Bezugsgalaxie ist beschleunigt, wobei die Verminderung der mittleren Massendichte durch das expansive Auseinanderweichen der Galaxien ausgeglichen wird: durch fortlaufende Neuentstehung von Materie, welche neue Galaxien zwischen den schon vorhandenen formt.

Sowohl grundsätzliche Erwägungen als auch praktische Beobachtungen haben dieses Steady-State-Modell zusammenbrechen lassen:

1. Das Grundproblem der Existenz der Weltmasse wird in eine unfaßbare Vorzeit-Unendlichkeit extrapoliert. Hierbei wäre das Universum sogar unendlich in der dritten Potenz: ein unendlich ausgedehnter Raum expandiert in unbegrenzten Entfernungen von einem Bezugspunkt unendlich beschleunigt seit unendlicher Zeit.

2. In entsprechend großer Entfernung von einem Bezugspunkt treten Fluchtgeschwindigkeiten mit beliebig Vielfachem der Invarianzgeschwindigkeit *c* auf: das Universum zerfällt in Bereiche mit trennenden Horizonten.

3. Die fortwährend sich beschleunigende Fluchtbewegung jeder konkreten Galaxie findet weder eine theoretische Begründung noch eine observative Bestätigung.

4. Bei endlicher mittlerer Massendichte wäre – wegen der zeitlichen Unendlichkeit – immer und überall eine unendliche Wirkungsdichte gegeben. Die Wirkungsdichte müßte sich zudem unendlich fortlaufend erhöhen, wenn sie nicht schon unendlich wäre.

5. Das postulierte «Entstehungsfeld», das die Materieentstehung steuern soll, hat keine physikalisch einsehbare Begründung. Die aus dem Modell folgende statistische Beziehung zwischen Alterungsgrad der Galaxien und Abstand von dem Bezugspunkt, stimmt nicht mit der Beobachtung überein.

6. Es ist unverständlich, wieso – entgegen den Schwerkraftwirkungen – über unendliche Zeiten der typische Zustand des Universums derart stabil aufrechterhalten werden könnte.

7. Mit dem Steady-State-Modell sind keine glaubhaften Quellen für die Hintergrundstrahlung zu finden.

8. Zwar könnte man doch irgendwie einen zeitlichen Anfang und eine räumliche Begrenzung irgendwo hinter dem Horizont unterstellen. Damit hätte man aber das einzige Argument eben für ein «Steady-State» preisgegeben und müßte unbegründbar noch eine fortlaufende Wesensänderung des Systems unterstellen. Es würde mit dem nun ganz widersinnig eingeführten Uranfang die Grundfrage der Existenz in physikalisch und konzeptionell noch weniger erklärbarer Weise neu auftauchen.

Die so lange Verfolgung des Steady-State-Modells, trotz seiner geradezu grotesken Widersinnigkeiten, hat anscheinend mehr psychologische und ideologische als kosmologische Gründe. Sicher ist die so lang anhaltende Anhänglichkeit vieler Physiker an dieses Modell nicht nur auf die intensive Förderung seiner hochprofilierten Gründer zurückzuführen, als vielmehr auf die generelle Notlage der Kosmologie, welche damit um so drastischer sichtbar wird. Tatsächlich war ja auch kein einziges Weltmodell gegeben, mit dem man auch nur einigermaßen zufrieden sein konnte. Auch das Standard-Modell war und ist eben zutiefst unbefriedigend. Da bliebe man doch besser gleich mit der alten Edda bei der «Urkuh, die so lange an einem Salzblock herumschleckte, bis der Riese Emir hervorsprang».

Das Standard-Modell, mit einem im Singularitätspunkt erstanfänglichen Universum, ist die besondere Liebe jener Theologen, die nach Gottesbeweisen fahnden. Das Standard-Modell mit pulsierendem Universum (und das Steady-State-Modell) waren die letzte Hoffnung der Materialisten, welche ihr Fundamentaldogma der «ewigen Materie» noch irgendwie zu retten versuchten. Demgegenüber ist das von uns aufgegriffene Dirac-Eddington-Modell weder eine übermäßige Freude der Theologen noch der geringste Trost für die Materialisten: einerseits schleichen sich darin die Nukleonen zwar effektlos unauffällig, aber physikalisch einsehbar ins Dasein, wobei sich gleichgroße negative wie positive Energien scheiden; andererseits setzt doch die Singularität des Ursprungs der materiellen Existenz eine unüberschreitbare Grenze für eine sinnvolle Annahme einer ewigen Materie. Wir wollen uns aber von keinerlei Ideologie motivieren lassen.

Der Hauptgrund für die so vereinseitigte Verfolgung des Standard-Modells — im Gegensatz zum genialen Dirac-Eddington-Konzept —, war eben die Notlage, daß nur dieses Standard-Modell die Anwendung der Einstein-Gleichungen, welche nur mit konstantem G zu rechnen ermöglichten, zuließ. Die Einstein-Gleichungen — und verschiedene Variationen davon — waren für zwei ganze Generationen von Physikern und Kosmologen die unersetzliche mathematische Grundlage für eine theoretische Erfassung des Universums und seiner Geschichte.

Unsere Feldgleichungen

Deshalb mußte einmal der vermessene Versuch gewagt werden, einerseits die Einstein-Gleichungen zu verallgemeinern, andererseits ein Weltmodell ohne genannte Unannehmlichkeiten aufzustellen.

Der voranstehende erste Teil (I) dieses Buches legt das Ergebnis einer Verallgemeinerung der relativistischen Feldgleichungen durch Karl Philberth der Fachwelt vor. Der nachstehende dritte Teil (III) dieses Buches legt das Weltmodell vor, das wir aus der Weiterführung des Dirac-Eddington-Konzeptes entwickelt haben. Der dritte Teil ist abgedruckt aus dem Buch DER DREIEINE («DD»).

Rein zeitlich konnte zwar das Weltmodell (Teil III) vor den Feldgleichungen (Teil I) fertiggestellt werden. Beides ist aber in gegenseitiger Befruchtung und Überprüfung möglich geworden, so daß keines von beiden ohne das andere befriedigend hätte erarbeitet werden können. Gerade deshalb wäre es aber nicht berechtigt, unsere Feldgleichungen als eine ad-hoc-Theorie anzusprechen. Schon die Tatsache, daß es nach Diracs Idee der Zeitabhängigkeit von G während Jahrzehnten nicht gelang, Feldgleichungen überhaupt für variables G zu finden, sollte begreifen lassen, daß man Feldgleichungen nicht einfach ad-hoc immer gerade so hinformulieren kann, daß sie ein irgendwie gewünschtes Weltmodell beschreiben.

Feldgleichungen sind zudem nicht die einzige Möglichkeit zur Erkenntnisfindung. Es ist nicht nur legitim sondern sogar geboten, ein auf anderem Weg gefundenes und verifiziertes Weltmodell dadurch zu kontrollieren, daß man dessen Beschreibbarkeit in Feldgleichungen festzustellen sucht. Weil die Einstein-Gleichungen dafür noch zu speziell waren, ergab sich die Aufgabe, diese zu verallgemeinern. Dies war für die ganze Kosmologie — die bisher kein einziges realistisches Modell aufzubringen vermochte — ganz allgemein ein dringendes Bedürfnis, das zuvor nur nicht befriedigt werden konnte.

Die schon auf anderem Weg beträchtlich fortgeschrittene Entwicklung unseres Weltmodells gab einerseits soviele Hinweise, daß diese äußerst schwierige Verallgemeinerung der Einsteinschen Feldgleichungen überhaupt möglich wurde. Zugleich ermöglichte aber auch erst wieder die fortschreitende Entwicklung der Feldgleichungen notwendige Korrekturen im Weltmodell zu erkennen und zu vollziehen. Diese fast unmenschlich schwierige Aufgabe konnte nur in gegenseitiger Befruchtung und Bestätigung dieser zwei Wege weitergeführt werden; zu einem Ergebnis, das hiermit der kritischen Überprüfung vorgelegt wird.

Mit der Verallgemeinerung der Feldgleichungen ergibt sich naturgemäß eine zunehmende Unterbestimmung; als Wesen einer jeden Verallgemeinerung. So sind zB die Einsteinschen Feldgleichungen als Spezialfall exakt in diesen verallgemeinerten Gleichungen mit enthalten. Eben das war das Ziel und ist der Vorzug, daß nun zusätzlich zu den von den Einstein-Gleichungen beschreibbaren Weltmodellen eine größere (diese einschließende) Mannigfaltigkeit von Modellen beschreibbar ist.

Diese verallgemeinerten Feldgleichungen ergeben — bei vorgegebener Ballungsdynamik — eine wechselseitige Abhängigkeit einerseits der Art der Expansion und andererseits einer zeitlichen Veränderlichkeit des Gravitationsfaktors G: Schreibt man eine bestimmte Zeitfunktion von G vor (etwa $G = const$, oder irgendwie mit dem Weltalter T variierend), so ergibt sich damit ein bestimmtes Expansionsverhalten des Universums; schreibt man einen bestimmten Expansionsverlauf vor, so ergibt sich damit eine bestimmte zeitliche Funktion von G. Es ist damit ein Parameter geöffnet worden, welcher jene Verknüpfung von Raumkrümmung und Expansion auflöst, die mit den Einstein-Gleichungen nur zu unrealistischen Weltmodellen führte.

Entscheidend ist hierbei, ob mit diesem derart geöffneten Parameter auch Weltmodelle mit umfaßt werden, welche der Realität näher kommen und die zuvor nicht mit zu umfassen waren. Ist dies der Fall, dann ist es unumgänglich, damit einen wesensgemäß verminderten Bestimmtheitsgrad primär in Kauf zu nehmen. Damit stellt sich sekundär die Aufgabe, mit speziellen und einsichtigen Bedingungen (etwa in zusätzlichen Bestimmungsgleichungen zu formulieren) den Bestimmtheitsgrad wieder derart zu erhöhen, daß sich aus der größeren Allgemeinheit das der Realität bestentsprechende Modell herausstellt, um es der Überprüfung durch die Theorie und die Beobachtung unterstellen zu können.

Mit den noch zu speziellen Einstein-Gleichungen konnte sich diese Aufgabe gar nicht stellen, womit der Erfolg auf Auffindung eines befriedigend realistischen Modells von vorne herein ausbleiben mußte.

Die schweren grundsätzlichen wie faktischen Argumente gegen das Standard-Modell – in allen Variationen, mit allen Konstanten – legen aber die Vermutung unabweisbar nahe, daß die Einstein-Gleichungen für ein befriedigend realistisches Modell grundsätzlich zu speziell sind; vor allem wegen ihrer Fixierung auf konstanten Gravitationsfaktor G, der sogar vorurteilhaft als «Gravitations-Konstante» bezeichnet wurde.

Das Theorem der verschiedenen Ursachen

Als zusätzliche Bedingung für seine verallgemeinerten, relativistischen Feldgleichungen stellte Karl Philberth ein Theorem auf, welches seine Feldgleichungen für alle Grundphänomene eindeutig und ausreichend bestimmt. Dieses «Theorem der verschiedenen Ursachen des Gravitations-Skalarfeldes und des Gravitations-Potentials» postuliert:

1. Die Größe des Gravitations-Skalarfeldes G ist nur gesamtkosmisch bestimmt (mit vernachlässigbaren lokalen Schwankungen).

2. Relative Gravitations-Potentiale sind nur durch Inhomogenitäten der Massen-Verteilung bestimmt (freilich nach Maßgabe von G).

Mit diesem Theorem der zwei Ursachen ergeben die verallgemeinerten Feldgleichungen eine Bestimmung mit den interessanten Konsequenzen:

a) eine Konstant-Expansion des Universums, die sich aber sowohl mit konstant-positiver (sphärischer) als auch konstant verschwindender (euklidischer) als auch konstant negativer (hyperbolischer) Krümmung des Weltraumes verbinden kann;

b) Erhaltung einer speziell-relativistischen Systemzugehörigkeit; sofern ein quasi-homogen masseerfüllter Weltraum betrachtet wird;

c) Totalenergie des Universums zu jeder Weltzeit gleich null; wobei den Fluchtbewegungen von Substrat-Massen keine kinetische Energie zukommt. Diese Totalenergie gleich null ist somit nicht in einem expansionsdynamischen Gegenüber zu einer kinetischen Energie, sondern im existentiellen Gegenüber der Massenenergie Mc^2 des Weltalls zu seiner Potentialenergie $M\Phi$; mit Φ als dem absoluten Potential $-c^2$ des Gravitations-Skalarfeldes.

Dieses Theorem dürfte zB von den Gravitationspotentialen her einsichtig sein;

zu 1): Im existenzbegründeten, absoluten Potential des Universums wird G nur zusammen mit der Weltmasse M und dem Weltradius R bzw dem Weltalter T bestimmt; also nur gesamt-kosmisch;

zu 2): In einem völlig homogen masseerfüllten Weltraum können sich keine relativen Potentiale ausbilden.

Dieses Theorem wird zudem durch die im nachfolgenden Teil III dargestellten Zusammenhänge bestätigt;

zu 1): Die von G bestimmten Gravitationswirkungen ergeben sich aufgrund der fortlaufenden Raumzeit-Erschließung durch die Wirkungsquanten-Erzeugung aller Nukleonen der Weltmasse;

zu 2): Die spezielle Relativitätsphysik ist im homogen masseerfüllten Weltraum nur dann bestimmend, wenn relativ zueinander – in beliebig großem Abstand – ruhende Massepunkte diesen relativen Ruhezustand beibehalten.

Schon mit der «Allgemeinen Quantenphysik» (DD 302) konnte gezeigt werden, daß der Gravitationsfaktor G sich nur mit der Weltzeit T verändert, aber nicht in Abhängigkeit von einer Lage im Weltraum; daß er zB in einer dichten Galaxie oder nahe einem Neutronenstern gleich groß ist wie im flachen Weltraum. Was in diesem Zusammenhang allerdings nur grob und grundsätzlich gezeigt werden konnte, kann nun mit den verallgemeinerten relativistischen Feldgleichungen exakt nachgewiesen werden: räumlich ist der Gravitationsfaktor G konstant; bis auf eine über den relativistischen Zeitgradienten sekundär verursachte Beeinflussung von G, die jedoch jenseits aller Meßmöglichkeiten klein ist und sogar nahe massereicher Galaxenkerne und Neutronensterne unter 10^{-15} bleibt.

Schon mit der Raumzeit-Erschließung durch die Wirkungsquantenerzeugung erwies sich – wie im Teil III dargestellt – eine konstante Expansion; speziell mit Invarianzgeschwindigkeit c. Mit vorgenanntem Theorem ergeben die verallgemeinerten, relativistischen Feldgleichungen ebenfalls eine Konstant-Expansion; zudem mit der Möglichkeit eines positiv gekrümmten, endlichen Weltraumes bestimmter Metrik.

Wieweit die Konstant-Expansion schon mit dem 2. Postulat des Theorems der verschiedenen Ursachen vorgegeben ist, mag künftig zu prüfen sein ●. Es wäre aber sicher zu voreilig, bei einem solchen Ergebnis von einem Zirkel zu sprechen. Streng genommen ist bei gegebener Logik jedes Ergebnis schon in den Voraussetzungen enthalten. Der Sinn, überhaupt mathematische oder logische Folgerungen zu ziehen, besteht immer nur darin, neue und bereichernde Zusammenhänge zu erschließen, welche aus sich selbst noch nicht mit solcher Zuverlässigkeit einsichtig sind wie die eingegebenen Voraussetzungen. Eine konstante Expansion ist aber ein grundlegend wichtiges, ganz und gar nicht selbstverständliches Verhalten des Universums. Die noch nicht verallgemeinerten Einstein-Gleichungen führten demgegenüber immer zu einer mehr oder minder gebremsten Expansion.

Mit den verallgemeinerten Feldgleichungen erübrigt sich zudem die «Einsteinsche Kosmologische Konstante», die als Lückenfüller einer zu speziellen Formulierung von Einstein selbst zeit seines Lebens mit tiefer Mißgunst verfolgt worden war. Noch wenige Jahre vor seinem Tod bezeichnete er seine kosmologische Konstante als «den größten Unsinn meines Lebens». Einstein selbst empfand sehr richtig, daß diese seine Konstante — gerade weil sie Lösungsaussichten versprach und damit unentbehrlich sein würde — schließlich zu Zweifeln an der letztendlichen Genauigkeit und Richtigkeit seiner Gleichungen als solchen Anlaß geben würde. Wie richtig dies Einstein eingeschätzt hatte, zeigen etwa die Ausführungen von Zeldovitsch und Novikov in «Relativistische Astrophysik» (1971). Sie vergleichen die kosmologische Konstante mit dem legendären Flaschengeist, den man nach seiner Freilassung kaum mehr einfangen kann. Ihre eigenen Spekulationen darüber demonstrieren das am allerbesten. Vorbei sind die Zeiten, in denen Einsteins geniale Gleichungen als vorbehaltlos richtig angesehen wurden. Statt Flickwerk legen wir nun deren konsequente Verallgemeinerung vor, die vermutlich auch Einstein selbst gefreut hätte.

Tatsächlich gehen für lokale Verhältnisse die Ergebnisse mit unseren verallgemeinerten Feldgleichungen in die Ergebnisse mit den Einstein-Gleichungen über. Problematisch war es hierbei, auch alle zwischen den lokalen Gegebenheiten und den gesamtkosmischen Gegebenheiten liegenden Größenordnungen durchgehend exakt zu erfassen. Das Gelingen ist ein Kriterium für die wahrscheinliche Richtigkeit und Leistungsfähigkeit dieser verallgemeinerten Feldgleichungen.

In der gesamten Relativitätsphysik ergeben sich mit der kinetischen Energie schwerwiegende und grundsätzliche Probleme. Insbesondere ist eine kinetische Energie systematisch fluchtbewegter Massen für jedes Weltmodell höchst problematisch: Es würden damit — abhängig vom willkürlich gewählten Bezugspunkt — in zunehmendem Abstand zunehmende Energien erscheinen. Dagegen kommen in unserem Weltmodell nur den Peculiarbewegungen, aber nicht den systematischen Fluchtbewegungen des Substrats, kinetische Energien zu.

Die den Peculiarbewegungen zugeschriebenen Energien sind — wenigstens in Spezialfällen — durch die Feldgleichungen beherrscht: Würden etwa alle Peculiarbewegungen der Massen durch kollidierende Vereinigung korrespondierender Massenkörper verschwinden, so würden deren kinetische Energien in thermische Körperenergien übergehen. Mit den Fluchtbewegungen lassen sich jedoch eigentümliche Energieverhältnisse schaffen: Zwei gleichgroße, an verschiedenen Substratpunkten ruhende Massen fliehen gegenüber einem zwischen diesen liegenden Substratpunkt in entgegengesetzter Richtung. Etwa über Seile könnten die Fluchtbewegungen beider Massen – mit einer Ablaufrolle im mittleren Substratpunkt – gegenseitig abgebremst werden. Damit wird sowohl im mittleren Substratpunkt Energie frei, als auch erhalten die beiden Massen je eine Peculiarbewegung gegenüber ihrem jeweiligen Substratpunkt und damit kinetische Energie. Es entstehen also damit an allen drei Substratpunkten positive Energien. Zwar ergibt sich damit – wie mit jeder Massenenergie im Universum – auch negative Potentialenergie; im Sinne einer fortschreitenden Aufspaltung in gleichgrosse negative wie positive Energien. Das Problem ist aber, daß die Gravitations-Wechselwirkung mit den Massen des Weltalls (aufgrund welcher die negative Gravitationsenergie gebildet wird) sich nur mit Invarianzgeschwindigkeit herstellt. Solche Bremsung von Fluchtgeschwindigkeiten tritt ua bei der Massenballung aus dem homogenen Gaskosmos auf ●.

Unsere verallgemeinerten, relativistischen Feldgleichungen sind in der Anwendung universeller als die Einstein-Gleichungen. Sie sind ua auch auf das Standard-Modell anwendbar und würden vermutlich auch für dieses einige Probleme lösen. Unsere Feldgleichungen sind insbesondere auf ein Weltmodell anwendbar (auf welches die Einstein-Gleichungen mit ihrem konstant vorausgesetzten G nicht anwendbar sind), das wir aus anderen Gründen für real halten; mindestens für realistischer als alle anderen Weltmodelle.

Die Hypothese der großen Zahlen

Mit unserem Weltmodell (im folgenden Teil III) griffen wir ein Konzept von Dirac und Eddington neu auf:

Schon vor Jahrzehnten veranlaßten geistreiche Überlegungen aufgrund astronomischer Beobachtungen Dirac zu seiner berühmten «Hypothese der großen Zahlen» welche die Grundlage für das Dirac-Eddington-Konzept wurde:

Mit einer großen Zahl X ergeben sich im wesentlichen: für die Weltmasse M im Verhältnis zu einer Elementarmasse m, für das Weltalter T im Verhältnis zu einer Elementardauer τ, für den Weltradius R im Verhältnis zu einer Elementarlänge $\lambda = \tau \cdot c$ und für die gravitatorische

Kraft K_g im Verhältnis zur elektrostatischen Kraft K_e je zwischen Proton und Elektron:

$$M = m \cdot X^2 \; ; \quad T = \tau \cdot X \; ; \quad R = \lambda \cdot X \; ; \quad K_g = K_e / X \; .$$

Diese Verhältnisse ließen vermuten:

Die Weltmasse M sei quadratisch mit der Weltzeit T angestiegen. Nimmt man als Elementarmasse m die Nukleonmasse an, so sei also die Zahl der Nukleonen quadratisch der Zahl der Elementardauern des Weltalters angestiegen.

Der Weltradius R sei linear mit der Weltzeit T angestiegen; das Universum sei also konstant mit Invarianzgeschwindigkeit c expandiert.

Im Ursprung, in der ersten Elementardauer der kosmischen Existenz sei $K_g = K_e$ gewesen; bei einer wirklich konstanten Coulomb-Konstanten sei der Gravitationsfaktor G also linear mit der Weltzeit T abgefallen (dh G ist keine «Gravitations-Konstante»).

Als Ergebnis hieraus sei die Gravitationsenergie aller Nukleonen miteinander zu jedem Moment der Weltzeit negativ-gleich groß der Massenenergie $M \cdot c^2$ des Universums; die Totalenergie des Universums also immer identisch null, wobei jedoch der Expansions-Bewegung keine kinetische Energie zukäme.

Ein weiteres Ergebnis ist die «Dirac-Idee», daß die der Weltwirkung $Mc^2 \cdot T$ zukommende Zahl von Wirkungsquanten h gleich der Zahl der Elementar-Volumina des Weltraumes sei; also daß wenigstens durchschnittlich jedes Teilvolumen des Weltraumes mit der Größe des Nukleon-Volumens je 1 h enthalte.

Dieses überaus verheißungsvolle Konzept kam jedoch in der Folgezeit derart in Mißkredit, daß es nahezu aus der Fachdiskussion verschwunden ist. Die Gründe dafür waren:

1. Das Konzept arbeitete mit einer Expansion mit Invarianzgeschwindigkeit c; außerdem mit einem linear abfallenden Gravitationsfaktor G. Die Einstein-Gleichungen forderten aber grundsätzlich eine gebremste, dh eine nichtkonstante Expansion und arbeiteten nur mit konstantem G. Dieses Konzept gab daher den Theoretikern keine Handhabe für befriedigende mathematische Untersuchungen.

Auch Dirac konnte sich nicht über das allgemeine Urteil hinwegsetzen, daß eine kosmische Expansion in jedem Fall gebremst sein müsse. Er modifizierte deshalb sein Grundkonzept durch Annahme einer derart gebremsten Expansion, daß der Weltradius mit der dritten Wurzel des Weltalters zunehme. Demnach würde der Weltraum zwar unbegrenzt weiter expandieren, aber mit immer weiter abnehmender Expansionsgeschwindigkeit. Damit verlor das Konzept an Glaubwürdigkeit: alle die Expansionsgeschwindigkeit betreffenden Argumente gegen das Standard-Modell belasteten damit auch das Dirac-Konzept; außerdem ergab sich damit ein ver-3-fachter G-Abfall, was die gegen einen heutigen G-Abfall stehenden Argumente noch verschärfte.

2. Ein veränderliches G, vor allem ein in den letzten Jahrmilliarden abfallendes G, würde keine annehmbaren Verhältnisse ergeben: weil mit zunehmendem G die Leuchtkraft von Sonne und Sternen mit knapp der 8. Potenz ansteigt und zudem die Erdbahn enger gewesen wäre, hätten vor etwa 1 Jahrmilliarden so hohe Ozean-Temperaturen gegeben sein müssen, daß kein Leben hätte entstehen können. Aus gleichem Grund müßte die Helligkeit entfernter Galaxen-Sterne entsprechend höher sein und der Ausbrand schneller abgelaufen sein.

Experimentell konnte kein G-Abfall nachgewiesen werden. Der angebliche Nachweis eines G-Abfalls an Mond-Umlaufmessungen von van Flandern beruht auf der Unterstellung von Massenzunahmen gemäß des Dirac-Konzepts; ohne diese Unterstellung ergäbe sich aus diesen Messungen sogar ein G-Anstieg. Man sollte Empirie und Theorie möglichst auseinanderhalten. Die erfolgversprechenden Messungen einer G-Veränderung von Shapiro werden von Reasenberg weitergeführt. Die bisherigen Ergebnisse – mit noch größeren Meßungenauigkeiten als Meßwerten – scheinen eher auf einen G-Anstieg hinzuweisen. Leider hat Ritter seine so dringend erwarteten Labor-Experimente zur G-Veränderung zurückgestellt; zugunsten vorgezogener Experimente zur Messung etwaiger Massenzunahmen. Auf das Argument von Karl Philberth, daß doch eine G-Veränderung dutzendmal interessanter wäre, sagte er, daß die Messung einer G-Veränderung aber auch dutzendmal schwieriger und teurer sei. Tatsächlich ist auch eine Messung etwaiger Massenzunahmen interessant; zumal auch G-Messungen von einer etwaigen Massenveränderung beeinflußt würden. Bisher konnte experimentell keine Massenzunahme in gegebenen Massen nachgewiesen werden. An Beobachtungen anknüpfende Überlegungen lassen aber eine Nukleonen-Entstehung im heutigen Weltall als unmöglich erscheinen:

3. Eine Massenzunahme quadratisch mit der Weltzeit würde ebenfalls keine annehmbaren Verhältnisse ergeben: Seit der Bildung der meisten Sterne – etwa seit 10 Milliarden Jahren – hätte sich die Weltmasse bis heute rund vervierfachen müssen. Die Annahme von Jordan, daß diese Massenentstehung – wie sich wiederholende Urexplosionen – mit

Supernova-Explosionen erfolge, wäre nicht nur quantitativ ungenügend, sondern ist auch theoretisch und observativ widerlegt. Wir sehen zudem eine rasche, inhomogene Entstehung von großer Masse als unzulässige Verletzung des Energieerhaltungssatzes an, indem die positive Massenenergie sofort existent würde, wogegen die kompensierende negative Potentialenergie — wegen der nur mit *c* laufenden gravitatorischen Wechselwirkung — sich erst über kosmische Zeiten einstellen könnte. Im Gegensatz zu einem kontraktiven Massenverschwinden, bei welchem Potentialenergie kontinuierlich in den Weltraum abfließt, könnte bei expansiver Massenentstehung keine Gravitationsenergie beiströmen. Aus diesem Grunde wäre auch keine Massenentstehung im Verlauf von Galaxenkern-Explosionen möglich, wie das Ambarzumjan annimmt.

Eine langsame, wenigstens großräumig-homogene Entstehung — die wohl praktisch nur in der einfachsten Form des Wasserstoffs anzunehmen wäre — würde bei Entstehung zwischen den Galaxien und Sternen sehr viel mehr intergalaktisches bzw interstellares Gas und bzw oder sehr viel mehr junge Wasserstoffsterne ergeben, bzw würde bei Entstehung im Inneren der Sterne gänzlich andere Brennabläufe ergeben. Bei stetiger Wasserstoffentstehung in Sternen würden sogar Sterne mit mehrfacher Sonnenmasse noch mehr Zufuhr als Verbrauch an Wasserstoff haben. Bei stetiger Wasserstoffentstehung in Galaxenkernen könnte es keine der vielen elliptischen Galaxien mit schon aufgebrauchtem Kern und fast ohne Gas geben.

4. Dirac, Eddington und Jordan glaubten einen Anfang mit zwei oder mehr Partikeln postulieren zu müssen, um in einer Wechselwirkung die erforderliche Potentialenergie zu erhalten. Dies war nicht überzeugend.

5. Die beobachteten heutigen Werte von M, T, R und K_g weichen bis zu einigen Zehnerpotenzen von den Verhältnissen der «Hypothese der großen Zahlen» ab. Dirac hatte als Elementarlänge den «klassischen Elektronenradius» und als X die große Zahl 10^{40} gesetzt. Aber auch mit einer sinnentsprechender gesetzten Elementarlänge — etwa unserem λ — und neueren Beobachtungen besser entsprechendem Wert von X — etwa unserem $1{,}4 \cdot 10^{41}$ — ergeben sich mit den heutigen Werten von M, T, R und R_g keine überzeugend genauen Verhältnisse.

6. Es schien aussichtslos, die Wolkenballung, die Hintergrundstrahlung und die Elementenhäufigkeit im Konzept unterzubringen.

Trotzdem schien uns das Dirac-Eddington-Konzept die einzige Basis für ein in allen Aspekten durchführbares Weltmodell.

Nach Jahrzehnten intensiver Arbeit haben wir unsere Arbeiten an unserem Weltmodell und an der Verallgemeinerung der Feldgleichungen soweit zu einem Abschluß gebracht, daß wir diese hiermit der Fachwelt vorzulegen wagen. Das Dirac-Eddington-Modell war bereits in frühem Entwicklungszustand der allgemeinen Beachtung entfallen, daß vor der Fülle der mittlerweile aufgetauchten Fakten und Probleme die Wiederaufgreifung fast der Neuerstellung eines Weltmodells gleichkam.

An uns stellte sich damit eine andere Aufgabe als an übliche wissenschaftliche Arbeit: Es mußten erst die entscheidenden Fakten und Probleme in einer Gesamtschau wenigstens soweit behandelt werden, daß eine gediegene Weiterarbeit vertretbar erscheint. Es wäre aber unkritisch und sogar unmöglich gewesen, die Lösung der Teilprobleme und die Bearbeitung der Literatur im wünschenswerten Umfang und mit erforderlicher Gründlichkeit anzugehen. Derartige Teilarbeiten hätten – abgelöst vom Gesamtkonzept des neuen Modells – keine Basis gehabt um überhaupt hinreichend verstehbar zu sein und fruchtbar werden zu können. Es mußte erst das Fundament gelegt werden.

Damit sind wir aber auch an die Grenze unserer Möglichkeiten gelangt. Verglichen mit dem Aufwand an Arbeit und Einsatz zur Überprüfung und Verifizierung des Standard-Modells durch ganze Generationen von bedeutendsten Wissenschaftlern mit besteingerichteten Instituten muß unsere Arbeitskapazität fast verschwinden. Die Vielheit, Wichtigkeit und Schwierigkeit der Probleme erfordern eben auch die Kapazität weltweiter Forschung.

Unsere Arbeit ist somit naturgemäß unvollendet und verlangt Nachsicht und Verständnis. Wir fanden dies auch tatsächlich bei der herzlichen Aufnahme durch die bedeutendsten Forscher der Erde in fruchtbaren Begegnungen. Es ist etwas unvergleichlich Schönes um die Gemeinsamkeit der Wissenschaftler in der Suche nach der Wahrheit in der überwältigenden Großartigkeit kosmischer Schöpfung; in einem überirdischen Sehnen der Menschheit seit Anbeginn ihres Bestehens.

Unser Modell ist einerseits sehr konservativ: im vollen Einklang mit den Erkenntnissen und Gesetzmäßigkeiten der Quanten- und Relativitätsphysik und mit sämtlichen Grundgesetzen der Physik; einschließlich des Energie-Erhaltungssatzes, aber mit nur beschränkter Erhaltung der Baryonenzahl. Unser Modell ist andererseits zutiefst aufregend: alle von der Quanten- und Relativitätsphysik und den Grundgesetzen gebotenen Register mußten gezogen werden. Das Universum nutzt offenbar alle Möglichkeiten voll aus; oder vielmehr: alle diese Möglichkeiten sind eben deshalb existent.

Die beiden, miteinander komplementären Aspekte der Quanten- und Relativitätsphysik wurden hierbei durch einen dritten Aspekt der Physik ergänzt, den wir «Existenzphysik» bezeichneten. Möglicherweise hätten wir den existenzphysikalischen Aspekt weglassen können, wenn wir uns lediglich mit der Erstellung des Weltmodells hätten begnügen wollen. Wir wollten aber nicht auf die mit diesem Aspekt gegebene Bereicherung und zugleich Vereinfachung verzichten.

Das Weltmodell konnte so entwickelt werden — zT mit beträchtlichen Abweichungen vom Dirac-Eddington-Konzept —, daß keines der genannten Gegenargumente mehr anwendbar sein dürfte. Die genannten Abweichungen der Fakten vom Dirac-Eddington-Konzept konnten erklärt und quantitativ berechnet werden. Alle uns zur Zeit bekannten Beobachtungen, Phänomene und Grundsätze sind im Prinzip damit vereinbar.

Schon jetzt könnten mit den verallgemeinerten Feldgleichungen (Teil I) einige Feinheiten in dem schon erstellten Weltmodell (Teil III) erarbeitet werden. Es scheint uns aber wichtiger, möglichst bald Forschungen und Prüfungen in weiteren Kreisen in die Wege zu leiten. Wir hoffen, daß unsere hiermit vorgelegten Arbeiten und Betrachtungen insbesondere jüngeren Wissenschaftlern Freude und Anregung geben.

Nachfolgend seien die wichtigsten Ergebnisse und Probleme des erstellten Weltmodells verkürzt und vereinfacht dargestellt:

Ursprung und Existenz

Das Universum ist im Ursprung der 1. Elementardauer mit genau 1 Neutron entstanden. Das Eigenfeld ergab bereits die Totalenergie Null. Alle Größen waren 1 ; es existierte zuerst überhaupt nur die Zahl 1 . Die Werte der fundamentalen Größen h, c, m, τ, λ sind mit diesem faszinierenden 1-Kosmos grundgelegt.

Alles weitere verläuft zwangsläufig mit der Zeitzahl $Z = T/\tau$; dh mit Zunahme der Weltzeit T in Einheiten der Elementardauer τ . Das Universum expandierte von Anfang an und expandiert weiter bis zum Ende immer genau mit Invarianzgeschwindigkeit c ; es gab nie Horizonte und wird auch keine geben. Schon bald nach dem Ursprung fiel der Gravitationsfaktor G — bis 1 Jahrmilliarden nach dem Ursprung — linear mit der Zeit ab; G war reziprok dem Weltalter. Mit der Expansion wird die Potentialenergie immer negativ-größer. Die Aufrechterhaltung der Totalenergie null erfolgt durch laufende Neuentstehung von Neutronen. Die Wirkungsdichte — eine der wichtigsten Größen der Kosmologie — blieb hierbei immer konstant: 1 Wirkungsquantum *h* pro 1 Elementarvolumen.

Der Weltraum war nicht nur das äußere Verhältnis der gegebenen Partikel zueinander, sondern in einer vollständigen Komplementarität der Träger der Existenz: Fortlaufende Neuerschließung von Wirkungsquanten durch die Nukleonen in der Zeit (Wirkung = Energie · Zeit) erschließt den Raum — und zugleich fortlaufende Neuentstehung von Neutronen ergab die existentielle Ergänzung im Raum (zur Totalenergie null). Die Neutronen entstanden in absoluter Ruhe — wesenhaft ohne kinetische Energie mit unbegrenzter Materie-Wellenlänge — am jeweiligen Substratpunkt; in wechselseitig-komplementärer Begründung der Existenz von Zeit und Raum und Masse.

Die Totalenergie des Universums war und ist immer null. Der Rand des Universums war und ist immer auch genau die Existenzgrenze; sowohl zeitlich, als auch räumlich, als auch energetisch. Das Universum war vom ersten Nukleon an und ist immer eine existentielle Grenzmasse; als Urbedingung jeglicher Existenz.

Totalenergie null und Materieentstehung

Die Nukleonen-Entstehung bei konstanter Wirkungsdichte ist quantenphysikalisch begründbar. Die *c*-expansive Wirkungserschließung aller Nukleonen ist überhaupt der Weltraum. Das den Weltraum begründende, kollektive Wellenfeld aller Nukleonen bedarf bei der dreidimensionalen Expansion einer stärkeren Erhöhung an Wirkungsquanten als von den jeweilig schon existierenden Nukleonen mit der fortschreitenden Zeit erzeugt werden. Dieser Notwendigkeit des kollektiven Feldes ordnet sich eine zunehmende Zahl von Nukleonen bei. Jedem neu entstehenden Nukleon ist im kollektiven Feld die volle Wirkungsquantenzahl zugeordnet; die Zahl Z, wie dem Urnukleon.

Die Nukleonenentstehung geschieht in wesenhafter Nichtindividualisierbarkeit und Nichtobjektivierbarkeit in totaler Homogenität, womit der Energieerhaltungssatz nie und nirgends verletzt wird; vgl. Karl Philberth «Generation of matter and conservation of Energie» (Denver). Jedes Entstehungs-Neutron ist wesenhaft ununterscheidbar vom Ursprungs-Nukleon. Mit jedem verschiedenen Bezugspunkt erscheint gleichwertig ein anderes als Ur-Nukleon: die Unterscheidung «eines» und «anderes» ist schon gar nicht vollziehbar.

An jedem beliebigen Bezugspunkt ist ein anderes Nukleon mit um so früherer Zeit präsent, je weiter es entfernt ist. Das Ur-Nukleon ist mit dem Ursprung, dem Beginn der Zeit präsent; genauer: Die Oberfläche des Ur-Volumens (Kugel des Ur-Nukleons) ist mit 1τ, der Mittelpunkt mit 0τ – dh dem Beginn der 1. Elementardauer des Ursprungs – präsent. Mit dem Mittelpunkt des Urvolumens – dem jeweils weitest entfernten «Objekt» – expandiert das Weltall immer genau mit der quasi-unendlichen Invarianzgeschwindigkeit c. Aber Oberfläche und Mittelpunkt sind nicht mehr objektivierbare Unterscheidungen, so daß der c-expandierende Rand des Präsenzraumes in quantenphysikalischer Unbestimmtheit entschwindet. Das Volumen des Präsenzraumes steigt mit Z^3. In der Entstehungs-Phase stieg die Präsenz-Weltmasse mit Z^2, indem die Wirkungsdichtezahl immer gleich 1 blieb.

Leider konnten wir noch nicht das Problem lösen, auf welches Volumen die Wirkungsdichte, welche die Nukleonen-Entstehung bestimmt, genau anzusetzen ist: etwa $1h$ pro klassischem Elementarvolumen $V_1 = \lambda^3 \cdot 4\pi/3$ oder pro einem anderen Volumen $a_g \cdot V_1$. Der Gravitationsfaktor der Entstehungsphase ergibt sich mit einer für die Neutronenentstehung normativen Wirkungsdichte von $1h/V_1$ zu $G = (4/Z) \cdot hc/m^2$. Wäre dagegen eine Wirkungsdichte $1h$ pro $a_g \cdot V_1$ normativ, so wäre der Gravitationsfaktor proportional a_g größer; etwa mit $a_g = 3$ ergäbe sich dieser G-Wert zu $(12/Z) \cdot hc/m^2$. Das Weltmodell würde dadurch nur wenig aber vorteilhaft modifiziert: das Inhomogenisierungsalter würde damit etwa auf das 1,3-fache steigen und die G-Wanne würde flacher; mit heute geringerem G-Anstieg.

Trotz der geringen Auswirkung auf das Modell wäre eine eindeutige Bestimmung des realen Beifaktors a_g von prinzipiellem Interesse ●. Es wäre nach Kriterien zu suchen, aufgrund wessen die Wirkungsdichte normativ sein könnte; etwa aus den Anfangsbedingungen oder aus der Struktur des kollektiven Wellenfeldes. In Ermangelung eines hinreichenden Kriteriums haben wir den einfachsten Wert $a_g = 1$ gesetzt, womit dieser Beifaktor gar nicht mehr erscheint.

Präsenz- und Parameter-Größen

Die Weltzeit ist immer gleicherweise durch die Zeitzahl Z bestimmt: an einem beliebigen Bezugspunkt ergibt sich immer das «Weltalter» T zu $T = Z \cdot \tau$; als Zahl der Elementardauern mal Elementardauer. Die

Zeitzahl Z ist ein aspekt-unabhängiger kosmischer Parameter. Der «Weltraum» ist unter zwei Aspekten erfaßbar: als «Präsenzraum» und als «Parameterraum». Beide sind vom gleichen «Weltradius» R bestimmt; $R = c \cdot T = c \cdot Z \cdot \tau$. Die Weltmasse ergibt sich entsprechend als Präsenzmasse M_{prs} und als Parametermasse M_{prm}. Diese beiden Aspekte können einander nicht voll ersetzen: der Präsenzraum ergibt keine Aussagen über die absolute Größe des Weltalls; der Parameterraum gibt keine Aussagen über die effektiven Verhältnisse.

Der Präsenzraum ist der Schnitt der Welt-Raumzeit mit dem «Lichtkegel». Dies ist derjenige Raum, der alle jene Objekte des Weltalls enthält, die im Bezugspunkt – etwa hier und jetzt – über die Invarianzgeschwindigkeit c mit ihren Wirkungen und Informationen gegenwärtig, «präsent» sind. Dies ist eine retardierte Präsenz, indem die Invarianzgeschwindigkeit c zwar quasi-unendlich aber doch endlich ist: Der genau mit Invarianzgeschwindigkeit c fliehende Rand des Weltalls (= «Mittelpunkt des Urvolumens») ist aus dem präsenten Abstand des Weltradius R mit dem Alter null präsent; dh mit dem Beginn der ersten Elementardauer τ des Ursprungs. Jede Stelle ist proportional ihrem präsenten Abstand r um eine Zeit t jünger präsent; $t/T = r/R$ (DD 163). Die präsente Weltmasse M_{prs} ist die Summe aller am Bezugspunkt präsenten Massen des Weltalls. Die effektive Weltmasse M_{eff} ist die auf den Abstand R bezogene, wirksame Weltmasse. Die Präsenz-Größen sind die eigentlich wirklichen und informativen Größen.

Der Parameterraum ist der Schnitt der Welt-Raumzeit mit überall gleicher Zeitzahl Z. Dies ist ein nach der Zeitzahl parametrisierter, abstrakter Raum, der prinzipiell ohne Wirkungs- oder Informations-Möglichkeiten zwischen seinen Stellen ist, der aber doch die Größe des Weltalls darstellt. Im Parameterraum hat der Weltradius R die Bedeutung des Radius einer nahezu klassischen Einheitskugel, deren Oberflächen-Stellen genau mit Invarianzgeschwindigkeit c fliehen (im Präsenzraum haben diese Stellen den präsenten Abstand R/e vom Rand; mit Verrotungsfaktor e). Die parametrische Weltmasse M_{prm} ist die in dieser Einheitskugel enthaltene Masse; ein anschaulicher, die präsente und die effektive Weltmasse – mit kleinen Beifaktoren – gut repräsentierender Rechenwert. Der das gesamte Weltall umfassende, vollständige Parameterraum ist der «Absolutraum». Die darin enthaltene vollständige Weltmasse – dh die Summe aller Massen mit einer bestimmten Zeitzahl – ist die absolute Weltmasse M_{abs}. Der Absolutraum ist die dreidimensionale, positiv gekrümmte, sphärische Oberfläche einer Hyperkugel.

Das Volumen des Absolut-Raumes und die diesem zugehörige Absolut-Weltmasse steigt beim 2-set-Kosmos (S. 83) – gegenüber den Parameterwerten – noch mit dem Beifaktor $(lnZ)^3 \cdot 6/\pi^2$, der bis $\frac{1}{2} \cdot 10^6$ ansteigt. Der im Weltalter $T_i = Z_i \cdot \tau$ der Inhomogenisierung erreichte Beifaktor $(lnZ_i)^3 \cdot 6/\pi^2$ bestimmt die Absolutgröße des Universums. Weil lnZ für große Z-Werte nur noch sehr langsam ansteigt, ist die Absolut-Größe des Universums fast nicht von der Inhomogenisierungszeit T_i abhängig. Etwa für $Z_i = 0{,}45 \cdot 10^{40}$ wird $lnZ_i = 91{,}3$; für $Z_i = 10^{40}$ wird $lnZ_i = 92{,}1$. Man kann also gut mit $lnZ_i = 92$ rechnen. Ab der Inhomogenisierung ergibt sich somit im Absolutraum ein Abstand zum Antipol von $92 \cdot cT_i$ im 1-set-Kosmos bzw von $184 \cdot cT_i$ im 2-set-Kosmos. Im Präsenzraum ergibt sich dementsprechend zu einem Bezugspunkt im Alter T_i für die Oberfläche des Urnukleons eine mit e^{-92} retardierte Präsenz. Diese Oberfläche des Urnukleons ist hierbei im 1-set-Kosmos der Antipol; im 2-set-Kosmos der Weltäquator.

Ab Ursprung bei $T_1 = \tau$ bis zur Inhomogenisierung nähert sich das Universum immer langsamer dieser 92-Schritt-Grenze, indem dem Präsenz-Raum immer mehr e-Schritte zuwachsen; vornehmlich in der Umgebung des Ur-Nukleons (dh in der Urzeit, in welcher der Beifaktor eben noch rascher gewachsen ist). Damit verbindet sich ein interessantes Problem bezüglich Expansion und Invarianzgeschwindigkeit c:

Im Parameterraum – dh dem Schnitt mit überall gleichem Eigen-Weltalter – ergibt sich für eine mit dem «Weltradius» R entfernte Substratstelle eine Fluchtgeschwindigkeit gleich der Invarianzgeschwindigkeit c; für weiter entfernte Substratstellen ergeben sich Fluchtgeschwindigkeiten größer als c. Im Parameterraum würde außerdem in der Entstehungsphase die Relativgeschwindigkeit zwischen zwei Substratstellen nicht konstant sein, sondern proportional der Zunahme von lnZ zunehmen. Eine Fluchtgeschwindigkeit größer als c und eine Vergrößerung von Relativgeschwindigkeiten ist aber insofern eine Scheinproblematik, als der Parameterraum bzw Absolutraum kein wirklicher Raum ist; kein Raum, in welchem irgendwelche Wirkungs- oder Informations-Verbindungen möglich wären.

Der wirkliche Raum ist nur der Präsenzraum, in welchem nur der Rand – im präsenten Abstand gleich dem Weltradius R; der fernste Punkt des Weltalls – mit genau c expandiert und in welchem alle Substratstellen relativ zueinander mit weniger als c bewegt sind. Die Nukleonenzahl in der Entstehungsphase steigt proportional Z^2; das

Volumen mit Z^3 ; die Massendichte fällt mit $1/Z$; die Wirkungsdichte bleibt konstant als normative Entstehungsursache der Nukleonen. Im Präsenzraum haben zwei beliebige Substratstellen relativ zueinander konstante Geschwindigkeit; auch in der gesamten Entstehungsphase.

Dieses Problem von Fluchtgeschwindigkeiten größer als c und von sich vergrößernden Relativgeschwindigkeiten ist auch ein Scheinproblem wegen der quantenphysikalischen Nichtindividualisierbarkeit der Plasma-Partikel und der Homogen-Phase des Entstehungskosmos: Das Problem von Flucht- und Relativ-Geschwindigkeiten zwischen Partikeln oder zwischen Substratstellen (die mit Partikeln objektiv markierbar sein müßten) setzt naturgemäß eine individuelle Lokalisierbarkeit voraus, die in der Homogen-Phase prinzipiell nicht gegeben war. Die Frage nach einer individuellen Lokalisation ist in diesem Bereich ähnlich leer, wie etwa die Frage, wo sich ein Photon zwischen Emission und Absoption in der Welle befände.

In dieser ganzen Phase der Nukleonen-Entstehung (und auch späterhin, soweit sich dann nicht mit lokalen Inhomogenisierungen der Massenverteilung, allgemein-relativistische Effekte überlagern) genügen alle Verhältnisse streng der speziellen Relativitätsphysik. Die speziell-relativistischen Phänomene sind überhaupt die Hereinprojizierungen dieser großkosmischen Verhältnisse in unseren Bezugsbereich. Die Invarianzgeschwindigkeit c ist existentiell die konstante und unüberschreitbare Expansionsgeschwindigkeit des Universums, ist quantenphysikalisch die Geschwindigkeit der Raumzeit-Erschließung durch die Wirkungserzeugung der Nukleonen, ist relativistisch die quasi-unendliche Grenzgeschwindigkeit. Wegen dieser Quasi-Unendlichkeit von c könnte sich das Universum mit dem Beifaktor $(ln\,Z)^3$ immer weiter vergrößern; wenn auch nur logarithmisch größer werdend. Aber mit der Inhomogenisierung ergab sich eine Grenze:

Mit der Inhomogenisierung begann die Ballung der Weltmasse zu individualisierbaren Wolken. Eine weitere Nukleonen-Entstehung hätte ab T_i den Energie-Erhaltungssatz verletzt: die Nukleonen-Entstehung endete. Damit fixierte sich der bis T_i erreichte Beifaktor $(ln Z_i)^3 \cdot 6/\pi^2$ und blieb weiterhin — bis zum Weltende — als die unveränderliche Strukturzahl des Weltraumes konstant. Der Absolut-Raum hatte sich ab T_i als Hyperkugel des Radius cT mal den konstanten Faktor $(ln Z_i) \cdot 2/\pi$ gestaltet, die bis zum Weltende gleichförmig weiter expandiert.

Mit der Inhomogenisierung, dh ab dem Weltalter T_i, endete die Anwendbarkeit des Dirac-Eddington-Konzeptes und es ergaben sich gänzlich andere Verhältnisse.

Zur Bestimmung des Weltalters T_i der Inhomogenisierung ergaben sich zwei voneinander unabhängige Möglichkeiten.

Bei der einen Bestimmung gingen wir von der Annahme aus, daß die Nukleonen als Neutronen entstehen, die im Substrat absolut ruhen, so daß sie mit einer großen (theoretisch unbegrenzten) Ortsunbestimmtheit auftreten. Mit ihrer Lebensdauer von $^1/_4\, h$ zerfallen die entstandenen Neutronen zu je einem Proton, Elektron und Neutrino; dh zu Proton-Elektron-Plasma, dessen Protonen sich mit einer durchschnittlichen Geschwindigkeit von $c/_{3000}$ bewegen.

Solange das Verhältnis der Entstehungsneutronen zu den Proton-Elektron-Paaren groß genug ist, um die sich mit den Proton-Bewegungen einstellenden statistischen Dichteschwankungen immer wieder zur vollkommenen Homogenität auszugleichen, setzt sich die Entstehungsphase fort. Sobald aber das in berechenbarer Weise abnehmende Verhältnis dazu nicht mehr ausreicht, bilden sich zwar äußerst schwache Potentialunterschiede aus, welche aber die quantenphysikalische Neutronen-Auftrittswahrscheinlichkeit in den Verdünnungsgebieten rasch absenken. Damit können Neutronen nur noch in den Verdichtungsgebieten entstehen. Das erste Auftauchen von Spitzen überhöhter Dichte berechnet sich (DD 273) für etwa $Z_i = 7 \cdot 10^{39}$; dh für ein Weltalter von rund $10^9\, a$. Diese Berechnungen stützen sich allerdings auf vereinfachende Annahmen ●.

Diese Entstehungs-Steuerung gibt eine physikalische Erklärung für das generell noch ungelöste Problem, wie aus einem homogenen Plasma sich überhaupt Ballungen einleiten können. Über die auslösenden statistischen Dichteschwankungen aufgrund der Protonengeschwindigkeit mit circa $c/_{3000}$ (dh circa 100 km/s) ergibt sich sogar noch die Möglichkeit, die Zahl der Ballungen (der späteren Galaxien) und deren statistische Größenverteilung zu bestimmen.

Unabhängig davon ergibt sich noch eine andere Möglichkeit zur Berechnung der Zeit der Inhomogenisierung (DD 204) durch Rückrechnung aus den heute gemessenen kosmischen Daten im Zusammenhang mit der Ballungsdynamik (s. u.). Diese Berechnung führt etwa auf eine Zeit der Inhomogenisierung $Z_i = 4{,}5 \cdot 10^{39}$; dh $0{,}63 \cdot 10^9\, a$. Auch diese Berechnung dürfte bei genauerer Erfassung der Ausgangswerte noch geringe Abweichungen ergeben. An sich sollte man erwarten, daß die Bestimmung mit der Rückrechnung einen etwas höheren Zeitwert als mit der Entstehungs-Steuerung ergäbe. Die Unterschiede erklären sich vielleicht damit, daß die Einleitung von kleineren Gebieten ausgeht (s. u.). Möglicherweise ergeben sich die Unterschiede aber nur durch nicht hinreichend genaue Erfassung der zugrundegelegten Daten. Es ist überhaupt erstaunlich, daß diese beiden gänzlich verschiedenen und voneinander unabhängigen Bestimmungsmethoden relativ sehr genau übereinstimmen. Gründliche Untersuchungen versprechen erregende Ergebnisse und Erkenntnisse ●.

Neuere Beobachtungen legen die Ansicht nahe, daß sich die Galaxien und Galaxien-Haufen in gigantischen Galaxien-Superhaufen gruppieren; in Gebieten mit der Masse von rund 1 million Galaxien und mit der Länge von fast 1 milliarde Lichtjahren und dazwischen mit Gebieten fast ganz ohne Galaxien. Ein eigentlicher Zusammenfall derart großer Gebiete hätte viel längere Zeiten als das ganze Weltalter erfordert. Solche Superballungen können aber durch Bremsung des expansiven Auseinanderweichens der um die späteren Superzentren befindlichen Massen entstanden sein, wenn diese Bremsung schon einsetzte, als die Abstände der Superzentren voneinander noch klein relativ zu den heutigen Abmessungen dieser Supergebiete waren. In derart viel Masse enthaltenden Gebieten können Ballungs-Prozesse schon mit entsprechend kleineren und damit früher möglichen Dichte-Erhöhungen im Zentrum eingeleitet worden sein. Somit wäre die tatsächliche Inhomogenisierungszeit früher als jene, welche mit der für die einzelnen Gala-Galaxien gegebenen typischen Gebietsgröße $R{\cdot}v_p/c$ berechenbar ist (DD 276).

Der Umstand, daß manche Galaxien-Superhaufen vorwiegend elliptische, andere vorwiegend spirale Galaxien enthalten, deutet darauf hin, daß der super-großräumige Ballungsbeginn von individuellen, statistischen Anfängen mit starken zeitlichen Differenzen bestimmt wurde. Dies ist nur möglich, wenn der Ballungsbeginn bereits mit dem Auftauchen einzelner Dichtespitzen einsetzt. In kleineren Gebieten erfolgt das Auftauchen von Dichtespitzen auch bereits früher als in Gebieten der typischen Größe $R{\cdot}v_p/c$. Das Problem ist, ob diese Spitzen lange genug auftauchen, um durch die Entstehungssteuerung den Ballungsbeginn einleiten zu können ●. Wichtig scheint hierbei der Umstand, daß die von auftauchenden Dichtespitzen ausgehenden Gravitationswirkungen mit Invarianzgeschwindigkeit c laufen; also zwar schnell relativ zur Protonengeschwindigkeit, aber eben doch nur endlich schnell. Wenn somit etwa drei Gebiete in einem Super-Großraum auftauchen, sollte senkrecht zu der dadurch gegebenen Ebene die Bremsung ein wenig schneller einsetzen, wobei dieser Vorgang mit der sich verbindenden

Entstehungs-Steuerung um Größenordnungen verstärkt werden könnte. Es bilden sich damit anfänglich scheiben- oder bandförmige Super-Ballungen. Durch unsymmetrischen Zusammenfall erhalten diese in ihren Teilgebieten Drehimpulse. Dies könnte vielleicht auch erklären, warum die Drehachsen von Galaxien in Superhaufen bevorzugte Richtungen aufweisen ●. Demnach würden die Drehimpulse der Galaxien nicht nur durch Impuls-Übertragungen bei Quasar-Kernexplosionen verursacht sein.

Eine Gruppierung der Galaxien in Galaxien-Haufen und -Superhaufen stellt außerdem ein Problem: Das «Kosmologische Prinzip», das allen derzeitigen Weltmodellen fiktiv unterstellt ist, besagt, daß das Weltall überall typisch sei. Gebiete von etwa 10^9 Lichtjahren sind zwar nicht mehr klein gegen einen Weltradius R von $20 \cdot 10^9$ Lichtjahren. Der Absolutraum erstreckt sich aber über das 92-fache dieses präsenten Weltradius R. Gegenüber diesen Größenordnungen sind sogar die Galaxien-Superhaufen noch vergleichsweise klein, so daß das Kosmologische Prinzip immer noch als Prinzip unterstellbar ist.

Mit der Inhomogenisierung und der Endigung der Nukleonen-Entstehung begann die Wirkungsdichte abzufallen.

Der Raum ändert seinen Charakter: Raum ist nicht gleich Raum. Der Raum kann nicht nur verschieden gekrümmt sein, sondern unabhängig von seiner Krümmung kann er verschiedenes Wesen haben: In der Entstehungs-Phase hatte der Raum — verbunden mit einer konstanten Wirkungsdichte — die Eigenschaft, Nukleonen zu erzeugen und im Dasein zu halten. Nach der Inhomogenisierung hatte er die Eigenschaft der Nukleonenerzeugung verloren, aber immer noch die Eigenschaft, Nukleonen im Dasein zu halten. Am Weltende — mit Abfallen der Wirkungsintensität unter 1 — verliert er auch die Eigenschaft, Nukleonen im Dasein zu halten.

Der Gravitationsfaktor G

Nach der Inhomogenisierung fiel der Gravitationsfaktor G erst immer weniger ab, blieb dann einige Jahrmilliarden fast konstant und stieg dann wieder langsam an. Die wichtigste Zeit der Galaxien- und Sternbildung — zwischen $3 \cdot 10^9\,a$ Weltalter bis heute — durchlief G eine verhältnismäßig flache G-Wanne, die unser Weltmodell zu berechnen erlaubt. In Zukunft nähert sich der G-Anstieg asymptotisch einem proportionalen Anstieg mit dem Weltalter T.

Nach unseren Berechnungen steigt heute *G* knapp halb der Proportionalität an; etwa mit 2‰ pro Jahrmilliarden. Dieser Anstieg ist somit viel geringer als umgekehrt der Abfall, wie er sich mit einer Fortsetzung des Dirac-Eddington-Konzepts ergeben müßte. Die Auswirkung eines *G*-Anstiegs auf die Strahlungsleistung (Leuchtkraft), etwa bei der Sonne, kann weitgehend durch Massenabtrieb (Sonnenwind) ausgeregelt werden, weil der Massenabtrieb in hoher Potenz mit der Strahlungsleistung und diese in 4. Potenz mit der Masse und in 8. Potenz mit *G* läuft. Dieser Massenabtrieb wirkt sich kosmologisch sehr interessant auf die Masse der interstellaren Materie aus ●.

Eine *G*-Veränderung ist meßbar durch Änderung des Umlaufs einer Testmasse um die Erde oder um den Mond. Die Testmasse ist eine massive Kugel, die sich berührungsfrei in allseits so großem, evakuiertem Abstand von der Innenwand eines Satelliten befindet, daß keine Adhäsivkräfte auftreten und ein genügendes Regelspiel gewährt ist. Um magnetische und elektrische Kräfte auszuschalten, ist die Testkugel zweckmäßig von Vakuum-Permeabilität ohne elektrische Leitfähigkeit im Inneren und mit kleiner elektrischer Leitfähigkeit auf der Oberfläche; die Satelliten-Innenwand mit hoher magnetischer und elektrischer Leitfähigkeit. Schon Zeldovitsch und Adamski haben gegenüber Sacharow für Wechselwirkungsmessungen Testkugeln im Inneren eines Satelliten vorgeschlagen.

Der die Testkugel vollständig einhüllende Satellit fängt alle Kollisionen mit Gas, Staub, Meteoriten und Strahlung ab, wobei die durchdringende Strahlung klein genug sein dürfte. Der Satellit wird durch Korrektur-Antriebe — wofür mit Solarzellen gespeiste Ionentriebwerke ausreichen dürften — auf immer konstanten Abstand seiner Innenwand von der Testkugel hinkorrigiert. Etwa erforderliche Kräfte auf die Testkugel zur anfänglichen Bahnkorrektur könnten elektrostatisch durch Innenwand-Elektroden ausgeübt werden, deren Potential mit Beginn des Meßumlaufs annulliert wird.

Störungen durch Massenzunahme der Erde bzw des Mondes infolge Materie-Einfalls dürften klein genug sein. Störungen durch reibende Verschiebungen und plastische Verformungen dürften auf der Erde klein genug sein und auf dem Mond ganz ausbleiben. Ein enger Umlauf um den Mond verspricht zuverlässige Meßergebnisse. Liegt die Rotations-Achse des Mondes in der Bahnebene der Testmasse, so ist in bezug auf eine Meßstelle am Mond-Pol jeder Umlauf präzis meßbar, wobei der Satellit im Laufe eines Monats den gesamten Mond überstreicht.

Leider waren wir für unsere Berechnungen auf bestimmte Unterstellungen angewiesen. Nachdem das Weltmodell zeigt bzw nahelegt, daß die als Neutronensterne an die Existenzgrenze gelangende Materie verstrahlt, ergab sich das Problem, wann und in welchem Umfang dies im Kosmos geschieht. Die Auswertung der gegebenen Beobachtungen ließ uns ein heutiges Weltalter T_o von $20 \cdot 10^9\, a$ und ein Weltalter T_s, an welchem die Materieverstrahlung einsetzen dürfte, von $5 \cdot 10^9\, a$ ansetzen. Von T_i bis T_s rechneten wir mit konstanter Nukleonenzahl ($\varepsilon + 2 = 0$).

Ab T_s rechneten wir mit verschiedenen — bis zum Weltende als jeweils konstant angesetzten — Exponenten $\varepsilon + 2$ der Nukleonen-Abnahme durch Verstrahlung. Den Wirkungsdichte-Exponenten ε setzten wir ab T_s für alle möglichen Werte zwischen $\varepsilon + 2 = 0$ (konstant bleibende Nukleonenzahl) bis $\varepsilon + 2 = -\infty$ (sofortige Verstrahlung aller Nukleonen bei T_s) an. Aufgrund der astronomischen Beobachtungen dürfte ein Ansatz von $\varepsilon + 2$ zwischen -1 und -2 (also $-3 > \varepsilon > -4$) der Realität am nächsten kommen.

Das Inhomogenisierungsalter T_i ergab sich daraus rückwirkend; ausgehend von den heutigen kosmischen Werten (insbesondere von $G_{heute} = G_o$) in Abhängigkeit von den angesetzten Werten für T_o, T_s und ε. Erfreulicherweise stellte sich heraus, daß der weitgehend willkürliche Ansatz von T_s (konkret mit $5 \cdot 10^9\, a$) nicht kritisch ist. Etwa mit $T_s = T_i$, oder etwa mit $T_s = 8 \cdot 10^9\, a$ ergaben sich ähnliche Werte für T_i und für die ganze kosmische Geschichte. Ebenso ergaben sich mit verschiedenen Werten von ε zwischen -3 und -4 nur wenige Unterschiede für den damit ermittelten T_i-Wert und die ganze kosmische Geschichte; nur die extremen Werte -2 und $-\infty$ ergaben stärkere Abweichungen. Es ergaben sich Werte etwa $Z_i = 4{,}5 \cdot 10^{39}$, d.h. $0{,}63 \cdot 10^9\, a$ (DD 204). Die auf dieser Basis errechenbaren Werte stimmen einerseits erstaunlich gut mit den aus der Entstehungs-Steuerung (s. o.) berechneten Werten von etwa $Z_i = 7 \cdot 10^{39}$ (DD 273) überein; sind aber andererseits erfreulich wenig von der Ballungsdynamik abhängig.

Die schwer erfaßbare Ballungsdynamik der Massen, welche durch T_s und ε ausgedrückt wird, dürfte somit für die Annehmbarkeit unseres Weltmodells in keinem Fall kritisch werden. Schon unter diesen unseren vereinfachten Ansätzen ergeben sich so flache G-Wannen, daß das Weltmodell mit der Beobachtung ohne Schwierigkeit vereinbar sein dürfte. Trotzdem ist es ein interessantes Problem, die Ballungsdynamik

— theoretisch und observativ — genauer zu erfassen und unsere pragmatischen Ansätze eines festen Alters T_s und konstanter Wirkungsdichte-Exponenten ε durch passende Differential-Gleichungen zu ersetzen ●. Unsere Abschätzungen lassen erwarten, daß ein langsames Ausklingen der Nukleonenentstehung (statt jähem Enden in einem Zeitpunkt T_i) und langsames Einsetzen der Verstrahlung (statt jähem Einsatz in einem Zeitpunkt T_s) eine noch flachere G-Wanne ergeben.

Nova-Explosionen und insbesondere Supernova-Explosionen erfolgen unter vergleichsweise seltenen Umständen; etwa in engen Doppelsternen mit einer dichten Komponente. Davon ausgehende Gravitationswellen wären zu schwach und zu selten um erfolgreich beobachtbar zu sein. Falls aber an die Existenzgrenze kommende Neutronensterne ganz oder mit einem beträchtlichen Teil ihrer Masse verstrahlen sollten, dürften davon ausgehende Gravitationswellen aus unserer Galaxie einige hundert Mal pro Jahr auf der Erde einfallen. Der Gravitationswellen-Detektor von Joe Weber enthält eine supraleitende Detektor-Masse, welche auf Magnetfeldern freischwebend gehalten ist. Die Messung der durch eine Gravitationswelle angeregten Schwingung der Detektormasse wird durch andere Umgebungs-Vibrationen sehr beeinträchtigt.

Diese Störungen lassen sich dadurch weitgehend ausschalten, daß zwei Detektormassen mit verschiedener Eigenschwingung schwebend gehalten werden, wobei die angeregten Schwingungen der beiden Detektormassen nur relativ zueinander gemessen werden. Sofern sich der Abstand der beiden supraleitenden Detektormassen voneinander mit der zu messenden Amplituden-Differenz periodisch ändert, ist die Differenz-Schwingung unmittelbar mit den Änderungen eines den Abstands-Spalt durchfließenden Magnetflusses meßbar.

Ein im Zentrum unserer Galaxie totalverstrahlender Neutronenstern würde einen Gravitations-Sprung wie eine Masse von 1 Mikrogramm bewirken, die in 5 m Entfernung von der Detektormasse verschwindet. Man könnte somit die Anlage testen, indem man um sie ein ringförmiggeschlossenes, schalldichtes Rohr aufhängt, in dessen evakuiertem Hohlraum an einer Stelle eine rauchlose Explosivladung gezündet wird, womit sich deren Masse innerhalb von Millisekunden über das Ringvolumen verteilt.

Wir haben Zweifel, ob sich die schwachen Gravitationswellen von mehr als einigen tausend Lichtjahren entfernten Sternen überhaupt messen lassen. Das Quadrupolfeld eines kollabierenden Sternes ist noch schwerer meßbar als die Schockwelle eines verstrahlenden Sterns.

Nach der Inhomogenisierung expandierte der Weltraum konstant weiter. Der Radius der Hyperkugel blieb cT mal den Faktor $(ln Z_i) \cdot 2/\pi \approx 58$ (beim 2-set-Typ, S. 83; DD 174). Der Absolutraum mit seiner Hyperkugel ist eine in keiner realen Zeit realisierbare Virtualität.Der «Antipol» der Hyperkugel liegt im realen Präsenz-Raum nicht im Mittelpunkt des Ur-Nukleons, sondern auf der, sich ebenfalls expansiv weitenden Oberfläche eines kleinen kugelförmigen Volumens um diesen Mittelpunkt. In der Konstant-Expansion ergeben sich, neben diesem Absolutraum-Aspekt, noch zwei Aspekte für das Universum.

Retardiert — dh in der Präsenz der Herkunft — betrachtet: der mit der Zeit $T = 0$ präsente Randpunkt des Universums («Mittelpunkt des Ur-Nukleons») flieht immer — von jeder Bezugsstelle zu jedem Weltalter T — genau mit der Invarianzgeschwindigkeit c. Jede später präsente und entsprechend nähere Stelle flieht proportional diesem Später- und Näher-sein weniger als c.

Avanciert — dh in der Reziprok-Präsenz des Hingangs — betrachtet: von hier im jetzigen Weltalter T_0 mit Invarianzgeschwindigkeit c ausgehend, wird eine Stelle reziprok derjenigen Zeit später erreicht, mit der sie hier präsent ist. ZB eine Stelle, die hier mit $T_0/10$ präsent ist, wird in einem Alter $T_0 \cdot 10$ erreicht. Der mit c fliehende Randpunkt, der gleichsam mit dem Alter $0 = T_0/\infty$ präsent ist, wird selbst in unbegrenzt hohem Alter nicht erreicht.

Dies bedeutet aber interessanterweise nicht, daß das Universum zwangsläufig unendlich groß sein müßte; weder fordern dies unsere verallgemeinerten Feldgleichungen noch dieser avancierte Aspekt: Ein solcher c-bewegter Bote würde vielmehr über den endlichen Umfang der Hyperkugel mit immer neuen Umläufen immer wieder zu gleichen Substratstellen gelangen. Wegen der Konstant-Expansion würden sich zwar die Zeiten exponentiell verlängern, aber grundsätzlich doch zu einer unbegrenzten Zahl von Umläufen führen.

Retardiert bedeutet dies, daß zwischen T_0/e^{92} und $T_0/e^{2 \cdot 92}$ noch einmal alle Stellen des Universums präsent wären — und daß zwischen T_0/e^{92} und T_0/∞ unbegrenzt wiederholt alle Stellen des Universums präsent wären. Gleichsam wiederholen sich von der Oberfläche zum Mittelpunkt des Ur-Nukleons alle Stellen des Universums logarithmisch-unbegrenzt. Dies ist allerdings eine rein abstrakte Konsequenz; ohne essentiellen, ohne aktuellen und ohne existentiellen Inhalt.

Aussagen wie «unbegrenzt wiederholte Präsenz von Substratstellen im Inneren des Ur-Nukleons» oder wie «unbegrenzte Zahl von Umläufen um die Hyperkugel» ergeben zwar irgendwie richtige und dem Verständnis dienende Informationen, haben aber nur noch gleichnishaften Charakter. Dies sind virtuelle Aussagen; analog wie «jenseits der Existenzgrenze im Schwarzen Loch mit unendlicher Singularität» in Überforderung des Relativitäts-Aspektes, oder wie «unendliche Ladungsdichte des punktförmigen Elektrons bzw unendliche Trennkräfte der Quarks» in Überforderung des Quanten-Aspektes.

Zwischen dem Sein und dem Nichts gibt es noch das Virtuelle; den Mythos, im konstruktiven und instruktiven Sinn. Solche Virtualitäten füllen den Bereich zwischen realen, endlichen Seinsgrenzen und imaginativen, unendlichen Extrapolationen. Dieser Bereich ermöglicht nützliche und erhellende Betrachtungen in der Projektion auf das reale Sein, ist aber selbst nicht mehr von realer Existenz: Dies ist die Midgardschlange, die das endliche, reale, faßbare Sein bewahrend einschließt; das «große Ungetüm», das Donar in der Götterdämmerung tötete, womit die Menschen-Götter selbst untergingen.

Das Weltende

Vor dem Weltanfang mit $T = \tau$ und nach dem Weltende mit $T = T_e$ entgleitet das Dasein in die Virtualität; bevor es sich nichtigt.

Im avancierten Aspekt würde der Bote keine einzige Runde wiederholen, weil — sogar bei seinem frühest-möglichen Start im Alter T_i der Inhomogenisierung — der Bote spätestens im Antipol der Hyperkugel in die Nichtigung des Weltalls laufen würde: im Verschwinden aller Nukleonen in einer Nichtigung der Raumzeit selbst.

Im retardierten Aspekt würde jeder Umlauf — sogar bei einem Rückblick vom Weltende im Weltalter T_e her — als von innerhalb der Entstehungsphase herkommend erscheinen und in deren Nichtindividualisierbarkeit einer grundsätzlichen Erfaßbarkeit entzogen sein.

Das Alter T_e des Weltendes mit Totalnichtigung wird zugleich faktisch von der Ballungsdynamik und Nukleonstabilität bestimmt. Würde zB tatsächlich das Nukleon mit einer Lebensdauer von $10^{31}\,a$ instabil verstrahlen, so würde der Bote die Nichtigung schon nach Umlaufen eines kleinen Teils der Hyperkugel erreichen; würde umgekehrt die Ballungsdynamik sehr klein sein ($\varepsilon + 2 \rightarrow 0$) und das Nukleon völlig stabil sein, so würde der Bote den Antipol (1-set) bzw den Äquator (2-set) bis zur Nichtigung sogar noch ein wenig überlaufen. Vermutlich werden die Nukleonen spätestens dann verstrahlen, wenn sie mit ihrer «harten Kugel» $\lambda/2\pi$ an die Existenzgrenze gelangen, womit für die reale Ballungsdynamik zwei um T_i voneinander in entgegengesetzter Richtung abgehende Boten sich etwa bei der Nichtigung begegnen.

Die Nichtigung kosmischen Seins am Weltende ist sowohl existentiell, als auch quantenphysikalisch, als auch relativitätsphysikalisch; eine Totalnichtigung von Masse, Raum und Zeit.

Leider konnten wir keine Lösung des Problems finden, ob das Universum vom Typ 1-set oder 2-set ist; dh ob der Absolutraum eine Hyperkugel in dem Sinne ist, daß sich im Antipol irgend eine andere Substratstelle befindet (1-set), oder daß es diametral-identisch ist, womit im Antipol wir uns wieder selbst befinden (2-set). Unser Weltmodell funktioniert mit beiden Typen. Wir haben vorgezogen, im nachfolgenden Teil III den irgendwie sympathischeren 2-set-Kosmos darzustellen, obgleich wir beide Typen mit verschiedensten Ballungsdynamiken durchgerechnet haben. Um etwa 2 Größenordnungen verbesserte Beobachtungen könnten die Entscheidung bringen. Es sollten aber schon vorher grundsätzliche Kriterien zu einer Entscheidung führen ●.

Bis nahe an das Weltalter T_e des Weltendes ergeben sich mit dem 1-set-Kosmos kaum andere Werte als mit dem 2-set-Kosmos. Im virtuellen Bereich nach T_e würde aber im 1-set-Kosmos der Gravitationsfaktor G steil gegen ∞ laufen. Der 2-set-Kosmos weist dagegen einen sich auch nach T_e gleichmäßig fortsetzenden G-Anstieg auf, weil dessen Weltwirkungsintensität durch die großen Massen bestimmt wird, die aus der Umgebung des Welt-Äquators präsent sind.

Am 1-set- und 2-set-Kosmos wird ein Problem akut, das in der Physik anscheinend noch nicht behandelt ist, das aber weit über die Physik hinaus interessant ist und das vielleicht mit dem «Zeitgradient» erfolgreich angegangen werden könnte ●: das Problem einer Zeitmächtigkeit mit verschiedenen Richtungen des Zeit-Ablaufs.

Das Problem von verschieden gerichtet ablaufenden Zeiten ist einerseits eigentümlich leer; vielleicht sogar nicht objektivierbar. Andererseits erscheint schon die relativistische Zeit-Kontraktion (etwa Schwingungsdauer-Verkürzung eines bewegten Nukleons) wie eine Projektion verschiedener Zeit-Richtungen auf die Zeit des Bezugssystems: Gegen das Bezugssystem S_0 weist ein System S_1 eine Zeit-Kontraktion $\varkappa_1 < 1$, ein in anderer Raum-Richtung bewegtes System S_2 gleiche Zeit-Kontraktion $\varkappa_2 = \varkappa_1$ auf; wie kann nun S_1 gegen S_2 oder S_2 gegen S_1 eine von 1 verschiedene Zeitkontraktion aufweisen, wenn diese Kontraktionen nicht relativistische Projektionen von Zeiten wären, die relativ zu unserer Zeit in verschiedenen Richtungen ablaufen?

Dieses gilt insbesondere für die mit geringerer Zeitzahl Z (gleichsam kontrahiertem Weltalter) präsenten Substratstellen im Kosmos: Nimmt man die Invarianzgeschwindigkeit c als Vermittlung existentieller Wirkungs- und Informations-Verbindung konsequent an, dann wird eine ferne Substratstelle nicht nur als mit geringerer Zeitzahl gesehen (dh durch den endlichen Wert von c verzögert), sondern sie ist real als weniger alt präsent (Quasi-Unendlichkeit von c). Man scheint somit kaum umhin zu können, der Zeit einer mit R/n vom Ursprung entfernt und damit T/n alt präsenten Substratstelle eine derartige Zeitrichtung zuzuschreiben, daß deren Projektion auf unsere Zeitrichtung eben $1/n$ ergibt. Damit wäre der realen Präsenz-Raum-Zeit ein sphärisch strukturierter Absolutraum und eine hyperbolisch strukturierte Absolutzeit zuzuordnen. Damit tritt jedoch ein noch zu bewältigendes, tiefgreifendes Problem auf ●:

Im Antipol des 1-set-Kosmos wäre eine von uns verschiedene Substratstelle. Im Antipol des 2-set-Kosmos wären wir selber. Die auf verschiedenen Wegen zum Antipol sich relativ zu unserer Zeit verschieden gerichtet weiterdrehenden Zeit-Richtungen müßten sich am Antipol miteinander wieder identifizieren. Dieses Problem wird eigentlich erst kritisch, wenn miteinander identische Substratstellen in verschiedenen Richtungen aus der Homogenphase individualisiert auftauchen; also mit $T > Z_i \cdot \tau$ präsent werden. Die Frage, ob die Nichtigung des Weltalls im Weltalter T_e mit $T_e \leq Z_i^2 \cdot \tau$ oder $T_e > Z_i^2 \cdot \tau$ eintritt, ist somit von prinzipieller Bedeutung. Besonders kritisch ist dieses Problem im 1-set-Kosmos, weil hierbei die Antipolstelle die Bezugsstelle rundum — also in allen Richtungen zugleich (wie eine Zellmembran) — umgibt. Weniger kritisch ist der 2-set-Kosmos:

Im 2-set-Kosmos taucht bei $T_e = Z_i^2 \cdot \tau$ eine äquatoriale Substratstelle immer nur in zwei einander entgegengesetzten Richtungen aus der Homogenphase auf. Die beiden relativ zu unserer Zeit entgegengesetzt verdrehten Zeitrichtungen entsprechen hierbei genau der Diametral-Identität des 2-set-Kosmos, wogegen die mit uns selbst diametral-identische Substratstelle noch von der Oberfläche des Urvolumens her — also mit dem Weltalter 1τ des Ursprungs — präsent ist. Ein Problem gegeneinander verdrehter Zeit-Richtungen wird somit im 2-set-Kosmos bis $T = Z_i^2 \cdot \tau$ noch gar nicht relevant. Erst für größere Alter T_e des Weltendes als $Z_i^2 \cdot \tau < T_e < Z_i^3 \cdot \tau$ wird dieses Problem relevant; aber auch nur in prinzipiell unobjektivierbaren Bereichen:

An sich würde im 2-set-Kosmos für einen Bezugspunkt $T = a_t \cdot Z_i^2 \cdot \tau$ mit $1 < a_t < Z_i$ der Antipol auf einer Kugelschale des präsenten Radius $a_t \cdot \lambda$ liegen; also noch innerhalb der Homogenphase mit prinzipieller Nichtobjektivierbarkeit. Zudem wären die Zeit-Richtungen in der homogenen Entstehungsphase selbst mit einer prinzipiellen Unbestimmtheit behaftet, die gegen den Ursprung immer mehr zunimmt: das Urnukleon im Weltalter $T = 1\tau$ hat sogar alle Zeitrichtungen zugleich («gleichwahrscheinlich») potentiell in sich. Der 2-set-Kosmos ergibt somit unter keinen Bedingungen — nicht einmal im Grenzfall $\varepsilon + 2 = 0$ — ein objektivierbares Zeit-Problem. Er ist von einer geradezu grandiosen Raum-Zeit-Struktur (DD 182).

Die Energie-Verstrahlung

Offenbar läßt sich mit der Energieabstrahlung der sich verdichtenden Ballung eine Erklärungsmöglichkeit für die Hintergrundstrahlung finden. Unsere groben Berechnungen zeigen bereits, daß die Größe der Gesamtenergie aus dem Neutronenzerfall und aus der Potentialenergie der frühen Ballungen und daß auch die Frequenzbereiche der Abstrahlung bis zum undurchsichtig werden der Ballungen, sehr gut mit der von Penzias und Wilson beobachteten Hintergrundstrahlung in Einklang zu bringen wären. Diese Strahlung wäre zwar nicht völlig homogen, aber doch mit den derzeitigen Beobachtungsmitteln noch nicht auflösbar.

Hinsichtlich der Hintergrundstrahlung lassen sich die Quasar- und Galaxenkern-Explosionen, welche bis heute nur Verrotungen von circa 5:1 ergeben, nicht mit der hypothetischen «Entkopplung des Strahlungsfeldes», welches heute mit extremer Rotverschiebung einfallen sollte, vergleichen. Unsere Ergebnisse mit den modernen Erkenntnissen der Plasmastrahlung und Wolkendurchsichtigkeit zu untersuchen und die Auflösbarkeit der Strahlungsquellen — noch vor einer beobachtungstechnischen Auflösung — theoretisch zu bestimmen, wäre eine der fruchtbarsten Probleme der Kosmologie ●.

Unsere verallgemeinerten Feldgleichungen wie auch unser Weltmodell geben schließlich sehr erfolgversprechende Ansätze zum Problem der Massenverstrahlung an der Existenzgrenze; am unteren Grenzpotential.

Unsere diesbezüglichen, ebenfalls groben Untersuchungen lassen uns als sicher annehmen, daß die übergigantischen Energiefreisetzungen in den Quasar- und Galaxenkern-Explosionen, Total-Massenverstrahlungen an der Existenzgrenze sind; vermutlich mit einer Energie-Konversion über e^+e^--Paarbildungen. Vermutlich ergeben sich die Peculiarbewegungen und Rotationen der Galaxien durch Impulsrückstöße bei derartigen Explosionen und durch Impulsaustausch mit ausgestoßenen Teilwolken.

Weiterhin kommen wir zu der Überzeugung, daß es keine echten «Schwarzen Löcher» gibt, sondern daß die Materie bei asymptotischer Annäherung an das unerreichbare, quasi-unendliche Grenzpotential total verstrahlt. Mit einem immer weiteren Ansteigen des Gravitationsfaktors G in der Zukunft kommen immer kleinere und weniger dichte Sterne an diese Existenzgrenze. Das Ende des Universums ist in einem Weltalter erreicht, in welchem auch die letzten Nukleonen verstrahlt sind.

Die Überprüfung und Fortführung dieser Überlegungen dürfte überaus interessant sein ●.

Elementenhäufigkeit und Quasare

Zur Testung von Weltmodellen ist — gestützt auf die Beobachtung — die Ballungsdynamik und, damit zusammenhängend, die Elementenhäufigkeit nützlich. Diese Problematik ist viel zu umfangreich und komplex, um von uns gelöst werden zu können. Aus der Kenntnis unseres Weltmodells glauben wir aber, dazu einige Anregungen für weitere Forschung geben zu können; insbesondere im Vergleich unseres Modells zum Standard-Modell ●.

Die astronomische Beobachtung läßt vermuten:

1. In der Frühzeit des Kosmos haben sich übergigantische Wolken mit je etwa 10^{12} Sonnenmassen geballt, welche sich in optisch leuchtendem Zustand über viele hundertmillion Jahre stabil-gleitend zusammengezogen haben: anscheinend noch ohne Drehimpulse und ohne Peculiarbewegungen der Ballungen je im ganzen; wohl auch ohne Turbulenzen und ohne Pulsationen im Inneren der Ballungen.

2. Bei Erreichen von Ballungsradien in Größenordnung von Lichtjahren setzten im Laufe einiger million Jahre Pulsationen ein: es wurden «CNO-Kerne» (Atomkerne mit 12 bis 18 Nukleonen) nachweisbar.

In Parkes erfuhren wir 1980 von John Bolton, daß einige wenige Ballungen beobachtet werden, welche die Spektren aller Elemente enthalten, nur nicht des Wasserstoffs; weder in Absorption noch in Emission. Es scheinen aber keine Galaxien ohne Wasserstoff bekannt zu sein:

ganz ohne Wasserstoff ergäben sich schwarze Galaxien, in denen die Sterne — nach ganz kurzem Helium-Brennen — verschwinden.

3. Schließlich setzte im Kern je einer Ballung eine Riesenexplosion ein, bei der Energie von etwa 10^{54} J freigesetzt wurde. Unter starker Radiostrahlung wurden paarweise Gasstrahlen von über 10^{10} Sonnenmassen bis in Entfernungen von über 10^5 Lichtjahren ausgestoßen.

In Abständen von etwa 10^8 Jahren folgten weitere Riesenexplosionen mit abnehmender Energiefreisetzung mit paarweisem Ausstoß von Gasstrahlen. Zusammen mit den Drehimpulsen und Turbulenzen der Ballungen entwickelten sich daraus die Spiralarme der Galaxien.

4. Bei und nach einer solchen Riesenexplosion ist die Ballung im eigentlichen «Quasar»-Zustand mit über 100-facher Energieabstrahlung heutiger Galaxien. Die Erst-Explosion erscheint wegen ihrer anderen Startbedingungen und höheren Energiefreisetzung als ein Quasar anderen Typs.

Falls — was wir annehmen — bei einer solchen Riesenexplosion eine Totalverstrahlung von riesigen Massen an der Existenzgrenze stattfindet, mit pro Masseneinheit etwa 100-fach größerer Energie als bei Kernreaktionen, dann werden hierbei zuvor gebildete Kerne schwerer als Helium wieder zerschlagen.

Diese astronomischen Beobachtungen der frühen Ballungs-Verhältnisse erlauben Überlegungen zum Vergleich der Weltmodelle:

Der unbeobachtbare Ballungsbeginn ist im Standard-Modell bisher unerklärlich; aber in unserem Modell mit der Entstehungssteuerung samt der Galaxienzahl und -größe erklärbar. Die Erklärungsversuche für das Standard-Modell mit zuvor gebildeten Schwarzen Löchern ist unverständlich: Es wäre unerklärlich, warum sich schwarzlochartige Nukleonenballungen ergeben hätten, aber keine oder nur extrem wenig CNO-Kerne. Schwarze Löcher als Kondensationskerne hätten zunehmend die kondensierte Materie verschlungen und nicht bei einer typischen Galaxengröße ihre Arteigenschaft verloren.

Turbulenzen wären im Standard-Modell wie in unserem Modell erklärbar: Die frühen Ballungen würden nicht kugelförmig beginnen, so daß sich in ein oder mehr Achsen höhere Kontraktions-Geschwindigkeiten einstellen. Falls bei frühen Ballungen schon Drehimpulse festgestellt würden, wären diese zwar auch beim Standard-Modell kaum erklärbar, aber irgendwie aus dessen extremen Anfangsbedingungen eher verständlich. Wir könnten jedoch Drehimpulse früher Ballungen nur mit vorausgehenden, unsymmetrischen Ballungsvorgängen in Super-Gebieten erklären. Sowohl frühere Superballungsvorgänge als auch spätere Riesenexplosionen können Drehimpulse und Peculiarbewegungen der Galaxien verursacht haben. Die Drehimpulse und Peculiarbewegungen weder der frühen Ballungen noch der heutigen Galaxien liefern somit eindeutige Kriterien zum Entscheid zwischen den Weltmodellen.

Die Existenz reiner Wasserstoffsterne – mit fast keinem Helium und gar keinen CNO-Kernen – ist ein starkes Argument gegen das Standard-Modell. Starke Schwerefelder mit entgegenwirkendem Strahlungsdruck, ebenso Plasmabewegungen in elektrischen oder magnetischen Feldern können zwar Trennungen von Elementen bewirken. Aber: vor Ballungsbeginn wäre die Entstehung solcher Felder unerklärbar; die Riesenexplosionen hätten nicht alle Kerne zerschlagen; später entstehende Felder hätten kaum der Beobachtung gerecht werdende Trenneffekte ergeben. Im Gegensatz zum Standard-Modell hat unser Modell mit seinem anfänglich reinen Wasserstoff-Plasma, das in den Randzonen der Ballungen kaum verändert wird, keine Schwierigkeit.

Die Phase nach den Quasar-Explosionen, deren Auswirkung auf die Elementenhäufigkeit schwer faßbar ist, bietet weniger zuverlässige Kriterien als die stabile Kontraktionsphase, die vom Ballungsbeginn bis zum Pulsationsbeginn währte.

Ein etwaiger Nachweis, daß die frühen Ballungen nur aus reinem Proton-Elektron-Plasma («pe-Plasma») bestanden haben, wäre ein Argument gegen das Standard-Modell. Das Fehlen von Helium ist beobachtungstechnisch schwierig nachweisbar. Spuren von CNO-Kernen sind direkt schwierig nachweisbar, lassen sich aber indirekt schließen: damit würde die Fusion von Wasserstoff zu Helium früher einsetzen als bei reinem *pe*-Plasma, und würde viel schneller ablaufen, wobei mit Urca-Zyclen mehr Energie abstrahlbar wäre. Möglicherweise würde deshalb der beobachtete, über viele hundertmillion Jahre stabil fortschreitende Ballungsprozeß schon mit wenig CNO-Kernen nicht aufrechterhaltbar sein.

Auch die zu erwartenden Kernreaktionen lassen Rückschlüsse zu:

Kernreaktionen im Standard-Modell

Nach dem Standard-Modell wäre in einem Weltalter von Millisekunden ein dichtes Gemisch von Neutronen n und Protonen p bei einer Temperatur von rund $10^{11}\,°K$ vorhanden gewesen, die nach einigen Minuten auf rund $10^8\,°K$ abgefallen wäre. Vom überheißen, dichten Zustand kommend, wäre eine Phase maximaler Fusion durchlaufen worden, in der sich rund $^1/_4$ der Nukleonen zu Helium vereinigt hätten. Die Fusionsenergien hätten in keinen «Umraum» abgeführt werden können. Trotz des Fehlens von stabilen Kernen mit 5 und 8 Nukleonen wären in dieser Phase auch Kerne mit mehr als 11 Nukleonen (CNO) gebildet worden, die in der fortschreitenden Abkühlung verblieben wären.

Unter den Bedingungen des Standard-Modells wäre die Basis für alle weiteren Kernreaktionen die Bildung von Deuteron d nach $p(n,\gamma)d$. Dies reagiert weiter zu Triton t und leichtem Helium h nach $d(n,\gamma)t$ oder $d(d,p)t$ bzw $d(p,\gamma)h$ oder $d(d,n)h$. Mit freiem n reagiert h extrem schnell ebenfalls zu t nach $h(n,p)t$. Die Bildung von normalem Helium α läuft über t nach $t(p,\gamma)\alpha$; oder sehr schnell nach $t(d,n)\alpha$ oder $t(t,2n)\alpha$. Deshalb müßte immer mehr an t prozessiert worden sein, als α gebildet ist.

Reaktionswege zu CNO-Kernen müßten durch träge, γ-abführende Thermofusion mit sich anreicherndem α eingeleitet worden sein: $d(\alpha,\gamma)Li^6$ oder $t(\alpha,\gamma)Li^7$. Dies wäre möglich, weil die Konzentration der immer schnell weiter reagierenden Kerne d und t niedrig bliebe und weil $t(p,\gamma)\alpha$ ebenfalls eine träge, γ-abführende Thermofusion ist.

Die Wege zu CNO-Kernen kombinieren sich aus vielen möglichen Reaktionen, worunter auch schnelle, n-abführende Reaktionen sind. Außer gamma-stoßenden, schwach-wechselwirkenden und endothermen Reaktionen wären unter den Bedingungen des Standard-Modells folgende Reaktionen möglich: $Li^6(\alpha,\gamma)B^{10}$; $Li^7(\alpha,\gamma)B^{11}$; $Li^8(\alpha,n)B^{11}$; $Li^7(t,n)Be^9$; $Li^8(t,n)Be^{10}$; $Be^9(t,n)B^{11}$; $Li^6(d,p)Li^7$; $Li^6(d,n)Be^7(n,p)Li^7$; $Li^8(d,n)Be^9$; $Li^9(d,n)Be^{10}$; $Be^9(d,p)Be^{10}$; $Be^9(d,n)B^{10}$; $Be^{10}(d,n)B^{11}$; $B^{10}(d,p)B^{11}$; $B^{10}(d,n)C^{11}\,(\beta^+1220\,s)B^{11}$; $C^{11}(p,\gamma)N^{12}$; $Li^7(n,\gamma)Li^8\,(\beta^-0{,}84\,s)2\alpha$; $Li^8(n,\gamma)Li^9\,(\beta^-0{,}18\,s)Be^9$; $B^{11}(n,\gamma)B^{12}$. Jede Reaktion zwischen zwei vorgenannten Kernen, die zusammen mehr als 12 Nukleonen enthalten, würde einen CNO-Kern bilden. Jedoch jede sonstige Reaktion eines vorgenannten Kerns mit n oder p oder d oder t würde α abspalten.

Ein starkes Argument gegen das Standard-Modell wäre der Nachweis ●, daß auch nur einer der kombinierbaren Wege, wenn auch nur in der günstigsten Phase der Expansion, beobachtbare Mengen an CNO-Kernen hätte bilden müssen; etwa mit $t(\alpha,\gamma)Li^7(t,n)Be^9(\alpha,n)C^{12}$.

Ein starkes Argument gegen das Standard-Modell wäre der Nachweis ●, daß in den frühen Ballungen auch noch kein Helium vorhanden war.

Gegen unser Modell – das einen Anfang mit reinem *pe*-Plasma nahelegt – würde als starkes Argument stehen, wenn in frühen Ballungen (etwa wenn sie gerade zu leuchten anfangen) schon Helium oder gar CNO-Kerne nachgewiesen würden. Umgekehrt ergibt sich das Problem, wie sich mit unserem Modell überhaupt Helium und CNO-Kerne bilden konnten.

In den frühen Ballungen waren — bei ausreichenden Temperaturen — die Stoßzeiten zu lang und damit die normale *pp*-Reaktion zu wenig wahrscheinlich, als daß sich damit mehr als vereinzelt *d*-Kerne bilden konnten. Weil die leichteren und schnelleren Elektronen gegen das Schwerefeld weiter auslaufen konnten als die Protonen, hatten die frühen Ballungen radiale elektrische Felder, in welchen die Elektronen nach innen und die Protonen nach außen beschleunigt wurden. Sie erhielten um so höhere Bewegungsenergien, je länger die statistisch stoßfrei durchlaufenen Strecken waren. Einige in den künftigen Kosmos auslaufende Atomkerne konnten Ultrastrahl-Energie erhalten. Vielleicht ist damit sogar die Ultrastrahlung erklärbar ●.

Hochenergische Stöße konnten besondere, schnelle Reaktionen bewirken:

$p(p,e^+\nu)d$; eine *pp*-Reaktion, aber mit Stoßerzeugung des abzuführenden Positrons e^+ und Neutrinos ν ; etwa über ν-Paarerzeugung.

$p(e^-,\nu)n$ $-0{,}7825\,MeV$; eine *pe*-Reaktion mit Proton-Entladung durch ein energisch stoßendes Elektron e^- ; mit ν-Stoßerzeugung.

Mit $n(p,\gamma)d$ und bzw oder $d(p,\gamma)h$ konnte sich rasch h bilden, das nicht mit p weiter reagieren konnte und auch keinen anderen Kern finden konnte, um weiter zu reagieren. Es verblieb nur:

$h(e^-,\nu)t$ $-0{,}0187\,MeV$; eine *he*-Reaktion mit h-Entladung durch bereits ein energiearm stoßendes Elektron e^-. Die lange Zeit dieser Reaktion ist vermutlich doch kurz verglichen zur Ballungszeit, und wird mit steigender Dichte und Temperatur immer kürzer. Das dieserart gebildete t reagiert rasch mit p auf zwei möglichen Wegen:

$t(p,\gamma)\alpha$; diese bei Stoßenergien kleiner als $0{,}76\,MeV$ allein ablaufende Reaktion beendet die Fusion von vier p zu α ; oder

$t(p,n)h$; diese bei Stoßenergien größer als $0{,}77\,MeV$ zusätzlich mögliche Reaktion führt wieder auf den h-Kern zurück. Hierbei wird aber ein n frei, mit welchem sich schnell ein weiterer h-Kern zu bilden vermag. So wird ein h,2h-Prozeß möglich, welcher aus einem h-Kern zwei h-Kerne bildet:

h,2h-Prozeß : $h\,(e^-,\nu)\,t\,(p,h)\,n\,(p,\gamma)\,d\,(p,\gamma)\,h$.

Die auf die Ausgangskerne h bzw p zurückführenden β^--Zerfälle von t (31 a) bzw von n ($^1/_4\,h$) sind lang genug, um den Prozeß nicht zu gefährden. Eine Gamma-Anregung des t-Kerns mit über 0,3 MeV begünstigt diesen Prozeß: damit wird bei Stoßenergien von über 0,5 MeV die Reaktion $t(p,n)h$ wahrscheinlicher als $t(p,\gamma)\alpha$, wogegen bei Stoßenergien unter 0,5 MeV die Abstände immer so groß bleiben, daß beide Reaktionen unwahrscheinlich sind. Einige Neutronen gehen verloren; etwa durch die extrem schnellen Reaktionen $h(n,p)t$ oder $Be^7(n,p)Li^7$.

Trotz allem würde bei fortschreitender Ballung vermutlich die Wahrscheinlichkeit des h,2h-Prozesses über $\frac{1}{2}$ ansteigen. Damit würde die h-Bildung unabhängig von der pp- und der pe-Reaktion werden und die h-Konzentration im Plasma würde selbst-beschleunigt ansteigen. Ob dies tatsächlich eintritt, sollte noch gründlicher untersucht werden ●.

In jedem Fall wurde α anfangs nur durch $t(p,\gamma)\alpha$, später auch durch die schnellere Reaktion $h(h,2p)\alpha$ und über schwerere Kerne aufgebaut. Die α-Konzentration im Plasma stieg damit um so schneller an.

Die 3α-Reaktion $\alpha(\alpha,\gamma)Be^8(\alpha,\gamma)C^{12}$ dürfte wegen der relativ zu den Stoßzeiten zu kurzen Be^8-Lebensdauer kaum Kohlenstoff gebildet haben. Die Temperatur ist zwar hoch genug; die Dichte aber zu niedrig.

Weil d nur sehr träge gebildet wird aber schnell zu h weiter aufgebaut wird und weil die Neutronen n nur sehr wenig sind, ist d und t sehr wenig, aber h relativ dazu stark angereichert. Die CNO-Bildung wird durch Fusion von h mit α eingeleitet. Mit $h(\alpha,\gamma)Be^7$ wird Be^7 gebildet. Davon geht einiges in Li^7 über: etwa mit der Reaktion $Be^7(e^-,\nu)Li^7$; oder mit der zwar sehr schnellen Reaktion $Be^7(n,p)Li^7$, für die aber nur selten ein n verfügbar ist. Bei γ-Anregung von Be^7 mit mehr als 0,17 MeV kann Be^7 mit β^+-Zerfall in Li^7 übergehen; ebenso bei Neutrino-Paarbildung durch einen γ-Stoß. Mit $h(\alpha,e^+\nu)Li^7$ entsteht unmittelbar Li^7, wenn der h-α-Stoß ein Neutrino-Paar erzeugt, indem — statt des Antineutrino — ein Positron e^+ zusammen mit dem Neutrino ν abgeht und hierbei die Restenergie abführt. Diese Reaktion kann sehr schnell werden, weil sie mit jedwelcher stoßerzeugten Energie des Neutrino-Paares abläuft. Im Gegensatz dazu macht die häufigere γ-Stoßerzeugung eine Fusion von h mit α weniger wahrscheinlich, weil damit die Reaktions-Energie vermindert wird.

Die nachfolgenden Wege zu CNO-Kernen kombinieren sich aus den Reaktionen: $Be^7(p,\gamma)B^8$ ($\beta^+ 0{,}76\,s$)2α ; $B^8(p,\gamma)C^9$ ($\beta^+ 0{,}13\,s$)$p\,2\alpha$; $Li^7(h,p)Be^9$; $B^8(h,p)C^{10}$; $C^9(h,2p)C^{10}$ ($\beta^+ 19\,s$)B^{10} ; $Be^9(h,p)B^{11}$; $Be^9(h,n)C^{11}$; $Li^7(\alpha,\gamma)B^{11}$; $Be^7(\alpha,\gamma)C^{11}$; $B^8(\alpha,p)C^{11}$ ($\beta^+ 1220\,s$)B^{11} ; $C^{11}(p,\gamma)N^{12}$. Jede Reaktion zwischen zwei vorgenannten Kernen, die zusammen mehr als 12 Nukleonen enthalten, bildet einen CNO-Kern. Jedoch jede sonstige Reaktion eines vorgenannten Kerns mit p oder h spaltet α ab.

In den frühen Ballungen war die α-Konzentration noch gering, so daß nur vereinzelt CNO-Kerne gebildet wurden. Mit dichter und heißer werdenden Ballungen und ansteigender α-Konzentration, wurden immer schneller CNO-Kerne gebildet; etwa mit $Be^7(\alpha,\gamma)C^{11}$ oder etwa mit $Be^7(p,\gamma)B^8(\alpha,p)C^{11}$ und weiter mit p oder h oder α ; oder etwa mit $Be^7(p,\gamma)B^8(p,\gamma)C^9(\alpha,p)N^{12}$; oder etwa mit $Li^7(h,p)Be^9(\alpha,n)C^{12}$.

Der erste wie zweite Weg ist durch Übergang von C^{11} zu B^{11} und dessen schnelle Spaltung $B^{11}(p,\alpha)2\alpha$ gefährdet; wird jedoch gefördert durch die vergleichsweise lange Zerfallszeit von C^{11} und günstige Wege von C^{11} bzw B^{11} zu CNO-Kernen. Der zweite wie dritte Weg ist durch den raschen Zerfall von B^8 bzw C^9 gefährdet; wird jedoch gefördert durch die hohe p-Konzentration. Der vierte Weg ist durch die schnelle Spaltung $Li^7(p,\alpha)\alpha$ und durch die niedrige h-Konzentration infolge der schnellen Reaktion $h(h,2p)\alpha$ gefährdet; wird jedoch gefördert durch günstige Wege zum Li^7.

Die in diesen Wegen vorkommenden h- bzw α-Reaktionen müssen zwar entgegen hoher elektrostatischer Abstoßung erfolgen, sind aber nicht nur sehr energisch, sondern gehören — außer $Be^7(\alpha,\gamma)C^{11}$ — auch noch zu dem besonders schnellen Reaktions-Typ mit Abstoß eines einzelnen Nukleons p oder n. Insbesondere schnell ist der Abstoß eines Neutrons n, weil dies keinen Potentialwall überwinden muß.

CNO-Kerne können praktisch nur wieder zerschlagen werden durch die Reaktion $C^{14}(p,\alpha)B^{11} - 0{,}7837\,MeV$, welche aber durch die schnellere Reaktion $C^{14}(p,n)N^{14} - 0{,}6264\,MeV$ abgeschirmt ist. Diese ist Teil eines Zyklus $N^{14}(e^-,\nu)C^{14}(p,n)N^{14}$, welcher in sehr heißem Plasma endotherm Neutronen freisetzt; sonst reagiert $C^{14}(p,\gamma)N^{15}$.

In der überheißen Endphase der Ballungen wurden die Reaktionen durch Gamma-Anregung der Kerne begünstigt und wurden endotherme Reaktionen möglich. Zudem wurde n und d freigesetzt. Durch Anlagerungen von n, p, d und α wurden alle mittleren und schwereren Kerne aufgebaut. Unter dafür günstigen Bedingungen konnte hierbei der Wasserstoff p ganz aufgebraucht werden.

Zusammenfassend

Im Gegensatz zum Standard-Modell (und anderen erwogenen Modellen) benötigt unser Modell keine Zusatzannahmen, welche die universelle Gültigkeit der Relativitätsphysik und der Grundsätze der Physik einschränken. Insbesondere gibt es keine Geschwindigkeiten größer als die Invarianzgeschwindigkeit c. Es gibt keine Horizonte; weder nahe dem Ursprung, noch an der Existenzgrenze, noch am Weltende.

Die quasi-unendliche Geschwindigkeit c ist eine existenzbegründende Konstante, mit welcher alle Felder zusammen mit Raum und Zeit generiert werden, und mit der das Universum expandiert. Der Satz der Erhaltung der Energie, des Impulses, des Drehimpulses und der elektrischen Ladung bleibt uneingeschränkt gültig; insofern als die jeweiligen Totalwerte immer konstant gleich null sind (vgl. Karl Philberth: «Generation of Matter and Conservation of Energy»; Denver). In unserem Modell ist auch die Quantenphysik uneingeschränkt gültig.

Die Einstein-Gleichungen erfordern für eine elliptische Raumkrümmung eines endlich-großen Kosmos auch eine «elliptische Expansion» bzw erfordern für eine «hyperbolische Expansion» auch eine hyperbolische Raumkrümmung mit einem unendlich-großen Kosmos. Dagegen unsere Allgemeinen Feldgleichungen ermöglichen eine sphärische Raumkrümmung eines endlich-großen Kosmos sogar bei einer konstanten Expansion, die aus sowohl grundsätzlichen Erwägungen als auch astronomischen Beobachtungen nahegelegt ist. Der Konflikt der Kosmologie — einerseits einer für einen endlich-großen Kosmos fehlenden Bremsung bzw fehlenden Weltmasse, andererseits eines unendlich-großen und doch aus einem Singularitätspunkt hervorgehenden Kosmos — wird damit gelöst. Infolge der im Gravitations-Skalarfeld über den Weltraum ausgebreiteten negativen Potentialenergie ergibt die Gravitation nicht zwangsläufig eine Expansions-Bremsung.

Keines der Grundsatz-Argumente, welche gegen das Standard-Modell (und andere Modelle) stehen, ist gegen unser Modell vorbringbar. Statt dessen sollte nach etwaigen anderen Gegenargumenten gesucht werden. Die konkreten, zur Zeit noch nicht hinreichend behandelten Probleme sollten aufgegriffen und die vorläufigen Ergebnisse überprüft werden ●. Die bisher angestellten Untersuchungen — etwa über die Materieentstehung, die Ballungseinleitung, die Raum-Zeit-Struktur, die Hintergrundstrahlung, die Elementenhäufigkeit — sind zwar noch zu präzisieren. Sie machen es aber bereits wahrscheinlich, daß unser Modell den wünschenswerten Anforderungen genügt.

Die Grundlagen einer Wissenschaft bestimmen ihre Möglichkeiten und Grenzen. Die Grundstruktur allen Seins ist die Komplementarität.

Die Relativitätsphysik ist nicht nur eine Physik des Großen und die Quantenphysik ist nicht nur eine Physik des Kleinen. Die Relativitätsphysik ist auch eine Physik des ganz Kleinen: Relativistische Geschwindigkeiten, der Zeitgradient, Massendefekte usw beherrschen auch das atomare und subatomare Geschehen. Die Quantenphysik ist auch eine Physik des ganz Großen: Die Wirkungsgenerierung durch die Nukleonen mit der Erschließung von Raum und Zeit; die Gravitation als Wirkungserfüllung der Raumzeit; die Steuerung der Entstehung der Neutronen mit Ballung der Protogalaxien und Begründung der Größe und Zahl der Galaxien; die Verstrahlung der Materie vor der Existenzgrenze; vor allem aber der 1-Kosmos des Ursprungs und die Entartung des Kosmos am Ende des Universums.

Der Makrokosmos wie der Mikrokosmos sind beherrscht sowohl von der Relativitätsphysik als auch von der Quantenphysik in gegenseitiger Ergänzung und Verdrängung. Jede bringt zugleich auch ihre eigene existentielle Komponente hervor.

Unsere Untersuchungen der Grundlagen der Relativitäts- und Quantenphysik waren notwendig, um unser Weltmodell aufstellen zu können. Die Ergebnisse wurden in einem anderen, hier nicht abgedruckten Teil des Buches DER DREIEINE («DD») dargestellt.

Vielleicht hätten wir auf die Benutzung des existenzphysikalischen Aspektes weitgehend verzichten können, weil über eine Verbindung zweier Komponenten der Physik auch die dritte Komponente erstaunlich weit mit erfaßt wird. Nur zwei Komponenten erfassen jedoch nicht die ganze Seinsmächtigkeit.

Jeder echte Aspekt enthält zwar zugleich beide anderen Aspekte in sich; aber in jeweils anderer Weise: Ein Aspekt ist jeweils das Fundament, auf dem die beiden anderen Aspekte spielen. Aber es ist ein Unterschied, was fundamental und was komplementär ist. Die quantenphysikalische oder existentielle Komponente der Relativitätsphysik ist etwas anderes als die relativistische bzw existentielle Komponente der Quantenphysik. Die Quanten-, Relativitäts- und Existenzphysik sind drei Dimensionen des physikalischen Seins. Jede Dimension hat alle drei Komponenten; in vertauschter Fundamentalität und Komplementarität.

Vielleicht hätten wir auch deshalb auf den existentiellen Aspekt weitgehend verzichten können, weil der mathematische Formalismus der Relativitäts- und Quantenphysik noch beträchtlich über jene Grenzen hinaus arbeitet, welche der Quanten- bzw Relativitätsphysik von ihren jeweiligen Grundlagen her gesetzt sind. Mit Geschicklichkeit läßt sich Logistik und Mathematik zu erstaunlich leistungsfähigen Instrumenten der Beschreibung der mit Beobachtung und Experiment greifbaren Realität ausbauen. Aber immer bleibt mathematische Richtigkeit und physikalische Wirklichkeit etwas Wesensverschiedenes.

Die Perfektionierung des mathematischen Formalismus bringt daher zugleich die Gefahr, daß dieser mit geistiger Besitzergreifung verwechselt wird, womit der Weg zu Scheinerkenntnissen und Irrealitäten unkontrolliert geöffnet wird. Mit zunehmender Perfektionierung des Formalismus wird zunehmende Vertiefung der Grundlagenerkenntnis notwendig. Als Einstein gefragt wurde, was das Erstaunlichste an der Relativitätsphysik sei, sagte er: «Die Leistungsfähigkeit des mathematischen Apparates»; denn nicht die Begrenztheit des Apparates ist erstaunlich (die ist sogar natürlich), sondern daß seine Grenzen derart weite Möglichkeiten einschließen.

Mein Friseur sagte zu mir, seinem längstperiodischen Kunden, sehr zutreffend aber nicht erschöpfend: «Sie sind mein längster Kurzhaariger.» Je treffender ein Aspekt im Konkreten ist, um so beschränkter ist er im Allgemeinen. Je zahlreicher und gezielter die Voraussetzungen und Axiome eines Denksystems sind, um so fester faßt es das Nahe und um so mehr entgleitet ihm das Weite.

Einstein-Dilatation und Zeitrelativierung

Unter bestimmten speziell-relativistischen Bedingungen ergibt sich die «Einstein-Dilatation» als ein realer Effekt; etwa als Verlängerung der Lebensdauer von Mesonen, die in der oberen Atmosphäre erzeugt und am Boden registriert werden. Jedoch die Interpretation dieser realen Dilatation als «Zeit-Dilatation» — dh als Dehnung der Metrik der Zeit eines anderen Systems bei Abbildung in ein Bezugssystem — ist ein grundsätzliches Mißverständnis.

Zwar erschien uns die Lorentz-Kontraktion als Ausdruck einer echten Raum-Kontraktion; aber die Einstein-Dilatation nicht als Ausdruck einer echten Zeit-Dilatation. Einstein mißtraute dieser Interpretation ebenfalls, weshalb er die Bezeichnung «Zeit-Dilatation» selbst nicht benutzte.

Es schien uns vieles darauf hinzudeuten, daß die Zeit ebenso mit einer relativistischen Kontraktion $\varkappa = (1 - v^2/c^2)^{1/2}$ kontrahiert, wie der Raum. Genauer: Die Zeit eines Original-Systems bildet sich in der Metrik eines Bezugssystems mit $\varkappa$ kontrahiert ab.

Schon das Linienelement zeigt diese grundsätzliche Gleichartigkeit. Noch deutlicher wird dies im Verhältnis zur Quantenphysik: Hat ein Elementarteilchen die Energie E als Massenenergie mc^2 und die Frequenz f bzw die Schwingungsdauer $\mathcal{T} = 1/f$ seiner Materiewelle, so ist (Grundgleichung der Quantenphysik): $E = h \cdot f = h/\mathcal{T}$. Dies ist zugleich der Ausdruck für die relativistische Invarianz der Wirkung $h = E \cdot \mathcal{T}$.

Die relativistische Massen- und Energievergrößerung $E = E_0/\varkappa$ einer bewegten Partikel muß sich also mit einer reziproken Schwingungsdauerverkürzung $\mathcal{T}_0 \cdot \varkappa$ verbinden; dies in voller Übereinstimmung mit einer quantenphysikalischen Frequenzerhöhung aufgrund der zur Ruhemassen-Energie hinzukommenden Bewegungs-Energie. Relativistisch ergibt sich also eine Dauer-Kontraktion.

Die Einstein-Dilatation ist ebenso ein reales Phänomen wie die Dauer-Kontraktion. Beides tritt in relativistisch-physikalischen Vorgängen auf; je nach den konkreten Umständen. Dies erfordert eine grundsätzliche Bewältigung. Mit diesem Janusgesicht der Zeit dadurch umzugehen, daß man nach Maßkonfektion mit $\varkappa$ oder $1/\varkappa$ rechnet, erinnert an den denkwürdigen Dialog zwischen meiner Großmutter und ihrem schwerhörigen Schneider; Großmutter: «Der Anzug ist zu weit»; Schneider: «Der weitet sich noch»; Großmutter lauter: «Der ist so schon zu weit»; Schneider gediegen: «Der geht Ihnen auch noch ein».

Die Einstein-Dilatation wird erhalten, wenn der Zeitablauf eines Vorgangs an einem Punkt des anderen Systems, nicht an ein und derselben Stelle des Bezugssystems bestimmt ist, sondern längs einer endlichen Strecke des Bezugssystems (konkret der Strecke von oberer Atmosphäre bis Erdoberfläche, längs der sich das Meson im Bezugssystem bewegt). Dies wäre aber nur dann eine Bestimmung des Zeitverhältnisses selbst, wenn diese Strecke ohne Einfluß auf das Zeitverhältnis wäre. Dies wurde zu unrecht von allen Wissenschaftlern implizit unterstellt.

Nur eine Bestimmung längs einer im Bezugssystem verschwindenden Strecke – also an ein und derselben Stelle im Bezugssystem – kann die Bestimmung eines reinen Zeitverhältnisses garantieren und damit sichere Aussagen über die relativistische Zeit-Metrik ergeben. Die Bestimmung von Zeitverhältnissen ohne Strecken im Bezugssystem führt aber immer zu einer Kontraktion $T = T_0 \cdot \varkappa$; genau analog der Lorentz-Kontraktion. Offensichtlich ergibt im konkreten Fall der Einstein-Dilatation die im Bezugssystem erscheinende Fortbewegungs-Strecke einen derartigen Einfluß auf das Zeitverhältnis, daß der konkrete Vorgang zeitlich dilatiert wird.

Die Untersuchung ergab nur eine Denkmöglichkeit: Längs dieser Strecke und proportional der Streckenlänge verschieben sich die Momente der Zeit des anderen Systems gegen das Bezugssystem. Dies führte zur Entdeckung einer relativistischen Grundeigenschaft eines Systems gegen ein Bezugssystem, die wir «Verstreichung» und deren Maß wir «Zeitgradient» nannten. Ein System relativ zu einem anderen bewegt sich mit einer Geschwindigkeit v und verstreicht mit einem Zeitgradienten w.

Verstreichung und Zeitgradient

Diese Verstreichung mit ihrem Zeitgradienten w ist die eigentliche Grundgröße der Relativitätsphysik, mit der sie sich von der klassischen Physik unterscheidet; klassisch wäre $w \equiv 0$. Die Verstreichung und ihr Zeitgradient ist das raum-zeit-vertauschte Analogon zur Bewegung und ihrer Geschwindigkeit:

Die Geschwindigkeit v ist eine Verschiebung einer (jeder) Stelle des Raumes eines anderen Systems gegen eine (jede) Stelle des Raumes des Bezugssystems pro Dauer im Bezugssystem; also Verschiebung des Raumes pro Zeit, mit der Dimension m/s. Analog: Der Zeitgradient w ist eine Verschiebung eines (jeden) Moments der Zeit eines anderen Systems gegen einen (jeden) Moment der Zeit des Bezugssystems pro Strecke im Bezugssystem; also Verschiebung der Zeit pro Raum, mit der Dimension s/m.

Der Zeitgradient ist aber keine reziproke Geschwindigkeit (wie man aus den formalen Dimensionen meinen möchte), sondern ist das Maß einer wesenhaft anderen Eigenschaft. In seiner einfachsten Anwendung hat der Zeitgradient quantitativ die Größe $w = v/c^2$. Dies nur als eine formale Substitution aufzufassen, welche nur zu Umformulierungen Anlaß gibt, bedeutet das Nichtbegreifen dieser Grundeigenschaft. Solches war und ist der Anlaß zu folgenschweren Scheinproblemen und Behinderungen im wissenschaftlichen Fortschritt.

Der Vierer-Zeitgradient mit der Vierer-Geschwindigkeit gefaltet, er gibt eine wichtige und nützliche Invariante; auch in beliebig krummlinigen Koordinaten. Wegen der damit exakten Erfaßbarkeit der Materiewellen wurde unsere erste Veröffentlichung von Louis de Broglie — dem Entdecker der Materiewellen — in der Pariser Akademie der Wissenschaften präsentiert (Comptes Rendus, t. 256, 1.4.1963).

Mit dem Zeitgradienten w ist — ohne zusätzlich notwendige Voraussetzungen oder Beobachtungen — die gesamte Relativitätsphysik mit allen Phänomenen ableitbar, wobei sich die bekannten Paradoxa zwanglos lösen. Unsere diesbezügliche Publikation wurde in der königlichen Akademie in Brüssel von Simonar präsentiert (Bulletin 1964—5).

Der Zeitgradient w ist die die Relativitätsphysik wesensbestimmende Größe; ebenso wie das Wirkungsquantum h die die Quantenphysik wesensbestimmende Größe ist. Mit dem Zeitgradienten wird die Verbindung zwischen der Relativitäts- und der Quantenphysik hergestellt. Insbesondere wird damit das Wesen der Materiewelle und des Welle-Körper-Dualismus begreifbar:

Die Materiewelle ist eine Zeit-Oszillation. Der Grundtyp der Zeitwelle ist der synchrone Sekunden-Schlag aller Uhren eines Landes (auch eine Temperaturschwankung synchron im ganzen Lande ist zB vom Typ einer Zeitwelle). Die Zeitwelle ist das raum-zeit-vertauschte Analogon zu einer Raum-Oszillation. Der Grundtyp einer Raumwelle ist die Meter-Strichteilung eines Meterstabes (auch eine mit Bergen und Tälern wellige Landschaft ist zB vom Typ einer Raumwelle; oder eine Wasserwelle mit dem erzeugenden Schiff als Originalsystem).

Zeit- und Raumwellen sind nicht aufeinander relativistisch abbildbar; sie sind voneinander durch eine unendliche Kluft getrennt, in welcher sich die Mannigfaltigkeit aller invarianzbewegten Wellen (nach Art der Photonen und Neutrinos) befindet.

Eine Raumwelle hat im originalen System eine Wellenlänge Λ_o : als Länge von Meter-Strich zu Meter-Strich (von Berg zu Berg). Diese Wellenlänge Λ_o im Originalsystem transformiert sich auf ein beliebiges Bezugssystem, gegen welches das Originalsystem mit v bewegt ist, als Wellenlänge $\Lambda = \Lambda_o \cdot \varkappa$ (Lorentz-Kontraktion). Die Raumwelle hat aber keine Schwingungsdauer (die Strichteilung oder das Gebirge schwingt überhaupt nicht; auch nicht mit unendlich langer Schwingungsdauer). Erst in einer Bewegung des Original-Systems relativ zu einem Bezugssystem erscheint eine Oszillation mit einer «Schwingungsdauer» $T = \Lambda/v = \Lambda_o \cdot \varkappa / v$ (zB als zeitlich nacheinander vorbeigehende Striche, bzw auf- und ab der hügeligen Landschaft in bezug auf ein Fahrzeug, oder eine Welle zum Ufer). Weil im Originalsystem überhaupt keine

Schwingungsdauer existiert, ist diese im Bezugssystem erscheinende Schwingungsdauer $T = \Lambda/v$ keine relativistisch transformierbare Dauer.

Analog raum-zeit-vertauscht: Die Zeitwelle (etwa die Materiewelle) hat im originalen System eine echte Schwingungsdauer T_0: als Dauer einer Periode der im ganzen Raum des Originalsystems synchronen Oszillation (Dauer von einem Sekundenschlag zum nächsten Sekundenschlag). Diese Schwingungsdauer T_0 im Originalsystem transformiert sich auf ein beliebig gewähltes Bezugssystem, gegen welches das Originalsystem verstreicht, als Schwingungsdauer $T = T_0 \cdot \varkappa$ (Zeit-Kontraktion). Die Zeitwelle (zB Materiewelle) hat aber keine Wellenlänge (die synchrone Oszillation hat überhaupt keine Länge; auch nicht eine unendlich lange). Erst in einem Bezugssystem, gegen welches das Originalsystem verstreicht, erscheinen längs Strecken im Bezugssystem derartige Zeit-Verschiebungen (des Originalsystems gegen das Bezugssystem), daß im Bezugssystem Oszillationsknoten und -bäuche räumlich nebeneinander erscheinen. Die somit erscheinende «Wellenlänge» Λ ist aber lediglich die Länge, längs welcher die Zeit des Originalsystems im Raume des Bezugssystems gerade um eine Schwingungsdauer T verschoben ist; also: $\Lambda \cdot w = T = T_0 \cdot \varkappa$ oder $\Lambda = T/w = T_0 \cdot \varkappa / w$. Weil im Originalsystem überhaupt keine Wellenlänge existiert, ist diese im Bezugssystem erscheinende «Wellenlänge» $\Lambda = T/w$ keine relativistisch transformierte und transformierbare Strecke.

Nur die zwar formal-quantitativ richtige, aber im Wesensbezug falsche Substitution $w = v/c^2$ täuscht die Existenz einer echten Wellenlänge $\Lambda = Tc^2/v$ vor, die sich mit einer «Phasengeschwindigkeit» $u = c^2/v > c$ bewege. Das Jahrzehnte diskutierte Problem etwa des «Auseinanderlaufens des Wellenpakets» oder der «Überlichtgeschwindigkeit der Wellenphasen» ist ein Scheinproblem aufgrund der Fehlinterpretation von c^2/v als Geschwindigkeit. Tatsächlich «läuft» überhaupt nichts; es existiert gar keine Bewegung, die überhaupt irgendeine Geschwindigkeit haben könnte. Die Größe c^2/v ist wesensgemäß «Strecke pro Zeitverschiebung» und steht für den Reziprokwert $1/w$ des Zeitgradienten w. Der Zeitgradient w ist immer kleiner als der endliche, aber quasi-unendliche Invarianz-Zeitgradient $1/c$, ebenso wie v immer kleiner als c ist.

Schwingungsgradient und Quadrupel

Die Materiewelle ist nicht begreifbar mit einer Wellenlänge Λ, sondern mit einer von uns als «Schwingungsgradient» s benannten Größe $s = w/T = w \cdot f$.

Dieser Schwingungsgradient $s = w \cdot f$ enthält in gleicher Weise den Zeitgradienten w wie die Energie $E = h \cdot f$ das Wirkungsquantum h enthält. Über den Körper-Welle-Dualismus wird ein Zusammenhang zwischen Zeitgradient w und Wirkungsquantum h, überhaupt zwischen Relativitäts- und Quantenphysik sichtbar.

Wie das Körper-Verhalten durch die Energie $E = h \cdot f$ und den Impuls $p = h \cdot w \cdot f$ bestimmt wird, so das Welle-Verhalten durch die Frequenz f und den Schwingungsgradient $s = w \cdot f$. Diese vier Größen bilden ein interessantes Quadrupel :

$$\begin{matrix} E & p \\ f & s \end{matrix} \qquad \text{wobei:} \qquad \begin{matrix} E = hf & p = hwf \\ f = f & s = wf \end{matrix}$$

Man hätte willkürlich diese vier Beziehungen auch alle in E, p oder s (statt in f) ausdrücken können. In jedem Falle gilt hierbei:

Untere Zeile mit h multipliziert ergibt obere Zeile;

linke Spalte mit w multipliziert ergibt rechte Spalte;

die diagonalen Produkte ergeben jeweils $hw \cdot f^2$; $Es = fp$.

Es ist also f mit E wie auch s mit p quantenphysikalisch verknüpft gemäß $E = hf$ und $p = hs$, indem das Wirkungsquantum h diejenige Größe ist, welche die Quantenphysik entscheidend prägt und von der klassischen Physik unterscheidet. Es ist jedoch E mit p ebenso wie f mit s relativistisch verknüpft gemäß $p = wE$ und $s = wf$; indem der Zeitgradient w diejenige Größe ist, welche die Relativitätsphysik entscheidend prägt und von der klassischen Physik unterscheidet.

Im Welle-Körper-Dualismus vereinigen sich der relativistische und quantenphysikalische Aspekt, als gleichsam zwei aufeinander senkrecht stehende Aspekte; nicht nur der einzigartigen Bedeutung von h und w Ausdruck verleihend, sondern auch die Komplementarität zwischen Relativitäts- und Quantenphysik deutlich unterstreichend.

In diesem Welle-Körper-Quadrupel stehen oben die Körpergrößen E und p ; unten die Wellengrößen f und s . Die beiden linken Größen sind Skalare E und f ; die beiden rechten Größen Vektoren p und s . Horizontal sind diese Größen einander wesensmäßig, relativistisch zugeordnet, indem sowohl E mit p als auch f mit s je einen relativistischen Vierervektor (Tensor 1. Ordnung) bilden; und dies unabhängig von quantenphysikalischen Wirkungen. Vertikal sind sie einander verhaltensmäßig, quantenphysikalisch zugeordnet, indem sich E im Körperaspekt wie f im Wellenaspekt, bzw p im Körperaspekt wie s im Wellenaspekt verhält; und dies unabhängig von relativistischen Systembezügen. Diagonal sind diese Größen *E* mit *s* bzw *f* mit *p* einander existentiell zugeordnet: tatsächlich war auch in der Existenzphysik das Dasein der Masse (als Nukleonenmasse) zwangsläufig verknüpft mit der pro erschlossener Strecke (als Elementarlänge) ins Dasein tretenden Dauereinheit (als Elementardauer, als existentielle Materiewellen-Schwingungsdauer); ebenso war existentiell die Materiewellenfrequenz unmittelbar mit dem Impuls verknüpft (als «Impulsfrequenz»).

Sämtliche Größen der Physik scheinen sich in derartigen Quadrupeln zu gruppieren. So konnten die 20 Größen des Elektromagnetismus in 5 Quadrupeln dargestellt werden, wobei insbesondere mit dem Quadrupel *E, D, H, B* ein Jahrzehnte währender Streit über die «Zusammengehörigkeit der elektrischen und magnetischen Größen» geklärt werden konnte. Diese unsere Arbeit wurde von Matschinski in der Akademie der Wissenschaften von Genua präsentiert (Atti, Vol. XXIII, 1966).

Wie schon das Quadrupel *E, p, f, s* zeigt, können die drei Aspekte einander nicht ersetzen, sondern müssen einander ergänzen. Wieviele unabhängige Aspekte enthält ein Quadrupel?

Bei vier Elementen und paarweisen Zusammengehörigkeiten könnte man annehmen, daß — beliebig wählbar — zwei Aspekte voneinander unabhängig benutzbar sind, mit denen der dritte Aspekt zwangsläufig festliege. Weitgehend kann man auch tatsächlich den existentiellen Aspekt durch Kombination des relativitäts- und quanten-physikalischen Aspektes mitumfassen (ebenso wohl auch umgekehrt). Anscheinend ist aber doch nicht ein volles Mitumfassen gewährleistet. Offenbar ist das Sein — auch die Physik — nicht von minimaler Mächtigkeit, sondern von voller Mächtigkeit in Unabhängigkeit von jeweils drei Aspekten. Ein vollmächtiges Quadrupel vermag drei voneinander unabhängige Aspekte zu enthalten.

Ein Beispiel mag dieses Hinausgehen des Sinnzusammenhanges in echten Quadrupeln über die rein kombinatorische Zusammengehörigkeit näher beleuchten: Zwei Brüder sind mit zwei Schwestern verheiratet. Damit hat man vier Personen und zwei verschiedene Arten von Zusammengehörigkeiten, senkrecht aufeinander: die eine Zusammengehörigkeit ist die Geschwisterschaft, die andere ist die Ehegemeinschaft. Als logische Folge beider Zusammengehörigkeiten ist jeder der beiden Männer mit der Frau seines Bruders verschwägert; desgleichen jede der beiden Frauen mit dem Mann ihrer Schwester. Aber diese Verschwägerung ist nur eben eine logische Konsequenz; noch keine eigenständig sinnvolle

Zusammengehörigkeit in dritter Hinsicht, wie diese bei echten Quadrupeln gegeben ist. Eine derartige dritte Zusammengehörigkeit ergäbe sich aber, wenn etwa die Verschwägerten Arbeitskollegen miteinander sind. Die dritte Zusammengehörigkeit ist dann die von Geschwisterschaft und Ehegemeinschaft unabhängige Arbeitsgemeinschaft.

In diesem Sinn ist auch die Existenzphysik zwar weitgehend durch die Relativitäts- und Quantenphysik mit erfaßbar; aber doch darüber hinaus noch eine weitere Dimension der Physik.

Am Welle-Körper-Dualismus wird ein Strukturprinzip allen Seins sichtbar: Im Sinne einer Ergänzung bestimmen sich die Körpergrößen E und p gegenseitig mit den Wellengrößen f und s. Im Sinne einer Verdrängung setzt aber zugleich jeder Aspekt dem anderen seine Grenzen: Die Richtigkeit des Wellen-Aspektes hinsichtlich der raumzeitlichen Ausbreitung zeigt eine Ausbreitung mit bahnbewegten Körpern als falsch und irreal; der Körper-Aspekt ist leer hinsichtlich der raumzeitlichen Übertragung. Die Richtigkeit des Körper-Aspektes hinsichtlich der energetischen Reaktion zeigt eine Reaktion mit über die Raumzeit veränderlicher Energiedichte als falsch und irreal; der Welle-Aspekt ist leer hinsichtlich der energetischen Reaktionen.

Die Wirkungs-Erzeugung

Die Materiewelle ist eine wesenhaft zeitliche Oszillation. Die Unbestimmtheitsrelation $\Delta E \cdot \Delta T = h$ (mit den Spielräumen der Energie E und Zeit T) ist ein Teilaspekt der fundamentalen Beziehung von Energie E und Zeit T selbst: $E \cdot T = h$.

Mit jeder einer Energie E zugehörigen Schwingungsdauer T wird ein neues Wirkungsquantum h erzeugt; wie in einem Uhrschlag, dem Grundtyp einer Zeitwelle. Zwei Wasserwellen oder zwei Lichtwellen je gleicher Frequenz addiert ergeben nicht eine einzige Welle doppelter Frequenz. Aber bei der Zeitwelle ist dies unproblematisch:

Zwei Uhren, deren jede je Sekunde einmal schlägt, schlagen zusammen zweimal jede Sekunde. Zwei Nukleonen, entweder in einem Deuteron, oder in einem Wasserstoffmolekül, oder in zwei getrennten Wasserstoffatomen, generieren je für sich pro Elementardauer τ ein Wirkungsquantum h; zusammen pro τ zwei h. Das Pauli-Verbot wird damit unmittelbar einsichtig: eine Correlation würde – je nach der zufälligen Phasenlage – undefinierte Gesamtenergie ergeben. Zwei Nukleonen existieren somit – ebenso trivial wie erstaunlich – zugleich in zweierlei

Weise: je für sich und beide zusammen. Der existentielle Aspekt macht die Quantenphysik in ihrem Wesen einsichtig.

In der Struktur der Elektronenhülle um einen Atomkern erhält der quantenphysikalische Welle-Körper-Dualismus eine ausgeprägt existentielle Komponente. Die «Umlaufbahn des mit *v* bewegten Elektrons» ist wie ein relativ zum Atomkern speziell-relativistisch bewegtes System, das längs eines Umfangs in sich geschlossen ist. Mit dem Atomkern als festem Bezugspunkt, ergibt sich die Länge des Bahnumfanges derart, daß der Zeitgradient die Zeit längs dieses Umfangs genau um eine Schwingungsdauer des Elektrons verschiebt. (In den Anregungszuständen 2, 3, . . *n* ganze Schwingungsdauern). In der Atomhülle hat das Elektron eine Existenz, in welcher es nicht mehr fortlaufend Wirkungsquanten generiert. Die Hülle annulliert zugleich nach außen die Wirkungsgenerierung der positiven Kernladung im neutralen Atom. Die zeitliche Oszillation verschwindet wie in einer unendlichen Einstein-Dilatation.

Die Atomhülle existiert somit quasi-statisch. Dies erklärt, warum eine Atomhülle keine Energie abstrahlt (wie dies bei einem umlaufenden Elektron sein müßte). Zudem ergibt sich der immer gleiche quasistatische Zustand für jede Richtung des «Umlaufs». Ein Umlauf ist überhaupt nicht mehr objektivierbar. Damit ergibt sich dieser quasistatische Zustand auf der ganzen kugelförmigen Umgebung um den Atomkern. Der Zeitgradient und der ganze relativistische Aspekt wird latent.

Dennoch komplementiert sich über den latenten Zeitgradienten der quantenphysikalische Aspekt mit der relativistischen und existentiellen Komponente zur Erkenntnis der Realität. Dies ist klassisch undenkbar, aber komplementär klar zu schauen. Denken und Rechnen sind von geringerer Seinsmächtigkeit als die Schauung. Diese Existenz der Elektronenhülle als quasistatisch geschlossene Struktur ist im direkten Sinne «harte Realität»; bei der H-Atom-Hülle mit einer Druckfestigkeit von 23 million Bar.

Geschlossene Strukturen

Tatsächlich sind die Verhältnisse komplizierter, indem sich damit noch andere Phänomene verbinden; insbesondere der Spin: Längs eines Umfangs ergibt sich eine volle Periode der Materiewelle mit einer vollen Schwingungsdauer. Dies erscheint in verschiedenen Aspekten etwa wie eine Bahn-Verdrillung oder wie ein Umlauf oder wie eine Rotation; alles gleichnishafte Bilder mit beschränkter Realität.

Die Elementarteilchen gründen ihre Existenz in derart geschlossenen Strukturen. Darum ist die Paar-Erzeugung von Elementarteilchen bei energetischen Umsetzungen so leicht möglich. Der existentielle Aspekt macht – wenigstens die Grund-Elementarteilchen Proton, Pion und Elektron – unmittelbar qualitativ und quantitativ schaubar.

Bezeichnenderweise sind die fundamentalen Radien von Proton, Pion und Elektron alle einander genau gleich und genau gleich der Elementarlänge $\lambda = \tau \cdot c = 1{,}3216 \cdot 10^{-15}\, m$.

Das Proton existiert zugleich in vier verschiedenen Radien. Es erschließt je Elementardauer τ ein h. Die mit der vollen Energie mc^2 geschlossene Struktur hat entsprechend den Umfang gleich λ. Der zugehörige Radius $\lambda/2\pi$ ist die «harte Kugel» des Nukleons, mit der das Proton bei hochenergischen Stößen auftritt. Zugleich hat es noch die Radien $\lambda/6$ und $\lambda/2$. Der fundamentale Radius des Protons ist jedoch die Elementarlänge λ selbst; als «weiche Kugel» des Nukleons; mit einer Druckfestigkeit von $51 \cdot 10^{27}$ Bar. Dies ist zugleich der Grenzdruck; im Zentrum eines kalten, lückenlos gepackten Neutronensterns an der Existenzgrenze.

Der Nukleon-Radius mit λ entspricht genau der geschlossenen Struktur eines Elementarteilchens, das frei die Masse $m \cdot \varphi/2\pi$ besitzt (DD 223). Dies ist das Pion. Das Pion ist wesenhaft von geschlossener Struktur; frei ist es kurzlebig-instabil. Gerade weil das Pion geschlossen, «umlaufartig» existent ist, weil es gleichsam Spin *ist*, hat es keinen Spin und kein Magnetmoment. Dies ist eben der Unterschied des existentiellen Aspektes vom aktuellen und essentiellen Aspekt. Ein Witz mag dies deutlicher machen; Dozent: «Was ist Wärme?» Kandidat: «Wärme ist Bewegung der Moleküle»; der Dozent ist zufrieden, aber der Kandidat fährt fort: «Durch die Bewegung reiben die Moleküle aneinander und damit wird es warm»; Dozent verwundert: «Und das ist Wärme?»

Der Aspekt der Existenz des Pions als relativistisch geschlossener Struktur hat es möglich gemacht, mit deren quantenphysikalischen Spielräumen die Kernkraft quantitativ zu berechnen (DD 228).

Das Elektron hat als fundamentalen Radius die Elementarlänge λ. Zugleich hat es noch den großen Elektron-Radius $\lambda \cdot (2/\varphi a)$ mit einer Druckfestigkeit von $1{,}1 \cdot 10^{18}$ Bar. Schon Mc Gregor – welcher auf die Existenz eines großen Elektron-Radius ungefähr dieser Größe hingewiesen hat –, vermutete, daß die typische Größe der nichtentarteten Sterne durch das Wasserstoff-Atom, bzw der Weißen Zwerge durch das große Elektron, bzw der Neutronensterne durch das Nukleon bestimmt sind. Offenbar — was genauer nachzuprüfen wäre — sind Berechnungen für Weiße Zwerge mit der Druckfestigkeit des großen Elektrons, quantitativ äquivalent jener Berechnungen mit relativistisch entartetem Elektronengas ●. Beide miteinander gänzlich gegensätzlichen Aspekte (statisch bzw dynamisch) ergeben gleicherweise verschwindend kleine spezifische Wärmen und gleiche Zustandsgrößen; insbesondere für den Zusammenbruch. Nur ist es bei diffus und relativistisch-schnellbewegten Elektronen — im Aspekt der Fermistatistik — sehr viel schwieriger einzusehen, warum diese nicht doch Bremsstrahlung abgeben sollten.

Gegenüber diesen existentiellen Radien — zugleich verschiedene Radien des selben Elementarteilchens — gibt es noch einen Aspekt der Quasi-Punktförmigkeit. Die Quanten-Elektrodynamik Diracs setzt punktförmige Elektronen an, obgleich Dirac selbst den klassischen Elektronen-Radius als eine kosmische Grundgröße eingeführt hat.

Der quanten-elektrodynamische Aspekt der «nackten Ladung», die von virtuellen Photonen und e^+e^--Paaren umgeben ist, führt zu dieser quasi-Punktförmigkeit. Eine analoge Quasi-Punktförmigkeit zeigt sich aber auch in der existentiellen Komponente des relativistischen Aspektes:

Auf relativistischer Grundlage zeigt der Aspekt einer geschlossenen Struktur der Elementarteilchen eine grenzwertartige Quasi-Punktförmigkeit für Elementarteilchen: Bei kleinen Geschwindigkeiten und damit gegenüber der Ruhemasse nicht wesentlich erhöhter relativistischer Masse, ist eine Punktförmigkeit noch nicht relevant. Aber bei Geschwindigkeiten mit gegen null strebender, relativistischer Kontraktion $\varkappa = (1-v^2/c^2)^{1/2}$ streben alle Elementarteilchen mit all ihren Radien gegen null: Infolge der relativistischen Massenvergrößerung mit $1/\varkappa$ wird der Umfang der geschlossenen Struktur mit $\varkappa$ kürzer und damit auch der Radius mit $\varkappa$ kleiner.

Dies ist unterschiedslos in allen drei Richtungen; senkrecht zur Bewegungsrichtung wie in der Bewegungsrichtung, in welcher diese Kontraktion der relativistischen Lorentz-Kontraktion identisch ist. Etwa für Nukleonen mit ihrer größeren Ruhemasse gilt dies ebenso wie für Elektronen; quantitativ gleich bei 1836-facher Bewegungsenergie.

Der quantenelektrodynamische Aspekt einer Quasi-Punktförmigkeit wird damit aber nicht unsinnig oder irreal, sondern zu einer anderen, nützlichen und verständigen Extrapolation in einen Bereich, in welchem das Sein, Wirklichkeit und Erkenntnis nur noch begrenzt objektivierbar sind; nur noch gleichnishaft sind. Die Annahme einer objektiven Punktförmigkeit ist ein Mißverständnis des Seins in seiner Komplementarität und Gleichnishaftigkeit. Die daran geknüpften phantastischen Spekulationen sind Romanzen der Physik.

Offene Strukturen

Die Elementarlänge λ ist der fundamentale Radius sowohl des Protons als auch des Elektrons als auch des Pions. Während die geschlossenen Strukturen die Existenz eines Elementarteilchens als solchem bestimmen, ergeben sich mit den offenen Strukturen die meso- und makrokosmischen Bezüge eines Elementarteilchens. Damit öffnet sich ein fundamentaler Aspekt für das existentielle Verhältnis von Makrokosmos und Mikrokosmos zueinander; insbesondere für das gravitierende Feld und das elektrostatische Feld.

Die Dirac-Idee, daß die Weltmasse M mit dem Weltalter T eine Wirkung $Mc^2 \cdot T$ ergäbe, die in Einheiten des Wirkungsquantums h der Zahl der Elementarvolumina des Weltraumes entspräche, legt den Gedanken nahe, daß jede Masse mit zunehmender Zeit fortlaufend Wirkungsquanten produziert. Dies regte uns zu Unterstellungen an, die sich als überaus fruchtbar erwiesen:

Das Proton mit seiner Elementarmasse m erzeugt mit jeder neuen Elementardauer τ der Weltzeit ein neues Wirkungsquantum h. Die Elementardauer τ definiert sich eben dadurch zu $\tau = h/mc^2$. Wie später R. Ehrlich zeigen konnte, ist dies überhaupt eine das Elementarteilchen-Geschehen fundamental beherrschende Dauer. Mit τ und c definiert sich eine Elementarlänge $\lambda = \tau \cdot c$, welche sich zugleich als eben der Radius der weichen Kugel des Protons herausstellte (überhaupt des Nukleons, des Elektrons und Pions). Die Generierung der Wirkungsquanten durch ein Nukleon erfolgt somit in konzentrisch um das Nukleon angeordneten Kugelschalen der Dicke λ, die sich mit c entfernen und vergrößern.

Weil sich diese Schalen also auch mit dem Invarianz-Zeitgradienten $1/c$ entfernen, verbleibt jede Schale in der Zeit des Weltalters, in der sie generiert wurde: die je von einem Wirkungsquantum gegebenen Schalen altern somit nicht. Die fernste Schale ist die am Ursprung und Rand des Universums; im Alter $T = 1 \cdot \tau$ mit dem in der ersten Elementardauer der Weltzeit generierten Wirkungsquantum h.

In diesem Aspekt ist überhaupt die Erzeugung der Wirkungsquanten durch das Nukleon die mit Invarianzgeschwindigkeit c auslaufen, das

Urphänomen kosmischer Existenz, welches einen Kosmos hervorbringt, dessen Raum mit der Invarianzgeschwindigkeit c expandiert und dessen Zeit mit dem Invarianzzeitgradienten $1/c$ altert. Die Raumzeit des Nukleons ist die Wirkungsgenerierung dieses Nukleons — und die Raumzeit des Universums ist die Wirkungsgenerierung all seiner Nukleonen.

In bezug auf jeden beliebigen Punkt im Weltraum ergeben die Wirkungsquanten aller Nukleonen des Universums pro deren jeweiligen Raum-Zeit-Abstand (in $\lambda \cdot \tau$) eine Größe Y. Diese «Weltwirkungsintensitätszahl» Y benannten wir «Existenzvariable», mit welcher sich der Gravitationsfaktor G im Laufe der Weltzeit T verändert. Die Größe des Gravitationsfaktors G ergab sich zu $G = (2/Y) \cdot hc/m^2$.

In bezug auf ein beliebiges, konkretes Nukleon ergeben die von diesem selbst erzeugten Wirkungsquanten pro deren Raum · Zeit-Abstand (in $\lambda \cdot \tau$) vom Nukleon eine Größe φ. Diese «Elementarwirkungsintensitätszahl» φ nannten wir «Feldfaktor». Als unendliche Summe von $(n+\frac{1}{2})^{-2}$ ab $n = 1$ konvergiert dieser gegen $\varphi = \frac{1}{2}\pi^2 - 4$. Es ist unverkennbar, daß in diesen Elementen $(n+\frac{1}{2})$ auch im radialen Feld der Spin in Erscheinung tritt. Die Wirkungsquanten h werden gleichsam mit jeder Schale wie drehend — von 0 auf 1 — generiert.

Später konnte Karl Philberth feststellen, daß das elektrostatische Feld der Elementarladung e — des Protons wie des Elektrons — ebenso durch diesen Feldfaktor φ bestimmt ist. Aus dieser Feldstruktur errechnet sich mit einem Radius λ der Elementarladung eine «statische Elektronmasse» m_{es} mit dem 0,996 623-fachen der gemessenen Elektronmasse m_e. Die konkrete Größe der elektrostatischen Grundkonstante G_e (Coulomb-Konstante) ergab sich zu $G_e = (m_{es}/m)(2/\varphi) \cdot hc/e^2$.

Der Gravitationsfaktor G ist mit der Weltwirkungsintensitätszahl Y völlig gleichgestaltet wie die elektrostatische Grundkonstante G_e mit der Elementarwirkungsintensitätszahl φ; entsprechend ist G mit der Elementarmasse m, dem Weltradius R und der Weltmasse M völlig gleichgestaltet wie G_e mit der Elektronladung e^-, der Elementarlänge λ und der Protonladung e^+. Ist K_{g1} die Schwerkraft und K_{e1} die Ladungskraft zwischen Proton und Elektron, so gilt:

$$K_{g1} = (2/Y) \cdot \lambda \cdot m_{es}c^2/r^2 = 2(m/1)(R/M) \cdot m_{es}c^2/r^2$$
$$K_{e1} = (2/\varphi) \cdot \lambda \cdot m_{es}c^2/r^2 = 2(e/\varphi)(\lambda/e) \cdot m_{es}c^2/r^2$$

Dies zeigt, daß die Gravitationskraft die kollektiv-makrokosmisch auf das Universum, die Ladungskraft die individuell-mikrokosmisch auf das Proton orientierte Wirkung desselben Feldes ist. Die Existenzvariable Y und der Feldfaktor φ sind die fundamentalen Größen der kosmischen Existenz.

Die fortlaufende Generierung von Wirkungsquanten, die sich jeweils mit ihren Raum-Zeit-Schalen mit Invarianzgeschwindigkeit c fortbewegen, ergeben infolge der immerwährenden Gleichartigkeit dieses dynamischen Prozesses den statischen Charakter des Feldes. Dies löst das Paradoxon der invarianzbewegten Feldwirkungen trotz einer quasistatischen Unveränderlichkeit des Feldes in erstaunlicher Einfachheit.

Dies macht zugleich das Grundphänomen kosmischer Existenz erkennbar: die Expansion mit Invarianzgeschwindigkeit. In diesem Grundphänomen steht die Existenz der Elementarteilchen in unmittelbarem Zusammenhang mit der Existenz des Kosmos. Mit den Einstein-Gleichungen war diese Konstant-Expansion des Weltalls noch unerklärlich. Mit unseren allgemeinen Feldgleichungen ist diese nicht nur möglich und erklärlich, sondern sogar als Wesenszug nahegelegt.

Die kosmischen Strukturen und Verhältnisse ergeben sich aus einer unmittelbar einsichtigen Konzeption, die sich in verschiedenster Hinsicht immer wieder bestätigt; auch etwa mit den Massenverhältnissen der Grund-Elementarteilchen Proton, Elektron und Pion.

Elementarteilchen-Massen

In dieser Konzeption erscheint eine «statische Proton-Masse m_{ps}» und eine «statische Elektron-Masse m_{es}», welche dem radial über das ganze Weltall auslaufenden Feld zugehört. Die statischen Massen sind die kosmologisch relevanten Massenanteile. Die statische Protonmasse m_{ps} ist als Elementarmasse m die universelle Masseneinheit; $m = m_{ps}$.

Die statischen Massen m_{ps} bzw m_{es} ergeben sich aus dem Meßwert m_p bzw m_e abzüglich einer Magnetfeldmasse m_{pm} bzw m_{em} des Protons bzw Elektrons. Zur Elementarmasse m stehen die statische Elektron-Masse m_{es} bzw die Pion-Masse in einfachen Verhältnissen; es ist sehr genau:

$$m_{es}/m = \varphi\alpha/4\pi \quad ; \quad m_{\pi}/m = \varphi/2\pi \quad .$$

Die Magnetfeldmasse des in sich geschlossenen Feldes errechnet sich aus dem Magnetmoment zu $m_{pm} = (^2/_9)\cdot m_{es}$ bzw $m_{em} = (\varphi\alpha/2)\cdot m_{es}$. Sie ist klein im Verhältnis zur statischen Masse m_{ps} bzw m_{es}: beim Proton 0,12‰ ; beim Elektron 3,4‰ . Die Berechnung der Magnetfeldmasse unterstellt allerdings einige fiktive Annahmen, die aber in sich glaubwürdig sind und die eine gewisse Bestätigung durch die erzielten Genauigkeiten erfahren.

Ungeklärt ist zur Zeit noch, warum das gemessene Proton-Magnetmoment das 0,4444416-fache, also praktisch genau das $(^2/_3)^2$-fache eines «Elementar-Magnetmoments» $eh/2m$ ist, welches offenbar allen Magnetmomenten zugrunde liegt. Ungeklärt ist dazu ein Faktor von anscheinend genau 2 bei der Berechnung der Protonmagnetfeldmasse m_{pm}, die sich damit zu $0{,}222221 \cdot m_{es}$ (statt $0{,}4444416 \cdot m_{es}$) ergibt ●.

Sicher enthält die Proton-Magnetfeldmasse m_{pm} eine Feinkorrektur. Die sehr kleine Abweichung des Wertes 0,4444416 von $^4/_9$ läßt vermuten, daß diese Feinkorrektur von m_{pm} ähnlich klein ist. Weil außerdem das Verhältnis m_{pm}/m_p nur 10^{-4} ist, dürfte die Abweichung der tatsächlichen Elementarmasse von dem mit dem Ansatz $m = m_p - (^2/_9) \cdot m_{es}$ berechneten Elementarmassen-Wert unmeßbar klein sein; etwa 10^{-9} ●.

Die auf dieser Basis erhaltenen Massenverhältnisse, $m_{es}/m = \varphi\alpha/4\pi$ für das Elektron bzw $m_\pi/m = \varphi/2\pi$ für das Pion, enthalten noch je eine Restabweichung von einigen *ppm*. Dieser versuchten wir mit «numerologischen» Kombinationen von φ, α und π auf die Spur zu kommen.

Beim Elektron ergab sich eine Feinkorrektur $1 - \varphi\alpha$ zur ohnehin kleinen Magnetfeldmasse m_{em}. Beim Pion ergab sich eine sehr kleine Feinkorrektur $1 - (\varphi/2\pi)(\varphi\alpha/4\pi)$ zur Pion-Masse m_π. Das Minus-Zeichen deutet darauf hin, daß diese Feinkorrekturen durch quantenphysikalische Spielräume zustande kommen. Die Korrekturglieder sind möglicherweise das jeweils 1. Glied einer Reihe. Sie repräsentieren selbst die betreffenden Massenverhältnisse: $\varphi\alpha$ als $2 \cdot m_{em}/m_{es}$, dessen Beifaktor 2 an den gleichen Beifaktor in der Magnetfeldmasse des Protons erinnert; bzw $(\varphi/2\pi)(\varphi\alpha/4\pi)$ als $(m_\pi/m)(m_{es}/m)$, dessen Beifaktor m_{es}/m vermutlich durch den Einfluß der Elementarladung des Pions als Korrekturursache zustande kommt. Diese Feinkorrekturen sind sehr genau — sowohl verglichen mit den Meßgenauigkeiten als auch mit allen anderen Kombinationen — und sind in der Form glaubwürdig.

Existentielle Elementareinheiten

Das Elektron hat die gleiche Schalenstruktur wie das Proton. Es ist offenbar nur das Dirac-Loch der Proton-Ladung. Der Weltraum ist makrokosmisch ladungsfrei. Nur die Nukleonen — die Proton-Elektron-Paare und die Neutronen — erschließen die Raum-Zeit des Universums bis zum Rand und Ursprung. Es wäre zwar sehr interessant, wieweit —

etwa durch Compton-Stöße auf Elektronen – sich um Sterne und Galaxien mesokosmische Ladungs-Disproportionierungen ausbilden, weil solche bereits mit 10^{-40} Kräfte in Größenordnung der Gravitation ergeben würden. Bezüglich der Raum-Zeit-Gestaltung wäre solche Disproportionierung der elektrischen Ladungen aber in jedem Fall verschwindend gering.

Jedes Anti-Nukleon kompensiert die Wirkungsgenerierung eines Nukleons offenbar über entsprechend große Entfernungen zu null. Deshalb können sich zwar Nukleon-Paarbildungen und -Zerstrahlungen immer ereignen; aber unsymmetrische Entstehungen und Vergehungen nur unter besonderen, extremen Bedingungen. Haben Anti-Nukleonen «umgekehrte» Wirkungsquanten; etwa mit ihrer positiven Energie, aber mit umgekehrtem Zeitablauf? Sicher gibt es in diesem Kosmos keine Anti-Sterne und Anti-Galaxien; nur wenige Nukleon-Antinukleon-Paarbildungen. Der kosmische Zeitablauf wird damit vergleichbar einem Strom mit kleinen Wirbeln.

Während die Existenz und die Verhältnisse für die Grund-Elementarteilchen – dh für Proton, Elektron und Pion – in einer zwanglosen Weise überzeugend erfaßbar waren, sind alle unsere Bemühungen, dies auch für andere Teilchen zu erreichen, aussichtslos gescheitert. Sogar das Neutron und das ungeladene Pion entzog sich bisher einer glaubhaften Erfassung. Wir vermuten, daß dies mit dem Wesen des existentiellen Aspektes und einer Komplementierung der Dreiheit Masse, Ladung, Spin zusammenhängt.

Im Gegensatz zu dem von uns verfolgten Aspekt verspricht etwa die Theorie von Weinberg und Salam oder die SU(5)-Theorie von Glashow – mit ihren Subelementarteilchen G, W und X – eine perfekte Erfassung aller Partikel und aller Wechselwirkungen (elektromagnetisch, schwach und stark) in gänzlich anderer Weise. Diese verschiedenen Konzeptionen sind aber keine Konkurrenz, sondern ergänzen einander in der völligen Andersartigkeit der Aspekte. Ein Vergleich macht dies vielleicht deutlicher: eine noch so perfekte Genetik kann nicht die Geschichte der Kultur, Wirtschaft, Politik der Menschheit erklären und ersetzen. Ranke konnte seine «Weltgeschichte» ohne jede Kenntnis der DNS schreiben, ohne daß sich damit der geringste Mangel ergeben hätte.

Wie die Menschheitsgeschichte von ganzheitlichen Menschen bestimmt und gestaltet wird (nicht von Zellen und Atomen), so wird offenbar das Sein und die Geschichte des Universums von seinen Nukleonen und Elektronen, von deren radial-makrokosmisch auslaufenden Feldern und von den damit gegebenen Elementargrößen τ, λ, h, c, e bestimmt.

Diese «Elementargrößen» des existentiellen Aspektes sind somit nicht notwendig auch «Kleinstgrößen».

Wie trotzdem der Mensch seinerseits etwa von der Struktur seiner DNS bestimmt und begrenzt wird, was über den Menschen — als an sich unteilbarer Einheit der Menschheit —, etwa in der Bestimmung seiner Lebensdauer und Leistungsfähigkeit, dann doch auch Geschichte bestimmend wird, so etwa mit den Aspekten der SU(5)-Theorie: Eine Verstrahlbarkeit bzw Instabilität des Nukleons (etwa 10^{31} *a*) bestimmt über das Nukleon — als existentiell unteilbarer Einheit des Universums, dessen Daseins und Geschichte — eben doch zB die konkreten Vorgänge an der Existenzgrenze oder in der kosmischen Endzeit.

Die verschiedenen Existenz-Bereiche ergänzen einander, indem sie einander die Möglichkeiten öffnen; sie verdrängen einander, indem sie einander die Grenzen setzen. In Grenzbereichen bringen die Komplementaritäten dem klassischen Denken höchst befremdliche Phänome hervor; etwa wie mit der Einstein-Bose-Kondensation oder dem Einstein-Rosen-Paradoxon in der Mikrophysik. Ähnlich schwer begreifliche Phänomene — etwa die Massen-Totalverstrahlung an der Existenzgrenze — treten auch in den Grenzbereichen der Makrophysik auf.

Das Universum wird sowohl im Mikrokosmos als auch im Makrokosmos von allen Aspekten komplementär bestimmt. Kosmologie (mit Erstellung und Prüfung von Weltmodellen) ist nur sinnvoll in der komplementären Benutzung aller drei Aspekte; mindestens aber des quantenphysikalischen Aspektes zusammen mit dem relativistischen Aspekt.

Quantenphysik und Virtualität

Diese existentiellen Aspekte von Elektron, Pion, Proton und Elementarlänge — bis zum 7-Pion-Modell des Nukleons — wurden angesichts einer Quanten-Elektrodynamik und Quanten-Chromodynamik geschaffen, die mit ihrer quantitativen Präzision ebenso begeistert wie mit ihrer existentiellen Leerheit enttäuscht. Heisenberg hielt etwa die Quark für gar nicht existent; weniger weil sie in seiner Weltformel nicht enthalten waren, als vielmehr weil er einer der wenigen noch in Wesensbezügen denkenden Physiker war.

Die existentiellen Aspekte lassen im gegenwärtigen Stand ihrer Ausarbeitung in qualitativer Hinsicht noch sehr zu wünschen übrig. Sie stellen aber das Wesen von Masse und Ladung, von gravitatorischem und elektrostatischem Feld und den Kräften im unmittelbaren Bezug der Existenz ebenso simpel wie überzeugend dar. Ein grundsätzlich denkender Physiker blickt deshalb auch nicht verächtlich auf deren Einfachheit herab, sondern versucht sich erst kritisch Rechenschaft über den Seinscharakter dieser und anderer Konzeptionen zu geben.

Was ist die Quanten-Elektrodynamik oder analog die Quanten-Chromodynamik? Physikalische Existenz ist nicht Mathematik, wie eine unkritische Mystifizierung des Formalismus behauptet. Aber die Seinsbereiche sind einander erstaunlich weitgehend ähnlich; sind gleichsam Abbildungen voneinander. Die quantenphysikalischen Phänomene – gleichnishaft als Verhalten von fiktiven Subelementar-Partikeln und Kräften ausdrückbar – würden demgemäß immer irgend einer mathematischen Gruppe adäquat sein; unabhängig davon, ob derartigen Partikeln und Kräften reale physikalische Existenz zukommt oder nicht. Diese Gruppe zu finden, war ein großer Erfolg und Gewinn in der Beschreibbarkeit physikalischer Phänomene; bis etwa hin zur Zerstrahlung des Nukleons mit fluktuierendem Auftritt eines «X-Partikels».

Analog zur Antwort Einsteins ist zu sagen: Das Erstaunlichste an etwa der Quanten-Elektrodynamik ist die Tragfähigkeit der mathematischen Gruppen in der Abbildung auf physikalische Phänomene. Es wäre aber ein primitives Mißverständnis des Wesens, aufgrund dieser so erstaunlichen Tragfähigkeit eine reale Existenz der fiktiv unterstellten Partikel und Kräfte fraglos anzunehmen. Nicht nur die fiktiv unterstellten Photonen und e^+e^--Paare sind virtuell; die ganze Konzeption ist eine virtuelle Abstraktion: aufgrund einer wesensfremden Überforderung des aktuellquantenphysikalischen Aspektes auf existentielle Aussagen. Dies wird deutlich bei dem Versuch, etwa folgende Fragen zu beantworten:

1. Wird das Wesen der elektrischen Ladung erklärt? Die Unterstellung einer Punktladung mit unendlicher Ladungsenergie (oder einer gegen Punktförmigkeit extrapolierten Zentralladung) läßt die Wesenserkenntnis in eine überhaupt nicht mehr faßbare, singuläre Subelementar-Ladung entgleiten. Die fiktive $e/3$-Ladung der Quark entfremdet das Wesen der elektrischen Ladung noch weiter.

2. Was sind die dem Umraum der Punktladung zugeordneten e^+e^- Paare, die virtuell entstehen und vergehen? Ist eine solche virtuelle Ladung vom Typ einer «gewöhnlichen Elementarladung» oder selbst wieder elektrodynamisch eine «Punktladung mit umgebenden, virtuellen e^+e^--Paaren und Photonen»? Wenn sie eine «Elementarladung einfachhin» ist, warum dann überhaupt eine quanten-elektrodynamische Konzeption, in welcher eben der Begriff einer Elementarladung in eine Punkt-

ladung und virtuelle e^+e^--Paare mit virtuellen Photonen aufgelöst wird. Ist sie aber selbst wieder — konsequent quanten-elektrodynamisch — eine Punktladung mit wiederum virtuellen e^+e^--Paaren, dann steigt man in einen unbegrenzbaren Regreß. Beides ist existentiell widersinnig und irreal.

3. Welche Kräfte in welchen Zeiten trennen die virtuellen e^+e^--Paare derart, daß sie die «nackte Ladung» zur effektiven Elementarladung abschirmen? Ergeben sich diese Kräfte durch wiederum «virtuelle Photonen» in einer selbst schon virtuellen Ladungskomponente; sich fortsetzend in unbegrenzbar hoch potenzierter Virtualität?

4. Wie soll überhaupt die Ladungskraft durch «Austausch von Photonen» zustande kommen? Ein reeller Photonen-Austausch würde sich energie- und impulsmäßig anders verhalten. Die Operation mit derart «virtuellen» Photonen bzw Partikeln, daß das Produkt ihrer wirkungskonjugierten Größen kleiner als h bleibt, ist gewiß reizvoll. Aber ist dieses Konzept ein Freibrief für eine Preisgabe nicht nur des quantenphysikalischen Grundprinzips der Ganzheitlichkeit von h, sondern allgemeinen physikalischen Denkens überhaupt? Kann denn überhaupt eine elektrische Ladung Photonen — reell oder virtuell — abgeben und aufnehmen? Wenn virtuelle Photonen schon nicht mit Energie und Impuls wirksam werden — sonst müßten sie deren Erhaltungssätze sogar verletzen —, was macht es dann sinnvoll, solchen Vorgängen irgendwelche Kraftwirkungen zuzuschreiben; zumal dafür keinerlei physikalische Erklärung mehr abgebbar ist?

5. Ein reelles Photon (selbst schon ein dualistischer Begriff mit partiell leerem Existenzaspekt!) ist das ununterteilbare Energiequantum eines elektrisch und magnetisch sich induzierenden Wellenfeldes, das seinerseits die Auftrittswahrscheinlichkeit des Photons bestimmt. Was für Felder induzieren sich miteinander in jenem Wellenfeld, das die Auftrittswahrscheinlichkeit eines virtuellen Photons bestimmt? Einem solchen — ebenfalls virtuellen — Wellenfeld müßten gänzlich andere Eigenschaften zukommen als einem elektromagnetischen Feld: Die Durchdringungsfähigkeit elektromagnetischer Wellen durch verschiedene Medien ist sehr unterschiedlich in Abhängigkeit von Frequenz und Material. Dagegen die Durchdringungsfähigkeit der virtuellen Wellen müßte immer genau gleich der Durchdringungsfähigkeit des elektrostatischen Feldes sein, welches sie ja eben darstellen sollen.

6. Erst recht ist der subnukleare Bereich der Quanten-Chromodynamik mit seinen virtuellen Gluonen und virtuellen Quark-Antiquark-Paaren von dieser Problematik betroffen. Sogar schon im Bereich der starken Wechselwirkung zwischen den Nukleonen ist schwer einzusehen, wieso etwa die Kernkraft durch «Austausch von Pionen» bewirkt werden soll. Das Beispiel mit den zwei Hunden, die im Hin- und Herreißen eines Knochens zusammenhalten, ist zwar sehr anregend; aber Nukleonen sind keine Hunde und Pionen sind keine Knochen. Damit ist man an der Wesensfrage angelangt:

Man kann argumentieren und unterstellen wie man will: Immer nur ist eine Abbildungsähnlichkeit der quantenphysikalischen Gruppe von Phänomenen mit einer mathematischen Gruppe von Denkformen sehbar und faßbar. Der erstaunlichen Tragfähigkeit solcher Abbildbarkeit steht eine noch erstaunlichere Anspruchslosigkeit im existentiellen Erkenntnisinhalt gegenüber. Eine schon in der einfachen Quantenphysik sich zeigende Seinstruktur wird damit bis zum Exzeß offenbar: Die vollständige Perfektion im aktuellen Aspekt wird zwangsläufig erkauft mit einer gänzlichen Entleerung im existentiellen Aspekt. Gleichsam verschwindet in einem virtuellen Grenzbereich zwischen dem Sein und dem Nichts das Produkt aus aktuellem und existentiellem Inhalt. Nicht eine naive Gleichsetzung von Form mit Sein (so leistungsfähig die Form auch sein mag), sondern das Begreifen dieser unheimlichen Hyper-Komplementarität öffnet den Zugang zum Wesen kontingenten Seins.

Die Relativitätsphysik

Die Relativitätsphysik ist schon in ihren Grundvoraussetzungen und -begriffen eine Physik der Phänomene und Ereignisse in Relation zu einem gewählten Bezugssystem. Die Relativitätsphysik ist kein physikalisierender Subjektivismus. Es sind nicht einfach «alle Systeme gleichberechtigt»; sondern: «Jedes System kann zum Bezugssystem erwählt werden», womit aber dieses erwählte System insofern zum jeweils vorberechtigten System gemacht wird.

Schon damit ergibt sich eine tiefgehende Problematik. Was ist überhaupt ein relativitätsphysikalisches System, auf das Phänomene und Ereignisse beziehbar sind? Ist der Kopf eines Betrunkenen, der von einem Wirtshaus zum anderen torkelt, ein allgemeinrelativistisches Bezugssystem?

Nach unserem «System-Theorem» ist notwendig und hinreichend für die Wählbarkeit als Bezugspunkt das dauernde Verschwinden des Eigen-

wie des Fremd-Gravitationsfeldes. Dies ist weitgehend gleichbedeutend mit zwangsfrei existierenden Punkten (DD 416).

Demnach wären speziell-relativistische Systeme — als Mannigfaltigkeit aller relativ zueinander ruhenden Punkte im feldfreien Raum — unbegrenzt ausdehnbar. Allgemein-relativistische Systeme würden jedoch nur in punktartiger Beschränkung bezugsfähig sein; etwa beschränkt auf den Schwerpunkt freier Massen oder Systeme. Rotierende Systeme, in denen die Mannigfaltigkeit der relativ zueinander ruhenden Punkte nur zwangsweise (entgegen wirkenden Kräften) zusammengehalten wird und für deren Schwerpunkte der Begriff «Rotation» leer wird, wären damit nicht allgemein-relativistisch bezugsfähig.

Etwa die Probleme der «Tangentialgeschwindigkeit größer als *c*» für ferne Weltkörper und deren irreale Bewegungsenergien, etwa die Probleme mit den periodisch wirkenden Kräften in größeren Abständen, werden damit inhaltslos. All die Absonderlichkeiten — wie die Metrik eines rotierenden Neutronensterns als allgemein-relativistischem Bezugssystems, wie das «lebende Schwarze Loch» infolge Rotation, wie den «absolut rotierenden Kosmos» von Goedel — halten wir für Irrealitäten, deren mathematische Begründungen freilich interessante Artistik darstellen. Unser System-Theorem und die sich daran knüpfenden essentiellen und existentiellen Aspekte bedürfen allerdings noch weiterer Prüfung und Ausarbeitung ●.

Die Systemfähigkeit ist als ein relativistisches Grundlagenproblem, aus der Relativitätsphysik selbst letztlich gar nicht lösbar; wenn überhaupt, dann vom quanten- oder existenzphysikalischen Aspekt her. Interessanterweise ist schon der speziell-relativistische Systembegriff — also die Grundlage der Relativitätsphysik — etwas quanten- und existenzphysikalisch Unmögliches: Zwei gegeneinander völlig ruhende Fermionen sind nicht möglich. Analoges gilt umgekehrt für die Grundlagen der Quanten- und Existenzphysik. Das Seinsprinzip der komplementären Verdrängung beherrscht bereits die Grundlagen.

Entscheidend sind letztlich die Voraussetzungen eines Aspektes. Es ist eine Voraussetzung (die sich in der Relativitätsphysik implizit verifiziert, aber kein Ergebnis), daß es keine ausgezeichnete Ruhe gäbe. Voraussetzungsgemäß definiert jeder willkürlich gewählte Bezugspunkt die «Ruhe», dergegenüber alles andere «bewegt» ist.

Mit verschieden gewähltem Bezugspunkt haben die Massen des Universums auch verschiedene kinetische Energien. Wegen dieses fiktiven Charakters ist der relativistische Energiebegriff existentiell leer. Aktuell in der Wirkungserfüllung und existentiell in der Substratstruktur gibt es sehr wohl «ausgezeichnete Ruhelagen». Eine radialsymmetrische Hintergrundstrahlung oder Nebelflucht weist auf solche ausgezeichnete Ruhelage hin.

Relativitätsphysik ist Physik der Relationalität; Physik des Soseins, der Essentialität. Sie erfaßt den wichtigen physikalischen Aspekt der Abbildungen; ausgedrückt in den relativistischen Transformationen aufgrund bestimmter Invarianten. Sie ist wesenhaft keine Physik der Wirkungen, der Reaktionen: Die Physik der Wirkungen und Reaktionen ist die Quantenphysik.

Alle Aspekte der Physik sind in verschiedener Weise von einer sowohl grundsätzlichen als auch praktischen Offenheit in der «Objektivierbarkeit» geprägt: quantenphysikalisch durch die Unbestimmtheits-Relation; relativistisch durch die System-Wahlfreiheit; existentiell durch das Zugleich in verschiedenen Größen (Körper-Radien, Schwingungsdauern), überhaupt in der Vielschichtigkeit der Existenz.

Die Reduktion des Seinsbereichs und Seinsbegriffs in jedem dieser Aspekte hat sich einerseits als notwendig und nützlich erwiesen und war die Ursache großer Fruchtbarkeit; insbesondere in der Ausschließung vieler hemmender Scheinprobleme. Andererseits und eben deshalb gibt sie ihrerseits Anlaß zu Grenzüberschreitungen und Scheinproblemen in der Verwechslung der Aspekte. Die klare Unterscheidung dieser Brüder ist bis heute noch nicht bewältigt. «Sind Sie es selbst, oder sind Sie Ihr Herr Bruder», fragte eine brave Frau meinen Onkel, der sehr zufriedenstellend anwortete: «Ich bin mein Herr Bruder selber.»

Seit Bestehen der allgemeinen Relativitätsphysik begleitet sie eine tiefgehende Problematik: Der Astronaut schaltet sein Raumschiff-Triebwerk ein – und im ganzen Universum erscheint – bezogen auf das Raumschiff – ein Gravitationsfeld, aufgrund dessen er selbst in den Sitz gepreßt wird und alle Sterne und Galaxien frei fallen. Umgekehrt: Ein massearmer Meteor kommt einem massereichen Stern nahe – und Stern und alle Galaxien tanzen – bezogen auf den Meteor – kegelschnittförmige Bewegungen. Es erscheinen Bewegungen von Galaxien mit Energien vergleichbar denen des ganzen Universums; entgegen dem fundamentalen Satz der Erhaltung der Energie.

Das Entstehen eines irrealen Gravitationsfeldes bzw das Verschwinden eines realen Gravitationsfeldes, ebenso das Entstehen und Verschwinden gigantischer Energien (und anderes) erscheint eben nur im essentiellen Aspekt der relativistischen Physik.

Dennoch ist die mathematische Formulierung einer Geometrisierung der Gravitation in der Äquivalenz von Trägheit und Schwere «erstaunlich leistungsfähig». Die Einsteinschen Feldgleichungen haben tiefe Einblicke in die Struktur des Universums verschafft. Unsere «verallgemeinerten, relativistischen Feldgleichungen», die die Einstein-Gleichungen für veränderliches G erweitern, leisten die Erkenntnis der wesentlichen Strukturen des Universums. Aber jeder relativistische Aspekt bedarf der Ergänzung und Begrenzung durch den aktuellen und existentiellen Aspekt.

Die virtuelle Singularität

Ein besonders interessantes Phänomen, das diese Gleichungen erfassen, ist die Verstrahlung der Materie an der Existenzgrenze.

Bezogen auf einen Punkt im flachen Weltraum ergibt sich: Der Schauer ihrer eigenen Verstrahlung kommt einer der Existenzgrenze hinreichend nahe kommenden Masse bereits entgegen, unmittelbar bevor diese Masse diese Grenze selbst erreicht. Eine merkwürdige Problematik: ein Raumschiffkapitän überlegt noch, ob er das Triebwerk zum Entkommen einschalten soll, da fliegen ihm die Photonen seiner eigenen Verstrahlung schon über die Ohren; als schon vollendete Tatsache seiner Vernichtung. Die Lösung dieser Problematik liegt jedoch darin, daß die Verstrahlung der sich annähernden Masse schon ein wenig vor Erreichen der Grenze erfolgt, wobei die Grenze selbst nie erreicht wird, und daß die Annäherungs-Distanzen für eine derartige Verstrahlung innerhalb quantenphysikalischer Kleinheiten liegen; ähnlich wie die relativistische «Folgenumkehr» (unkorrekt: «Zeitumkehr») innerhalb einer quantenphysikalischen Unbestimmtheit sogar eine Wirkung vor deren Ursache eintreten lassen kann.

Nach den relativistischen Feldgleichungen Einsteins wird diese Totalverstrahlung in der Weise herbeigeführt: Die Masse überschreitet die Existenzgrenze; ohne Singularität. Im «Inneren» jenseits der Grenze vertauschen sich Raum und Zeit (die imaginärwerdenden Raumdimensionen werden formal zeitartig, die imaginärwerdende Zeitdimension wird formal raumartig). Die Masse läuft unaufhaltsam gegen ein singuläres Zentrum, wo sie mit den «unbegrenzt groß werdenden Gezeitenkräften» verstrahlt. Die Strahlung kann zwar relativistisch diesen Innenbereich des «Schwarzen Loches» nicht mehr verlassen. Aber quantenphysikalisch überschreitet, nach Hawking, die Strahlung – über sehr, sehr lange «innere Zeiten» verteilt – die Existenzgrenze doch wieder nach außen. Überschreitet die Verstrahlung die Grenze nach außen nach unbegrenzt langer innerer Zeit, so erfolgt die Abstrahlung der Verstrahlungsenergie in bezug auf den Weltraum genau in dem Moment, in der die Masse an der Grenze ankommt; entsprechend der unendlichen Einstein-Dilatation an der Grenze. Überschreitet die Strahlung die Grenze nach endlicher innerer Zeit, so erfolgt in der äußeren Zeit des Weltraumes die Abstrahlung sogar schon etwas vor Ankunft der Masse an der Grenze; es scheint als würden die Energien im Inneren mit mehr als Invarianzgeschwindigkeit c bewegt sein.

Die Verstrahlung erfolgt somit ganz dicht vor der unerreichbaren Grenze. Der Bereich jenseits der Grenze wird mit verschwindender, sogar etwas negativer Dauer «durchlaufen»: er ist eine «Virtualität».

Schon der Umstand, daß kontinuierlich nacheinander die Existenzgrenze annähernde Massen immer sofort quantitativ verstrahlen, macht einen dahinter liegenden Bereich, in welchem die Verstrahlungsenergie über eine lange Innenzeit zurückgehalten würde, unannehmbar. Schon die Existenzgrenze selbst ist für kein Nukleon erreichbar. Es gibt keinen Horizont mit jenseitiger raumzeitlich-energetischer Existenz.

Dieser im relativitätsphysikalischen Aspekt erscheinende Bereich virtuellen Seins ist ein interessantes Analogon zur Virtualität der Quanten-Elektrodynamik und Quanten-Chromodynamik; als Extrapolation.

Diese Virtualitäten erscheinen infolge einer Überschreitung des relativitätsphysikalisch-essentiellen bzw quantenphysikalisch-aktuellen Aspektes in der Beschreibung existentieller Realitäten; von Realitäten, die an sich eben dem existentiellen Aspekt der Physik zugehören: einer Existenzphysik.

Bezüglich der Materieverstrahlung an der Existenzgrenze kamen unsere früheren, existentiell begründeten Untersuchungen, die aber die relativitäts- und quantenphysikalischen Aspekte integrierten, zu faktisch gleichem Ergebnis. Dies ist in Teil III (DD 300–316) dargestellt:

Die Existenzgrenze

Unten, in der Tiefe eines Gravitationspotentials, hat ein Nukleon relativistisch eine kleinere Masse, eine Defektmasse, gegenüber oben im «flachen» Weltraum. An der unteren Existenzgrenze ergibt sich für ein von oben nach unten dazukommendes Nukleon relativistisch ein Massendefekt von der Hälfte der undefektierten Nukleonenmasse; die unten verbleibende Defektmasse des Nukleons ist somit nur noch halb der undefektierten Masse.

Zugleich ergibt sich aber für alle übrigen Nukleonen (der unten schon geballten Grenzmasse) zusammen nochmals ein Massendefekt von der Hälfte der undefektierten Nukleonmasse. Der totale Massendefekt stellt somit zusammen eine ganze Nukleonenmasse dar. Ein von oben nach unten dazukommendes Nukleon erhöht somit die nach oben, gegenüber dem flachen Weltraum erscheinende (essentiell) bzw wirkende (aktuell) Sternmasse insofern nicht, als die Masse der $n+1$ Nukleonen genau so groß ist wie die Masse der zuvor gegebenen n Nukleonen, wobei die Defektmasse des von oben zugefallenen Nukleons in abgestrahlte Energie umgesetzt ist.

Um ein einzelnes Nukleon vom Grenzstern in den flachen Weltraum zu bringen, müßte man genau die Massenenergie des undefektierten Nukleons aufbringen. Ebenso würde ein einzelnes, noch so energisches Photon oder Neutrino bis zum flachen Weltraum total – bis zur Energie null – verroten. Würden jedoch alle Stern-Nukleonen zugleich zu Photonen verstrahlen, dann würden alle Photonen gemeinsam (kollektiv) in den flachen Weltraum noch mit halber Photonenenergie auslaufen.

An der Existenzgrenze ist somit der Stern zwar kollektiv noch halb mit dem Universum verkoppelt. Aber in bezug auf jedes (vergleichsweise kleine) Energiequantum kompensiert sich bereits dessen negative Potentialenergie mit dessen positiver Massenenergie in sich zu null. Somit ist jedes einzelne Nukleon, Photon, Neutrino usw des Grenzsterns bereits existentiell entkoppelt und hat damit zugleich seine Objektivierbarkeit und Individualität verloren. Ohne Verletzung der Energieerhaltung könnten Nukleonen oder beliebige Energiequanten unbeschränkt im Grenzstern entstehen und vergehen. Zugleich könnte der Grenzstern unentwegt gewaltige Energien abstrahlen, ohne daß diese im Weltraum ankämen und ohne daß der Stern dadurch Masse und Energie verlöre.

An der Existenzgrenze selbst wäre die Defektmasse noch halb. An dieser würde jedoch die «Massenwurzel» (DD 307) null, und jenseits dieser imaginär. Es würde eine Existenzinstabilität eintreten, mit der die Sternmasse selbsterregt gegen die Defektmasse null liefe, womit alle Energie nur noch als Strahlung existieren würde. Aber auch in diesem Aspekt ist dieser Bereich jenseits der Existenzgrenze und sein «Singularitätspunkt» eine irreale Virtualität:

Wenn an der Grenze selbst alle Arten von Teilchen (Nukleonen, Mesonen usw) und Energiequanten (Photonen, Neutrinos usw) unbeschränkt sogar entstehen und vergehen können, dann erhalten die Energien quantenphysikalisch nahe vor der Grenze eine hohe Konvertierbarkeit aller Formen ineinander. Hinreichend nahe der Grenze steigt diese Konvertierung über jedes Maß. Die aus solcher Konvertierung von Nukleonen in Strahlung entstandenen Photonen und Neutrinos strahlen jeweils sofort ab. Unten entsprechend energiereich abgehende Photonen und Neutrinos verroten längs des Gravitationsfeldes genau bis auf die äquivalente Energie der Defektmassen der verstrahlten Nukleonen.

Die Materieverstrahlung erfolgt immer irgendwo nahe vor der Existenzgrenze. Die Grenze selbst ist unerreichbar. Es gibt keinen Horizont.

Die Ergebnisse aus diesem Potentialaspekt sind somit äquivalent zu den Ergebnissen aus den verallgemeinerten relativistischen Feldgleichungen. In beiden Aspekten tritt jedoch das Problem auf, daß die Existenzgrenze selbst schon nicht mehr als Limes eines Grenzübergangs-Prozesses existent ist:

Die Quasi-Unendlichkeit der Existenzgrenze

An der Existenzgrenze ist wesenhaft eine Total-Verrotung von Photonen und Neutrinos, die von der Grenze mit beliebig hoher Energie abgehen, bis in den flachen Weltraum. Das relative Grenzpotential $-c^2$ ist in jedem Fall ein quasi-unendlicher Wert (wie c selbst). Dies drückt unser (Karl Philberth) «Additions-Theorem der Potentiale» (DD 313) aus:

$$\Phi = \Phi_1 + \Phi_2 + \Phi_1\Phi_2/c^2$$

Das positive Vorzeichen vor $\Phi_1\Phi_2/c^2$ kommt daher, daß alle Potentiale Φ, Φ_1 und Φ_2 wesenhaft negative Größen sind. Dieses Additionstheorem der Potentiale ist analog dem kosmischen Additionstheorem der Fluchtgeschwindigkeiten (DD 165): $v = v_1 + v_2 - v_1 v_2/c$. In unserer Umgebung erscheint die Quasi-Unendlichkeit im speziell-relativistischen Additionstheorem der Geschwindigkeiten v bzw Zeitgradienten w:

$$v = (v_1 + v_2)/(1 + v_1 \cdot v_2/c^2) \; ; \quad w = (w_1 + w_2)/(1 + w_1 \cdot w_2 \cdot c^2)$$

Relativ zu allen existierenden Massen ist das relative Grenzpotential ebenso eine quasi-unendliche untere Existenzgrenze wie das Nullpotential eine quasi-unendliche obere Existenzgrenze ist. Dies hat eine unabdingbare Konsequenz: Von einem Punkt auf relativem Grenzpotential $-c^2$ (so ein solcher Punkt überhaupt existiert!) ist zu jedem Punkt (in jedem endlichen Abstand) immer eine unendliche Verrotung. Eine Grenzmasse (so eine solche überhaupt existiert) müßte somit quasi-punktförmig sein.

Bei Annäherung an die Grenze müßte sich das Gravitationsfeld immer intensiver auf immer kleineren Raum um die Masse zurückziehen und konzentrieren. Das Feld selbst müßte sich der Punktförmigkeit mit quasi-unendlicher Feldstärke nähern, so daß ein Photon — das mit seiner Invarianzgeschwindigkeit *c* selbst quasi-unendlichen Charakter hat und mit endlichen Feldern nur asymptotisch gegen null verroten kann — doch total zu null verrotet. Die Totalenergie-Null-Ergänzung an der Grenze selbst, bedeutet konsequent, daß eben auch kein Gravitationsfeld mehr im Weltraum existiert; bis beliebig nahe an den selbst irreal gewordenen Grenzpunkt. Also schon die Existenzgrenze selbst (nicht erst ein jenseits davon) ist die totale Seinsnichtigung. Die «Grenzgrößen» (DD 319) haben somit nur gleichnishaften Charakter; desgleichen sind Aussagen wie «kollektiv noch halbe Defektmasse an der Grenze» selbst schon eine irreale Extrapolation aus einem Prozeß, der die Grenze prinzipiell nicht erreicht.

Die Quasi-Punktförmigkeit der Grenzmasse besagt zwar, daß auch ein «Durchlaufen des Jenseits zur Singularität hin» oder eine «Existenzinstabilität jenseits der Grenze» in einer Dauer null erfolgt, was die Virtualität des jenseitigen Bereichs weiter bestätigt. Tatsächlich ist aber schon an der Grenze selbst überhaupt keine Existenz mehr; geschweige denn irgend ein Ablauf «dort» oder gar «jenseits» davon.

Wenn überhaupt ein Annäherungs-Prozeß an die Grenze abläuft, dann müßte die gegen Punktförmigkeit approximierende Intensivierung des Feldes sich mit einer immer stärkeren Nichteuklidizität des Umraumes verbinden; bis zum Verschwinden in einer mathematischen Punktförmigkeit. Nur dies wäre eine konsequente «Raumschließung». Ein «Schwarzes Loch», das immer noch mit Gravitationsfeld im Weltraum existent wäre, ist eine irreale Extrapolation aus dem Geometrisierungs-Aspekt der Gravitation: halb Fisch halb Mensch; eine Meerjungfer, die mit ihrem betörenden Sirenengesang die in Meerengen der Wissenschaft schwimmenden Kapitäne in schwarze Untiefen lockt. Die Wissenschaft hat manches Schwarze Loch; etwa wie jenes, in welches das ganze «Polywasser» aus Ost und West abgeflossen ist.

Bis zum Erreichen der Grenze mußte auch die «halbe Defektmasse» der grenznahen Sterne schon verstrahlt und in den Weltraum abgestrahlt sein. Theoretisch ist dies ein noch unbewältigtes Problem ●. Mit jeder Konzeption zur Existenzgrenze ergeht es dem Wissenschaftler wie jenem Missionar in schwarzen Landen, der die Hölle so dramatisch geschildert hatte, daß die armen Heidenkinder zu weinen anfingen, so daß er, weil sie ihm leid taten, sagte: «Wer weiß, ob es überhaupt wahr ist.»

Faktisch ist eine solche Verstrahlung weniger problematisch: Zentrum-nähere Schichten von Massenballungen liegen auf relativ tieferem Potential. Ab einer kritischen Nähe zur Existenzgrenze beginnt sich das Potential selbsterregt weiter zu vertiefen: Kontraktion nähert die Massen einander, erhöht damit die Wirkung der Gravitation und steigert die Kontraktion weiter. Das Potential nähert sich selbsterregt immer mehr dem Grenzpotential an, was unausweichlich zur Totalverstrahlung der jeweils der Grenze hinreichend nahekommenden Materie führt. Wann diese Selbsterregung einsetzt, hängt ua von der Masse, der Dichte, der Kompressibilität, der Wärmekapazität und -leitfähigkeit, der Durchsichtigkeit usw ab.

Galaxenkerne und Neutronensterne

Nach unseren Untersuchungen gibt es eine — konkret noch zu erforschende — kritische Funktion der Dichteabnahme vom Zentrum zum Rand einer Ballung. Stärkere Abnahme würde bedeuten, daß das Zentrum quasi-punktförmig gegen die Existenzgrenze läuft. Wir vermuten, daß Quasar- und Galaxenkerne von dieser Art sind ●. Geringere Dichteabnahme würde bedeuten, daß die Ballung im Ganzen gegen die Existenzgrenze läuft. Wir vermuten, daß Neutronensterne von dieser Art sind ●: Solange die Verrotung von der Oberfläche zum Weltraum noch endlich ist, ist sie auch vom Zentrum zum Weltraum noch endlich; so stark die Verrotung vom Zentrum zur Oberfläche auch sein mag.

Vorgenannte Ergebnisse lassen uns Quasar- und Galaxenkern-Explosionen wie folgt sehen ●:

Das Zentrum kommt der Existenzgrenze so nahe, daß der selbsterregt fortschreitende Kollaps einsetzt. Soweit die Strahlung nicht als Neutrinos abgeht, konvertiert sie zumeist noch im Zentrum in e^+e^--Paare. Damit bleibt die Masse großenteils im Zentrum, was die Kontraktion fördert. Die Dichte im Zentrum steigt, das Verstrahlungsgebiet weitet sich aus, immer größere Massen verstrahlen ●.

Die nach außen abgehende Strahlung verrotet gegen das übergigantische Gravitationsfeld wieder bis zu der Energie der verstrahlten Nukleonen. Durch Compton-Stöße werden die gebildeten Positronen und Elektronen nach außen getrieben. Während aber die nach außen bewegten Positronen mit den nach innen entgegenstürzenden Elektronen immer wieder verstrahlen, erhalten die Elektronen immer größere, nach außen gerichtete Geschwindigkeit, wobei sie schließlich elektrostatisch Atomkerne mitziehen. So setzt sich die Explosionsenergie in Bewegung von gigantischen Gasstrahlen um, welche mit ihren Überschußladungen übergigantische elektromagnetische Wirkungen hervorbringen: Synchrotron-, Radio- und Ultrastrahlung.

Dies ergäbe eine durchaus befriedigende Erklärung für die bisher unerklärten Beobachtungen von Quasar- und Galaxenkernexplosionen. Die erste Riesenexplosion eines Quasar-Kerns ist besonders energiereich; etwa 10^{54} J : von einer Ballung mit 10^{12} Sonnenmassen verstrahlen etwa 10^{8} Sonnenmassen. Die späteren Galaxenkern-Explosionen werden immer schwächer, weil sich inzwischen immer mehr Materie in den gebildeten Galaxenarmen zu Sternen geballt hat. Im Kern ballt sich somit immer weniger Materie auf immer engerem Volumen zusammen, wobei zunehmende Drehimpulse der Kontraktion entgegenwirken.

Quasare können mit hohen Verrotungen erscheinen; praktisch bis etwa Verrotungsfaktoren von 5 ; dh $z = 4$. Der von Jauncey (Parkes 1982) entdeckte Quasar hatte den bisher größten beobachteten Verrotungsfaktor 4,8 ; dh $z = 3,8$. Es könnten sogar — wenn auch extrem unwahrscheinlich — Quasare mit noch höheren Verrotungen beobachtet werden:

Die Massenverstrahlung an der Existenzgrenze verbindet sich mit schneller Bewegung der zentrumnahen Atomkern-Massen in Richtung zum Zentrum; auch dann noch, wenn bereits in einer bzw zwei der Richtungen große Teilmassen explosiv abgestoßen werden und der Zentralbereich gigantische Energien abstrahlt. Noch tief im Gravitationspotential senden somit die Atomkerne schon von Λ_0 auf Λ_1 verrotete Wellen aus. Gegen das Gravitationsfeld verroten diese Wellen nochmals von Λ_1 auf Λ_2 . Der Quasar hat somit insgesamt eine Eigen-Verrotung Λ_2/Λ_0 bis in seinen Umraum. Von da bis zu uns verroten die Wellen von Λ_2 auf Λ_3 mit der Flucht-Verrotung Λ_3/Λ_2 .

Die effektive Verrotung Λ_3/Λ_0 ist somit das Produkt der Flucht-Verrotung Λ_3/Λ_2 mit der Eigen-Verrotung Λ_2/Λ_0 . Etwa ein Quasar mit Flucht-Verrotung $\Lambda_3/\Lambda_2 = 4$, also real $15 \cdot 10^9$ Lichtjahre entfernt und $5 \cdot 10^9$ Jahre alt, erscheint bei einer Eigen-Verrotung $\Lambda_2/\Lambda_0 = 5/4$ mit einer effektiven Verrotung $\Lambda_3/\Lambda_0 = 5$; also scheinbar wie $16 \cdot 10^9$ Lichtjahre entfernt und wie $4 \cdot 10^9$ Jahre alt. Aus den Randbezirken eines solchen Quasars erreichen uns zwar auch Wellen mit fast nur Flucht-Verrotung, was eine Spezifizierung mit genauerer Entfernungs- bzw Alters-Bestimmung ermöglichen würde. In der Regel ist diese Strahlung aber zu schwach um beobachtbar zu sein.

Die Flucht-Verrotung wird kaum jemals größer als $\Lambda_3/\Lambda_2 = 4; z = 3$. Nur extrem selten massereiche Ballungen verdichten sich noch schneller, daß sie in noch geringerem Alter und mit entsprechend noch höherer Flucht-Verrotung an die Existenzgrenze gelangen. Die Eigen-Verrotung, die theoretisch unbegrenzt groß werden könnte, wird praktisch bei noch geringeren Verrotungsfaktoren begrenzt, weil Quasare nicht aus voller Tiefe durchsichtig sind. Eine Eigen-Verrotung $\Lambda_2/\Lambda_0 = 2$ wird vermutlich kaum je überschritten ●.

Die Verbreiterung der beobachteten Spektrallinien kommt nicht nur von hoher Temperatur, sondern auch von den verschiedenen Fallgeschwindigkeiten und Potentialen aus verschieden tief sichtbaren Schichten. Manche Quasare zeigen zugleich verschiedene Verrotungen: aus verschieden tiefen Schichten. Man sieht ua Objekte mit drei Quasaren in einer Linie, wovon die beiden äußeren Quasare höhere Verrotung als der mittlere Quasar zeigen: der mittlere Quasar, der wegen der großen ihn umgebenden Gasmassen nicht so tief durchsichtig ist, hat bei der Explosion seines Kerns in zueinander entgegengesetzter Richtung Teilmassen ausgestoßen, die nun selbst als Quasar strahlen und bis in größere Tiefen des Potentials durchsichtig sind. Die beiderseits — etwa mit einigen tausend *km/s* Geschwindigkeit — abgestoßenen Tochter-Quasare können daher auch stärker leuchten als der viel größere Mutter-Quasar mit seiner abnehmenden Helligkeit. Ein solches Triplet ergibt ein ganz ähnliches Spektrum wie zwei sich voneinander mit Überlichtgeschwindigkeit auseinanderbewegende Lichtquellen, was zu phantastischen Spekulationen Anlaß gab. Es sind schließlich auch Zwillingsgalaxien bekannt, deren eine Komponente mit der Explosion ihres Kerns als Quasar leuchtet und deren, aus tieferem Potential kommende Strahlung stärker eigen-verrotet ist. Alle diese Quasar-Objekte bieten interessante Kriterien zu einer Separierung einer Eigen-Verrotung von der Flucht-Verrotung zur Erforschung dieser kosmologisch überaus wichtigen Bereiche und Vorgänge ●.

Die Häufigkeit der Quasare ist ein wichtiger Test für Weltmodelle. Die beobachtete Häufigkeit ermöglicht nur problematische Rückschlüsse auf die reale Häufigkeit: Es umgeben uns in $12 \cdot 10^9$ bis $16 \cdot 10^9$ Lichtjahren Entfernung viele milliarden Ballungen. Selbst in der relativ kurzen Phase der Materieverstrahlung, in der sie 100- bis 1000-fache Strahlungsleistung abgeben, strahlen nur wenige Quasare so stark, daß sie derzeit beobachtbar wären. Zudem erreichen die Quasare mit extrem großer Masse und Strahlungsleistung die Existenzgrenze schon bei geringerer Dichte und damit erhöhter Durchsichtigkeit. Deshalb sind unter den beobachtbaren Quasaren die extrem seltenen Objekte mit hoher Eigen- und Flucht-Verrotung unverhältnismäßig stark angereichert.

Die Materieverstrahlung in grenznahen Neutronensternen scheint uns etwa so vor sich zu gehen ●:

Vermutlich besteht die Galaxis zu rund $^1/_3$ aus Neutronensternen; in einem Halo von rund 10^5 Lichtjahren Radius. Neutronensterne bilden sich allermeist aus einer stetigen Stern-Verdichtung, deren Geschwindigkeit durch die Energieabstrahlung mit Neutrinos beherrscht wird, welche mit unentwegten Proton-Entladungen und Neutron-Zerfällen erzeugt werden. In der Verschiebung zu immer mehr Neutronen bilden sich immer größere Riesenatomkerne, die sich schließlich zum Neutron-Sternkörper vereinigen. Super-Novae sind viel zu selten, um eine ausreichende Erklärung für die Entstehung von Neutronensternen abgeben zu können.

Durch Materie-Ansaugung und durch *G*-Anstieg gelangt ein Neutronenstern schließlich nahe genug an die Existenzgrenze, daß im Zentrum die Verstrahlung der Materie einsetzt. Bis dahin kann auch seine Oberfläche so starke Verrotung zeigen, daß ein der Grenze nahe kommender Neutronenstern sich fast verhält, wie dies für ein Schwarzes Loch zu fordern wäre. Wir können nicht ausschließen, daß diese Verstrahlung stetig — im Maße der Materie-Ansaugung und eines *G*-Anstieges — vor sich geht; zumal wenn die Kompressibilität sehr klein und die Wärmeleitfähigkeit suprahoch sein sollte. Wir vermuten aber, daß ein sich selbsterregt steigernder Verstrahlungsprozeß einsetzt, ein «Existenz-Kollaps», bei welchem ein Großteil der Sternmasse in Millisekunden verstrahlt. Wir können auch nicht ausschließen, daß sogar die ganze Sternmasse schlagartig verstrahlt ●.

Weil der Druck im Zentrum eines nukleonendichten Grenzsternes theoretisch gerade die Druckfestigkeit des Nukleons erreicht, dürfte der Stern bis knapp an die Grenze auf der «weichen Kugel» des Nukleons (mit λ-Radius) stehen; möglicherweise ohne Hyperonen-Bildung. Sollte der Einsatz der Verstrahlung mit einem Zusammenbruch der Nukleonen im Zentrum auf deren «harte Kugel» (mit $\lambda/2\pi$-Radius) einhergehen, so würde dies eine hohe Selbsterregung des Verstrahlungs-Prozesses erwarten lassen. Die Verstrahlungsenergie geht vermutlich fast nur mit niederenergetischen Neutrinos ab, weil dies die einzige Strahlungsart ist, für welche die äußeren Schichten des Neutronensterns durchsichtig sind. Eine derartige Materieverstrahlung wäre kaum beobachtbar. Setzt allerdings — bei entartenden Masseriesen — dieser Existenzkollaps eines

Neutronen-Kernes bereits während seiner Ballung ein, solange er noch von einer starken Atmosphäre umgeben ist, dann wäre eine besonders heftige, supernova-artige Explosion zu erwarten.

Bei unterkritischer Dichtezunahme zum Zentrum kann der Verrotungsfaktor Λ/Λ_0 von der Stern-Oberfläche zum flachen Weltraum theoretisch unbegrenzt groß werden. Praktisch ist er aber dadurch begrenzt, daß bei einer bestimmbaren Verrotung im Zentrum die Existenz-Instabilität eintritt. Bei überkritischer Dichtezunahme könnte es keine Neutronensterne mit höherem Verrotungsfaktor als einem ebenfalls bestimmbaren Grenzwert geben. ●.

Grenz-Paradoxon

Faktisch könnte sich ein Schwarzes Loch gar nicht bilden, weil der Verstrahlungsprozeß sicher irgendwann vor der Existenzgrenze zu Ende käme. Trotzdem ist die Frage zu stellen, ob nicht doch Umstände denkbar wären, die den Übergang in einen Bereich jenseits der Grenze möglich erscheinen lassen. Es geht hierbei weniger um realistische Objekte, als vielmehr um theoretische Objekte zur Testung physikalischer Konzeptionen.

Betrachtet sei ein kalter Neutronenstern mit lückenlos aufeinander sitzenden, inkompressiblen Nukleonen, welche keine Wärmeleitfähigkeit und keine Strahlendurchlässigkeit besitzen. Auf die Sternoberfläche fallen allseits Nukleonen, deren Fallenergie immer sofort ganz abstrahlt, so daß sie kalt liegen bleiben. Unterstellt sei, daß Strahlung unbegrenzt komprimierbar sei.

Ein solcher Stern müßte im Zentrum immer näher an die Existenzgrenze gepreßt werden, bis dort die Nukleonen zu verstrahlen anfangen. Müßte nicht mit der im Zentralpunkt zunehmenden Strahlungsmasse die Existenzgrenze erreicht oder gar überschritten werden? ●.

Wir können diese Frage nicht zuverlässig beantworten. Invarianzbewegte Energie könnte an sich die Existenzgrenze erreichen; sie gehört sogar wesenhaft dieser Grenze zu. Aber vermutlich ist eben mit diesem Auslaufen solcher Strahlung unabdingbar verbunden, daß im Grenzübergangsprozeß die Auslaufstrecke nie mathematisch null wird, sondern immer noch mit wenigstens einer quantenphysikalischen Unbestimmtheit existiert. Damit wäre prinzipiell immer ein endlicher Strahlungsdruck vorhanden, der mit zunehmendem Kollaps zunimmt, bis er den Kollaps in eine Explosion umkehrt. Damit würde auch die fast punktförmig geballte Strahlung, bis auf endliche Werte vorrotend, in den Weltraum ausstrahlen.

Betrachtet sei ein Stern mit 1000-facher Sonnenmasse und anfänglich 100-fachem Sonnenradius, dessen Masse nur aus kalten, nukleonendichten Körnern mit je 1 Mikrogramm besteht, wovon sich in jedem Kubikmillimeter gerade 1 Korn befindet. In einem Moment, bis zu dem diese Körner alle relativ zueinander geruht hatten, beginnen sie — jeder im Gravitationsfeld aller anderen — frei zu fallen.

Die nach außen erscheinende Defektmasse verändert sich beim Zusammenfall nicht (wenigstens anfänglich nicht), weil sich die geschwindigkeitsbedingte Massenvergrößerung mit dem Massendefekt ausgleicht und keine Energie verstrahlt. Schließlich müßte die Grenze erreicht werden. Im relativistischen Aspekt müßte der Schwarzschildradius — sobald die randständigen Körner eine kritische Grenze unterschritten haben — schlagartig alle Körner des Sterns verschlingen. Wheeler, der schon vor 2 Jahrzehnten die Konzeption einer Massenverstrahlung an der Grenze vertreten hatte, hat — insbesondere in Hinsicht auf dieses Modell — seine Konzeption wieder fallen gelassen. Er sagte, daß er über das Schwarze Loch, mit all seinen Ungereimtheiten, auch nicht glücklich sei, aber keine andere Denkmöglichkeit sehe. ●.

Der relativistische Aspekt ergibt auch tatsächlich keine Lösung. Sogar in unserem System-Theorem wäre jedes Korn relativistisch bezugspunktfähig. Die Lösung scheint nur in der Begrenztheit des relativistischen Aspektes selbst findbar zu sein, indem dieser Aspekt grundsätzlich keine Aussagen über Aktualität und Existenz erbringt. Erst zusammen mit dem quantenphysikalischen Aspekt ergibt sich die Verstrahlung eines jeden Kornes für sich, wenn es der kollektiv angenäherten Existenzgrenze genügend nahe ist. Die kosmischen Massen haben überhaupt nur Existenz in der existentiellen Kopplung mit dem durch die Wirkungsquanten aller Nukleonen erschlossenen Weltraum; ein Aspekt, welcher relativistisch überhaupt nicht vorkommt.

Wir nehmen als sicher an, daß die Materie-Verstrahlung in jedem Fall dicht vor Erreichen der Existenz-Grenze eintritt. Analog wie quantenphysikalisch etwa mit dem Einstein-Rosen-Paradoxon muß auch mit relativistischen Paradoxa gerechnet werden.

Noch fragliche Umstände könnten die Materie-Verstrahlung in Neutronensternen sogar schon weit vor der Grenze eintreten lassen ●:

Wie reagiert das Nukleon auf Drucke größer als die Druckfestigkeit (DD 231) des Nukleons mit der weichen Kugel (λ-Radius)? Kann das

Nukleon mit seinen kleineren Radien auf höheren Druckfestigkeiten stabil existieren; etwa auf der harten Kugel ($\lambda/2\pi$-Radius)? Formieren sich Hyperonen mit noch härteren Kugeln? Wir haben kaum Zweifel, daß die Überschreitung der maximal möglichen Druckfestigkeit zu einer Verstrahlung der Materie führt. Sind mit reiner Strahlung unbegrenzt weitersteigende Drucke und Dichten möglich?

Sollte der Gravitationsfaktor G in Zukunft immer weiter ansteigen — wie wir gefunden haben —, so würden immer kleinere Massen verstrahlen. Das Ende aller Nukleonen wäre spätestens in einem Weltalter T_e erreicht, in welchem sogar einzelne Nukleonen an die Existenzgrenze gelangen. Nach unserem Weltmodell wäre dies in rund 10^{50} Jahren.

Ebenfalls noch fragliche Umstände könnten das Ende des Universums auch schon früher eintreten lassen ●.

Fast sicher verschwinden die Nukleonen nicht später als im Weltalter $T_e/2\pi$; dh bei Verstrahlung des Nukleons mit seiner harten Kugel, deren Auftrittswahrscheinlichkeit sicher höher als einmal in 10^{47} a ist. Sollte tatsächlich das Nukleon mit 10^{31} a Lebensdauer zerstrahlen, würde sogar schon nach 10^{34} a im ganzen Universum kein einziges Nukleon mehr existieren.

Wenn nur noch invarianzbewegte Strahlung «existiert», ist sowohl relativistisch, als auch quantenphysikalisch, als auch existentiell die Total-Nichtigung des Universums als eingetreten betrachtbar (DD 323). Bei der Verstrahlung eines Protons verbleibt jedoch ein schnelles Positron. Diese Positronen bilden mit den gleichviel Elektronen ein großräumig ladungsloses, fast homogenes Ladungsgas. Wie lange benötigt dieses, um in den ganz unfaßbar weiten Räumen zu verstrahlen? Die Positronen und Elektronen verlieren Geschwindigkeit durch Expansion, Bremsverstrahlung und Comptonstöße. Die Verstrahlung wäre somit nur eine Frage der Zeit. Kann man aber einem homogenen, großkosmisch ladungslosen Elementarladungs-Gas überhaupt noch «Existenz» zusprechen? In jedem Fall nichtigt sich das Universum in absoluter Unobjektivierbarkeit.

Existentielle Größen

Ein Spiel der Gedanken um die «existentiellen Größen» möge anregen, die Grundlagen der Relativitätsphysik zu überprüfen; auch wenn es uns damit ergehe wie dem Missionar in den Tropen, dem die erstaunlichsten Dinge geglaubt wurden, bis er einmal erzählte, in seiner Heimat werde im Winter Wasser so hart, daß Menschen darüber laufen.

Für diese streifenden Betrachtungen über grundlegende Aspekte wollen wir alle Bedenken ignorieren und die Frage offen lassen, ob derart existentielle Größen mit Feldgleichungen oder Beobachtungen vereinbar seien und ob deren Konzeption in sich voll durchführbar sei:

Wir wählen unseren Bezugspunkt «oben» im flachen Weltraum. Eine konstante, endliche Strecke entfernt steht uns «unten» die Oberfläche eines schweren Sterns aus kalten Nukleonen in der Tiefe eines Gravitations-Potentials gegenüber. Von unten nach oben erstreckt sich ein Gravitations-Feld, in welchem aufsteigende Photonen mit dem Faktor $\varkappa$ an Energie verlieren und mit dem Faktor $1/\varkappa$ verroten: $0 < \varkappa < 1$.

Im essentiellen Aspekt der Relativitätsphysik wird die Abbildung des Seins, von unten auf unseren Bezugspunkt oben, als Sein einfachhin aufgefaßt; wie es eben oben erscheint, so «ist» es. Im aktuellen Aspekt der Quantenphysik erscheint die Wirkung der Gravitationsfelder auf Vorgänge, die längs des Feldes ablaufen; etwa beim Aufsteigen von Photonen. Im existentiellen Aspekt tritt das Sein als es selbst auf; etwa die Zustandsgrößen unten, jedoch ausgedrückt in den oben am Bezugspunkt gebrauchten Einheiten.

Wir unterstellen willkürlich, daß es Schwingungsvorgänge gibt, die ein Zeitnormal (eine Uhr) repräsentieren; etwa ein unten schwingendes *Cs*-Atom repräsentiert die Zeiteinheit unten; ein oben schwingendes *Cs*-Atom repräsentiert die Zeiteinheit oben. Wir unterstellen ferner, daß die Schwingungsdauer eines unten mit der *Cs*-Schwingung synchronisierten Photons im Aufsteigen nach oben die Zeit repräsentiert.

Ebenso wie die Schwingungsdauer eines Photons verhält sich die Schwingungsdauer der Materiewelle eines aufsteigenden Partikels; etwa eines Neutrons. Und ebenso verhält sich auch die Rotationsdauer einer von unten bis oben reichenden, starren Stange; einer Rohr-Uhr.

Mit diesen Unterstellungen ergibt der aktuelle Aspekt unausweichlich, daß die existentiellen Größen nicht gleich den relativistischen Größen sein können; denn: beim Aufsteigen im Feld verrotet das Photon, indem seine Schwingungsdauer mit $1/\varkappa$ dilatiert. Das Photon in sich hatte also unten eine kürzere Schwingungsdauer als die, mit der es oben ankommt. Die existentiellen Größen (mit der etwa die Dauer unten in sich gegeben ist) werden durch das Feld zu den relativistischen Größen (mit der sich etwa die Dauer oben abbildet) verändert. Existentiell ist die Dauer der zeitrepräsentativen Schwingung unten mit $\varkappa$ kontrahiert. $\varkappa$ ist der «Kopplungsfaktor» k (DD 300). Er ist 1 minus das Verhältnis vom Stern-Potential zum absoluten Potential $-c^2$.

Weil aber etwa bei einer kontinuierlichen Welle nicht fortgesetzt Perioden «auf der Strecke bleiben» können, bzw gar die definitionsgemäß starre Rohruhr sich nicht fortgesetzt weiter verdrillen kann, folgt schon daraus zwangsläufig: Unten gegenüber oben wirkt ein Zeitgradient, der die untere Zeit gegenüber der oberen Zeit derart fortwährend in die Zukunft weiterschiebt, daß trotz der relativistischen Dauer-Dilatation mit $1/\varkappa$ eine existentielle Dauerkontraktion mit $\varkappa$ gegeben ist.

Qualitativ und quantitativ gleich wie der speziell-relativistische Zeitgradient w verschiebt der allgemein-relativistische Zeitgradient die Zeiten mit all ihren Momenten und mit all ihrer Geschichte fortwährend gegeneinander. Jedoch wirkt der speziell-relativistische Zeitgradient w längs einer sich mit $v \cdot t$ fortlaufend vergrößerenden Fortbewegungs-Strecke ohne Feld; der allgemein-relativistische Zeitgradient aber längs eines Gravitationsfeldes ohne Längenveränderung. Entsprechend ist das Grenzpotential $-c^2$ von anderer Dimension als die Grenzgeschwindigkeit c.

Wie sind Energie E, Elementardauer τ, Elementarlänge λ, Elementarmasse m, Invarianzgeschwindigkeit c und Wirkungsquantum h existentiell; unten im Verhältnis zu oben? Ist c und λ senkrecht zum Feld ebenso groß wie parallel dazu? Wir unterstellen, daß die Gleichungen $E = h/\tau = mc^2$; $\tau = h/mc^2$; $\lambda = h/mc$ universell gelten.

Weil ein von unten nach oben aufsteigendes Photon mit dem Faktor $\varkappa$ an Energie E verliert und in seiner Schwingungsdauer τ mit dem Faktor $1/\varkappa$ dilatiert, ergibt sich mit $h = E \cdot \tau$, daß das Wirkungsquantum h eine existentielle Invariante ist. Zugleich ergibt sich mit $E = mc^2$, daß sich m und c gemäß $\varkappa \cdot mc^2 = const$ in Abhängigkeit voneinander verändern. Unter der einparametrischen Schar möglicher Verhältnisse ist eines mit konstanter Invarianzgeschwindigkeit c. Mit diesem vergrößert sich m mit $1/\varkappa$; existentiell «adfektiert» m, wie auch E. Ferner kontrahiert λ mit $\varkappa$; wie τ, weil $\lambda = \tau \cdot c$. Vermutlich ist λ und ist c senkrecht ebenso groß wie parallel zur Feldrichtung.

Die existentielle Massenvergrößerung, der Massen-Adfekt, welcher relativistisch als Massen-Defekt wirksam wird, entspricht etwa der in sich vergrößerten Masse der Quarks in der Tiefe der Wechselwirkungskräfte, die nach außen zur Nukleonenmasse defektiert auftritt.

Derartige existentielle Größen-Verhältnisse in der Tiefe des Potentials sind qualitativ und quantitativ gleich den speziell-relativistischen Verhältnissen bei einem bewegten System:

a) Invarianz von c und h.

b) Kontraktion der Zeit — insbesondere der Elementardauer — mit $\varkappa$.

c) Fortwährende Zeitverschiebung durch den Zeitgradienten, der eine Zeitkontraktion in die relativistische Dilatation überführt.

d) Zunahme der Masse — insbesondere der Elementarmasse — mit $1/\varkappa$.

e) Kontraktion des Raumes — insbesondere der Elementarlänge λ — mit $\varkappa$; gleicherweise senkrecht wie parallel zu Feld bzw Bewegung.

f) Zunahme der Dichte mit $\varkappa^{-4}$; ebenso der Partikel-Druckfestigkeit.

g) Gegen die Grenze: Annäherung einer Masse asymptotisch an die Punktförmigkeit. Der Limes — bei $-c^2$ bzw bei c — ist eine unüberschreitbare Singularität mit unendlicher Masse und Dichte.

h) Die räumliche Konstanz des Gravitationsfaktors G bleibt offenbar bewahrt; auch im Aspekt der Wirkungsquantengenerierung.

Die Zunahme der Masse mit $1/\varkappa$ und der Dichte mit $\varkappa^{-4}$ bedeutet für einen lückenlos gepackten Neutronenstern, dessen Potential von der Oberfläche zum Mittelpunkt stetig weiter fällt: Die Dichte ist in jeder Schale proportional $\varkappa_s^{-4}$ des jeweils beim dortigen Potential Φ_s gegebenen Faktors $\varkappa_s$; die Nukleonenzahl pro Volumen ist proportional $\varkappa_s^{-3}$. Es liegen also mehr Nukleonen-Durchmesser längs des Radius als längs des Umfangs/2π. Dies entspricht der im relativistischen Aspekt erscheinenden Raumkrümmung mit größerem Radius als Umfang/2π. Es wäre interessant, wie weit diese beiden Aspekte adäquat sind ●.

Nähert sich der Stern der Existenzgrenze, so läuft diese Dichtezunahme gegen unbegrenzt hohe Werte. Dies bedeutet, daß der Stern schon sehr bald existentiell instabil wird. Für einen als Hohlkugel berechneten Stern würde der Existenzkollaps bereits bei einer Verrotung von der Oberfläche mit $2^{1/2}$ eintreten. Es dürfte also keine Neutronensterne mit höherer gravitationsbedingter Verrotung als etwa 1,4 geben. Bei Quasar- und Galaxenkernexplosionen können höhere Verrotungen auftreten: die hellen Zentren liegen auf tieferem Potential; dazu kommen Rotverschiebungen durch Kollaps- und Flucht-Bewegungen.

Aus den existentiellen Größen folgen interessante Betrachtungen:

Betrachtet sei eine Hohlkugel immer von außerhalb der Kugeloberfläche, aus einem zur Kugelmitte gerechneten Abstand:

In jedem Abstand wirkt zwar die Kugel mit der dort erscheinenden, relativistischen Defektmasse und einer entsprechend defektierten Feldstärke; aber jeweils auf der Basis des dort gegebenen Potentials: In der

Ferne wirkt die voll defektierte Masse mit der ebenso voll defektierten Feldstärke, welche reziprok-quadratisch dem Abstand ist. In der Nähe nimmt die Feldstärke aber bis zur Oberfläche zunehmend mehr als reziprok-quadratisch dem Abstand zu. Das Feld ist somit oben zwar gleich, unten aber existentiell stärker als relativistisch. Im Fallen von oben nach unten gewinnt ein Photon oder Nukleon – entsprechend seiner existentiell größeren Masse – mehr Energie. Bei der Abstrahlung verrotet diese höhere Energie auch entsprechend wieder mehr.

Diese Feldstärken-Überhöhung nimmt zu, je näher eine Ballung der Existenzgrenze kommt; je stärker die Entkopplung ist. Bis beliebig nahe vor der Grenze sind aber noch endliche Verrotungsfaktoren gegeben. Bei unbegrenzter Annäherung an die Existenzgrenze würde die Feldstärke in der Ferne gegen null abfallen, wobei zugleich die Feldstärke in der Nähe über alle Grenzen steigen würde. Damit würde jedes Photon, mit jeder Energie von der der Grenze unbegrenzt nahekommenden Oberfläche abgehend, schon bis beliebig nahe über der Grenze total zu null verroten.

Diese Aussagen für die Grenze sind selbst aber nur noch gleichnishaft: Die Masse wäre total verschwunden; auch kein Feld mehr hinterlassend. Es gäbe überhaupt keinen «Abstand» mehr von dieser «verschwundenen Masse». Eine «Totalverrotung aller Photonen bis beliebig nahe der Grenze» ist mit nichts mehr Existierendem realisierbar. Die Existenzgrenze selbst ist nichts Existierendes mehr. Nur damit wird die Existenzgrenze zu einer echten «Raumschließung»; dies in einer Quasi-Punktförmigkeit. Zugleich ist damit die Grenze ein echter Limes aus einem Grenzübergangs-Prozeß.

In Annäherung an die Grenze sind solche Verhältnisse mit nur immer weniger Nukleonen existent, bis eben auch diese Verhältnisse selbst enden. Es verstrahlen immer mehr Nukleonen bei Annäherung an die Grenze; bis entweder das letzte Nukleon verstrahlt ist oder der Annäherungs-Prozeß faktisch durch die Verringerung der Zahl der Nukleonen und das Überhandnehmen des entgegenwirkenden Strahlungsdruckes zum Stillstand kommt. Dies wären hochinteressante Forschungsobjekte ●.

Die existentiellen Größen entsprechen – naturgemäß – dem Wesen des Daseins unmittelbar:

Die Wirkungs-Generierung durch die Nukleonen ist die Erschließung von Raum in der Zeit und schafft das Gravitationsfeld. Die Schwerkraft wirkt in derjenigen Richtung, von der her die von einem anderen

Nukleon generierten Wirkungsquanten h über ein Nukleon hinweglaufen. Von jedem Nukleon werden mit den unten verkürzten Elementardauern schneller und mit den unten verkürzten Elementarlängen dichter die Wirkungsquanten generiert. Das Feld intensiviert sich und konzentriert sich um die Masse. Die im Schwerefeld investierte negative Potentialenergie lokalisiert sich näher zur generierenden Masse. Nach weiter draußen wirkt diese negative Potentialenergie — wie eine negative Masse — defektierend.

Existentiell wird zwar unten die Massenenergie größer; weil aber zugleich die Gravitationsenergie entsprechend negativ-größer wird und sich verengt, erscheint weiter draußen effektiv die relativistisch defektierte Masse mit einem defektierten Feld. An der Grenze würden sich die beiden, positiv und negativ unbegrenzt groß gewordenen Energien mit ihren Massen in punktförmigem Zusammenfall total nichtigen. Existentiell ist zwar die Zeit unten kontrahiert; weil aber der Zeitgradient fortwährend alle Momente der Geschichte der unteren Zeit relativ zu den Momenten der Geschichte der oberen Zeit in die Zukunft schiebt, erscheint weiter draußen eben die relativistische Dilatation der Dauer zwischen jeglichen zwei Momenten. An der Grenze würde eine unendliche Dilatation mit Endigung aller Geschehensabläufe erscheinen. Existentiell wird unten der Raum kontrahiert, was weiter draußen eben als relativistische Raumkrümmung erscheint. An der Grenze würde ein unbegrenzt großes Verhältnis von Radius zu punktförmig verschwindendem Umfang erscheinen.

Deshalb wird vermutlich durch die existentiellen Größen die Richtigkeit der relativistischen Feldgleichungen nicht berührt; weil diese Feldgleichungen eben konsequent auf den relativistischen Aspekt abgestellt sind. Deshalb werden auch die meisten Experimente und Beobachtungen diejenigen Effekte erfassen, die dem relativistischen Aspekt zugehören, der schon als richtig vorausgesetzt ist. Es werden aber doch diejenigen Effekte, bei denen etwa die existentielle Differenzierung zwischen Massen- und Gravitations-Energie — zwischen der nackten Adfekt-Masse und deren negativer Bekleidung — entscheidend ist, anders als relativistisch erklärbar auftreten. Dies sind vor allem die Vorgänge um die Existenz der Masse nahe der Existenzgrenze: Damit wird der entscheidende Unterschied wirksam, ob die Masse auch in sich defektiert (womit ein singularitätsloser Übergang über die Grenze möglich erscheinen könnte) oder ob die Masse existentiell adfektiert und an der Grenze unbegrenzt groß wird (womit eine, der Annäherung an c adäquate, unüberschreitbare Singularität auftritt).

Das «Unten zu Oben» innerhalb des Universums ist ein Abbild der Existenz als solcher; Existenz in der Tiefe des existentiellen Absolut-Potentials gegenüber dem unheimlichen Null-Potential. Mit dem, von keinem Existierenden einnehmbaren Bezugspunkt im Null-Potential, jenseits von Raum und Zeit, ergäbe sich: Relativistisch ist jede Dauer und alle kosmische Geschichte unendlich dilatiert und ist jede Masse und alle Weltmasse zu null defektiert. Im Null-Potential ist relativistisch das gesamte Weltall in Ereignislosigkeit und Körperlosigkeit verschwunden.

Existentiell ist im Null-Potential jede Dauer und die gesamte kosmische Geschichte zu einem Ereignisblitz kontrahiert, der aber dem Betrachter mit dem Zeitgradienten «immerwährend» gegenwärtig ist; ist alle Masse, alle Energie, alle Ladung in sich genichtigt; ist jede Strecke und der ganze Weltraum zu einem verschwindenden Punkt kontrahiert, der aber dem Betrachter «überall» gegenübersteht. In der Transzeitlichkeit und Transräumlichkeit des Null-Potentials existiert überhaupt kein «immerwährend» und kein «überall»; in der Transexistenz des Null-Potentials existiert überhaupt kein geschaffener «Betrachter».

Existentiell sind aber im Absolut-Potential endliche Dauern in einer ereignisreichen kosmischen Geschichte da; sind endliche Massen und Energien in greifbarer Gegenständlichkeit da; sind endliche Strecken im aktuellen Gegenüber des kosmischen Raumes da. Es öffnet sich ein faszinierender Einblick in das Wesen des Seins: warum Raum, Zeit, Materie und das ganze Universum ist und nicht nicht ist.

Sein und Nichts

Warum ist Sein und nicht Nichts? Schon diese Frage ist nichtig, weil sie nur stellbar ist, weil Sein ist. Das Nichts ist für kein Seiendes erreichbar; der Gedanke des Nichts ist unvollziehbar. Die Grenzen des Seins sind wesenhaft unerreichbar.

Die Totalgrößen von Masse, Energie, Ladung, Impuls und Drehimpuls des Weltalls sind Null. Im Null-Potential – im Zusammen – verschwindet das Weltall mit Raum, Zeit und Materie. Aber in der Tiefe des existentiellen Potentials – im Gegenüber – ist in gigantischen Räumen während gigantischer Zeiten eine gigantische Materie.

Im Nichts ist alles Sein wie ein verschwindendes Loch; ein Loch im Nichts ohne Länge, ohne Dauer, ohne Masse. Im Nichts ist auch das

Sein nichts; nicht einmal ein Nichtsein. Und zugleich: das Nichts ist der Rand des Seins; ein Rand, der das Sein begrenzt und gewaltige Räume, Zeiten und Materialitäten einschließt. Im Sein ist auch das Nichts seiend, indem es eben dem Sein als seine Grenze gegenübersteht.

Sein und Nichts schließen sich auch selbst miteinander, sowohl — einander seinsbegründend — total ein, wie — einander nichtigend — total aus. Auch diese Betrachtungen sind ihrerseits Fülle und Leere zugleich; in einem völligen Entgleiten jeden Zugriffs.

Die das Sein überhaupt, die das Sein des All begründende Grenze ist wesenhaft die Grenze zum Nichts. Das Seiende ist Unterscheidung vom Nichts; das Seiende ist Veränderung gegenüber dem Nichts. Das Nichts selbst hat keine Grenze, keine Unterscheidung, keine Veränderung; sonst wäre es nicht Nichts. Im Nichts ist gleichsam auch die Grenze, die Unterscheidung und Veränderung nichtig. Aber im Sein ist Grenze, Unterscheidung und Veränderung nicht nichtig — und damit eben seiend.

Warum ist Sein. Jedes Seiende ist, weil es Grenzen aufweist; weil es sich in Unterscheidungen und Veränderungen dartut. Was ist Sein in totaler Homogenität; zeitlich nie und räumlich nirgends unterschiedlich? Das Maß der Inhomogenität ist die Tiefe des Seins.

Seiendes hat Bestand, weil es Grenzen aufweist. Also gerade jenes, das seinem Bestand das Ende setzt, begründet seinen Bestand. Das Nichts, diese unerreichbare, unheimliche Grenze des Seins des All, ist jedoch nicht endlich, denn im Nichts ist auch jede Endlichkeit und jede Grenze nichtig. Eine unendliche Grenze wäre aber keine Grenze. Unendliches weltliches Sein ist undenkbar, unvollziehbar. Wie kann es dann eine Grenze des Seins und damit Sein überhaupt geben?

Endliche, aber quasi-unendliche Werte begrenzen das All. Jenseits dieser endlichen Grenzwerte erstrecken sich virtuelle Grenzbereiche bis zu unendlichen Grenzwerten in fiktiver Extrapolation. Grenzbereiche virtuellen Seins umschließen allseits das reelle Sein im Kleinen und Großen, im Anfang und Ende: im Mikrokosmos mit der Elementarlänge λ, welche alle elementaren Radien und elektrischen Kräfte bestimmt; im Makrokosmos mit dem Grenzradius, welcher Größe und Geschichte aller Ballungen bestimmt; im Anfang mit der Oberfläche des Urvolumens im Weltalter τ, in welchem das Urnukleon mit der Weltwirkung $1h$ ins Dasein springt; im Ende mit dem Grenzalter, in welchem alle Nukleonen mit der Weltwirkung kleiner als h pro $\lambda \cdot \tau$ aus dem Dasein schwinden. Von diesen Existenzgrenzen am Rande des Seins her erhält unser realer Existenzbereich im Mesokosmos sein Dasein mit Gestalt, Maß und Zahl.

In der Annäherung an diese Existenzgrenzen erscheinen eigentümliche Offenheiten und Nichtobjektivierbarkeiten in den Strukturen und Aspekten. Das Sein wird zunehmend — in gegenseitiger Komplementierung — vom quanten- und relativitätsphysikalischen Aspekt bestimmt; aber mit abnehmendem Inhalt im existentiellen Aspekt.

An den Existenzgrenzen selbst werden die Quanten- und Relativitäts-Aspekte absolut und bestimmen von daher die Existenz innerhalb der Grenzen; jedoch unter gänzlichem Verlust von Existenz an den Grenzen selbst: Der 1-Kosmos, der im Entstehen des Urnukleons das Weltall eröffnet und alle Werte des künftigen Kosmos grundlegt, hat selbst noch keine reale Existenz. Der Endkosmos, auf den hin alle Ballung und Strukturierung abläuft und der mit Verschwinden aller Nukleonen das Weltall beschließt, hat selbst keine reale Existenz mehr. Die Elementarlänge und Elementardauer, aus der heraus alle Elementarteilchen Wirkung mit Raum und Zeit generieren, sind selbst nicht mehr objektivierbare Räumlichkeit und Zeitlichkeit. Die Invarianzgeschwindigkeit, welche Materie und Energie in der Raum-Zeit-Union daseinsgestaltend verbindet, ist selbst nicht mehr materiell erreichbar.

Jenseits der Existenzgrenzen sind nur noch formale Extrapolationen, gänzlich ohne existentiellen Inhalt, die aber doch das Wesen des Seins in der Endlichkeit des Weltalls abstrakt-gleichnishaft schauen lassen: retardiert erscheint das Weltall — in logarithmisch sich verkürzenden Strecken innerhalb einer undifferenzierbaren Elementarlänge — sich unbegrenzt in sich zu wiederholen; avanciert erscheint das Weltall — in exponentiell sich verlängernden Strecken über einen entleerten Großraum — sich unbegrenzt in sich zu schließen. Jenseits der Existenzgrenzen wird, ebenso formal richtig wie existentiell nichtig, doch das Wesen kosmischen Geschehens mathematisch-analog greifbar: quantendynamisch die Vereinheitlichung der existenzbegründenden Elementarkräfte in dynamischen Prozessen; relativistisch die existenzvernichtende Endzerstrahlung der Materie in kollabierenden Prozessen. Diese Bereiche virtuellen Seins grenzen in fiktiven Singularitäten mit unendlichen Werten an das Nichts: jenseits der Existenzgrenzen, unerreichbar jeglichem reellen Sein, das nur innerhalb der Existenzgrenzen besteht.

Das reelle Sein der Existenz ist eingeschlossen vom virtuellen Sein des Mythos. Dieses virtuelle Sein als Realität zu nehmen, eine Realisierung des Mythos, ist irreales Denken. Dieses virtuelle Sein als Nichtigkeit zu sehen, eine Entmythologisierung der Realität, ignoriert und paralysiert die transexistentiellen Mächte, die das Dasein gestalten und das Geschehen steuern.

Zugleich gibt es aber auch einen Seinsbereich fragloser Existenz. In diesem verarmt der quanten- und relativitätsphysikalische Aspekt und der existentielle Aspekt dominiert. Dies ist unser Lebensraum, der mächtige Mesokosmos: von einigen Zehnerpotenzen über der unteren bis einige Zehnerpotenzen unter der oberen Existenzgrenze; viele Zehnerpotenzen später als der Anfang bis viele Zehnerpotenzen früher als das Ende des Weltalls. Dies ist Midgard, das reelle Mittlere, in dem die Menschen leben, denken und wirken, und das bewahrend eingeschlossen ist von einer unerreichbaren Grenze. Jenseits dieser dehnt sich Asgard, das virtuelle Äußere, bis in mythische Unendlichkeit: damit das wirkliche Sein dem Nichts nicht begegnet und vom Nichts nicht verschlungen wird, aber doch in der undenkbaren Ferne des Mythos unheimlich und bedrohlich das Nichts schaut.

Und den Schauenden überkommt daseinserschütternder Schauder vor der Macht des Herrn über Leben und Tod, dessen Wort das Sein und das Nichts scheidet.

Abschließend

Harte, fraglose Existenz ist tief im Inneren von zwar endlichen, aber quasi-unendlichen Existenzgrenzen. Gegen diese Grenzen entleert sich der existentielle Aspekt; der quanten- und relativitäts-physikalische Aspekt wird vorherrschend. Alle Aussagen werden gleichnishaft. An den Grenzen der Existenz ist der existentielle Aspekt leer. Aber ausgehend von den Grenzen, erhält alles innerhalb der Grenzen real Existierende sein Maß und seine Zahl; eben konkretes Sein.

Die Existenzgrenzen sind vom Aspekt der Quanten- und Relativitätsphysik bestimmt, die sich gegenseitig verdrängen und zugleich ergänzen: in alles durchgreifender Komplementarität. An diesem unerreichbaren Rand jeglicher Existenz sind alle Aussagen nur noch Gleichnisse. Unergründliche Paradoxa lassen die Unerreichbarkeit der Grenzen ahnen, die in ihrer Endlichkeit das Dasein bewahrend einschließen, selbst aber schon von der Unendlichkeit gezeichnet sind.

Warum *ist* Welt; warum ist nicht nichts? Warum wird das Sein vom Nichts nicht verschlungen; warum verbleibt unzerstörte Aktualität? Warum wird das Nichts vom Sein nicht überwältigt; warum verbleibt unbegrenzte Potentialität? Ein unheimlicher Bereich des Mythos mit unerreichbaren Symbolen scheidet das Sein vom Nichts: als Gleichnis der Allmacht und Ewigkeit.

Weltall und Wahrheit

DER MAKROKOSMOS

Das Weltall ist das allumfassende kosmische Sein, innerhalb dessen die Menschheit mit all ihren Wissenschaften entsteht und vergeht. Der Kosmos ist die allumfassende «Ordnung» des Seins; Abbild des höchsten Wesens. In dieser auf den Urgrund hingerichteten Ordnung sind alle Bereiche des Seins, ehrfurchtgebietend, Abbildungen voneinander und einander zugeordnet. So wird der physikalische Kosmos — der Träger jeglichen Geschehens — zum Künder überirdischer Wahrheit. Die Physik hat Grenzen erreicht, wo ungeahnte Mächtigkeiten einander begegnen.

Die Frage nach der physikalischen Existenz behandelt die Existenzphysik. Es ist dies die Physik der Kosmologie, dh der Entstehung, Gestaltung und Vergehung des Kosmos mit seinen Galaxien und Sternen; zusammen mit der Physik der Elementarteilchen, in denen sich alles materielle Sein verkörpert. Kosmos und Elementarteilchen hängen zusammen und ihre Größen bestimmen sich gegenseitig. Die Existenzphysik ist Physik des ganz Großen, des eigentlichen Makrokosmos, und des ganz Kleinen, des eigentlichen Mikrokosmos; Physik an den Grenzen zwischen dem Sein und dem Nichts.

Existenzphysik ist Grenzphysik; sowohl oben wie unten. Ob ihre Formen, ihre Begriffe, ihre Ausdrucksweisen — wie «Expansion, Ursprung, Rand, Nullpotential» usw — mehr sind als Gleichnisse, als ein moderner Mythos, um Überweltliches in der Welt doch faßbar werden zu lassen, ist selbst der Faßbarkeit entzogen. Wie soll denn auch das Existierende selbst das Mittel liefern können, den Grund des Existierenden zu erfassen. Greifbares, fragloses Dasein ist nur im Mittelbereich, im Mesokosmos; Größenordnungen unter den Grenzen des extremen Makrokosmos und Größenordnungen über den Grenzen des extremen Mikrokosmos. Das mesokosmische Dasein ist gleichsam nach oben im Makrokosmos wie auch nach unten im Mikrokosmos allseits durch einen Wall von Gleichnissen, Bildern, Mythen vom Nichts getrennt und vor der Auflösung bewahrt.

Jeder der drei Grundaspekte des Seins, der existentielle, der essentielle und der aktuelle, brachte auch eine andere Physik hervor, die an andere Grenzen des Seins heranführt und auch selbst in anderer Art begrenzt ist. Die Relativitätsphysik ist Essentialphysik; Physik der Größenverhältnisse und Systemmetrik, der Abbildungen, der Größen in Bezug aufeinander. Die Quantenphysik ist Aktualphysik; Physik der Wirkungen und Reaktionen, der Geschehensabläufe, der Größen in Wechselwirkung miteinander. Die Existenzphysik ist dagegen Physik des Daseins — und es haften ihr weder die formalistische Blässe und Geschehenslosigkeit der Relativitätsphysik noch die Unbestimmtheit und mikrostatistische Unstrukturiertheit der Quantenphysik an. Obgleich die Existenzphysik an der Grenze der Faßbarkeit entlang geht, ist sie der Gewalt des Daseins unmittelbar nahe und damit doch sehr viel gegenständlicher als ihre beiden Schwestern; ihre Grenzen und Schwächen liegen anders.

Diese drei Komponenten der Physik sind in ihren verschiedenen Ausrichtungen und Größen wesensgemäß nicht miteinander eindeutig vereinigbar; sie verdrängen einander. Und doch gehören sie zu einer einzigen Physik komplementär zusammen. Es ist sogar so, daß jede dieser drei Grundformen die beiden anderen mit in sich enthalten muß, wenn sie vollständig sein soll; jede enthält beide anderen mit in sich, aber in jeweils anderer Weise. Die gewaltigen Möglichkeiten und Erfolge der Physik sind in dieser Komplementarität begründet; zugleich ergibt dies aber auch eine beunruhigende Mannigfaltigkeit mit vielen Fehlermöglichkeiten.

Existenzphysik

Die Existenzphysik wird beherrscht von einer aus der Relativitätsphysik sich ergebenden Grundgröße: die Invarianzgeschwindigkeit c; in unserem Potential konstant $c = 2{,}997925 \cdot 10^8\ m/s$; also c rund 300 000 *km/sec*. Dies ist zugleich die Vakuum-Lichtgeschwindigkeit Diese Geschwindigkeit ist invariant; dh unveränderlich in bezug auf jedes relativistische System, dh auf jeden Bewegungszustand. Die Invarianzgeschwindigkeit c ist eine zwar endliche Größe, aber eine wesenhaft unüberschreitbare, «quasi-unendliche» Größe: bei Annäherung einer Relativgeschwindigkeit v an die Invarianzgeschwindigkeit c kontrahieren alle Längen- und Dauerwerte gegen null, die Einstein-Dilatation und Massen-Vergrößerung geht gegen unendlich. Die Invarianzgeschwindigkeit c ist die Geschwindigkeit jeglicher Photon- und Neutrino-Strahlung, jeglicher elektromagnetischer und raumzeitlicher Wellen, jeglicher elektrischer Ladungsfelder und gravitierender Massenfelder, jeglicher Wirkungs-Verbindung, die Grenzgeschwindigkeit jeglicher Kräfte, Energien, Signale und Informationen. Die Invarianzgeschwindigkeit c ist die existentielle Geschwindigkeit, in der alle Materie in Relation zueinander da ist.

Existentiell bestimmt damit die Invarianzgeschwindigkeit c die «Präsenz», in welcher sich die Raum-Zeit des Weltalls real strukturiert, in welcher das Weltall existiert. Die Invarianzgeschwindigkeit c ist die unerreichbare Fluchtgeschwindigkeit des «Randes» des Weltalls, welcher alles Existierende einschließt. Es ist die Geschwindigkeit der Expansion und Alterung eines Weltalls, das wesenhaft als expandierend und als alternd existiert.

Daneben beherrscht noch eine andere, der Quantenphysik (Planck) eigenen Grundgröße die Existenzphysik: das Wirkungsquantum h; in unserem Potential ergibt sich konstant $h = 6{,}6262 \cdot 10^{-34}\,J{\cdot}s$. Wirkung ist Energie ($J = kg{\cdot}m^2/s^2$) mal Zeit ($s$) — und h ist die elementare Wirkungseinheit, mit der alle Wirkungen und alle Reaktionen und Geschehnisse «gequantelt» sind. In einer quantenphysikalischen Komplementarität tritt das Produkt «konjugierter» Größen immer nur in ganzzahligen Wirkungsquanten h auf. Konjugierte Größen sind Größen, deren Produkt eben eine Wirkung ergibt: etwa Energie·Zeit; Impuls·Raum; Drehimpuls·Drehwinkel; elektrischer·magnetischer Fluß usw. Dies gilt für die konjugierten Größen als solche. Quantelung mit h gilt aber auch für das Produkt von deren Spielräumen; im Sinne der Unbestimmtheitsrelation (Heisenberg), nach welcher wesenhaft eine Größe um so ungenauer ist, je genauer deren konjugierte Größe erfaßt ist. Dies ist die wesenhafte Unbestimmtheit (nicht nur eine Unbestimmbarkeit), welche die Reaktionsmöglichkeit begründet: Aktuell wird damit die Reaktionswahrscheinlichkeit derart endlich — nicht so klein, daß das Geschehen sich lähmend verlangsamt; nicht so groß, daß das Geschehen sich chaotisch überstürzt —, daß das Geschehen geordnet abläuft.

Existentiell wird von der Energie E einer Ruhemasse in jeder Schwingungsdauer $\mathcal{T}$ von deren Materiewelle ein weiteres Wirkungsquantum h erzeugt: $E \cdot \mathcal{T} = h$. Jedes Nukleon erzeugt mit seiner Ruheenergie $E = mc^2$ in jeder Elementardauer τ seiner Alterung ein immer neues Wirkungsquantum h; gemäß $mc^2 \cdot \tau = h$. Diese Wirkungsquanten der Nukleonen des Weltalls bauen die Welt-Wirkung auf, in welcher sich die Existenz des Weltalls begründet. Die Materie des Weltalls existiert in den Nukleonen und ist in den Nukleonen gequantelt; in unteilbaren Einheiten mit im wesentlichen der Elementarmasse m.

Die Existenzphysik ist die Physik der Existenz der Energien in Raum und Zeit; warum sie sind und nicht nichtsind. Die beiden, die kosmische Existenz bestimmenden Energien sind die Massenenergie E und die Potentialenergie P.

Schon aus der Relativitäts- und Quantenphysik ergibt sich die Äquivalenz von (träger) Masse und Energie: Jede Energie — der Nukleonen und Elektronen, der Bewegung, der Wärme, der Strahlung von Photonen und Neutrinos, der Wellen des Elektromagnetismus und der Raumzeit, der Felder der Ladungen und Massen, usw — besitzt Masse; und jede Masse ist Energie. Masse und Energie sind nur verschiedene Aspekte einer existentiellen Wesenheit; in der allgemeinen Äquivalenz: Energie = Masse$\cdot c^2$ (Einstein). Insbesondere die «Ruhemasse» m des Nukleons — der Einheit der kosmischen Materialität — besitzt die Massenenergie $E = mc^2 = h/\tau$. Bereits in 1 Gramm Materie ist eine Energie von $9 \cdot 10^{13}\,J = 2860\,kW{\cdot}Jahr$ investiert, was ausreichend wäre, einen Eisenbahnzug ein ganzes Jahr pausenlos fahren zu lassen. Die Massenenergie ist eine gigantische Energie; umgekehrt ebenso groß ist die existentielle Potentialenergie.

Eine fundamentale Größe der Existenzphysik ist das Potential Φ; gemeint ist künftig mit «Potential» immer nur das Schwerepotential, das Gravitationspotential; mit Potentialenergie P entsprechend Gravitations-Potentialenergie. Potential ist Energieniveau (energetischer Status, Rang). Als Beispiel: Geldverdienen macht Arbeit — aber man ist danach auch reicher. Wasser oberhalb eines Gefälles ist auf höherem Potential als unterhalb — und man kann dieses Gefälle, dieses Potentialgefälle etwa zur Stromerzeugung ausnutzen. Allgemein: weit auseinanderstehende Massen haben gegeneinander ein höheres Potential; nahe beieinanderstehende Massen ein niedereres. Potential ist Energieniveau; noch keine Energie selbst. Potentialenergie P ergibt sich erst zusammen mit der Masse m: Je größere Wassermasse an einem Gefälle wirksam wird, um so größere Potentialenergie setzt sich um. Allgemein: große Massen in einem bestimmten Abstand voneinander haben gegeneinander eine größere Potentialenergie, kleine Massen eine kleinere. Die Potentialenergie P ist somit das Produkt aus der (schweren) Masse m und dem Potential Φ, in welchem sich diese Masse befindet; gemäß: $P = m \cdot \Phi$.

All diese irdischen Potentiale — etwa der Wassermasse weiter oder näher von der Erdmasse entfernt — sind durch die Anziehung der Erdmasse auf die Masse (Wasser, Steine usw) gegeben; unten im Tal, unterhalb eines Gefälles ist größere Nähe zur Erdmasse, ist stärkeres

Verhaftetsein mit der Erdmasse. Niedereres Potential bedeutet stärkeres Verhaftetsein mit anderen Massen. Auf der Spitze eines Berges ist ein höheres Potential; das höchste irdische Potential ist so hoch über der Erde gegeben, daß die ganze Erdkugel in der Ferne fast verschwindet und ihre Anziehungskraft praktisch verschwunden ist. Aber dann ist man immer noch mit der Sonne verhaftet, mit den Sternen der Milchstraße (Galaxis) und allen Sternen des Weltalls; eben mit der ganzen Weltmasse. Zwar sind diese Massen des Weltalls meist weit entfernt und im einzelnen sehr wenig wirksam; aber in ihrer Gesamtmasse so gewaltig, daß sich das kosmische Potential Φ als ein gigantischer Betrag darstellt, demgegenüber die Potentialbeiträge der Milchstraße oder noch weniger der Sonne und noch viel weniger der Erde nur noch wie ganz geringfügige Potentialvertiefungen erscheinen.

Das Potential wäre null und alle Potentialenergien wären null, wenn alle Massen so weit voneinander entfernt stünden, daß sie sich gegenseitig nicht mehr anziehen; daß sie nicht mehr miteinander verhaftet sind. Das Potential null ergibt sich mit unendlich großen Abständen; jeder endliche Abstand ergibt demgegenüber negative Werte des Potentials.

Das Dasein ist wesensgemäß ein Verhaftetsein mit allen Massen des Weltalls; das Potential Φ wesensgemäß eine negative Größe; ein Schuldenniveau. Die Potentialenergie P ist damit eine negative Energie; ein Schuldbetrag. Ergänzt sich — im Sinne eines Urphänomens — für das Weltall im ganzen wie auch für die einzelne Masse für sich die positive Massenergie $E = mc^2$ der trägen Masse mit der negativen Potentialenergie $P = m\Phi$ der schweren Masse gemäß $E + P = 0$, also gemäß $mc^2 + m\Phi = 0$ zu null, zu Nichts, so ist das Quadrat c^2 der Invarianzgeschwindigkeit c gleich dem negativen Potential $-\Phi$; also $c^2 = -\Phi$.

Da das Potential eine negative Größe ist, hat das höchstmögliche Potential — außerhalb des Verhaftetseins mit jeglichen Massen des Weltalls, also außerhalb des Raumes und der Zeit und außerhalb des Daseins des Kosmos — den Betrag 0. Dieses Nullpotential ist gleichsam «vor» dem Ursprung (zeitlich), «außerhalb» des Randes (räumlich) und «über» dem Rang des Kosmos (energetisch): Dies ist für eine existierende Masse prinzipielle Unerreichbarkeit; es ist jenseits der Existenz. Für jenes Nullpotential ist dem Seienden nicht einmal die Unterscheidung «es ist» und «es ist nicht» vollziehbar. Im Nullpotential wäre somit auch die quasi-unendliche Lichtgeschwindigkeit gleich null, so daß gleichsam Null und Unendlich zusammenfällt; ohne Sein zwischen sich lassend. Raum und Zeit, Bewegung und Verstreichung, Masse und Energie, Wirkung und Ereignis haben im Nullpotential kein Dasein.

Die Geschehnisse innerhalb des Weltalls werden von einer Potentialhierarchie regiert: Das von einer Masse ausgehende Schwerefeld ergibt in der Umgebung ein vertieftes Potential, das in Richtung zur Masse trichterförmig abfällt. Weitab von den Galaxien, im leeren Zwischenraum, ist «flacher Weltraum». Jede Galaxie bildet darin einen tiefen Potentialtrichter, an dessen Wand die Sterne das Zentrum umlaufen. Jeder Stern bildet selbst wieder einen kleineren Potentialtrichter, an dessen Wand die Planeten ihn als Mutterstern umlaufen. Jeder Planet bildet wiederum ein noch kleineres Potentialtrichterchen, an dessen Wand die Satelliten ihren Planeten umlaufen. Diese Trichter sind somit verschiedenen Ranges: Jeder Trichter ist eine relativ vertiefende Deformation in der flachen Wand des nächsthöheren Trichters.

Diese Potentialtrichter sind kosmisch «klein und kleiner»; aber groß für irdische Verhältnisse: Um aus ihnen zu entkommen, dh um die flache Wand des jeweils nächsthöheren Trichters zu erreichen, sind gewaltige Energien aufzubringen. Verglichen mit der Detonationsenergie (3000 *J*) des Norm-Sprengstoffs Trinitrotoluol TNT, und diese Energie immer mit vollem Wirkungsgrad angesetzt:

Um 1 Gramm auf der Erde liegender Masse (eine Haselnuß) dem Erd-Potential entrinnen zu lassen (ihr selbst Planetenstatus zu verleihen), ist bereits die Energie von 20 Gramm TNT erforderlich. Um diese 1 Gramm Masse dem Sonnen-Potential entkommen zu lassen (ihr selbst Stellarstatus zu verleihen), ist die Energie von 100 Gramm TNT erforderlich; einer Handgranate. Um diese kleine Masse von 1 Gramm dem Milchstraßen-Potential entfliehen zu lassen, ist sogar die Energie von 15000 Gramm TNT erforderlich; einer schweren Artilleriegranate. Aber die Energie, welche diesem 1 Gramm als existentielle Verschuldung im kosmischen Potential zukommt, ist die Energie von 30000 Tonnen TNT; einer Atombombe.

Die Potentialenergie in einer Galaxie relativ zum flachen Weltraum, im Verhältnis zur existentiellen Potentialenergie, ist somit rund eins zu million. Während eine irdische Masse — mit der Detonationsenergie einer 15000fachen Masse TNT beschleunigt — die Milchstraße tatsächlich verlassen könnte, ist auch mit million-fachem, ja sogar mit beliebig großem Energieaufwand kein Entkommen aus dem Dasein. Es ist ein entscheidender Unterschied zwischen jedem relativen Potential der Geschehnisse innerhalb der Welt und dem absoluten Potential der Existenz.

Absolut- und Relativpotential

Das Dasein ist wesengemäß ein Verhaftetsein mit allen Massen des Weltalls; Existenz im kosmischen Potential. Erst mit dem endlichen, kosmischen Potential $\Phi = -c^2$ bzw $-\Phi = c^2 > 0$ treten Räume und Zeiten, Bewegungen und Verstreichungen, Massen und Energien, Wirkungen und Ereignisse ins Dasein. Dieses kosmische Potential ist das existentielle Absolutpotential, in welchem sich die Potentialenergie $P = m\Phi$ einer Masse m mit deren Massenenergie $E = mc^2$ zu null ergänzt. Die negative Potentialenergie $P = M \cdot \Phi$ ergänzt die positiven Energien $E = M \cdot c^2$ der Ruhe- und Strahlungsmassen M des Weltalls zur Totalenergie null (Jordan). In dieser Null-Ergänzung der Energie wird gleichsam das Dasein gegenüber dem Nichts ausbalanciert; eben das Dasein begründet. Unser Daseinsraum ist wie eine Ebene tief $(-c^2)$ unter dem Nichts.

Der Großteil des Weltraumes ist «intergalaktischer Raum»; sind leere Räume minimaler Krümmung zwischen den Galaxien. Gegenüber dem Potential einer Ruhelage in diesem «flachen Weltraum» gibt es relativ vertiefte und relativ erhöhte Potentiale: negative und positive Relativpotentiale.

In der Nähe und im Inneren von Galaxien und von Sternen ist ein negatives Relativpotential; um so tiefer, je größer deren Masse und je näher zu deren Schwerpunkt. Ist der flache Weltraum eine Tiefebene von vergleichsweise 1 Kilometer unter dem Nullpotential, so bilden darin normale Galaxien trichterförmige Vertiefungen von etwa 1 Millimeter. Umgekehrt ist eine Bewegung relativ zum Substrat ein positives Energieniveau; entsprechend einem positiven Relativpotential; um so höher, je größer die Geschwindigkeit. Die astronomischen Geschwindigkeiten von einigen hundert km/sec bilden in unserer Tiefebene Erhöhungen von etwa 1 Millimeter.

Mit diesen Relativ-Potentialen ereignen sich die Bewegungen freier Massen in ihrem Schwerefeld relativ zueinander; in wechselseitiger Umsetzung von kinetischer und potentieller Energie: pendeln zB die Gruppengalaxien durcheinander; umläuft zB die Sonne das 26000 Lichtjahre entfernte galaktische Zentrum in 250000000 Jahren; umläuft zB die Erde die 150000000 Kilometer entfernte Sonne im Jahr; fallen zB freigelassene Gegenstände auf der Erde zu Boden. Diese Energieumsetzungen verlaufen derart, daß sich das der Geschwindigkeit zuschreibbare Relativpotential ebensoviel erhöht, wie sich das aus dem Schwerefeld ergebende Relativpotential vertieft (bzw umgekehrt), so daß das Relativpotential insgesamt unverändert bleibt: die Energie bleibt konstant.

Diese Relativpotentiale sind in der Regel klein gegen das Absolutpotential $-c^2$ der kosmischen Existenz; in der Regel nur millionstel. Nur nahe sehr massereicher und dichter Galaxenkerne oder Neutronensterne kommt das negative Relativpotential nahe dem relativen Grenzpotential $-c^2$ unter dem Potential des flachen Weltraumes. Und nur «relativistisch» rasch bewegte Teilchen — etwa Ultrastrahl-Nukleonen — kommen einem relativen Grenzpotential $+c^2$, und damit dem Nullpotential, scheinbar nahe. Aber auch mit noch so schweren und dichten Massenballungen bzw auch mit noch so energisch bewegten Teilchen, sind die relativen Grenzpotentiale $-c^2$ und $+c^2$ niemals zu erreichen (Karl Philberth).

Diese Grenzpotentiale sind quasi-unendliche, unerreichbare Größen; wie die Invarianzgeschwindigkeit c. Wie zwischen einer auch noch so nahe c kommenden Geschwindigkeit v und der Invarianzgeschwindigkeit c selbst, immer noch ein unüberbrückbarer Geschwindigkeitsabstand vom vollen Betrag der ganzen Invarianzgeschwindigkeit c liegt, so auch beim relativen Potential: Wie tief relativ unter oder wie hoch relativ über dem flachen Weltraum ein Relativpotential auch immer sei, so ist dieses vom relativen Grenzpotential $-c^2$ bzw $+c^2$ doch immer noch mit dem vollen Betrag $-c^2$ bzw $+c^2$ getrennt: mit dem vollen, eben quasi-unendlichen Grenzwert. Anders ausgedrückt: Jede Masse — mit jedem relativen Potential gegenüber dem flachen Weltraum — ist absolut immer auf dem existentiellen Potential $\Phi = -c^2$ unter dem Nichts. Statt einer Veränderung des Abstandes vom Nullpotential erfährt eine Masse in einem negativen Relativpotential den «relativistischen Massen-Defekt»; in einem positiven Relativpotential die «relativistische Massen-Vergrößerung». Dies gilt relativ für jede Masse in bezug auf jede.

Mit der für alle Massen absolut gültigen Beziehung der Totalenergie gleich null — $E + P = mc^2 + m\Phi = 0$ — ereignet sich die Entstehung, das Dasein und die Vergehung des Weltalls und all seiner Teilchen.

Atombau und Materie

Die Nukleonen sind die Masseträger und Grundbausteine der Materie.

Die Materie besteht aus Atomen. Die vielerlei Dinge der Umwelt sind alle nur verschiedene Verbindungen von knapp 100 Arten von Atomen. Jedes Atom ist wie das Sonnensystem aufgebaut: Das Atom besitzt einen positiv-elektrischen Atomkern (vergleichbar der Sonne), der von den negativ-elektrischen Elektronen (vergleichbar den Planeten) umkreist wird. Der Atomkern hat nur rund $^1/_{10\,000}$ des Durchmessers der Elektronenbahnen; dh des ganzen Atoms (Sonne rund $^1/_{4000}$ Durchmesser der Pluto-Bahn). Die Masse des Atomkerns ist rund 4000 fach der Masse aller Atomhüll-Elektronen (Sonne rund 800 fache Masse aller Planeten). Die Masse der Materie ist also fast allein in den Atomkernen enthalten.

Dieser massetragende Atomkern besteht aus zwei Arten von Elementarteilchen: den elektrisch-positiven Protonen und den elektrisch ungeladenen Neutronen. Ein Proton und ein Neutron sind ungefähr gleich schwer. Es sind überhaupt zueinander verwandte Teilchen, die sich im Atomkern unentwegt ineinander durch Ladungsaustausch verwandeln; Proton zu Neutron und Neutron zu Proton. Man bezeichnet deshalb diese «Kernbildner» Proton und Neutron mit dem gemeinsamen Namen «Nukleon» (nucleus = Kern). Von einem Nukleon spricht man vor allem dann, wenn es nicht auf die elektrische Ladung, sondern auf die Masse ankommt. Ähnlich, wie «Mann» und «Frau» mit der gemeinsamen Bezeichnung «Mensch» belegt wird, wenn nicht nach dem Geschlecht unterschieden wird. Jedes chemische Element hat Atome mit einer es charakterisierenden Zahl von Protonen im Atomkern.

Ein Atom hat soviele Elektronen in der Hülle, wie Protonen im Kern; dazu kommen im Kern noch ungefähr gleich viele Neutronen. Die hochgestellte Zahl zum Atomsymbol bezeichnet die Nukleonenzahl des betreffenden Atoms, dh seine Masse; zB: Das einfachste Atom, das Wasserstoff-Atom H^1 hat nur ein Proton (das einzige Atom ohne Neutron); das Schwerwasserstoff-Atom H^2 hat 1 Proton und 1 Neutron; das Helium-Atom He^4 hat 2 Protonen und 2 Neutronen; das Eisen-Atom Fe^{56} hat 26 Protonen und 30 Neutronen; das Uran-Atom U^{238} hat 92 Protonen und 146 Neutronen; usw.

Makrokosmisch gibt es gleich viele Protonen wie Elektronen. Schon in mesokosmischer Materie ist extrem genau elektrische Neutralität. Die «Zahl der Nukleonen» in Galaxen-, Stern-Massen usw bezeichnet damit deren Zahl an Neutronen und Proton+Elektron-Paaren.

Bei hohen Temperaturen sind jedoch die Hüll-Elektronen von den Atomkernen losgerissen, so daß die elektrisch-negativen Elektronen und die elektrisch-positiven Atomkerne durcheinander wirbeln; sogenanntes «Plasma». Unter verschiedenen Bedingungen können Elektronen, Protonen und Neutronen frei — dh als Einzelteilchen, außerhalb des Atomverbandes — auftreten.

Frei ist nur das Elektron und das Proton stabil; dh unbegrenzt unverändert beständig. Das freie Neutron dagegen ist instabil: es «zerfällt» unter Energieabgabe mit rund 1/4 Stunde mittlerer Lebensdauer in ein Proton und ein Elektron und ein Anti-Neutrino. Diese Neutronenzerfallszeit ist so lange, daß sich das Neutron in den meisten Fällen doch wie ein stabiles Teilchen verhält. Alle anderen Elementarteilchen — einige dutzend, die unter extremen Bedingungen kurzzeitig auftreten —, zerfallen demgegenüber in ein milliardstel bis ein quadrilliardstel dieser Zeit; ihr Anteil an der Weltmasse ist deshalb extrem gering.

Die Massen (in Kilogramm *kg*) dieser Grundbausteine sind:

Neutronmasse	m_n	=	$1{,}674954 \cdot 10^{-27}\ kg$
Protonmasse	m_p	=	$1{,}672648 \cdot 10^{-27}\ kg$
Elektronmasse	m_e	=	$9{,}109535 \cdot 10^{-31}\ kg$

Warum haben diese Teilchen gerade diese Massen? Während das Elektron die Verkörperung seiner elektrischen Ladungsenergie darstellt, ist das Nukleon der Massenträger der Materie. Als grundlegende Masseneinheit, als «Elementarmasse m», ist daher wesenhaft die Masse des stabilen Nukleons, die Protonmasse anzusehen. Genau genommen enthält aber die Protonmasse m_p zur Elementarmasse m noch einen kleinen Massenanteil, der die Verkörperung der Energie eines mikrophysikalisch geschlossenen Magnetfeldes darstellt.

Diese Magnetfeldmasse m_{pm} ist $m(2/9) \cdot \varphi\alpha/4\pi$. Weil $m_p = m + m_{pm}$ errechnet sich damit die Elementarmasse m aus der totalen Protonmasse m_p gemäß: $m = m_p/[1 + (2/9) \cdot \varphi\alpha/4\pi] = m_p/1{,}0001206$

Die nur den radial über den ganzen Kosmos erstreckten Feldern zugehörige Elementarmasse m ist somit um $0{,}201 \cdot 10^{-27}\ g$ kleiner als die Protonmasse m_p; ein winziger Unterschied, der nur bei genauesten Bestimmungen merklich in Erscheinung tritt.

Zeit und Raum des Kosmos strukturieren sich in den Einheiten einer Elementardauer τ und einer Elementarlänge λ. Diese ergeben sich unmittelbar aus der Elementarmasse m, zusammen mit der Invarianzgeschwindigkeit (Vakuum-Lichtgeschwindigkeit) c und dem Wirkungsquantum (Elementarwirkung) h:

Invarianzgeschwindigkeit	c	=	$299792458\ m/s$
Wirkungsquantum	h	=	$6{,}626176 \cdot 10^{-34}\ J \cdot s$
Elementarmasse	m	=	$1{,}672447 \cdot 10^{-27}\ kg$
Elementardauer	$\tau = h/mc^2$	=	$4{,}408281 \cdot 10^{-24}\ s$
Elementarlänge	$\lambda = h/mc$	=	$1{,}321569 \cdot 10^{-15}\ m$

Das Verhältnis von Elementarlänge zu Elementardauer ist gleich der Invarianzgeschwindigkeit; $\lambda/\tau = c$. Eine Expansion von einem punktförmigen Ausgang mit c erreicht nach $1\,\tau$ eine Kugeloberfläche mit dem Radius $1\,\lambda$. Das Volumen $(4\pi/3)\cdot\lambda^3$ dieser Kugel ist das Elementarvolumen V_1; zugleich Proton-, Pion- und Elektron-Volumen.

Das Verhältnis von Masse zu Volumen ist die Dichte; genauer die Massendichte ϱ. Das Verhältnis von Elementarmasse m zu Elementarvolumen V_1 ist die Elementar-Massendichte ϱ_1. Dies ist zugleich die Protondichte; rund die Nukleondichte.

Für Kosmos und Elementarteilchen von fundamentaler Bedeutung ist noch eine andere Dichte; die Wirkungsdichte: Das Verhältnis von Wirkung zu Volumen ist die Wirkungsdichte. Das Verhältnis von einem Wirkungsquantum h zu einem Elementarvolumen V_1 ist die Elementar-Wirkungsdichte η_1; die Wirkungsdichte-Einheit.

Schließlich ist noch eine Wirkungsintensität von entscheidender Bedeutung: Das Verhältnis von Wirkung zu ihrem Raum- mal Zeitabstand von einer Bezugsstelle ist die Wirkungsintensität. Das Verhältnis von einem Wirkungsquantum h zu einer Elementarlänge λ mal einer Elementardauer τ ist die Elementarwirkungsintensität χ_1; die Wirkungsintensitäts-Einheit.

Die Elementar-Einheiten sind:

Elementar-Volumen	V_1	$=$	$(4\pi/3)\cdot\lambda^3$	$=$	$0{,}966\,849 \cdot 10^{-44}\ m^3$
Elem.-Massendichte	ϱ_1	$=$	m/V_1	$=$	$1{,}729\,791 \cdot 10^{17}\ kg/m^3$
Elem.-Wirkungsdichte	η_1	$=$	h/V_1	$=$	$0{,}685\,337 \cdot 10^{11}\ kg/ms$
Elem.-Wirkungsintens.	χ_1	$=$	$h/\lambda\tau$	$=$	$1{,}137\,375 \cdot 10^{5}\ kg{\cdot}m/s^2$

Die Wirkungsintensität hat die Dimension einer Kraft. Es ist die Elem. Wirkungsintensität = Elementar-Kraft $h/\lambda\tau = hc/\lambda^2 = mc^2/\lambda$.

Die Wirkungsintensität beherrscht als Weltgröße (Y) die Schwerkraft (Gravitation) und als Partikelgröße (φ) die Ladungskraft (Coulombkraft) und die Kernkraft. Die Welt-Wirkungsintensitäts-Zahl, die «Existenzvariable» Y, ist die Summe aus allen Wirkungsquanten h des Weltalls, je pro deren $\lambda\cdot\tau$-Abstand vom Ursprungspunkt. Die Partikel-Wirkungsintensitäts-Zahl, die «Feldkonstante» φ, ist die Summe aus allen Wirkungsquanten h des betreffenden Partikels, je pro deren $\lambda\cdot\tau$-Abstand vom Partikel als Bezugspunkt.

Die elementaren Einheiten sind die natürlichen Einheiten aller Größen, welche den Mikro- und Makrokosmos beherrschen. Mit den Elementareinheiten als Dimension ergeben sich deshalb die einfachsten und durchsichtigsten Verhältnisse. Insbesondere ergibt sich dies mit der Wirkung, die in den Elementareinheiten h gequantelt ist.

In der den Spin der Elementarteilchen beschreibenden Komplementarität von Drehimpuls·Drehwinkel hat der Drehimpuls selbst bereits Wirkungs-Dimension, und der Drehwinkel Stückzahl-Charakter: immer $1h$ Wirkung pro 1 Volldrehung (in der Wirkungserschließung von 0 auf 1 entsprechend $\frac{1}{2}h$). Die quantenphysikalisch fundamentale Komplementarität ist eben das Wirkungsquantum h selbst mit der Stückzahl; eine Komplementarität, in welcher eben alle Wirkungen nur ganzzahlig mit $1h, 2h, \ldots nh$ auftreten.

Deshalb ist es sinnvoll und zweckmäßig, wenn etwa die Wirkungsdichte η' als Wirkungsdichte-Zahl $\eta = \eta'/\eta_1$ bzw die Welt-Wirkungsintensität Y' als Welt-Wirkungsintensitäts-Zahl $Y = Y'/\chi_1$ beschrieben wird; dh eben in den Elementar-Einheiten η_1 bzw χ_1 ausgedrückt.

Zeitzahl, Tiefe und Alter

Existenz und Struktur des Weltalls wird von einer, monoton die Reihe der natürlichen Zahlen aufsteigenden Zahl beherrscht: der «Zeitzahl» Z.

Mit $Z = 1$ begann das Weltall; im Ursprung mit einsetzender Entstehung von Materie, Raum und Zeit. Mit $Z = Z_i$ (rund 10^{40}) vollzog das Weltall die entscheidende Wende; in der Inhomogenisierung. Mit $Z = Z_i^2$ endet das Weltall; mit abschließender Vergehung von Materie, Raum und Zeit. Vom Anfang bis zum Ende führt ein kosmischer «Fortschritt»; mit schrittweise, unumkehrbarem Ansteigen der Zeitzahl Z von immer einer zur nächsten ganzen, natürlichen Zahl (Philberth).

Das Weltall ist in Raum und Zeit endlich. Es besitzt einen alles Existierende ringsum einschließenden Rand, in welchem zugleich der Ursprung präsent ist: als räumlicher und zeitlicher Anfang. Gegenüber diesem Rand und Ursprung sind wir: hier in der Tiefe R; jetzt im Alter T. Diese «Welttiefe» R ist Z Elementarlängen λ; dieses «Weltalter» T ist Z Elementardauern τ; also $R = Z \cdot \lambda$ und $T = Z \cdot \tau$.

Das Weltall altert und expandiert; es vertieft seinen Raum fortschreitend mit fortschreitender Zeit. Das Weltall expandiert konstant, indem seine Tiefe R proportional seinem Alter T größer wird:

$$R = c \cdot T \; ; \quad \text{also} \quad Z \cdot \lambda = c \cdot Z \cdot \tau \; , \quad \text{wobei} \quad \lambda = c \cdot \tau$$

Heute ist die Zeitzahl $Z = Z_0$ rund $14 \cdot 10^{40}$ (dh 14 mit 40 Nullen). Die heutige Welttiefe R_0 ist $1{,}9 \cdot 10^{26}\ m$ bzw 20 milliarden Lichtjahre; das heutige Weltalter T_0 ist $6{,}3 \cdot 10^{17}\ s$ bzw 20 milliarden Jahre.

Eine klassische Kugel mit solchem Radius R_0 besitzt ein Volumen von rund $2{,}8 \cdot 10^{79}\ m^3$ bzw von $33 \cdot 10^{30}$ Kubik-Lichtjahren; als das «parametrische Weltvolumen» $R^3 \cdot 4\pi/3$. Wegen der Quasi-Unendlichkeit der Welttiefe R ist das «absolute Weltvolumen» $R^3 \cdot (ln Z_i)^3 \cdot 16/\pi$ zwar knapp million-mal so groß wie das parametrische Weltvolumen, aber wegen einer elementaren Quantelung eben doch endlich. Ebensoviel ist die «absolute Weltmasse» größer als die parametrische Weltmasse.

Von der Zeitzahl Z werden alle kosmischen Größen bestimmt: die Weltmasse M, die Massendichte ϱ, die Wirkungsdichtezahl η, die Wirkungsintensitätszahl Y, und die Zahl der Nukleonen und Wirkungsquanten des Weltalls: Indem jedes Nukleon mit jeder Elementardauer τ dem Weltall ein weiteres Wirkungsquantum h zuführt, entstammen jedem Nukleon immer Z Wirkungsquanten. Die Welt-Wirkung ist damit $Z \cdot h$ fach der Zahl N der Welt-Nukleonen; modifiziert durch die Vergehung von Nukleonen im präsenten Weltraum.

Die Weltmasse

Die Weltmasse M, die totale Masse des Weltalls besteht aus zwei wesenhaft verschiedenen Massenkomponenten M_r und M_c; gemäß $M = M_r + M_c$.

Die Welt-Ruhemasse M_r besteht aus Nukleonen und Elektronen, wovon die Nukleonen über 999‰ von M_r darstellen; diese ruhen praktisch im Weltraum. Die Welt-Strahlungsmasse M_c besteht aus Neutrinos und Photonen, wovon die Neutrinos über 999‰ von M_c darstellen; diese sind mit Invarianzgeschwindigkeit c bewegt.

Beide Massenkomponenten M_r und M_c wirken in ähnlicher Weise gravitierend: sie haben je proportional ihrer Masse Trägheit und Schwere und üben Schwerkräfte aufeinander aus. Die eigentliche Wirkung — als Energie mal Zeit — ist aber bei diesen Massenkomponenten wesenhaft verschieden. Auch sonst haben diese beiden Massenarten sehr verschiedene Eigenschaften:

Die Masse eines Nukleons oder Elektrons bleibt unverändert; von seiner Entstehung bis zur Vergehung, solange es existiert. Sie unterliegt nur einer Modifizierung durch die relativistische Massenvergrößerung und die Massendefekte.

«Ruhemassen» können mit jeder Geschwindigkeit bewegt sein, die kleiner als Invarianzgeschwindigkeit c ist. Hierbei treten relativistische Vergrößerungen gegenüber dem eigentlichen Ruhemassenwert auf. Diese meist sehr geringen Massenzuwachse sind ebenfalls schwer und träg. Bei der Ballung von Nukleonen zu Atomkernen oder zu schweren Sternen ergeben sich charakteristische Massendefekte für jedes an der Ballung beteiligte Nukleon. Der Massendefekt wird in Neutrino- oder Photonenmassen umgesetzt; dh die Defektenergie mit Invarianzgeschwindigkeit abgestrahlt. Bei Atomkernen ist dieser Massendefekt durchschnittlich nur rund 8 ‰.

Bei grenzdichten Sternen ist dieser Massendefekt aber gerade die Hälfte der Nukleonenmasse selbst; also die halbe Nukleonenmasse ist damit bereits in Neutrinos und Photonen abgestrahlt. Beim nachfolgenden existentiellen Kollaps, bei welchem schlagartig die Sternnukleonen aus dem Dasein verschwinden, wird nochmals eine Neutrino- und Photonenmasse gleich der halben Nukleonenmasse freigesetzt. Es ist damit so, als sei die ganze verschwundene Nukleonenmasse «verstrahlt» worden.

Die Masse eines Neutrinos oder Photons nimmt dagegen proportional mit dem Weltalter T ab: ein bei Z entstandenes Neutrino hat bei $2\,Z$ bzw $3\,Z$ usw nur noch die Hälfte bzw ein Drittel seiner Entstehungsmasse. Dieser Massenschwund der invarianzbewegten Energien ist durch die Expansion des Weltraumes bedingt und wird in der Rotverschiebung weit herkommenden Lichtes sichtbar. Dieser Massenschwund ist aus einem kosmischen Energieerhaltungssatz exakt beweisbar: eben damit bleibt die Gesamtenergie des Weltalls immer gleich null — und eben damit bleibt insbesondere auch die Energie in bezug auf jeden Punkt immer konstant im Sinne des klassischen Energiesatzes.

Diese expansionsbedingte Energieminderung von Photonen und Neutrinos wird verallgemeinernd als «Verrotung» bezeichnet: Weil sich die Wellenlänge proportional dem Weltalter vergrößert und damit speziell sichtbares Licht vom Violett zum Rot verschoben wird.

Die Weltmaterie

Die eigentliche Weltmaterie wird durch die Nukleonen verkörpert. Die Nukleonenzahl kennzeichnet die materielle Weltmasse M_r.

Bei der Inhomogenisierung — $Z_i = \frac{1}{2} \cdot 10^{40}$, T_i knapp 1 Jahrmilliarde nach dem Ursprung — war das jemals erreichte Maximum an Weltmasse existent. Die Entstehungsneutronen waren je in ein Proton p, Elektron e und Neutrino zerfallen. Die gesamte Weltmasse war reines Wasserstoff-Plasma mit absolut 10^{85} *pe*-Paaren. Heute – $Z_0 = 14 \cdot 10^{40}$, T_0 rund 20 milliarden Jahre nach dem Ursprung – sind noch etwa $^1/_8$ dieser Nukleonen vorhanden; absolut $10^{85}/8$ Nukleonen mit $2 \cdot 10^{57}\ kg$ entsprechend 10^{27} Sonnenmassen.

Die restlichen $^7/_8$ der ehedem gegebenen Weltmasse sind in den Galaxenkern-Explosionen und Stern-Entartungen verstrahlt und so stark verrotet, daß heute insgesamt nur noch die Hälfte der ehedem gegebenen Weltmasse vorhanden ist. Die Weltmasse besteht heute zu 75% aus Neutrino-Strahlung, zu 15% aus noch nicht entarteter Materie, insbesondere in den leuchtenden Sternen und interstellaren Gasen, und zu 10% aus schon entarteter Materie, insbesondere in Neutronen-Sternen. Diese Materie von absolut $2 \cdot 10^{57}$ kg verteilt sich heute auf einen Weltraum von absolut $1{,}4 \cdot 10^{85}\ m^3$ mit einer mittleren Dichte von $1{,}5 \cdot 10^{-28}\ kg/m^3$. Diese Materie befindet sich in gewaltigen Sternwolken, den Galaxien, die sich in Haufen und Superhaufen gruppieren.

Die absolute Vollzahl aller Galaxien (Weltinseln) im Weltall ist 10^{16}; zehnbilliarden, je wie unsere Milchstraße. Diese Galaxien sind einigermaßen gleichmäßig im Weltraum verstreut; heute jede durchschnittlich einige millionen Lichtjahre von der nächsten entfernt. Jede dieser Galaxien ist eine mächtige Sternwolke von rund hunderttausend (10^5) Lichtjahren Durchmesser mit durchschnittlich rund 10^{11} Sternen, die in durchschnittlich einigen Lichtjahren Entfernung vom jeweils nächsten in ihrer Galaxie ihre Bahn ziehen; je hundertmilliarden Sterne wie unsere Sonne. Der intergalaktische Raum — zwischen den Galaxien — ist fast ohne Materie; nur erfüllt vom fast homogenen «Neutrino-Meer» und der «Hintergrund-Strahlung». Im interstellaren Raum — zwischen den Sternen innerhalb einer Galaxie — ist rund 10% der Materie fein verteilt als Gas- und Staubmassen. Aus diesem «Interstellargas» bilden sich auch heute noch neue Sterne.

Weltraum und Expansion

Der Weltraum hat die Tiefe R, die sich mit der Weltzeit T vergrößert (Friedmann, Lemaître). Diese Expansion ist konstant (Philberth). In der ersten Elementardauer τ der Weltzeit war die Tiefe des Weltraumes gleich einer Elementarlänge λ. Immer ist: $R = c \cdot T$.

Alle Galaxien des Weltalls nehmen an dieser Expansion — dh an der fortschreitenden Weitung des Weltraumes mit der Weltzeit — teil. Astronomische Beobachtungen bestätigen, daß sich eine Galaxie von uns um so schneller fortbewegt, je weiter sie entfernt ist. Ihr Abstand wächst proportional dem Weltalter T. Das Verhältnis dieser «Fluchtgeschwindigkeit» zur Entfernung ist die «Hubble-Konstante», welche bei einer Konstant-Expansion mit $R = c \cdot T$ gleich T^{-1} ist; rund $(20 \cdot 10^9\, a)^{-1}$.

Folgt aus dieser systematischen Flucht aller Galaxien von uns weg, daß wir (zufällig) im Mittelpunkt der Welt sind? Wenn der Weltraum ein überall gleichmäßig expandierendes Kontinuum ist, in welchem jede Galaxie an ihrer Stelle im «Substrat» ruht, so ergibt sich — für jede Galaxie als Bezugspunkt — überall die gleiche systematische Fluchtbewegung jeder anderen Galaxie proportional ihrer Entfernung vom Bezugspunkt; gleichgültig, ob dieses Kontinuum positiv-gekrümmt (kugelig), oder euklidisch (ungekrümmt, eben), oder negativ-gekrümmt (hyperbolisch) ist; ebenso gleichgültig, ob das Kontinuum endlich oder unendlich ausgedehnt ist. Diese systematische Fluchtbewegung ist überlagert von abweichenden Streubewegungen der einzelnen Galaxien. Diese «Peculiarbewegung» ist im statistischen Mittel rund 200 km/s; also in der Regel klein gegenüber der Fluchtbewegung. Im Wesentlichen gilt: jede Galaxie «ruht im Substrat».

Die astronomische Beobachtung zeigt ein Weltall, das überall «typisch» ist. Zwar hat jede Galaxie eine verschiedene Peculiarbewegung und einen verschiedenen Drehimpuls. Zwar ist auch jede Galaxie verschieden groß an Volumen und Masse und ist verschieden weit entfernt von der nächsten. Aber überall ist statistisch die gleiche Verteilung von Peculiar- und Rotationsbewegungen, von Größen und Abständen der Galaxien. Es ist damit nicht nur in sich vernünftig, sondern auch der Beobachtung gemäß, das «kosmologische Prinzip» zu postulieren und als praktische Arbeitsgrundlage anzunehmen: eben daß das Weltall bei gleichem Alter überall gleichartig, überall typisch ist.

Für die nachfolgenden Grundsatz Betrachtungen ist es sogar zulässig, ein Bild des Kosmos zu unterstellen, in welchem das kosmologische Prinzip streng gültig ist: Alle Galaxien seien gleich groß und haben überall den immer gleichen Abstand von der jeweils nächsten Galaxie; einen Abstand, der sich mit der Hubble-Konstante laufend vergrößert. Alle Galaxien seien ohne Peculiarbewegung, so daß sie an immer der gleichen Stelle im Substrat ruhen. Jede Galaxie definiere somit eine «Substratstelle»; auch für die frühesten Zeiten, in denen die Galaxien noch gar nicht entstanden waren; und auch für die spätesten Zeiten, in denen die Galaxien schon wieder vergangen sein werden. Heute ist der mittlere Abstand einer Galaxie zur nächsten 6 bis 7 millionen Lichtjahre. Bei einer heutigen Welttiefe R_0 von 20 milliarden Lichtjahren ist somit das Verhältnis rund $1:3000$. Somit ist der Abstand einer Substratstelle von der nächsten immer gleich $R/3000$ bzw $c \cdot T/3000$. Dieser Abstand ist die «Abstandseinheit».

Der Weltraum mit seinen Galaxien ist vergleichbar mit einem Luftballon, der fortlaufend weiter aufgeblasen wird (Expansion), und der festhaftend auf dem Ballon-Gummi (Substrat) gleichmäßig verteilte Farbpunkte (Galaxien) trägt. Mit der fortlaufenden Dehnung des Gummi der Ballon-Oberfläche entfernt sich jeder Punkt von jedem anderen gleichmäßig immer weiter (Expansion); und zwar proportional (Hubble-Konstante) um so schneller, je weiter zwei Punkte in der Ballon-Oberfläche (Weltraum) voneinander entfernt sind.

Diese Expansion des Weltraumes, dh die Fluchtbewegung der Galaxien, wird beobachtet durch die «Rotverschiebung» der Spektrallinien des Lichtes, das von diesen Galaxien bei uns einfällt, gegen das rote Ende des Licht-Spektrums; das Licht «verrotet»: die Energie und Frequenz eines von einer fernen Galaxie kommenden Photons wird um so mehr verkleinert, bzw die Wellenlänge um so mehr vergrößert, je näher sich die Galaxie (Substratstelle) dem Rand befindet und je schneller sie entsprechend von uns flieht. Das Verhältnis der hier ankommenden Energie zur dort abgegangenen Energie ist der «Verrotungsfaktor». Die kosmische Struktur ergibt streng eine quasi-klassische Proportionalität von Rotverschiebung und Fluchtgeschwindigkeit. Ist eine Galaxie hier mit einer Entferung r und um eine Zeit t jünger präsent, so ist das Verhältnis der an der Galaxie abgehenden Wellenlänge λ'' bzw Schwingungsdauer τ'' eines Photons zur hier ankommenden Wellenlänge λ' bzw Schwingungsdauer τ' gleich:

$$\lambda''/\lambda' \quad = \quad \tau''/\tau' \quad = \quad (1-v/c) \quad = \quad (1-r/R) \quad = \quad (1-t/T)$$

Damit ist die Entfernung r von Galaxien bis in größte Tiefen exakt:

$$r/R \quad = \quad 1-\lambda''/\lambda' \quad = \quad 1-\tau''/\tau' \quad = \quad t/T \quad .$$

Die Photon-Energie ist reziprok der Wellenlänge bzw Schwingungsdauer, so daß λ''/λ' und τ''/τ' direkt der Verrotungsfaktor ist. Kosmisch ist dieser gleich $1-v/c$. Von einem mit c fliehenden Punkt wäre der Verrotungsfaktor gleich null: das Licht würde total verroten. Zugleich ist — bis zur größten Entfernung R und größten Geschwindigkeit c — die Fluchtgeschwindigkeit v streng proportional dem räumlichen Abstand r bzw zeitlichen Abstand t der Galaxie von uns:

$$v/c = r/R = \text{const} \;; \qquad \text{bzw} \qquad v/t = c/T = \text{const} \;.$$

Nach dem kosmologischen Prinzip setzen sich Verrotungsfaktoren multiplikativ zusammen. Der Verrotungsfaktor längs 2 Abstandseinheiten ist also das Quadrat aus demjenigen längs 1 Abstandseinheit. Bei einer Abstandseinheit gleich $R/3000$ ist er längs 1 Abstandseinheit gleich $(1-{}^{1}/_{3000})$, längs n Abstandseinheiten gleich $(1-{}^{1}/_{3000})^{n}$.

Bei einer Abstandseinheit gleich R/n, würde klassisch der Rand gerade n Abstandseinheiten entfernt sein. Klassisch wäre damit der Verrotungsfaktor aus voller Welttiefe R gleich $(1-1/n)^{n}$, was für große n (zB $n = 3000$) den Wert $1/e$ ergäbe. Tatsächlich ist die Verrotung von dem mit Invarianzgeschwindigkeit c fliehenden Rand total; aufgrund der quasi-unendlichen Größe von R und c.

Die Erfassung der Struktur des Mikrokosmos erfordert verschiedene, zueinander komplementäre Aspekte; etwa im «Körper-Welle-Dualismus» erscheinend. Dazu erstaunlich analog ist eine Aspekt-Komplementarität des Makrokosmos. Sie läßt sich etwa in einem Dualismus von Parameter-Größen und Präsenz-Größen ausdrücken, die voneinander verschieden sind, aber doch einander ergänzen. Sie ist gleichsam eine Abbildung der Komplementarität von «Subjekt und Objekt» oder von «Erkenntnis und Wirklichkeit» in das physikalische Sein:

Der Parameter-Aspekt erfaßt die allumschließende Absolutmasse des Weltalls (analog dem Körperaspekt), ist aber hinsichtlich der Raum-Zeit-Struktur von nur gleichnishafter Wirklichkeit. Der Präsenz-Aspekt erfaßt die Raum-Zeit-Struktur des Weltalls (analog dem Wellenaspekt), bringt aber hinsichtlich der Weltmasse nur unvollständige Erkenntnis.

Die Parametergrößen *

Alle kosmischen Größen — vor allem Zeit, Raum, Masse — werden von der Zeitzahl Z beherrscht. Die Zeitzahl Z ist selbst weder Zeit noch Raum, sondern ein dimensionsloser Parameter: eine von 1 an alle natürlichen Zahlen durchlaufende Größe. Die Zeitzahl tritt ebenso als Verhältnis von Zeit- wie von Raumgrößen in Erscheinung:

$$Z = T/\tau \qquad \text{wie} \qquad Z = R/\lambda \quad .$$

So gibt es eine Parameter-Zeit: Zwei beliebige Galaxien sind miteinander parametrisch gleichzeitig, wenn ihre Zeitzahl gleich ist. Sie sind gleich alt, wenn ihre Nukleonen gleiche Zeitzahl aufweisen; dh praktisch, wenn sie gleichen Entwicklungsstatus haben. Konkret ist unsere Zeitzahl Z_0 hier und jetzt gleich $14 \cdot 10^{40}$; der Andromedanebel, ein Virgonebel, ein beliebiger Quasar ist mit uns parametrisch gleich alt, wenn er auch gleiche Zeitzahl $14 \cdot 10^{40}$ hat.

So gibt es auch einen Parameter-Raum. Dies ist ein gedachter Raum, in dem sich die Galaxien im gleichen Moment der Parameterzeit befinden. Dieser Art ist der alle Nukleonen des Weltalls enthaltende «Absolut-Raum». Er ist überall gleichartig. Er hat überall gleiche mittlere Dichte; wie unsere Großraum-Umgebung.

So gibt es auch eine Parameter-Masse; speziell eine Parameter-Nukleonenzahl: Dies ist die Zahl der Nukleonen mit ein und derselben Zeitzahl Z. Dieser Art ist die «absolute Nukleonen-Zahl» aller gleichalten Nukleonen des Weltalls. Auch das ist zwar ein genau definierbarer und in konkreten Zahlen angebbarer Wert, der aber keiner realen Zeitlichkeit und Räumlichkeit einordenbar ist.

Wegen des «kosmologischen Prinzips» (daß der Kosmos großräumig überall gleichartig ist) besitzt der Parameterraum überall gleiche mittlere Dichte: gleiche Massendichte ϱ als Masse pro Volumen; gleiche Energiedichte $c^2\varrho$ als Energie pro Volumen; gleiche Wirkungsdichte usw. Bei den großen Leerräumen zwischen den Galaxien gilt dies freilich nur für die großräumigen Mittelwerte. In diesem Sinne «großräumige Umgebung» ist eine Raumkugel mit einem Radius von etwa 1 % der Welttiefe R; dh mit zweihundertmillionen Lichtjahren Radius, welcher zwar noch klein gegen die Welttiefe R, aber schon groß gegen die Galaxenabstände (30-fach) ist. Eine solche großräumige Umgebung ist der astronomischen Beobachtung noch gut zugänglich.

Überwiegend gehen kosmologische Betrachtungen und Berechnungen von den Gegebenheiten in der großräumigen Umgebung aus und beziehen sich auf die Geschehnisse zu einer bestimmten Zeit; ungeachtet dessen, daß aus großen Entfernungen frühere Zeiten präsent sind. Solche Betrachtungen und Berechnungen sind durchführbar und werden durchgeführt mit einem parametrischen Ansatz des Weltraumes als klassische Kugel mit dem Radius R. Eine Substratstelle parametrisch im Abstand R ist präsent mit dem Alter T_0/e mit einer Verrotung e.

Diese so erhaltenen Größen seien einfachhin als «Parametergrößen» bezeichnet. Das Parameter-Volumen des Weltraumes ist damit $V_{prm} = (4\pi/3) \cdot R^3$. Die Parameter-Masse des Weltalls ist damit $M_{prm} = \varrho \cdot V_{prm}$; wobei ϱ die mittlere Dichte (Massendichte) ist. Die Parameter-Energie des Weltalls ist damit $E_{prm} = c^2\varrho \cdot V_{prm}$.

Speziell heute ist dies auch ungefähr «die» Weltmasse, weil sich die Galaxien vor etwa 13 milliarden Jahren zu bilden begonnen haben, was parametrisch gerade einem Radius R entspricht.

Der Parameterraum, mit dem klassischen Radius R, ist jedoch nur ein willkürlicher Ausschnitt aus dem ebenfalls parametrischen, aber absolut alle Massen enthaltenden Gesamtraum des Weltalls: dem «Absolutraum» mit der «Absolutmasse» des Weltalls.

Der Absolutraum ist nicht durch die Welttiefe R begrenzt, welche ein quasi-unendlicher Wert ist. Er ist begrenzt wegen einer elementaren Quantelung. Der endliche Absolutraum ist die «Oberfläche einer Hyperkugel»; mit konkret $92R$ zwischen Bezugspunkt und Äquator.

Ein solcher Raum ist physikalisch möglich und mathematisch faßbar (Riemann). Er ist analog dem Ballon-Gummi eines kugelförmig aufgeblasenen Luftballons (fortgesetzt weiteres Aufblasen analogisiert die Expansion):

Wie diese Ballon-Oberfläche (Gummi) 2-dimensional erstreckt ist, so ist der Absolutraum 3-dimensional erstreckt. Wie die Ballon-Fläche die Oberfläche einer Kugel ist mit einem Radius r, der überall senkrecht auf der Fläche steht (3. Dimension), so ist der Absolutraum die Oberfläche einer Hyperkugel mit dem Radius R_h, der überall senkrecht auf dem Raum steht (gleichsam in höherer Dimension). Wie sich die selbst 2-dimensionale Ballonfläche erst über die dritte Dimension kugelig-gekrümmt schließt und die endliche Fläche $r^2 \cdot 4\pi$ besitzt, so schließt sich der 3-dimensionale Absolutraum erst über die sechste Dimension kugelig-gekrümmt mit einem endlichen Volumen $R_h^3 \cdot 2\pi^2$.

Wie auf der Ballonfläche die konzentrisch den Nordpol einschließenden Breitenkreise vom Nordpol zum Äquator größer und jenseits des Äquators zum Südpol wieder kleiner werden, so werden im Absolutraum die einen Ausgangspol (Bezugspunkt) konzentrisch umschließenden Kugelflächen bis zum Äquator größer und jenseits des Äquators zum Antipol wieder kleiner. Wie auf der Ballonfläche der äquatoriale Breitenkreis den (im Gummi zum Nordpol laufenden) «Radius» $r \cdot \pi/2$ und den Umfang $r \cdot 2\pi$ besitzt, so hat im Absolutraum die äquatoriale Kugelfläche den «Radius» $R_h \cdot \pi/2$ und die Fläche $R_h^2 \cdot 4\pi$.

Wie auf der Ballonfläche — in bezug auf den Nordpol — die kleineren südlichen Breitenkreise den größeren äquatorialen Breitenkreis umschließen und wie insbesondere der verschwindend kleine Breitenkreis dicht um den Südpol alle anderen und größeren Breitenkreise umschließt, so umschließen im Absolutraum — in bezug auf einen beliebig wählbaren Bezugspunkt — die kleineren Kugelflächen jenseits des Äquators die größere äquatoriale Kugelfläche und umschließt die verschwindend kleine Kugelfläche dicht um den Antipol alle anderen und größeren Kugelflächen. Infolge der kugeligen Krümmung kann somit (am Ballon als simples Faktum feststellbar) eine kleinere Kugel eine größere Kugel einschließen. Im Absolutraum kann somit tatsächlich das Kleinste das Größte einschließen: Die Oberfläche des Antipol-Nukleons kann (in bezug auf den Ausgangspol) den ganzen Weltraum einschließen; ebenso im Präsenzraum.

Mit Kugelschalen von immer einer Abstandseinheit Dicke nimmt — vom Ausgangspol (Bezugspunkt) ausgehend — die Zahl der Galaxien bis zum Äquator zu, erreicht in der äquatorialen Kugelschale die größte Zahl und nimmt jenseits wieder ab. Weil sich in der äquatorialen Kugelschale des Absolutraumes die größte Zahl von Substratstellen befindet, ist dies der «Stückzahl-Äquator». In der antipolen Kugelschale ist nur noch eine einzige Galaxie: die Anti-Galaxie.

Die Substratstellen (Galaxien) im Absolutraum sind «diametral-identisch»: Eine Stelle mit der *e*-Schrittzahl s vor dem Äquator, ist identisch einer in entgegengesetzter Richtung mit dieser gleichen *e*-Schrittzahl s hinter dem Äquator liegenden Stelle. Die Antipol-Stelle ist identisch der Bezugsstelle: konkret unsere Anti-Galaxie ist unsere Milchstraße selbst. Somit enthält bereits das Absolut-Volumen $R_h{}^3 \cdot \pi^2$ (statt $R_h{}^3 \cdot 2\pi^2$) die endliche und absolute Vollzahl aller Substratstellen; dh die absolute Nukleonenzahl N_{abs} bzw die absolute Weltmasse M_{abs}.

Die Präsenzgrößen *

Der Absolutraum hat nur Substratstellen, die keine Wirkungsverbindung miteinander haben können; er ist buchstäblich unwirklich. Der reale Raum ist der Präsenzraum, in welchem die Materie über die Invarianzgeschwindigkeit c retardiert (verzögert, statt gleichalt) der übrigen Materie des Weltalls gegenübersteht.

Präsenz heißt «Gegenwärtigkeit». Es bedeutet wirkfähiges Gegenüber. Wechselwirkung setzt Gegenwart, Präsenz voraus. Ein Ringkämpfer kann nur mit einem präsenten Gegner ringen; nicht mit einem, der sich jetzt in einem anderen Erdteil aufhält, oder der hier schon gestorben oder noch nicht geboren ist.

In kosmisch kleinem Umkreis hat es den Anschein, als sei die Präsenz rein ein Problem des räumlichen Abstandes unter Voraussetzung der Gleichzeitigkeit, dh der «Gegenwart» im engeren Sinn. Tatsächlich ist die Präsenz ein raum-zeitliches Gegenüber. Relativistisch ausgedrückt, erfordert jede Wechselwirkung einen «Eigenzeitabstand gleich null». Quantenphysikalisch ausgedrückt, muß die «Kehrbesenbeziehung» erfüllt sein; dh das Gegenüber wird mit der Zeit über den Raum herbeigekehrt.

All dies bedeutet das gleiche: Wirkungsgegenwart, dh eben Präsenz ist gegeben, wenn der Wechselwirkungspartner so weit in Lichtsekunden entfernt wie in Sekunden jünger ist. Die Wirkungsverbindung erfolgt mit Invarianzgeschwindigkeit; die Ursache muß also schon um soviel früher ausgegangen sein, um wieviel sie weiter entfernt ist.

Die Invarianzgeschwindigkeit c ist nicht nur relativistisch die höchste, nicht überschreitbare Geschwindigkeit, sondern auch quantenphysikalisch die Wirkungsvermittlung. Im relativistischen Aspekt bedeutet die Dauer- und Längenkontraktion zu null bei Invarianzgeschwindigkeit, daß diese Präsenz essentiell eine wie unmittelbare, quasi-abstandlose Berührung der Wechselwirkungspartner darstellt.

Schon daraus wird deutlich, daß die Präsenzzeit und der Präsenzraum keine absoluten, bezugsunabhängigen Größen sein können.

Etwa die Schwere-Wechselwirkung zwischen zwei Nukleonen bedeutet: Kraft durch das eine Nukleon im Feld des anderen Nukleons; zugleich aber auch Kraft durch das andere Nukleon im Feld des einen Nukleons. Diese Wechselwirkung hat also zwei Komponenten, die verschieden zeit- und raumartig sind: Diese eine Komponente manifestiert sich hier bei diesem Nukleon; jene andere Komponente dort beim anderen Nukleon. Diese Komponente manifestiert sich verspätet gegenüber jener; jene Komponente aber zugleich auch verspätet gegenüber dieser: jeweils mit der Invarianzgeschwindigkeit verspätet; offenbar jeweils in einer anderen Zeitordnung verspätet.

Dazu gibt es eine Präsenzmasse, speziell eine Präsenz-Nukleonenzahl: Dies ist jene Zahl von Nukleonen, die eben mit dem jetzt und hier befindlichen Bezugsnukleon in Wechselwirkung sind; die jetzt und hier «sichtbar» sind. Damit ist es möglich, daß Nukleonen hier noch nicht präsent sind, die bei einem Z gleich unserem schon existent sind, umgekehrt, daß Nukleonen hier noch präsent sind, die bei einem Z gleich unserem schon vernichtet sind.

Die Präsenzzeit und der Präsenzraum sind die Träger der Wirkungen; die wirkliche Zeit, der wirkliche Raum. Diese sind relational; jeweils auf einen Bezugspunkt bezogen. Jeder Bezugspunkt ist ein eigenes Raum-Zeit-System in einem 4-dimensionalen Kontinuum.

Der Kosmos ist raumzeitlich in grandioser Einfachheit strukturiert; anschaulich begreifbar und elementar berechenbar. Der Makrokosmos wie der Mikrokosmos ist drei-komplementar.

Pole und Aspekte *

Das Weltall ist raum-zeitlich zwischen drei Polen ausgespannt: dem Ursprungspunkt, dem Bezugspunkt und dem Fernstpunkt. Jede ganzheitliche Orientierung benötigt immer alle drei Pole. Diese gehören komplementär zusammen; ebenso wie die drei Aspekte der Physik: die Existenzphysik, die Relativitätsphysik und die Quantenphysik. Und jeder dieser drei Pole verbindet sich eigenartig mit je einem von diesen drei Aspekten der Physik.

1. Der «Ursprungspunkt» ist die «Singularität» des Weltalls; ist der existentielle Pol, der nirgends in einem Raum und niemals in einer Zeit existiert, sondern mit welchem Raum und Zeit selbst erst zu existieren anfangen. Der Ursprungspunkt selbst hat gleichsam überhaupt keine Existenz; er ist das Weltalter null und die Welttiefe null. Aber aus dieser noch raum-zeitlichen Nichtigkeit vollzieht sich der «Ursprung»: der elementare Sprung der Weltzeit vom Alter 0 zu ihrer ersten Elementardauer τ, und des Weltraumes von der Tiefe 0 zu seiner ersten Elementarlänge λ, während einer ersten Zeitzahl $Z = 1$. Der Ursprungspunkt ist für das gesamte Weltall der Ausgangspunkt seiner Raum-Zeitlichkeit, in welcher es seine kollektive, ganzheitliche Existenz begründet. Zum Ursprungspunkt — selbst noch unräumlich und unzeitlich — orientiert sich die Zeitzahl Z mit deren Zunahme das Weltall altert und expandiert. Die die Existenz fundamental beherrschende Welt-Wirkungsintensität Y' ist die Summe aller Wirkungen des Weltalls pro Raum·Zeit-Abstand vom Ursprungspunkt. Der Ursprungspunkt ist der absolute Orientierungspunkt der kosmischen Existenz: der Orientierungspunkt der Existenzphysik.

2. Der «Bezugspunkt» ist der essentielle, relationale «Beobachter»; ist der essentielle Pol jeden konkreten Daseins des Weltalls und eines jeden Selbst in seinem jeweiligen Hier und Jetzt. Jedes Seiende ist es selbst — und nicht auch noch ein anderes: eine fundamentale Eigenart alles Geschaffenen. Jedes Seiende ruht wesenhaft in sich selbst — und bezieht alles auf diesen in sich selbst gegebenen Raum-Zeit-Punkt hin. Als Bezugspunkt ist dieser wesenhaft ruhend; der Ruhepunkt in sich.

Jede Substratstelle, jede Galaxie, überhaupt jeder Raum-Zeitpunkt, ist als dieser Bezugspunkt wählbar. Jeder ist wählbar — aber nicht alle zusammen oder auch nur zwei gemeinsam. Ein einziger Punkt ist als Bezugspunkt festzulegen; als der Standpunkt des Beobachters; als der raum-zeitliche Ort eines Existierenden; als eben das Dasein eines Selbst in seinem Hier und Jetzt.

Verschiedene Bezugspunkte haben relativ zueinander verschiedene Raum-Zeit-Ordnungen («Systeme»), die sich ineinander transformieren; sich aufeinander projizieren, abbilden. Aber jedes Existierende ist wesenhaft in sich die ruhende Mitte der Welt. Unser realer Bezugspunkt ist auf der Erde, in der Galaxis (unserer Milchstraße) hier und jetzt. Alle anderen Galaxien des Weltalls sind uns hier präsent als jüngere und fernere. Und so für jeden, der konkret und als er selbst existiert. Überall und immer ist der Bezugspunkt, in welchem allein das Weltall konkrete Existenz annimmt, der älteste Punkt in der Weltzeit und der tiefste Punkt im Weltraum; der Punkt, in welchem ein «Weltalter» und eine «Welttiefe» sich überhaupt erst realisiert und definiert. Im Bezugspunkt kommt gleichsam das Weltall selbst erst zu konkretem Dasein. Der Bezugspunkt ist der relationale Orientierungspunkt des kosmischen Daseins: der Orientierungspunkt der Relativitätsphysik.

3. Der «Fernstpunkt» ist im Absolutraum der «Antipol»; das Gegenüber zum Bezugspunkt auf dem kugeloberflächenartig gekrümmten Raum, der einem Weltall mit überall gleichem, absolutem Alter zugedacht ist. Dieser Antipol ist die absolut weitest mögliche Entfernung. Die Anti-Galaxie ist der Bezugs-Galaxie identisch. Jede Galaxie ist mit ihrer Anti-Galaxie identisch (Diametral-Identität). Die jenseitige «Halbkugel» des Absolutraumes ist ein identisches Gegenbild der diesseitigen Halbkugel. Keine Galaxie hat ein von ihr selbst verschiedenes Gegenstück. Die Mannigfaltigkeit aller Galaxien bildet eine offene Struktur. Erst zusammen mit seinem Gegenbild ist der Kosmos geschlossen. Wegen der Irrealität einer absoluten Zeit ist jedoch der Absolutraum nur ein erkenntnisartiges Schema.

Im realen Präsenzraum ist der Fernstpunkt der «Rand» des Weltalls, welcher alle Stellen einschließt und in welchem alle Raumrichtungen punktförmig zusammenlaufen, wie die Längenkreise am Südpol. Es existiert kein physikalisches Jenseits des Randes. Auch bezogen auf eine Stelle, die für uns beliebig nahe dem Rand liegt, ist keine Stelle präsent, die für uns nicht auch innerhalb des Randes präsent wäre. Der endliche Randabstand R ist ein quasi-unendlicher Wert. Der Rand ist — räumlich draußen und zeitlich zurück — der fernste Punkt.

Der Fernstpunkt, der Rand selbst, hat gleichsam überhaupt keine Existenz; er entgleitet in eine Quasi-Unendlichkeit. Aber eine elementare Quantelung mit der Elementarlänge λ vor dem Rand, und der

Elementardauer τ nach dem Rand, begrenzt das Weltall. Sie begründet die quantenhafte Zunahme der alle Wirkung des Weltalls fundamental beherrschenden Zeitzahl Z und der Wirkungsquanten h der Nukleonen, in allen natürlichen Zahlen von 1, 2, 3, bis zum Endwert am Weltende. Gegenüber dem Fernstpunkt «ruht» die Materiewelle eines jeden Nukleons. Bezogen auf den Fernstpunkt erfolgt die quantenhafte Erschließung immer neuer Elementarlängen $\lambda = mc/h$ und Elementardauern $\tau = mc^2/h$ und existiert die Materie quantisiert in den Elementarmassen m der Nukleonen. Der Fernstpunkt ist Grenze und Grund der Existenz des Makro- und Mikrokosmos in einer wesenhaften Quantelung: der Orientierungspunkt der Quantenphysik.

Die Substratstruktur *

Wie die drei Grundaspekte der Physik, so gehören auch die drei Seinspole komplementär zusammen.

Im Ursprungspunkt geschieht der Ursprung des Kosmos. Ungewesen tritt Zeit und Raum und Materie ins Dasein: in ersten Elementareinheiten τ, λ, m.

Im Bezugspunkt ist das Weltall präsent; in gewaltigen Massen, erstreckt über gigantische Räume und Zeiten: Der Bezugspunkt ist in sich «das» Weltalter T, mit «der» Welttiefe R sich gegenüber; fortschreitend weiter alternd und expandierend.

Im Fernstpunkt ist das Weltall begrenzt; in Elementareinheiten von Materie, Raum und Zeit. Ein Elementarvolumen umschließt den Weltraum und schließt ihn mit endlicher Größe ab.

Jedes kosmisch Seiende ist in sich Bezugspunkt; in sich «Ruhe und Mitte» des Weltalls. Der Bezugspunkt ist gegenüber dem Ursprungspunkt während seiner Alterung gleichsam nicht gewandert. Der Bezugspunkt hat gegenüber dem Ursprungspunkt gleichsam keinen räumlichen Abstand; nur einen zeitlichen Abstand: eben das Weltalter T, welches fortschreitend zunimmt.

Mit dem Fernstpunkt ist das frühest-mögliche Alter präsent; das Weltalter 0, das unmittelbare Vorstadium der ersten Existenz mit dem Alter τ. Der Fernstpunkt ist gegenüber dem Ursprungspunkt während seiner Expansion gleichsam nicht gealtert. Der Fernstpunkt hat gegenüber dem Ursprungspunkt gleichsam keinen zeitlichen Abstand; nur einen räumlichen Abstand: eben die Welttiefe R, welche fortschreitend zunimmt.

Gegenüber dem Bezugspunkt hat aber der Fernstpunkt sowohl den räumlichen Abstand der Welttiefe R, mit welcher sich der Fernstpunkt draußen im Raume befindet, als auch den zeitlichen Abstand des Weltalters T, mit welchem der Bezugspunkt gegenüber dem Anfang gealtert ist: Zwischen dem Bezugspunkt und dem Fernstpunkt spannt sich die ausschließliche Mächtigkeit der ganzen Raum-Zeit des Weltalls. Und diese Mächtigkeit weitet sich fortschreitend in Raum und Zeit: expandierend und alternd. Diese Mächtigkeit ist der Untergrund (Substrat), in welchem alle Galaxien ruhen. Jede Galaxie, jede Substratstelle, ist ein eigener Bezugspunkt, ruhend in sich.

In der relationalen Zueinanderordnung der Substratstellen (Galaxien) ergibt sich damit das natürliche System der «Substrat-Koordinaten»; parametrisiert nach der Welttiefe R und dem Weltalter T :

Ist r der präsente räumliche Abstand, und ist t der präsente zeitliche Abstand einer anderen Subsratstelle von einer Bezugs-Substratstelle, so ist $x = r/R = t/T$ die immer unverändert bleibende Abstandszahl der betreffenden, anderen Substratstelle vom Bezugspunkt. Diese Abstandszahl x kann nicht kleiner als 0 (nicht negativ) sein, weil der Bezugspunkt wesenhaft der tiefste Punkt im Raume ist; sie kann aber auch nicht größer als 1 sein, weil keine größeren Abstände als der Rand existieren: Also $0 < x < 1$, wobei $x = 0$ der Bezugspunkt selbst, und $x = 1$ der Rand selbst ist.

Umgekehrt gibt den räumlichen bzw zeitlichen Abstand vom Rand eine Rand-Abstandszahl z an: $z = 1-x = 1-r/R = 1-t/T$. Diese gibt an, mit welchem räumlichen und zeitlichen Abstand vom Rand diese andere Galaxie präsent ist; im Verhältnis zu R bzw T. Sie gibt also insbesondere an, mit welchem eigenen Alter diese andere Galaxie (im Verhältnis zum Alter T des Bezugspunktes) präsent ist. Entsprechend ist $0 < z < 1$, wobei $z = 0$ der Rand selbst und $z = 1$ der Bezugspunkt selbst ist.

Sehr praktisch ist der Rand-Abstands-Logarithmus $\xi = ln\,{}^1/z$, welcher dem exponentiellen Charakter der präsenten Rand-Abstände Rechnung trägt: $\xi = ln\,{}^1/z = -ln z = -ln(1-x)$.

Gleichbedeutend, aber anschaulicher, ist die «e-Schrittzahl» s; als multiplikatives Maß für den Abstand einer Substratstelle$_1$, die hier mit dem Randabstand $R{\cdot}z_1$ präsent ist, von einer in gleicher Richtung weiter entfernten Substratstelle$_2$, die hier mit dem Randabstand $R{\cdot}z_2$ präsent ist:

$$s = s_{12} = \xi_2 - \xi_1 = ln\,{}^1/z_2 - ln\,{}^1/z_1 \; ; \quad \text{also} \quad s_{12} = ln(z_1/z_2) \; .$$

Die Welttiefe R ist eine Präsenz-Größe: der «Rand des Weltalls» ist für uns (mit Bezugspunkt hier und jetzt) mit der räumlichen Entfernung R präsent. Dieser Rand flieht uns mit Invarianzgeschwindigkeit c. Uns von diesem Rand her erreichende Photonen oder Neutrinos verroten total; dh sie laufen hier mit unbegrenzt großen Wellenlängen durch. Ist vielleicht diese als Präsenzwert endliche Größe R eine quasiunendliche Größe (quasi = so wie); analog zu c?

Das Weltall expandiert konstant. Der Abstand zwischen zwei beliebigen Substratstellen wächst damit proportional dem Weltalter T; dh die Abstandseinheit wächst proportional mit T. Bei $1/n$ des Weltalters T — bei T/n — war die Abstandseinheit nur $1/n$-fach wie bei T; im gleichen Volumen waren damit n^3-mal soviel Substratstellen. Aus einem Randabstand von $1/n$ der Welttiefe R — aus R/n — ist uns aber eine Zeit mit $1/n$ des Weltalters T präsent; ein Alter T/n.

Also: Der Bezugspunkt liegt wesenhaft immer die volle Welttiefe R vom Rand entfernt; $z = 1$. Ist am Bezugspunkt eine erste Stelle mit dem Abstand $R \cdot z$ vom Rand präsent, und ist am Bezugspunkt aus gleicher Richtung eine zweite Stelle mit dem Abstand $R \cdot z/n$ vom Rand präsent, so liegen zwischen der ersten und zweiten Stelle immer gleich viel Abstandseinheiten; gleich, wie groß der Abstand $R \cdot z$ auch ist. ZB immer:

für $n = 2$ liegen $3000 \cdot ln\, 2 = 2080$ Abstandseinheiten dazwischen
für $n = e$ liegen $3000 \cdot ln\, e = 3000$ Abstandseinheiten dazwischen
für $n = 10$ liegen $3000 \cdot ln 10 = 6900$ Abstandseinheiten dazwischen

Dies gilt ebenso mit $z = 1$ (dh mit der ersten Stelle gleich dem Bezugspunkt selbst); wie für $z = {}^1/_{100}$; wie für $z = 10^{-30}$; wie für jeden beliebigen z-Wert (bis zu einem sehr kleinen Grenzwert von z/n).

Für die jeweilige Betrachtung ist die Einheit des Abstandsverhältnisses n beliebig als Basis wählbar; praktisch sind die Einheiten 2 oder e oder 10. In der Regel wird mit der «natürlichen» Basis $e = 2{,}718\,281\,828$ gerechnet, womit $ln e = 1$. Konkret sind damit zwischen zwei im Abstandsverhältnis e befindlichen Stellen (Randabstand $R \cdot z$ und $R \cdot z/e$) gerade so viele Abstandseinheiten — nämlich $3000 \cdot ln e = 3000$ — wie das Verhältnis der Welttiefe R zum mittleren Galaxenabstand. Ein Abstandsverhältnis e bedeutet somit parametrisch im Absolutraum jeweils einen Abstand gleich der Welttiefe R selbst. Ein e-Abstand — zugleich ein Vorrotungsfaktor e — sei als ein «e-Schritt» bezeichnet.

Der quasi-unendliche Charakter der präsenten Welttiefe R und der Rand-Fluchtgeschwindigkeit c ergibt sich auch mit den Vorrotungsschritten und Fluchtgeschwindigkeiten:

Das kosmologische Prinzip verlangt, daß längs jeder Abstandseinheit immer der gleiche Verrotungsfaktor und die gleiche relative Fluchtgeschwindigkeit auftritt. Im Parameterraum ist dies unmittelbar klar: Aufgrund des kosmologischen Prinzips ist jede Substratstelle und jede Abstandseinheit mit jeder anderen unterschiedslos gleichartig; wie weit Licht auch herkommen und weiterlaufen mag: immer ergibt sich mit jeder neuen Abstandseinheit (mit jedem Galaxenabstand, welcher neu dazukommt) der gleiche Verrotungsfaktor $(1 - 1/3000)$. Dabei ist überall die relative Fluchtgeschwindigkeit gleich der in der großräumigen Umgebung eines Bezugspunktes gegebenen Hubble-Konstante.

Im Präsenz-Raum stellt sich dies so dar: Die Energie eines vom Randabstand $R \cdot z/e$ in Richtung Bezugspunkt bis zum Randabstand $R \cdot z$ laufenden Photons reduziert sich auf $1 : e$-fachen Anfangswert; der Verrotungsfaktor ist e^{-1}. Vom Randabstand $R \cdot z \cdot e^{-s}$ bis zum Randabstand $R \cdot z$ ist die Verrotung e^{-s}; wie groß auch immer die e Schrittzahl s und wie groß auch immer z sei. Ebenso flieht ein Substratpunkt im Randabstand $R \cdot z/e = R \cdot z \cdot e^{-1}$ oder $R \cdot z \cdot e^{-s}$ von einem Substratpunkt im Randabstand $R \cdot z$ immer mit der gleichen Geschwindigkeit $(1 - e^{-1}) \cdot c$ bzw $(1 - e^{-s}) \cdot c$; wie groß auch immer R und z sei.

Damit ergibt sich ein «kosmisches Additionstheorem der Fluchtgeschwindigkeiten», das in Wesen und Eigenart analog ist dem

relativistischen Additionstheorem $\quad v_{02} = (v_{01} + v_{12})/(1 + v_{01} \cdot v_{12}/c^2)$

Von einer Substratstelle S_0 (etwa hier und jetzt) fliehe eine näher dem Rand liegende erste Substratstelle S_1 mit der Fluchtgeschwindigkeit v_{01}, und von dieser ersten Substratstelle S_1 fliehe (relativ zu dieser) eine in gleicher Richtung noch näher dem Rand befindliche Substratstelle S_2 mit der Fluchtgeschwindigkeit v_{12}, so ergibt sich: von der Substratstelle S_0 flieht die zweite Substratstelle S_2 mit der Fluchtgeschwindigkeit v_{02}, gemäß dem kosmischen Additionstheorem:

kosmisches Additionstheorem $\quad v_{02} = v_{01} + v_{12} - v_{01} \cdot v_{12}/c$

Wie die relativistische Addition hat auch die kosmische Addition die Eigenart: Die Addition der beiden Fluchtgeschwindigkeiten (v_{01} und v_{12}) kann in keinem Fall die Randfluchtgeschwindigkeit c (Invarianzgeschwindigkeit) erreichen (immer ist $v_{02} < c$); auch wenn jede der Teilgeschwindigkeiten selbst schon beliebig nahe der Randfluchtgeschwindigkeit c ist. Auch zwischen jeder noch so nahe der Randfluchtgeschwindigkeit c kommenden Fluchtgeschwindigkeit und der Randfluchtgeschwindigkeit c selbst, ist immer noch eine unüberbrückbare, quasi-unendliche Kluft, in voller Größe der Randfluchtgeschwindigkeit c. Die Randfluchtgeschwindigkeit c ist für jede Substratstelle eine quasi-unendliche Größe; analog zur Invarianzgeschwindigkeit c.

Ebenso ist es mit der Verrotung: Ein von unbegrenzt nahe am Rand kommendes Photon würde eine über alle Grenzen große Verrotung erfahren. Ein vom Rand selbst kommendes Photon würde, schon bis zu jeder endlichen und noch so kleinen Entferung vom Rand, immer total verroten: Jedes vom Randabstand null — dh von z/∞ — kommendes Photon würde bis zu jedem endlichen Randabstand $R \cdot z$ immer vollständigen Energieschwund erfahren; wie klein z auch immer sei.

Der Rand des Weltalls hat — sowohl in der Zahl möglicher e-Schritte, als auch im Additionstheorem und der Verrotung — den genau analogen quasi-unendlichen Charakter wie der Singularitätspunkt in Grenzsternen. Die gleichsam obere Seinsgrenze ist genau analog der unteren Seinsgrenze. Beide Grenzen sind unerreichbar; erst recht unüberschreitbar. Es ist kein Sein jenseits dieser Grenzen.

Quantelung und Endlichkeit *

Die präsente Welttiefe R und die Randfluchtgeschwindigkeit c sind quasi-unendliche Größen: Von wie nahe zum Rand auch immer eine Stelle präsent ist und wie nahe ihre Fluchtgeschwindigkeit auch immer der Randfluchtgeschwindigkeit c ist, immer könnten noch unendlich viele Abstandseinheiten bis zum Rand folgen und immer könnten noch unendlich viele Teilgeschwindigkeiten bis zur Randfluchtgeschwindigkeit dazukommen.

Im Gegensatz zum Präsenzaspekt, bezieht sich der Parameteraspekt auf eine überall gleiche Zeitzahl. Während ferne Substratstellen mit jüngerem Weltalter als am Bezugspunkt präsent sind, stehen parametrisch alle Substratstellen — dh alle Galaxien — mit gleichem Alter «nebeneinander». Parametrisch sind damit die Abstandseinheiten überall im Parameterraum gleich groß (und überall vergrößern sie sich proportional mit der Zeitzahl Z). Der Absolutraum ist damit größer als der Präsenzraum, indem sich die Abstandseinheiten nicht — wie im Präsenzraum — gegen einen Rand reziprok ihres Randabstandes $R \cdot z$ verkürzen, sondern als immer gleiche Strecken dazukommen.

Wenn somit im Präsenzraum beliebig randnahe Substratstellen möglich wären (mit z beliebig klein), könnte ein solcher Absolutraum unbegrenzt weit sein; $R_{abs} \to \infty$. Auch andere Absolutgrößen könnten unbegrenzt groß sein; etwa die Absolutmasse $M_{abs} \to \infty$. Konkret mit einem überall gleichen Weltalter wie bei uns jetzt, wäre an jeder der unbegrenzt vielen Substratstellen eine Galaxie wie unsere Milchstraße.

Bei Konstant-Expansion könnte dieser Absolutraum ein euklidisch unbegrenzt ausgedehntes Kontinuum sein. Dieses hätte jedoch — im Gegensatz zum Steady-state-Modell (Hoyle, Bondi) — keine Horizonte, denn es wären immer alle Stellen präsent; wenn auch sehr randnahe noch mit so frühen Zeiten, mit denen noch keine Nukleonen präsent wären. Älter als eben mit dem Präsenzalter ist eine Stelle nicht präsent. Nur insofern ist der «Lichtkegel» doch eine Art «Horizont».

Die quasi-unendlichen Größen R und c ergäben jedoch nur dann einen parametrisch unbegrenzt ausgedehnten, mit unbegrenzt vielen Galaxien erfüllten Absolutraum, wenn eben auch unbegrenzt randnahe Stellen real präsent wären. Eine elementare Quantelung ergibt jedoch eine existentielle Grenze:

Die Elementarlänge $\lambda = 1{,}3216 \cdot 10^{-15}\,m$ und die Elementardauer $\tau = 4{,}4083 \cdot 10^{-24}\,s$ sind als existentielle Einheiten des Weltalls die natürliche Grenze für jeden möglichen Anfang. Eine Präsenz mit subelementaren Randabständen ist existentiell unmöglich.

Trotz einem Anfang mit nur λ bzw τ ergeben schon erstaunlich wenig e-Schritte die makrokosmischen Größen: nur 92 e-Schritte führen zu $R_i = 10^{40}\lambda$ bzw $T_i = 10^{40}\tau$ der Inhomogenisierung; nur knapp 95 e-Schritte zu unserer Welttiefe und unserem Weltalter; gar nur 185 e-Schritte zum Weltende. Weil jeder Schritt erneut mit e multipliziert (je 3 e-Schritte mit 20), ist das Weltall zwar gigantisch groß, aber eben doch endlich.

Die Endlichkeit des Weltalls aufgrund der elementaren Quantelung ergibt sich ungeachtet von der Art der Entstehung des Weltalls. Sie steht aber dazu in einer engen Beziehung: Die Elementarlänge λ ist zugleich der Radius des Nukleons; die Elementardauer τ ist zugleich eine Schwingungsdauer seiner Materiewelle. Der präsente λ- und τ-Randabstand ist somit die Abmessung eines rand-nächsten (1λ) und frühest-existenten (1τ) Nukleons. Anders betrachtet:

Das «Ur-Nukleon» begrenzt das reale, präsente Raum-Zeit-Kontinuum des Weltalls — und macht seine Endlichkeit. Gleichsam repräsentiert das Urnukleon mit seiner «Oberfläche» den Ursprung bei λ und τ; mit seinem «Mittelpunkt» den quasi-unendlichen Rand.

Bei $Z = 1$ war der Anfang des Weltalls, war der «Ursprung». Das Weltall begann mit einem einzigen Neutron, dem «Urnukleon»; in einem Weltalter T von einer einzigen Elementardauer τ, und mit einer Welttiefe R von einer einzigen Elementarlänge λ. Im Ursprung unterschieden sich der Präsenz- und Absolutraum noch nicht voneinander; auch nicht vom Parameterraum: alle waren gleich dem Elementarvolumen V_1; in einer noch nicht objektivierbaren Struktur. Überhaupt alles war im Ursprung gleich 1.

Mit zunehmender Zeitzahl Z strukturierte sich ein Präsenzraum. Seine Expansion war konstant: immer war die Randfluchtgeschwindigkeit gleich der Invarianzgeschwindigkeit c. In der Zeit bis $T = Z_i \cdot \tau$ (Z_i rund 10^{40}) entstanden immer mehr Nukleonen; jedes Nukleon mit immer Z Wirkungsquanten h. In dieser Entstehungsepoche war immer genau 1 Wirkungsquantum in jedem Elementarvolumen des Weltraumes: So stellte sich die Nukleonen-Entstehung ein, daß diese grundlegende Bedingung von $1h/V_1$ immer und überall erfüllt war. Diese Bedingung ist Ausdruck eines kollektiven Wellenfeldes; mit den Nukleonen als kollektiv und nicht identifiziert zugeordneten Massequanten m bzw Energiequanten mc^2: mit je $mc^2 \cdot T$ also $mc^2 \tau \cdot Z$ Wirkung im jeweiligen Weltalter T; dh mit eben je Z Wirkungsquanten h pro Nukleon, weil $h = mc^2 \tau$.

In dieser Entstehungsepoche von $Z = 1$ bis $Z = Z_i$ existierte die Materie in einer vollkommenen Homogenität (Gleichmäßigkeit); in einem «Tohu-wau-Bohu» (= feinst verteilt und gleichmäßig ausgebreitet). Die wesenhaft unindividuellen «Teilchen» (Neutronen und Proton-Elektron-Paare) waren prinzipiell nichtidentifiziert; ein ideales «Fermi-Gas» (wie heute noch die Leitfähigkeits-Elektronen). Die «Stellen» des Weltraumes waren wesenhaft nicht objektivierbar.

Für zunehmende Zeitzahl Z (... 1000 ... usw) ist dem sich strukturierenden Präsenzraum auch ein Parameter- und ein Absolutraum zuordenbar: als fiktive Räume in einem Denkakt zur quantitativen Ermessung der Entstehungsepoche.

Bei c-konstanter Expansion mit $R = Z \cdot \lambda$ bei $T = Z \cdot \tau$ stieg die Zahl der Elementarvolumina V_1 eines solchen Parameterraumes kubisch mit der Zeitzahl Z: als klassisches Kugelvolumen $V_{prm} = (4\pi/3) \cdot R^3$ und $V_1 = (4\pi/3) \cdot \lambda^3$, also $V_{prm} = V_1 \cdot Z^3$. Bei konstanter Wirkungsdichte von $1h/V_1$ stieg die Zahl N_{prm} der Nukleonen eines solchen Parameterraumes quadratisch mit der Zeitzahl Z: mit einer parametrischen Wirkung $h \cdot V_{prm}/V_1$ und $h \cdot Z$ Wirkung pro Nukleon, also $N_{prm} = Z^2$; bzw die parametrische Masse $M_{prm} = m \cdot N_{prm} = m \cdot Z^2$.

Naturgemäß wurde mit steigender Zeitzahl Z (weil $Z = R/\lambda$) das Verhältnis R/λ immer größer: die Zahl s der e-Schritte von λ bis zum Bezugspunkt bei R wurde immer größer; $s = lnZ = lnR/\lambda$. Mit Strukturierung des realen Präsenzraumes stieg der diesem fiktiv zuordenbare Absolutraum mit seinem Volumen V_{abs}, nicht nur mit dem Faktor Z^3, sondern auch noch mit dem Faktor $(lnZ)^3$; also mit $Z^3 \cdot (lnZ)^3$. Desgleichen stieg die Nukleonenzahl N_{abs}, nicht nur mit dem Faktor Z^2, sondern auch noch mit dem Faktor $(lnZ)^3$; also mit $Z^2 \cdot (lnZ)^3$.

Weil der diametral-identische Absolutraum als Hyper-Kugeloberfläche anzunehmen ist und weil die Zahl $s = lnZ$ der e-Schritte des Präsenzraumes multipliziert mit der präsenten Welttiefe R im Absolutraum der Abstand $s \cdot R$ des Äquators vom Bezugspunkt ist, ergibt sich für den als Hyperhalbkugel-Oberfläche verstehbaren Absolutraum:

$V_{abs} = (\lambda \cdot Z \cdot lnZ)^3 \cdot 8/\pi = V_1 Z^3 (lnZ)^3 \cdot 6/\pi^2$; ca $V_{abs} = V_1 Z^3 (lnZ)^3$

abs. Nukleonenzahl $N_{abs} = Z^2 (lnZ)^3 \cdot 6/\pi^2$; ca $N_{abs} = Z^2 (lnZ)^3$

absolute Weltmasse $M_{abs} = mZ^2 (lnZ)^3 \cdot 6/\pi^2$; ca $M_{abs} = mZ^2 (lnZ)^3$

Obgleich der Absolutraum im Volumen mit $(Z \cdot lnZ)^3$ bzw im Radius mit $Z \cdot lnZ$ zunahm (statt nur mit Z^3 bzw mit Z), ist dies trotzdem keine «beschleunigte» Expansion: Die Randfluchtgeschwindigkeit des realen Präsenzraumes ist konstant c. Diesem Präsenzraum mit seinen nichtobjektivierbaren Stellen ist auch kein Absolutraum mit objektivierbaren Stellen zuordenbar; auch nicht fiktiv. Die Aussage, daß im Absolutraum der Entstehungsepoche Substratstellen zu finden seien, die sich beschleunigt und schließlich mit mehr als c voneinander entfernen würden, ist damit irreal und sinnlos.

Deshalb sind die Teilgebiete auch nicht durch «Horizonte» entkoppelt. Im realen Präsenzraum, auch der Entstehungsepoche, ist immer jede Stelle — nichtobjektivierbar wie später objektivierbar — präsent; eingeschlossen vom Rand, der allein mit der quasi-unendlichen, aber konstant-endlichen Invarianzgeschwindigkeit c flieht. Immer nur vom quasi-unendlichen Rand selbst her ist eine totale Verrotung, und zwar zu jeder Stelle; alle Stellen liegen aber immer nur innerhalb des Randes und jede ergibt zu jeder anderen Stelle immer nur eine endliche Verrotung. Jede Stelle bleibt immer mit jeder existentiell gekoppelt: es gibt keine Horizonte. Der Absolutraum ist eben überhaupt nur eine fiktive Zuordnung.

Die Entstehungsepoche währte bis zur «Inhomogenisierung» bei der Zeitzahl Z_i (rund 10^{40}). Das homogene Fermi-Plasma begann sich bei Z_i in gewaltigen Wolken zu ballen, aus denen sich später die Galaxien entwickelten. Damit endete bei Z_i die Entstehung der Nukleonen, der Materie — und ging in eine Vergehung der Nukleonen, der Materie über: das Weltall trat in die «Vergehungsepoche». Erst mit einer Individualisierung bei der Inhomogenisierung Z_i ergab sich ein Weltraum, dem sinnvoll ein fiktiver Absolutraum zuordenbar wurde.

Mit der Inhomogenisierung bei Z_i änderte das Weltall sein Wesen: Ab Z_i existiert die Materie als individuell identifizierte Ballungen an unvertauschbar-objektiven Substratstellen.

Weil sich zwischen die individuellen Ballungen nicht neue Ballungen — aus dem Nichts entstehend — einschieben können, und weil jede Substratstelle durch eine Ballung identifiziert ist, liegt ab Z_i die Struktur des Absolutraumes mit der Zahl seiner Substratstellen fest: mit ab Z_i immer gleichbleibend der *e*-Schrittzahl $s_i = lnZ_i$ zwischen dem Bezugspunkt und dem Äquator des Absolutraumes. Mit Z_i gleich $9 \cdot 10^{39}$ ist diese Schrittzahl $s_i = lnZ_i = 92$.

Bis Z_i war die Zahl s der *e*-Schritte vom Bezugspunkt bis zum Äquator gemäß $s = lnZ$ bis lnZ_i angestiegen. Ab Z_i bleibt — bis zum Weltende bei ungefähr Z_i^2 — die Zahl der *e*-Schritte vom Bezugspunkt bis zum Äquator unveränderlich konstant gleich lnZ_i. Richtiger: Der Anstieg der Zahl s der *e*-Schritte mit lnZ (und überhaupt der ganze Absolutraum) war in der Homogenepoche nur ein fiktives Denkschema (dem präsenten Entstehungsgeschehen zugeordnet), das überhaupt erst mit Z_i sinnvoll zu werden begann: eben mit jener *e*-Schrittzahl $s_i = lnZ_i$, mit welcher die Substratstellen und mit welcher jegliche objektivierbaren Stellen überhaupt erst ins Dasein traten, um dann individuell im Dasein zu bleiben; bis zum Weltende.

Irgend wie ist der kosmische Zustand, mit den zwei verschiedenen Epochen eines Säugetierlebens zu vergleichen: vor Z_i mit dem Embryonalzustand; nach Z_i mit dem fertigen Lebewesen. Bei der Inhomogenisierung ist eine grundlegende Scheide: Im Präsenzraum beginnt sich bei Z_i gerade der Bezugspunkt selbst — als erster von allen Stellen — zu individualisieren; wogegen sich im Absolutraum bei Z_i zugleich alle Substratstellen individualisieren.

Der Präsenz- und Absolutraum sind verschiedene «Schnitte» der Raum-Zeit des Weltalls. Der Präsenzraum ist der Schnitt mit dem

«Lichtkegel»; dh der mit der Invarianzgeschwindigkeit c gegebenen Kopplung. Der Absolutraum ist der Schnitt mit «konstanter Weltzeit»; dh mit überall gleich gedachtem Weltalter. Die Abbildungen des Präsenzraumes und des Absolutraumes aufeinander sind deshalb wechselseitig Kriterium füreinander.

Der Äquator des Absolutraumes ist jener Bereich, in welchem eine Kugelschale (etwa immer 1 Abstandseinheit Dicke) die meisten Substratstellen besitzt; es ist der «Stückzahl-Äquator». Wo liegt im Präsenzraum der extrapolierte Stückzahl-Äquator?

Der Quadrant (Pol-Äquator) des Absolutraumes erstreckt sich ab Z_i über eine konstant $s_i = lnZ_i$ bleibende e-Schrittzahl. Mit einem Bezugspunkt bei Z_i ist dies aber eben gerade das Verhältnis $R_i/\lambda = Z_i$ der Tiefe R_i der Homogengrenze (= Welttiefe R_i im Weltalter T_i der Inhomogenisierung) zur Elementarlänge λ (= Radius des Urnukleons). Somit war der Stückzahl-Äquator bei Z_i gerade mit dem Randabstand λ präsent; dh er lag auf der Oberfläche des präsenten Urnukleons (auch in der ganzen Entstehungsepoche vor Z_i wäre der Stückzahl-Äquator immer gerade mit λ-Randabstand präsent zu denken). Bis und bei Z_i repräsentierte das «Urnukleon» gerade die Anti-Halbkugel des Absolutraumes. Der gesamte, reale Präsenzraum — zwischen Randabstand λ und R_i — enthielt damit gerade die Vollzahl aller Substratstellen (wenn auch noch nicht individualisiert und noch nicht objektivierbar); keine fehlend, aber auch keine doppelt. Und im Urnukleon, welches das Weltall begrenzte, waren gleichsam alle Gegenstücke (die diametral-identischen Gegenstellen der Absolutraum-Antihalbkugel) repräsentiert: in vollkommen ununterschiedlicher Vertauschbarkeit, in vollkommener Nichtindividualität. Ein Urnukleon war das Antipol-Nukleon für jedes von allen Nukleonen des Weltalls. Welche Substratstelle, beliebig aus allen gewählt, auch immer Bezugspunkt sei: bis Z_i ist immer das Urnukleon jenes eine, mit λ-Randabstand präsente Nukleon.

Mit weiterer Alterung über Z_i hinaus — Bezugspunkt bei $Z > Z_i$ — steigt die Welttiefe R immer weiter gemäß $R = Z \cdot \lambda$ an. Aber der Homogenbereich bleibt immer mit konstanter Tiefe R_i präsent: die «Homogengrenze» bleibt immer mit konstantem Randabstand R_i präsent. Zwischen der festen Homogengrenze (R_i) und dem fortschreitend alternden Bezugspunkt ($c \cdot T = R > R_i$) weitet sich fortschreitend ein Bereich mit mehr und mehr Substratstellen aus, die sich zu individuellen Galaxien gestalten: der Bereich des in überwältigendem Formenreichtum sich entfaltenden Kosmos.

Nachdem der Bezugspunkt das Inhomogenisierungs-Alter T_i überschritten hat, treten aus der Homogengrenze immer mehr Substratstellen heraus, wobei sich ihr Randabstand R_z proportional dem Weltalter vergrößert. Damit entfernen sie sich von der Homogengrenze (R_i) und gestalten sich individuell zu Galaxien. Der Bereich des gestalteten Weltraumes wird größer und erhält zunehmend mehr Galaxien.

Wie die Homogengrenze in ihrem Randabstand R_i konstant bleibt, so bleibt auch das Urnukleon in seinem Randabstand λ konstant; immer $R_i/\lambda = Z_i$ mit immer konstanter e-Schrittzahl $s_i = lnZ_i$ von λ bis R_i. Zugleich bleibt aber auch die e-Schrittzahl vom fortschreitend sich vertiefenden Bezugspunkt $R = cT$ zum extrapolierten Stückzahl-Äquator immer konstant gleich $s_i = lnZ_i$. Dieser wird also ebenfalls mit einem sich gegenüber λ proportional T vergrößernden Randabstand R_a präsent: $R_a/\lambda = R/R_i = T/T_i$. Konkret heute, bei einem Weltalter T_0 gleich 16fach dem Inhomogenisierungsalter T_i, ist die heutige Welttiefe R_0 auch 16fach dem präsenten Randabstand R_i der Homogengrenze, und ist auch der präsente Randabstand R_a des extrapolierten Stückzahl-Äquators 16fach der Elementarlänge λ.

Mit steigendem Weltalter T repräsentiert somit das Urnukleon nicht mehr die ganze Anti-Halbkugel des Absolutraumes (wie bei Z_i), sondern nur noch mehr oder minder große Bereiche um den Antipol. Nur noch mehr oder minder große Bereiche des Weltalls haben ein «gemeinsames» Urnukleon; nur in immer engerem Raume vertauschbar. Mit verschiedenen Bezugspunkten erscheint das Urnukleon in einer mehr und mehr sich unterscheidenden Lage zu den individualisierten Galaxien des Weltalls; in einem sich mehr und mehr differenzierenden Gegenüber. Gleichsam erscheinen mit steigendem Z mehr und mehr «verschiedene» Nukleonen als «das» Urnukleon. In der prinzipiellen Vertauschbarkeit der nichtobjektivierbaren Teilchen in der Homogenepoche, vermag gleichsam jedes Nukleon — ja nach dem gewählten Bezugspunkt — als Urnukleon zu erscheinen. Mit zunehmendem Alter individualisiert sich das Weltall immer mehr.

Mit $Z = Z_i^2$ sind alle Substratstellen aus dem Homogenbereich herausgetreten, womit die Vollzahl aller Substratstellen sich individualisiert hat und damit real präsent geworden ist. Präsenz- und Absolutraum sind dann eindeutig aufeinander abbildbar. Die Homogengrenze ist dann gerade am Stückzahl-Äquator. Der ganze Homogenbereich repräsentiert gerade die ganze Anti-Halbkugel des Absolutraumes, wobei im Homogenbereich zwischen Randabstand λ und R_i gerade die Vollzahl aller Substratstellen — nicht individuell und nichtobjektivierbar — präsent geworden ist. Jede Substratstelle ist bei Z_i^2 genau einmal als individualisiert (zwischen $\lambda \cdot Z_i$ und $\lambda \cdot Z_i^2$) präsent; mit je genau einem nichtindividualisierten Gegenbild im Homogenbereich (zwischen λ und $\lambda \cdot Z_i$).

Das Urnukleon repräsentiert bei Z_i^2 nur noch den Antipol von allein derjenigen Substratstelle, die als Bezugspunkt gewählt ist; jede Substratstelle hat mit Z_i^2 gleichsam ihr eigenes Urnukleon gegenüber. Nur der Rand selbst ist immer allen Bezugspunkten unterschiedslos und richtungslos zugehörig; als der immer gleiche, quasi-unendliche Orientierungspunkt. Das konkrete Weltall wird eben nicht vom Rand selbst begrenzt, sondern quantenhaft vom λ-Abstand vom Rand. Und mit der Voll-Individualisierung bei Z_i^2 liegt die Homogengrenze genau im geometrischen Mittel zwischen λ und $\lambda \cdot Z_i^2$; dh eben bei $\lambda \cdot Z_i$ im Alter von $\tau \cdot Z_i$.

Mit $Z = Z_i^2$ tauchen erstmals — in jeweils entgegengesetzter Richtung vom Bezugspunkt — miteinander identische Substratstellen an der Homogengrenze, die dann zugleich Stückzahl-Äquator ist, auf. In jedem solchen Paar ist jeweils die eine Stelle der Antipol zur anderen — und beide sind identisch. Für $Z = Z_i^2$ wird also ein und die selbe sich gerade individualisierende Substratstelle (Proto-Galaxie) in entgegengesetzten Richtungen und von entgegengesetzten Seiten gesehen. Diesbezüglich versagt das um 1 Dimension niedrigere Modell der aufgeblasenen Ballon-Oberfläche: Hier sind beide auftauchende Substratstellen spiegelverkehrt zueinander, können also nicht identisch sein.

Mit $Z = Z_i^2$ hat sich das Weltall voll individualisiert und realisiert. Zugleich ist dies aber schon die Endzeit; dicht vor dem Weltende bei T_e, das ist nach etwa 10^{50} bis 10^{51} Jahren. In dem interessanten Grenzfall, daß eine extrem rasche Nukleonen-Verstrahlung (mit $\varepsilon \rightarrow -\infty$) schon bei Z_i (mit $Z_s \rightarrow Z_i$) einsetzt, wird die Vergehung der letzten Nukleonen schon bald nach Z_i^2 abgeschlossen sein. Bei der realen Ballungsdynamik wird die Vergehung der letzten Reste der Materie bei rund $100 \cdot Z_i^2$ abgeschlossen sein; also aufregenderweise nicht genau bei Z_i^2, aber doch derart nahe, daß das Weltall schon bei Z_i^2 von der Nichtigkeit gezeichnet ist. Gerade dann wird sich das Weltall voll individualisiert und als Raum-Zeit-Kontinuum realisiert haben, wenn seine Absolutmasse verschwindet: am Ende des Weltalls mit dem Vergehen der letzten Atomkerne und Nukleonen und dem Vergehen von Raum und Zeit selbst.

Die Absolutgrößen sind die allumfassenden Größen des Weltalls. Der Absolutraum ist der allumfassende Raum des Parameteraspektes. Jedes Nukleon läuft alle Zeitzahlen durch von 1 bis Z_i^2, und überläuft damit einmal einen konkret gewählten Z-Wert. Der Parameteraspekt betrachtet jedes Nukleon immer dann, wenn es im Laufe seiner Alterung diesen bestimmt-gewählten Z-Wert erlebt. Konkret mit einem Wert $Z = 14 \cdot 10^{40}$: An jeder Substratstelle befindet sich eine Galaxie im Alter von 20 milliarden Jahren. Überall ist der Abstand von einer Galaxie zur jeweils nächsten gleicherweise $R/3000$; also 20/3000 milliarden Lichtjahre. Überall flieht von einer Galaxie die nächste mit der gleichen Geschwindigkeit $c/3000$; also mit 100 km/s. Zwei Substratstellen im beliebigen Abstand r voneinander fliehen voneinander mit einer Fluchtgeschwindigkeit $v = c \cdot x$, welche immer gleich der Invarianzgeschwindigkeit c mal ihrer festen Abstandszahl $x = r/R$ — Abstand r pro Welttiefe R — ist; gemäß der Hubble-Konstante T^{-1}.

Jeder e-Schritt des Präsenzraumes bildet sich im Absolutraum als ein gleicher Abstand von der Größe R ab. Der Quadrant des Absolutraumes hat damit — ab Z_i — immer die Länge $R \cdot s_i = R \cdot ln Z_i$ (Karl Philberth). Konkret mit der Inhomogenisierung bei einem Weltalter T_i von 1,2 milliarden Jahren, also mit einer Inhomogenisierungszeitzahl Z_i von $9 \cdot 10^{39}$, ergibt sich damit eine Zahl $s_i = 92$ von e-Schritten vom Bezugspunkt bis zum Äquator. Damit ist der Abstand vom Bezugspunkt zum Äquator des Absolutraumes gleich $92R$; als Quadrant der «Oberfläche einer Hyperkugel» des Radius R_h gemäß:

$$R_h = R \cdot (ln Z_i) \cdot 2/\pi = k_h \cdot R \;; \quad \text{rund} \quad k_h = (ln Z_i) \cdot 2/\pi = 58{,}6 \;.$$

Damit sind die Absolutgrößen festgelegt. Indem das Volumen einer Hyperkugel-Oberfläche gleich $R_h^3 \cdot 2\pi^2$ ist, wegen der Diametral-Indentität aber nur die Halbkugel mit dem Volumen $R_h^3 \cdot \pi^2$ zu rechnen ist:

$$V_{abs} = R^3 (ln Z_i)^3 \cdot 8/\pi \;; \quad \text{also ist } V_{abs} \text{ rund } 2\,000\,000\, R^3 \;.$$

Mit dem Parameter-Volumen V_{prm} gleich $R^3 \cdot 4\pi/3$, ist das Absolut-Weltvolumen V_{abs} und die proportionale Absolut-Weltmasse M_{abs}:

$$V_{abs}/V_{prm} = (ln Z_i)^3 \cdot 6/\pi^2 \;; \quad \text{rund} \quad V_{abs} = 470\,000\, V_{prm} \;;$$
$$M_{abs}/M_{prm} = (ln Z_i)^3 \cdot 6/\pi^2 \;; \quad \text{rund} \quad M_{abs} = 470\,000\, M_{prm} \;.$$

Die Parameterwerte V_{prm} bzw M_{prm} sind aus den in der Umgebung beobachtbaren Werten bestimmbar; die Absolutwerte sind demgegenüber knapp million-fach (470 000 fach).

Die einzelne Substratstelle hat ein Umraum-Volumen $(R^3 \cdot 4\pi/3)/3000^3$. Mit V_{abs} ergibt sich daraus die absolute Vollzahl aller Galaxien zu rund 10^{16}; damit die Absolutmasse M_{abs} zu rund 10^{16} Galaxenmassen. Heute, mit rund 10^{11} Sonnen pro Galaxie, ist damit M_{abs} rund 10^{27} Sonnenmassen.

Die Absolutmasse bezeichnet die allumfassende Weltmasse. Wegen des Nukleonen-Entstehens vor Z_i und Nukleonen-Vergehens nach Z_i ist dieser absolute Wert zwar bezogen auf ein verschiedenes Alter verschieden, aber für jedes konkrete Bezugsalter eindeutig und quantitativ richtig. Dieser absolute Wert der Weltmasse ist immer endlich, und hat seinen Maximalwert bei Z_i mit rund 10^{62} Gramm; ohne die identischen Gegenmassen des geschlossenen Raumes rund $\frac{1}{2} \cdot 10^{62}$ Gramm.

Die Absolutgröße ist ein realer Ausdruck für die Zahl aller Galaxien bzw Nukleonen, welche je einmal ein bestimmt-gewähltes Alter besitzen. Auch extrapoliert auf ein Alter vor der Inhomogenisierung liefert dies die reale Nukleonenzahl N_{abs}. Ebenso liefert der gleichmäßig gekrümmte Absolutraum ein reales Kriterium für die Erfüllung des kosmologischen Prinzips. Trotzdem ist der Absolutraum irreal als Ausdruck für die kosmische Raumstruktur als solche.

Im Absolutraum würden die Substratstellen in endlichem räumlichen Abstand, aber in verschwindendem zeitlichen Abstand (gleichaltrig) gegenüberstehen. Tatsächlich kann aber kein physikalischer Vorgang endliche Abstände in verschwindender Zeit überbrücken. Denn die schnellst mögliche Wirkungsverknüpfung ist die endliche Invarianzgeschwindigkeit c. Im Absolutraum würden Substratstellen mit mehr als 1 e-Schritt Abstand, auch mit mehr als Invarianzgeschwindigkeit c voneinander fliehen; es müßten Horizonte auftreten. Tatsächlich sind aber Substratstellen mit Abständen jeglicher e-Schrittzahl existentiell gekoppelt. Denn die Invarianzgeschwindigkeit c ist der alle Verrotungsfaktoren einschließende, quasi-unendliche Wert. Letztlich ist die Irrealität des Absolutraumes in der schon irrealen Unterstellung einer «absoluten Zeit» begründet.

Demgegenüber ermöglicht der Präsenzraum keine direkten Aussagen über eine allenthaltende Weltmasse, weil in ihm aus verschiedenen Tiefen eben Massen aus verschieden frühen Zeiten präsent sind; aus randnahen Stellen sogar noch überhaupt keine Massen, indem in so frühen Zeiten überhaupt noch keine Massen entstanden waren. Aber alle Wirkungen erreichen uns nur von den bei uns präsenten Objekten des Weltalls. Unser wirkliches Gegenüber ist der Präsenzraum und wird durch dessen Struktur festgelegt.

Die Krümmung des Präsenzraumes ist fast allein durch die Expansion bedingt; durch die in früheren Zeiten entsprechend noch kleineren Abstände zwischen den Substratstellen: Bei einer Konstant-Expansion sind alle Längen zwischen zwei beliebigen, im Substrat ruhenden Punkten proportional dem Weltalter. Die Struktur des Präsenzraumes ist somit durch die Zeit entscheidend mitbestimmt. Der Präsenzraum ist deshalb keine Hyper-Kugeloberfläche — und das kosmologische Prinzip verlangt dies auch gar nicht für den Präsenzraum.

Eine vom Bezugspunkt (Tiefe R im Alter T) mit dem Abstand $r < R$ entfernte Stelle ist am Bezugspunkt mit dem Alter $T_z = T(1-x) = T \cdot z$ präsent. Der Abstand einer Substratstelle von der nächsten ist damit — radial wie tangential — mit dem Faktor $(1-x) = z$ verkleinert gegenüber dem Substratstellen-Abstand am Bezugspunkt.

Eine differentielle Länge ist damit radial als $R \cdot z \cdot \mathrm{d}\xi$ und tangential als $R \cdot z \cdot \xi \cdot \mathrm{d}\vartheta$ präsent; mit dem Abstand-Logarithmus $\xi = ln\,{}^1\!/z$ und dem Winkel ϑ. Radial ergibt die Integration den präsenten Abstand der Stelle vom Bezugspunkt: $\int R \cdot e^{-\xi}\,\mathrm{d}\xi = R(1-e^{-\xi}) = R \cdot x = r$. Tangential ergibt die Integration die Oberfläche der konzentrischen Kugel mit Radius r gemäß: $4\pi R^2(\xi \cdot e^{-\xi})^2 = 4\pi R^2[(1-x) \cdot ln(1-x)]^2$. Diese präsente Kugeloberfläche $4\pi R^2(x - x^2/2 - x^3/6 - -)^2$ ist also kleiner als die klassische Kugeloberfläche $4\pi r^2 = 4\pi R^2 \cdot x^2$.

Der Präsenzraum besitzt somit ebenfalls einen Äquator, den «Größen-Äquator», an welchem die Kugeloberfläche den maximalen Wert erreicht und an welchem eine Galaxie unter dem kleinsten Winkel ϑ gesehen wird. Bis zum Größen-Äquator steigt die Kugeloberfläche an; jenseits davon fällt sie wieder ab, bis der Präsenzraum durch die Elementarfläche $4\pi\lambda^2$ des λ-Randabstandes quantenhaft abgeschlossen wird. Heute ist dieser Abschluß knapp 95 *e*-Schritte entfernt.

Der Größen-Äquator liegt beim Maximum von $\xi \cdot z$; also bei $\xi = 1$ und somit bei $x = 1 - e^{-1} = 0{,}632$. Er ist somit gerade 1 *e*-Schritt vom Bezugspunkt entfernt; eine Entfernung von heute 13 milliarden Lichtjahren, aus der die vor 13 milliarden Jahren sich bildenden Protogalaxien präsent sind; der Anfang des sich in Galaxien gestaltenden Weltalls. Demgegenüber ist der «Stückzahl-Äquator» rund 92 *e*-Schritte entfernt; mit $(T/T_i) \cdot \lambda$-Randabstand; mit heute T/T_i rund 16 also noch beinahe am Ursprung. Deshalb ist der geometrische Krümmungsanteil des Präsenzraumes derart klein gegen den expansiven Krümmungsanteil, daß er praktisch vernachlässigbar ist.

Damit steigt die Zahl der Substratstellen pro Kugelschale des Radius ξ und der Dicke $d\xi$ weit über den Größen-Äquator hinaus an. Diese Zahl/Schale ist proportional $\xi^2 d\xi$; konkret $3000^3 \cdot 3 \cdot \xi^2 d\xi$. Für den Absolutraum, in welchem ξ ein lineares Abstandsmaß darstellt, ist dies die klassisch-quadratische Funktion. Für den Präsenzraum, in welchem $\xi = ln^1/z = -ln(1-x)$ ein logarithmisches Abstandsmaß darstellt, bedeutet $\xi^2 d\xi$ eine überhöhte Zunahme der Zahl/Schale: Weil $\xi^2 = [ln(1-x)]^2$ und $d\xi = dx/(1-x)$ ist die präsente Substratstellenzahl pro Kugelschale proportional $[ln(1-x)]^2 \cdot (1-x)^{-1} \cdot dx$. Die klassisch-quadratische Substratstellenzahl, welche proportional $3x^2 dx$ und welche konkret $3000^3 \cdot 3x^2 dx$ wäre, ist somit tatsächlich mit dem Faktor $[ln(1-x)]^2 \cdot x^{-2}(1-x)^{-1}$ überhöht. Diese Überhöhung ist für kleine x konstant gleich 1fach; ist aber:

für $x = 0{,}01$; in 0,2 milliarden Lichtjahren Entfernung: 1,02 fach;
für $x = 0{,}10$; in 2,0 milliarden Lichtjahren Entfernung: 1,23 fach;
für $x = 0{,}50$; in 10 milliarden Lichtjahren Entfernung: 3,84 fach;
für $x = 0{,}90$; in 18 milliarden Lichtjahren Entfernung: 65 fach.

Die präsente Substratstellenzahl ist zugleich die visuelle Galaxienzahl. Es ist somit im Prinzip — möglich, das Krümmungsmaß des Präsenzraumes mit der astronomischen Beobachtung zu bestätigen; insbesondere, ob die Expansion wirklich in den vergangenen Jahrmilliarden konstant war. Jedoch ist die praktische Auswertung sehr schwierig: Die Entfernung ergibt sich — abgesehen von den kleinen Streubewegungen und den zusätzlichen, gravitationsbedingten Rotverschiebungen durch schwere, dichte Galaxenkerne — zwar direkt aus der Rotverschiebung; also vergleichsweise zuverlässig. Aber in den aus größerer Entferung präsenten, früheren Zeiten waren andere Lichtverhältnisse: zwischen $x = 0{,}1$ bis $0{,}5$ leuchteten in den Galaxien noch mehr der helleren, inzwischen ausgebrannten Riesensterne, zwischen $x = 0{,}6$ bis $0{,}8$ waren die Galaxien noch in ihren Proto-Zuständen und jenseits $x = 0{,}9$ war der Kosmos überhaupt dunkel.

Nach dem «Olbers-Paradoxon» wäre in einem statischen klassischen Raum mit überall gleicher Galaxiendichte der Nachthimmel hell wie die Sonnenscheibe und auf der Erde Sonnentemperatur; statt dem fast dunklen Nachthimmel und wenige °K strahlungstemperierten Weltraum. Das Olbers-Paradoxon löst sich trotz der mit steigendem x extremen Zunahme der Substratstellen-Dichte — aufgrund der Struktur des Präsenzraumes, mit welcher eben schon von jenseits $x = 0{,}9$ der dunkle Bereich des Kosmos präsent ist.

Die kosmische Raum-Struktur wird durch das Linienelement universal ausgedrückt, das mit beliebig gewählten Koordinaten gilt.

Den Raumanteil $\mathrm{d}l$ des Linienelements mag man sich als das Urmeter aus Paris denken, das an eine interessierende Stelle des Weltraumes verbracht sei und dort in den d-Zuwächsen von drei beliebigen Raumkoordinaten beschrieben sei. Den Zeitanteil $c \cdot \mathrm{d}T$ bildet ein Zuwachs $\mathrm{d}T$ der Weltzeit T, multipliziert mit der Invarianzgeschwindigkeit c. Das Linienelement $\mathrm{d}s$ ergibt sich damit gemäß der relativistischen Addition: $\mathrm{d}s^2 = \mathrm{d}l^2 - (c \cdot \mathrm{d}T)^2$. Speziell mit $\mathrm{d}T = 0$ ergibt sich die räumliche Struktur; speziell mit $\mathrm{d}l = 0$ die zeitliche Struktur des Kosmos; speziell mit $\mathrm{d}s = 0$ ergeben sich die Vorgänge mit invarianzbewegten Energien (Licht, Neutrinos).

Der zeitliche Ablauf der kosmischen Expansion ist mit einer Funktion $F(T)$ beschrieben; der Raumanteil $\mathrm{d}l$ in Substratkoordinaten ist als $\mathrm{d}u$ bezeichnet. Damit ist:

$$\mathrm{d}l = F(T) \cdot \mathrm{d}u \; ; \quad \text{damit} \quad \mathrm{d}s^2 = F^2(T) \cdot \mathrm{d}u^2 - (c \cdot \mathrm{d}T)^2 \; .$$

Ohne die real erforderliche Erweiterung der Einstein-Gleichungen durch die negative Potentialenergie erscheint die Expansion gebremst. Damit wäre $F(T)$ von der Krümmung und diese wiederum von der Massendichte ϱ und dem Gravitationsfaktor G abhängig. Mit der vollständig angesetzten Einstein-Gleichung ergibt sich die reale konstante Expansion (mit veränderlichem Gravitationsfaktor G), womit $F(T)$ in die einfache Funktion $c \cdot T$ übergeht. Hierbei ist T das Weltalter an der jeweiligen Stelle («Eigenalter»); speziell im Präsenzaspekt eben das Alter, mit dem die betreffende Stelle am Bezugspunkt präsent ist.

In Kugelkoordinaten (mit Nullpunkt im Bezugspunkt) sei der Abstand mit dem Abstandswert ξ, die Winkel mit ϑ und φ, und der Hyperradius R_h zu Radius R mit $(ln Z_i) \cdot 2/\pi = k_h$ bezeichnet. Es entsteht:

$$\mathrm{d}u^2 = \mathrm{d}\xi^2 + k_h{}^2 \cdot sin^2(\xi/k_h) \cdot (\mathrm{d}\vartheta^2 + sin^2\vartheta \cdot \mathrm{d}\varphi^2)$$

Damit ergibt sich das kosmische Linienelement $\mathrm{d}s^2$ gemäß:

$$\mathrm{d}s^2 = (c \cdot T)^2 \cdot [\mathrm{d}\xi^2 + k_h{}^2 \cdot sin^2(\xi/k_h) \cdot (\mathrm{d}\vartheta^2 + sin^2\vartheta \cdot \mathrm{d}\varphi^2)] - (c \cdot \mathrm{d}T)^2$$

Mit jeweils $\mathrm{d}T = 0$ und mit dem Bezugspunkt bei uns hier mit dem heutigen Weltalter T_0, beschreibt das Linienelement:

für $T = T_0 = \text{const}$	unseren Parameterraum
für $T = T_0 \cdot e^{-\xi}$	unseren Präsenzraum
für $T = T_0 \cdot e^{+\xi}$	unseren Pseudo-Präsenzraum .

Aus der großen Zahl der Anwendungsmöglichkeiten des Linienelements:

Präsenz der Objekte in einer Richtung: Es ist $d\vartheta = d\varphi = 0$.
Wegen $T = T_0 \cdot e^{-\xi}$ und $dT_0 = 0$ ist $dT = -T \cdot d\xi$; damit wird $ds = 0$.
Dies drückt die Präsenz-Verknüpfung durch die Geschwindigkeit c aus.

Rotverschiebung von Substrat-Objekten: Es ist $d\xi = d\vartheta = d\varphi = 0$.
Also $ds = c \cdot dT = c \cdot dT_0 \cdot e^{-\xi}$. Das Verh. τ''/τ' der originalen Schwingungsdauer $\tau'' = ds/c$ zur ankommenden $\tau' = dT_0$ ist damit $e^{-\xi} = 1-x$.

Beobachtungswinkel einer Galaxie: Es sei $dT = d\xi = d\varphi = 0$.
Es sei ds der Durchmesser D. Also $D = c \cdot T_0 \cdot e^{-\xi} \cdot k_h \cdot sin(\xi/k_h) \cdot d\vartheta$.
Für $\xi \ll k_h$ ist damit $d\vartheta \approx D/(c \cdot T_0 \cdot \xi \cdot e^{-\xi})$; mit Minimum bei $\xi = 1$.

Volumenelement: $dV = R\,d\xi \cdot R\,k_h sin(\xi/k_h)\,d\vartheta \cdot R\,k_h sin(\xi/k_h) \cdot sin\vartheta \cdot d\varphi$
$= R^3 \cdot k_h^2 \cdot sin^2(\xi/k_h) \cdot sin\vartheta \cdot d\xi \cdot d\vartheta \cdot d\varphi$. Dies ist eine Funktion von ξ, die bei $\xi = k_h \cdot \pi/2 = ln Z_i$ ihr Maximum hat: am Stückzahl-Äquator.

Im Homogenbereich — bei $T < T_i$ — mit seinen nicht individualisierten Stellen, ist überhaupt noch keine Metrik; das mit $(ln Z) \cdot 2/\pi$ ansteigende k_h ist eine fiktive Extrapolation: Das Linienelement ist daher prinzipiell nur in den Bereichen mit individualisierten Stellen — bei $T > T_i$ — anwendbar. In diesem gestalteten Bereich mit seiner objektivierbaren Metrik ist $k_h = (ln Z_i) \cdot 2/\pi$ eine feste Konstante; rund $k_h = 58{,}6$.

Speziell für uns, mit dem heutigen Weltalter T_0 von $20 \cdot 10^9$ Jahren, und einem Inhomogenisierungsalter T_i von $1{,}2 \cdot 10^9$ Jahren, ist

$$\xi = ln(T_0/T_i) = 2{,}8 \; ; \quad \text{also} \quad \xi/k_h \text{ rund } 1/20 \; ; \quad \text{also} \quad \xi/k_h \ll 1 \, .$$

Damit geht $k_h^2 \cdot sin^2(\xi/k_h)$ gut angenähert in ξ^2 über. Demnach ist der Kosmos in seinem strukturierten Bereich (von hier bis zur Homogengrenze) sehr genau euklidisch; ausgedrückt in einem vereinfachten Linienelement:

$$ds^2 = (c \cdot T)^2 \cdot [d\xi^2 + \xi^2(d\vartheta^2 + sin^2\vartheta \cdot d\varphi)] - (c \cdot dT)^2$$

Erst in einem sehr hohen Weltalter, in welchem schon alle Sterne verschwunden sind, würde sich die Krümmung in der Nähe der Homogengrenze bemerkbar machen. Mit der Krümmung des Absolutraumes ergibt das 4-dimensionale Kontinuum eine besondere Zeitstruktur.

Im speziell-relativistischen Linienelement $ds^2 = dx^2+dy^2+dz^2-(c\,dt)^2$ ist die Zeitkomponente t den Raumkomponenten x, y, z imaginär zugeordnet. Somit ist die speziell-relativistische Raum-Zeit-Struktur hyperbolisch; mit der Invarianzgeschwindigkeit als quasi-unendlichem Grenzwert. Damit ergibt sich eine Relativierung der Zeit.

Bewegen sich zB zwei Neutronen mit der Relativgeschwindigkeit v aneinander vorbei, so ist die Materiewellen-Schwingungsdauer T_v des bewegten Neutrons im Verhältnis zur Schwingungsdauer T_0 des ruhenden Neutrons mit der «relativistischen Kontraktion» $\varkappa = (1-v^2/c^2)^{1/2}$ verkürzt; gemäß $T_v = T_0 \cdot \varkappa$; dh die Frequenz f und damit die Energie $h \cdot f$ ist gemäß $1/\varkappa = (1-v^2/c^2)^{-1/2}$ vergrößert. Mit dieser Energie-Vergrößerung erscheint zur Ruhe-Energie $m_0 c^2$ noch zusätzlich die Bewegungs-Energie (kinetische Energie), welche in erster Näherung den klassischen Wert $m_0 \cdot \frac{1}{2} v^2$ besitzt. Dieses gilt wechselseitig: mit dem anderen Neutron relativ zum einen Neutron (als ruhendes Bezugs-Neutron) ebenso, wie mit dem einen Neutron relativ zum anderen Neutron (als ruhendes Bezugs-Neutron). Längs der Fortbewegungsstrecke erscheint — anstelle dieser «Dauerkontraktion» — aufgrund des «Zeitgradienten» die «Einstein-Dilatation», mit welcher diese Schwingungsdauer gemäß $T_0/\varkappa$ vergrößert ist.

Jeder relativ zum Substrat bewegte Bezugspunkt gehört einem eigenen Raum-Zeit-System zu und besitzt damit seine «Eigenzeit». Ein anderes Raum-Zeit-System erscheint verdreht gegen das Raum-Zeit-System eines Bezugspunktes, so daß sich seine Größen projektiv auf das Bezugssystem abbilden. Diese Projektion wird durch die «Lorentz-Transformation» der relativistischen Physik beschrieben, welche — gegenüber der «Galilei-Transformation» der klassischen Physik — durch den Zeitgradienten $w = v/c^2$ erweitert ist (Philberth). Der Zeitgradient ist eine Verschiebung der Zeitpunkte pro räumlichem Abstand; als raumzeit-vertauschtes Analogon zur Geschwindigkeit v, welche Verschiebung der Raumpunkte pro zeitlichem Abstand bedeutet. Der Zeitgradient begründet nicht nur die Zeit-Relativierung: schon allein mit dem Zeitgradienten w sind — ohne weitere Voraussetzungen — alle speziell-relativistischen Phänomene zwangsläufig gegeben und ableitbar.

Gegenüber dem relativistisch-fundamentalen Zeitgradienten w erscheint die relativistische Kontraktion $\varkappa$ nur als eine Art Korrekturglied, mit welchem die Lorentz-Transformation — bei Bezug auf jeden, beliebig gegen das Substrat bewegten Punkt — immer die gleiche Form beibehält. Damit erscheinen alle Bezugssysteme «relativistisch gleichberechtigt». Aber sofort erscheint die bekannte, relativistisch unbewältigbare Problematik mit der kinetischen Energie: welche Energien werden etwa mit Bewegungen der Galaxien relativ zu einem abenteuerlich bewegten Nukleon wirksam?

Den hiermit überforderten relativistischen Aspekt ergänzend, zeigt der existentielle Aspekt doch ausgezeichnete Zustände: Dies sind die Ruhelagen relativ zum Substrat, welche ua an der Gleichverteilung der galaktischen Rotverschiebungen und der kosmischen Hintergrundstrahlung feststellbar sind. Die spezielle Relativitätsphysik ist nicht nur insofern speziell, als sie keine beschleunigten und gravitierenden Systeme miterfaßt. Sie ist auch insofern speziell, als sie keine beliebig großen Entfernungen miterfaßt. Eine kosmische Physik muß nicht nur alle Relativgeschwindigkeiten v' gegen das Substrat $(0 \leqslant v'/c < 1)$, sondern auch alle Entfernungen r vom Bezugspunkt $(0 \leqslant r/R < 1)$ mit erfassen. Von einer derart kosmischen Physik ist die spezielle Relativitätsphysik ein Spezialfall für kleine kosmische Entfernungen $(r/R \to 0)$; davon wieder die klassische Physik ein Spezialfall für kleine Relativgeschwindigkeiten $(v'/c \to 0)$.

Zur Erfassung der kosmischen Existenz und Struktur maßgeblich, ist der alternative Spezialfall einer «Substratphysik», bei welchem die Relativgeschwindigkeiten verschwinden $(v'/c \to 0)$, aber alle kosmischen Entfernungen $(0 \leqslant r/R < 1)$ erfaßt werden. In diesem Spezialfall werden somit nur Substratpunkte betrachtet; konkret die «Substratstellen» mit ihren Galaxien, welche — jeweils im Substrat ruhend — gegeneinander nur die systematischen Fluchtgeschwindigkeiten aufweisen. Mit reinen Fluchtgeschwindigkeiten verbindet sich aber existentiell keine kinetische Energie und relativistisch keine Massenvergrößerung; nur mit Peculiarbewegungen ergeben sich kinetische Energien und relativistische Effekte.

Im Spezialfall der Substratphysik — welche mit $v'/c \to 0$ wieder der klassischen Physik näher kommt — erscheinen keine Faktoren oder Quotienten mit der relativistischen Kontraktion $\varkappa$. Die Phänomene ergeben sich rein aufgrund der Präsenz. Dennoch ist die Substratphysik weitgehend analog der Relativitätsphysik; etwa mit den Additionstheoremen und den quasi-unendlichen Geschwindigkeiten c, oder etwa mit dem Zeitgradienten. Die Relativitäts- und Substratphysik sind die beiden sich alternativ ergänzenden Spezialfälle der kosmischen Physik. Damit wird die kosmische Zeitstruktur leicht faßlich.

Jede Bezugsstelle ist immer die älteste Stelle im Weltall. In diesem Bezug *ist* überhaupt ein Weltalter T. Jede andere Stelle ist mit geringerem Alter T_z präsent; sie ist gemäß $T_z = T \cdot e^{-s}$ jünger. Drei Substrastellen S_1, S_2, S_3 befinden sich mit den *e*-Schrittzahlen $s = s_{12}$, s_{23}, s_{31} voneinander in beliebig verschiedener Richtung entfernt: Jede ist in bezug auf jede um so jünger, je größer ihre Entfernung.

Das Kontinuum hat vier Dimensionen, wovon immer drei Dimensionen räumlich sind und eine Dimension zeitlich ist. Innerhalb dieses Kontinuums ist die Zeit-Achse an jeder Substratstelle anders gerichtet. Die Zeitachsen zweier Substratstellen sind um so mehr gegeneinander verdreht, je weiter sie räumlich auseinander liegen; jeweils in der Richtung, in der sie auseinander liegen. Jede Stelle hat ihre eigene Zeit. Doch in jedem Raum-Zeit-System ist die Zeit-Komponente den drei Raum-Komponenten jeweils imaginär-orthogonal zugeordnet: in einer hyperbolischen Raum-Zeit-Struktur.

Jede der drei *e*-Schrittzahlen s_{12}, s_{23}, s_{31} (Abstand von S_1 bis S_2, bzw S_2 bis S_3, bzw S_3 bis S_1) ergibt sich durch vektorielle Addition aus den beiden anderen. Solange die *e*-Schrittzahlen klein gegen 92 sind, ist dies eine «euklidische Addition». Exakt ist dies eine Vektor-Addition auf der Hyperkugel. An den Verhältnissen am Weltende bei $Z_i^2 \cdot \tau$ wird die kosmische Zeitstruktur anschaulich:

An einer beliebigen Substratstelle im Weltalter $Z_i^2 \cdot \tau$ seien beliebig drei, aufeinander senkrechte Raum-Richtungen betrachtet: 1. unten-oben; 2. hinten-vorne; 3. links-rechts. An der in allen Richtungen mit dem Alter $Z_i \cdot \tau$ präsenten Homogengrenze ist in jeder Richtung je ein Paar von miteinander identischen Substratstellen aufgetaucht: unten S_u und oben S_o; bzw hinten S_h und vorne S_v; bzw links S_l und rechts S_r. Zu diesen sechs, paarweise identischen Substratstellen, gibt es noch ein weiteres Substratstellenpaar: die mit uns identische Antistelle S_a, und uns selbst als eben Bezugsstelle S_b.

Insgesamt wird somit das gesamte Kontinuum mit 8 Substratstellen markiert. Wegen der paarweisen Identität werden also genau vier Richtungen von vier Substratstellen markiert, wobei immer das eine und andere Ende einer der vier Richtungen von einer Stelle markiert wird. Diese Stelle tritt aber jeweils als Paar auf, in welchem eine Stelle immer das identische Gegenbild von der anderen ist:

Absolut — im allgemeinen Dasein — sind diese vier Substratstellen-Paare völlig gleichrangig; ebenso diese vier Richtungen. Relational —

im konkreten Bezug — sind aber immer drei Paare und drei Richtungen untereinander gleichartig; aber ein Paar und eine Richtung davon unterschiedlich. Konkret mit S_b als Bezug:

Von uns, der Bezugsstelle S_b befinden sich drei Paare in drei Richtungen genau gleichartig und gleichweit entfernt: S_u unten und S_o oben, bzw S_h hinten und S_v vorne, bzw S_l links und S_r rechts; je 92 e-Schritte entfernt und mit einem noch je $e^{-92} = 1/Z_i$ geringeren Alter präsent. Dieses Gegenüber dieser 3 Paare in diesen drei Richtungen erfassen wir als äußeres Gegenüber; dh raumartig, in drei Dimensionen erstreckt.

Aber ein viertes Paar in einer vierten Richtung ist andersartig: unsere Antistelle S_a befindet sich von uns S_b in jeder Richtung doppelt soviele e-Schritte entfernt; 184 e-Schritte. Und unsere Bezugsstelle S_b befindet sich von uns S_b gar keinen e-Schritt und in keiner Richtung entfernt; wir sind eben wir selbst. Dieses Gegenüber von S_a und S_b ist unräumlich: Wir, als Bezugsstelle S_b mit der ganzen Weltzeit $Z_i^2 \cdot \tau$ gealtert, stehen uns selbst in der Antistelle S_a, die noch mit dem Ursprungsalter τ präsent ist, gegenüber. Dies erleben wir als inneres Gegenüber; dh zeitartig, in nur einer Dimension erstreckt.

Gleichrangig wie S_b oder S_u kann auch jede der sechs anderen Substratstellen — S_u oder S_o, bzw S_h oder S_v, bzw S_l oder S_r — als Bezugsstelle eingenommen werden. Damit wird jeweils die entsprechende andere Richtung des 4-dimensionalen Kontinuums zur Zeitrichtung, und S_b und S_a wird zu einem der drei an der Homogengrenze gleichartig auftauchenden Stellen-Paare. Der Kosmos bietet das gleiche Bild; nur bei vertauschten Paaren mit vertauschten Raum- und Zeitrichtungen.

Wie S_b kann sogar S_a als Bezugsstelle eingenommen werden. Diese Wahl ist nicht nur gleichrangig, sondern überhaupt identisch. Damit läuft aber die Zeit auch nicht «umgekehrt». Immer sind wir eben wir selbst; in unserer Zeit alternd, in welcher wir unser Dasein erleben.

Es gibt keine absolute Zeit. Jede Substratstelle hat ihre eigene Zeit, in eine andere Richtung des 4-dimensionalen Kontinuums laufend. Aber diese «Alterung in verschiedenen Richtungen» ist dem Zugriff entzogen; nur faßbar in den Veränderungen der Raum- und Zeitgrößen bei Projektion der verschiedenen Raum-Zeit-Systeme aufeinander. Damit ist jede fernere Stelle mit geringerem Alter präsent; die Antistelle jeweils ungealtert mit dem Alter τ des Ursprungs.

Auch energetisch ist kein Zugriff: um mit einem einzigen Nukleon eine äquatoriale Substratstelle zu erreichen, wäre die Massenenergie von zehnmilliarden Tonnen erforderlich; um die Antistelle zu erreichen, die Massenenergie des gesamten Weltalls.

Die vier Richtungen — markiert durch vier beliebige Paare von Substratstellen — sind absolut voneinander ununterschieden. Aber alle sind durch eine Richtung beherrscht: durch den unaufhaltsamen und unumkehrbaren Anstieg der Zeitzahl Z in den natürlichen Zahlen. Dieser allbeherrschende Fortschritt ist eine wesenhafte Unsymmetrie: der Kosmos altert und expandiert; nie und nirgends verjüngend oder kontrahierend. Noch eine andere Unsymmetrie beherrscht das Geschehen:

Wie sich elektrische und magnetische Größen mit Wechsel des Bezugs ineinander transformieren, so transformieren sich auch räumliche und zeitliche Größen ineinander. Wie die elektrischen und die magnetischen Phänomene verschiedene Aspekte einer Wesenheit sind, so auch die räumlichen und zeitlichen Phänomene. Wie die magnetischen und elektrischen Größen erst in dualer Ergänzung miteinander die Mannigfaltigkeit des elektromagnetischen Geschehens des Mikrokosmos hervorbringen, so auch die räumlichen und zeitlichen Größen das raumzeitliche Geschehen des Makrokosmos.

Trotz dieser komplementären Dualität gibt es zur freien elektrischen Elementarladung — der in der Zeit alternden und im Raum ruhenden elektrischen Feldquelle —, magnetisch kein Analogon: es gibt keine magnetische Feldquelle. Ebenso gibt es zur alternden Ruhe-Materie zwar ein (zur elektrischen Ladung fehlendes) gesamt-kosmisches Raum-Zeit-Gegenstück, nämlich deren Potentialenergie, aber keine duale, nichtalternde Materie. Diese Unsymmetrie ist es, warum die vier absoluten Richtungen im relationalen Bezug als Zeit und als Raum erscheinen; verschieden in verschiedenem Bezug:

Die Körperwelt besteht aus Nukleonen, welche eben «im Raume ruhend, alternd die Zeitachse entlang laufen». Und umgekehrt begründet diese Fundamental-Eigenschaft der Nukleonen, warum der abstrakte kosmische Fortschritt — mit Z die natürliche Zahlenreihe aufsteigend — konkret als Raum erfaßt und als Zeit erlebt wird, so daß das abstrakte 4-dimensionale Kontinuum zum konkreten Träger einer kosmischen Geschichte wird. Wo überall und wann immer Materie existiert, prägt sich mit dieser eine konkrete Zeit-Richtung aus.

Nicht nur die Richtungen werden konkret vom materiellen Bezug geprägt; auch die Eigenarten von «Zeit-sein» und «Raum-sein»: Indem eine große Mannigfaltigkeit von materiellen Körpern (Steine, Berge, Planeten, Sonnen, Galaxien) ähnlich gerichtet ihre Zeitachse entlang laufen, erscheinen diese Körper als in einem statischen Untergrund nebeneinander gelagert, was wir eben als «Raum» begreifen; wie Reisende das Zugabteil. Aber das dynamische Fließen dieses unaufhaltsamen Fortschritts als solchem wird zu eben dem, was wir als «Zeit» erleben; wie für die Reisenden das Fahrterlebnis. In der Materie wird damit der abstrakte kosmische Fortschritt mit Z konkret zur Zeit und zum Raum, in denen sich alles Geschehen abspielt.

Mitte, Rand und Grenze *

Die kosmische Struktur wird noch deutlicher mit der Kugelschale, welche dem vom Ursprungsnukleon im Ursprungs-Weltalter τ in der Ursprungs-Welttiefe λ zuerst erschlossenen Urwirkungsquantum zugehört. Diese Urkugelschale geht mit der Schalendicke λ aus und läuft — die kosmische Expansion begründend — durch den Weltraum.

Diese Kugelschale überläuft jeden Bezugspunkt zu jeder Zeitzahl Z immerfort mit Invarianzgeschwindigkeit c, ohne jemals diese Überlaufung zu beenden oder auch nur zu disproportionieren: Die Verrotung ist immer gleich Z, so daß die Schalendicke immer gleich der ganzen Welttiefe R und die Überlaufungsdauer immer gleich der ganzen Weltzeit T ist. Zudem wird der konstante λ-Randabstand der Urnukleon-Oberfläche im Verhältnis zu R immer kleiner ($\lambda/R = 1/Z$), so daß das Urnukleon mit wachsendem Z aus immer mehr verdrehten Zeitrichtungen präsent ist. Das Urnukleon ist immer und überall mit dem Urwirkungsquantum und nur mit diesem präsent.

In der Diametral-Identität steht ein Bezugsnukleon im Ursprungsnukleon sich selbst gegenüber; das ganze Weltall einschließend: im Bezugspunkt als Mitte, im Ursprungspunkt als Rand des Weltalls. Es schließt zwischen sich die ganze Weltzeit ein, die es körperhaft von $1 \cdot \tau$ bis $Z \cdot \tau = T$ durchaltert hat. Es schließt zwischen sich den ganzen Weltraum ein, den es von $1 \cdot \lambda$ bis $Z \cdot \lambda = R$ wellenhaft überlaufen hat. Das Urnukleon ist jedoch, nicht individuell, allen Bezugsnukleonen zugleich zugehörig. Die dem Weltall in Rand und Ursprung eigene Grenze ist damit nicht individuell markierbar und differenzierbar. Als Anfang des Seins ist diese Grenze unerreichbar.

Jedes andere Nukleon (als das Urnukleon) hat einen sich mit der Weltzeit T vergrößernden Randabstand; gemäß einer Randabstandszahl $z = 1-r/R$, welche für ein Substrat-Nukleon konstant ist. Damit laufen die von ihm in seiner fortschreitenden Wirkungserschließung mit jeweils λ-Dicke abgehenden Kugelschalen, nacheinander mit Invarianzgeschwindigkeit c über den Bezugspunkt hinweg. Die zur Dicke λ/z

verroteten Schalen überlaufen den Bezugspunkt jeweils in der Dauer τ/z; von einem nahen Nukleon ($z \rightarrow 1$) mit der Dicke λ in der Dauer τ selbst. Sie laufen, in gleicher Richtung fortschreitend, über den Bezugspunkt hinaus und lassen ihn hinter sich.

Jede Art von Strahlen kann einen Bezugspunkt überlaufen und hinter sich lassen. Dieses Geschehen, das sich mit derart forteilenden Energien und Wirkungen verbindet, ist wesenhaft in keiner Präsenz erfaßbar. In Hinsicht darauf, daß das Weltall überall gleichartig beschaffen ist (kosmologisches Prinzip) ist dieses Geschehen aber als ein Umkehraspekt erfaßbar; in einer «Pseudo-Präsenz»: Läuft etwa Licht von einer beliebigen Substratstelle S_1 zu einer beliebig anderen Substratstelle S_2, so ist dies in bezug auf S_2 ein Präsenz-Geschehen. Eben dieser selbe Vorgang ist damit auch in bezug auf S_1 verstehbar und ausdrückbar: als «Pseudopräsenz-Geschehen».

Im Präsenzaspekt ist der Bezugspunkt in allen Richtungen vom Rand und Ursprung umgeben. Dennoch läuft forteilende Strahlung nicht diesem Rand als Anfang entgegen, sondern dem Rand als Ende. Im Pseudoaspekt ist der Bezugspunkt von einem Rand mit End-Charakter allseits umgeben. Zum Bezugspunkt herkommende Strahlung kommt — aus jedwelcher Raumrichtung — immer aus der Richtung des Anfangs. Vom Bezugspunkt forteilende Strahlung geht — in jedwelcher Raumrichtung — immer in der Richtung des Endes.

Mit Invarianzgeschwindigkeit c immer weiter laufende Strahlung erreicht hierbei — obgleich selbst nicht alternd — Substratstellen in immer stärker verdrehter Zeitrichtung bei immer höherem Weltalter T und in immer größerer Welttiefe R, wobei sie — proportional dem Weltalter T — verrotet; dh ihre Schwingungsdauer und Wellenlänge vergrößert. Sie erreicht immer noch ältere und tiefere Galaxien.

Kein noch so energiereich bewegter Körper, nicht einmal invarianzbewegte Energie, vermag aber das Weltall «zu umlaufen» oder eine «Grenze zu erreichen». Es gibt keine markierbare, keine objektivierbare Grenze; der Pseudopräsenz-Raum ist offen. Das Ende ist erreicht, wenn schließlich Substratstellen mit einem Weltalter $Z_i^2 \cdot \tau$ in einer Welttiefe $Z_i^2 \cdot \lambda$ überschritten werden: im Auslaufen in eine Vergehung jeglicher Materie und von Raum und Zeit selbst. Mit jedwelcher Geschwindigkeit ($0 \leqslant v \leqslant c$) — auch in der reinen Alterung ($v = 0$) des Ruhenden — läuft man immer gegen diese Grenze der Nichtigung alles Seienden am Weltende.

Die dem Weltall in Rand und Ende eigene Grenze ist die Nichtigung allen Seins selbst; von keinem Seienden erreichbar.

Jede Substratstelle ist in sich selbst (dh als Bezugspunkt) Mitte des Weltalls: ein Punkt existentiell «absoluter» Ruhe. Jede Substratstelle ist gleichsam die konzentrische Ruhelage in einem existentiellen Raum-Zeit-System. Ein Körper, welcher relativ zu einer Substratstelle S_1 in einer räumlichen Entfernung r_1 von S_1 ruht, hat eine exzentrische Lage in diesem Raum-Zeit-System von S_1. Dieser Körper hat aber damit relativ zu der anderen Substratstelle S_0, an welcher er sich gerade befindet, eine Relativgeschwindigkeit v_1. Diese Relativgeschwindigkeit ist entgegengerichtet-gleich der Fluchtgeschwindigkeit v dieser anderen Substratstelle S_0 von der einen Substratstelle S_1. Ein relativ mit v_1 bewegter Körper gehört existentiell demjenigen Raum-Zeit-System zu, dessen Nullpunkt von derjenigen Substratstelle S_1 repräsentiert wird, gegenüber welcher der Körper ruht. Ein bei S_0 und relativ zu S_0 (Bezugspunkt) mit der Geschwindigkeit v_1 bewegter Körper ruht exzentrisch in einem Raum-Zeit-System mit dem Nullpunkt in jener Substratstelle S_1, welche von S_0 mit dieser Geschwindigkeit $v = v_1$ flieht und dementsprechend $v \cdot R/c$ von S_0 entfernt ist.

Der Körper — etwa ein Nukleon —, der gegenüber S_1 seinen räumlichen Abstand r_1 unverändert beibehält, kommt im Verhältnis $x_1 = r_1/R$ zur Welttiefe R «seiner» Substratstelle S_1 immer näher. Er überläuft hierbei immer mehr der dazwischenliegenden Substratstellen, wobei sich — relativ zu diesen — seine Geschwindigkeit asymptotisch gegen null vermindert. Dies gilt auch für Körper, die mit einer extrem an die Invarianzgeschwindigkeit c angenäherten Relativgeschwindigkeit bewegt sind. «Klassisch-bewegte» Körper ($v \ll c$) altern nahezu ebenso wie das Substrat und vermindern ihre Geschwindigkeit relativ zum Substrat proportional mit dem Weltalter T. «Relativistisch-bewegte» Körper ($v \rightarrow c$) altern jedoch kaum noch und vermindern ihre Geschwindigkeit nur wenig. Die invarianz-bewegten Energien (Photonen, Neutrinos) altern überhaupt nicht und behalten den quasi-unendlichen Wert c der Invarianzgeschwindigkeit unverändert bei.

Ein Körper mit der Ruhemasse m_0 hat, wenn mit v_1 bewegt, die vergrößerte Masse $m_v = m_0(1 - v_1{}^2/c^2)^{-1/2}$. Seine Bewegungs-Energie (kinetische Energie) verkörpert sich somit in einem «relativistischen Massenzuwachs». Im Verhältnis zur Ruhemasse bzw -Energie ist dieser Zuwachs bei klassisch-bewegten Körpern klein, und nimmt quadratisch mit der Weltzeit T ab; bei relativistisch-bewegten Körpern groß, und nimmt nur wenig mehr als linear mit der Weltzeit T ab; bei invarianzbewegten Energien aber unendlich groß, indem ihre «Ruheenergie» gleich null ist und ihre reine «c-Bewegungsenergie» genau linear mit dem Weltalter T abnimmt. Diese Abnahmen der Geschwindigkeit und Bewegungsenergie sind relativ zu den jeweils überlaufenen Substratstellen. Gegenüber dem Ausgangspunkt sind keine Abnahmen.

Ein relativ zu S_0 bewegter Körper besitzt mit seiner Bewegungsenergie gegenüber S_0 ein erhöhtes Energieniveau. Indem sich der Körper ohne Energiezufuhr — im Verhältnis zu R — der im Substrat ruhenden Stelle S_1 mit dem sich verkleinernden Abstandswert $x_1 = r_1/R$ annähert, ist dieser Substratstelle S_1 relativ zu S_0 ein erhöhtes Energieniveau zuzuschreiben: ein «relationales Potential» in Höhe des bei S_0 erscheinenden kinetischen Energieniveaus.

Extrem relativistisch-bewegte Körper nähern sich im Verhalten dem der invarianz-bewegten Energien. Aber auch noch so stark und lang beschleunigt, erreicht ein Körper nie ganz die Invarianzgeschwindigkeit c. Immer trennt ihn davon noch der volle, quasi-unendliche Wert c selbst. Jeder noch so energiereich bewegte Körper gehört immer noch einer innerhalb des Randes liegenden, dem Rande entsprechend nahen Substratstelle zu; mit entsprechend hohem relationalen Potential. Nur die mit c selbst bewegten Energien gehören zum Rand.

Nur dem Rand selbst ist das unerreichbare, quasi-unendliche, relative Grenzpotential c^2 zuzuschreiben; nur der Rand erreicht gleichsam das absolute Nullpotential der Nichtigkeit. Jede noch so randnahe und noch so nahe dem relationalen Grenzpotential c^2 kommende Substratstelle ist davon immer noch mit dem vollen, quasi-unendlichen Potential-Wert c^2 getrennt: eben durch das existentielle Potential. Existentiell liegt jeder Körper — schnell oder langsam zum Substrat, nahe oder fern von Massen — immer mit dem kosmischen Potential $-c^2$ unter dem Nullpotential. Relational liegt aber jeder Bezugspunkt gleichsam am Boden eines «Potentialtopfes» mit der Tiefe $-c^2$, dessen Wand allseits gegen das unerreichbare, relative Grenzpotential c^2 ansteigt, und dessen Gestalt sich mit der Expansion formtreu weitet.

Die systematische Rotverschiebung ist eigentlich kein Doppler-Effekt. Sie ergibt sich mit dem verringerten Alter, mit dem eine ferne Substratstelle präsent ist. Der zum Präsenz-Effekt hinzukommende Doppler-Effekt aufgrund der relationalen Fluchtbewegung wird gerade zu null kompensiert durch das ebenfalls hinzukommende Gefälle im relationalen Potential. Alle relationalen Größen — die Fluchtbewegung ebenso wie der Potentialtopf — ergeben wesenhaft keine die kosmische Existenz beherrschenden Krümmungen und Energien.

Massen ziehen einander an, und Massen deformieren (krümmen) Raum und Zeit; als dual-komplementäre Phänomene. Nach den Einstein-Gravitationsgleichungen ist die raumzeitliche Krümmung an jeder mesophysikalischen Stelle proportional der Massendichte: als eine Gleichheit zweier raumzeitlicher Tensoren zweiter Stufe mit $4 \cdot 4 = 16$ Gleichungen. Generell entfallen hiervon 10 Gleichungen; 6 infolge der Symmetrie; 4 infolge der Bianchi-Identitäten. Speziell gesamt-kosmisch entfallen wegen des kosmologischen Prinzips und der überall gleichen mittleren Dichte nochmals 4 Gleichungen. Zu den nur noch verbliebenen 2 Gleichungen kommt durch die Energie-Erhaltung noch eine dritte Gleichung dazu. Daraus bestimmen sich der Hyperkugel-Radius R_h, die mittlere Ruhemassen-Dichte ϱ_r und die mittlere Strahlungsmassen-Dichte ϱ_c.

Einsteins Gleichungen sind mit allen bisherigen mesokosmischen Beobachtungen vereinbar. Dagegen sind sie mit Theorien, bei denen der Gravitationsfaktor G variiert, nicht vereinbar. Deshalb verallgemeinern wir sie nachfolgend mit Hilfe von zwei zusätzlichen symmetrischen Tensoren, dem «Kosmischen Tensor» C_i^k und dem «Potential-Tensor» P_i^k. Die derart verallgemeinerten Feldgleichungen lauten:

$$\gamma \mathrm{G}_i^k + \mathrm{C}_i^k = 8\pi c^{-4}(\mathrm{T}_i^k + \mathrm{P}_i^k), \quad \text{mit } \gamma \equiv 1/G \quad \text{und } \mathrm{C}_i^k \equiv -2\gamma_{;i}^{;k} + 2\delta_i^k \Box\gamma$$

wobei $\mathrm{P}_n^n = 0$ und wo G_i^k den Einstein-Tensor, T_i^k den üblichen Energieimpulsdichte-Tensor, δ_i^k den Kronecker-Tensor, Strichpunkt die kovariante Ableitung und $\Box\gamma$ die Spur $\gamma_{;n}^{;n}$ von $\gamma_{;i}^{;k}$ bedeutet. Astrophysikalisch sind C_i^k und P_i^k vernachlässigbar, so daß die verallgemeinerten Feldgleichungen den Einstein'schen entsprechen. Gesamtkosmisch sind C_i^k und P_i^k nicht vernachlässigbar; C_i^k bestimmt sich aus den zeitlichen Ableitungen von γ und aus $R_h = Rk_h = cT(lnZ_i) \cdot 2/\pi$ und dessen zeitlicher Ableitung, während P_i^k wegen der gleichförmigen Expansion des Kosmos sich implizit aus T_i^k und C_i^k ergibt.

Die linke Seite der verallgemeinerten Feldgleichungen besteht aus zwei Krümmungs-Termen: der erste ist γ mal eine Raumzeit-Raumzeit-Krümmung, der zweite ist eine γ-γ-Krümmung. Die rechte Gleichungsseite enthält T_i^k, die Energie-Impuls-Dichten aller Energieformen außer der Gravitation, und P_i^k, die Energie-Impuls-Dichten des «Gravitations-Potentials». Der bekannte «Pseudo-Tensor t_i^k des Gravitationsfeldes» erscheint nicht in den verallgemeinerten Feldgleichungen, da er kein echter Tensor ist und in jedem freifallenden lokalen Bezugssystem verschwindet.

Es gibt vier verschiedene Arten von Energie:

I. Die «Ruhe-Energie» E_r : in den Ruhemassen der Materie verkörpert. Die Ruhemassen des Weltalls bestehen im wesentlichen nur aus Nukleonen; je ein Neutron oder Proton+Elektron. Ein Nukleon besitzt rund die Ruhemasse $m_0 = 1{,}6726 \cdot 10^{-27}\,kg$, Ruheenergie $m_0c^2 = 1{,}5032 \cdot 10^{-10}\,J$.

Als Ruheenergie (I) rechnet jedoch nur der Energieanteil, den ein Nukleon ruhend besitzt; relativ zum Substrat ruhend. Ein kinetischer Energieanteil aufgrund von Relativgeschwindigkeiten, wie er sich in der relativistischen Massenvergrößerung verkörpert, ist von der Art einer Strahlungsenergie (II). Eine systematische Fluchtgeschwindigkeit ergibt keine Bewegungsenergie und Massenvergrößerung. Nur mit Peculiarbewegungen ergibt sich ein kinetischer Energieanteil. Die kinetischen Energien sind jedoch für die Gesamtbilanz des Weltalls bedeutungslos.

II. Die «Strahlungs-Energie» E_c : in den Neutrinos und Photonen. Weil diese Energien (auch die kinetischen Energien) einen Impuls besitzen, üben sie in den drei Raum-Richtungen Druck aus. Jede dieser drei Druck-Komponenten ist gleich $^1/_3$ der Strahlungs-Energiedichte.

Die Strahlungsenergie (II) ist als invarianzbewegte Energie, die in sich ohne Alterung mit c durch den Raum läuft, von anderer Art und Wirkung als die Ruheenergie (I), welche alternd in der Zeit läuft und im Raume ruht. Im heutigen Weltall ist insgesamt die Strahlungsenergie rund dreifach so groß wie die Ruheenergie, wie die Materieenergie.

III. Die «Potential-Energie» E_p : die ruhemassefreie Energie aufgrund dessen, daß die Massen des Weltalls in endlicher Entfernung voneinander im gegenseitigen Gravitationspotential sind. Sie ist wesenhaft eine negative Energie, indem gleichsam jede Masse, im Bereich der Anziehung durch jede andere Masse, von unendlich großer Entfernung (wo die Anziehung null wäre und damit der Potentialenergie-Nullpunkt anzusetzen wäre) auf endliche Entfernung «gefallen» ist, was einer Energiefreisetzung entspräche, so daß das real verbliebene System energieärmer als null ist; dh negativen Energieinhalt aufweist.

Die Potentialenergie ist — fast vollkommen homogen — über den ganzen Weltraum verteilt. Deshalb treten ihre negative Energie- und Massekomponenten, in der Wechselwirkung zwischen Planeten und Sternen innerhalb der Galaxien praktisch nicht in Erscheinung; wohl aber extrem großräumig.

IV. Die «Feld-Energie» E_f: sie gehört zum Gravitationsfeld. Ihre durch den Nicht-Tensor t^k_i dargestellten Dichten sind nicht objektivierbar, da sie von der Beschleunigung des Beobachters abhängen. Gesamtkosmisch ist sie durch R_h und G und deren zeitliche Änderung, lokal ist sie durch die Feldstärke um Massenballungen gegeben:

Eine Masse-Kugel ist die Quelle eines Gravitationsfeldes, dessen Feldstärke reziprok mit dem Abstandsquadrat abnimmt, und dessen Energiedichte proportional dem Quadrat der Feldstärke ist. Die Feldenergie ist nicht «in» der Masse, sondern im umgebenden Feld; im Umraum der individuellen Ballung. Diese Gravitations-Feldenergie ist ebenfalls negativ; mit negativer Masse. Aus größerem Abstand — mit der Feldenergie im wesentlichen zwischen Masse und Beobachter — erscheint damit die totale Masse einer Massenballung eben um diese Feldenergie vermindert; als «Massendefekt» erscheinend. Bei normalen Fixsternen ist dieser Defekt nur millionstel. In Neutronensternen erreicht dieser Defekt kollektiv über $1/3$ der Totalenergie. Nur individuell für den zentralen Grenzpunkt steigt der Defekt bis zum vollen Wert, so daß dort die Energiebilanz-Null bereits lokal erfüllt ist, womit — unter Energie-Erhaltung — Nukleonen entstehen oder vergehen oder verstrahlen können; etwa als Neutrinos, Photonen oder Gravitonen.

Die elektrischen und magnetischen Feldenergien sind in der Gesamtbilanz des Weltalls bedeutungslos; ebenso die Photonen. Mit hoher Genauigkeit reicht es aus, nur die Ruheenergie E_r (I) der Nukleonen und die Strahlungsenergie E_c (II) der Neutrinos zu betrachten. Diesen substantiellen Energien stehen die gravitatorischen Energien gegenüber: die Potentialenergie E_p (III) und die Feldenergie E_f (IV).

Gesamtkosmisch ergänzen sich diese Energieformen genau zu Null. Es ist also $(E_r+E_c) + E_p + E_f = 0$. Das läßt sich auch so schreiben $T^0_0 + P^0_0 + t^0_0 = 0$, wo die Summanden die die negative Energiedichte darstellenden Zeit-Zeit Komponenten des üblichen Energieimpulsdichte-Tensors T^k_i, des Potential-Tensors P^k_i und des Pseudo-Tensors t^k_i sind.

Nicht nur die gesamte Energie, sondern auch die gesamte elektrische Ladung des Kosmos ist Null. Andernfalls müßte der Kosmos Feldlinien in einen außerkosmischen Raum senden — der aber wesenhaft nicht existiert. Die energetische und die elektrische Null-Bilanz sind aber verschiedenartig: Im energetischen Fall stellt sich der Gravitationsfaktor G und damit die gravitatorische Verstrickung der Massen derart ein, daß die negative Verstrickungsenergie die positive Massenenergie kompensiert; im elektrischen Fall ist die Zahl der positiven Elementarladungen gleich der Zahl der negativen.

Der Energie-Impuls-Tensor **

Zur vollständigen Erfassung der Gravitations-Probleme müssen außer der Energiedichte auch die Impulsdichten und die Drucke berücksichtigt werden. Bei einer Gaswolke mit der Massendichte ϱ und den Geschwindigkeitskomponenten v_x, v_y, v_z der Gaspartikel gilt angenähert: Die Energiedichte ist ϱ mal c^2, die Impulsdichten sind ϱ mal c mal v_x, v_y, v_z, die Drucke sind ϱ mal $v_x v_x, v_x v_y, v_x v_z, v_y v_y, v_y v_z, v_z v_z$. Das sind jeweils die Komponenten $-T_0^0$ und T_0^1, T_0^2, T_0^3 und $T_1^1, T_1^2, T_1^3, T_2^2, T_2^3, T_3^3$ des Energie-Impuls-Tensors T_i^k.

Betrachten wir nur noch Wolken, die homogen, isotrop und zum Beobachter unbewegt sind. Ihre Energiedichte $-T_0^0$ ist ϱc^2 und ihre Impulsdichten verschwinden. Der Druck ist bei einer Ruhemassen-Wolke, also bei unbewegten Partikeln (zB Staubteile), gleich Null; bei einer Strahlungsmassen-Wolke, also bei c-bewegten Partikeln (zB Photonen), ist der hydrostatische Druck p, nämlich jede *xx-, yy-, zz*-Komponente T_1^1, T_2^2, T_3^3, gleich $\frac{1}{3}\varrho c^2$, während T_1^2, T_1^3, T_2^3, verschwindet.

In der relativistischen Darstellung der 4-dimensionalen Raum-Zeit-Welt ist x^0 die Zeitkoordinate, etwa t, und sind x^1, x^2, x^3 die Raumkoordinaten, etwa euklidisch x, y, z oder polar r, ϑ, φ. Somit sind T_0^0 die Zeit-Zeit-Komponente, T_0^1, T_0^2, T_0^3 die Raum-Zeit-Komponenten und $T_1^1, T_1^2, T_1^3, T_2^2, T_2^3, T_3^3$ die Raum-Raum-Komponenten von T_i^k.

Reine Ruhemasse hat nur Energiedichte $\varrho c^2 = -T_0^0$, alle anderen Komponenten verschwinden. Ruhemasse ist also nur zeit-zeit-artig, sie läuft sozusagen nur auf der Zeitachse. Das Gegenstück dazu, eine Masse die nur raum-raum-artige Komponenten enthält, existiert nicht. Denn sie müßte unendliche Geschwindigkeit haben, was unmöglich ist. Und doch begegnet uns dieses Gegenstück im quantenphysikalischen Welle-Körper-Dualismus; aber nicht als eine andere Art von Masse, sondern als komplementärer Aspekt. Die einer ruhenden Partikel zugehörige Materiewelle hat «unendliche Phasengeschwindigkeit», exakter gesagt, sie ist eine raum-raum-artige «Gleichzeitigkeits-Schwingung». Ruhemasse ist also in ihrer Energiedichte nur zeit-zeit-artig und in ihrem Wellenaspekt nur raum-raum-artig.

Reine Strahlungsmasse hat die Energiedichte $\varrho c^2 = -T_0^0$ und den ebensogroßen Gesamtdruck $3p = T_1^1 + T_2^2 + T_3^3 = \varrho c^2$. Sie ist also gleichermaßen zeit-zeit-artig und raum-raum-artig. Daher ist sie selbst ihr eigenes duales Gegenstück. Eine Gaswolke mit der Dichte ϱ ist auffaßbar als Überlagerung einer Ruhemassen-Wolke mit der Dichte ϱ_r und einer Strahlungsmassen-Wolke mit der Dichte ϱ_c.

Auch die Potentialenergie hat Masse. Das ist aber nicht materielle, sondern gravitatorische Masse. Daher ist sie negativ. Mit der reinen Strahlungsmasse hat sie gemeinsam, daß sie keine Ruhemasse enthält. Nach dem Welle-Körper-Dualismus kann man sie — ebenso wie die Strahlungsmasse — als eine Wolke von ruhemasselosen c-bewegten Partikeln auffassen. Unter diesem Gesichtspunkt erscheint die Potentialenergie als eine besondere Form der Strahlungsenergie. Trotzdem wäre es wegen ihres verschiedenen Vorzeichens und verschiedenen Charakters physikalisch nicht sinnvoll, beide in einem einzigen Tensor zu vereinigen.

Sowohl die Energiedichte $-T^0_0$ als auch die Haupt-Drucke T^1_1, T^2_2, T^3_3 sind relativistisch variant, aber die sogenannte Tensor-Spur $T^n_n \equiv T^0_0 + T^1_1 + T^2_2 + T^3_3$ ist relativistisch invariant, das heißt unabhängig vom Bewegungszustand des Beobachters. Ruhemasse hat die Spur $T^n_n = -\varrho_r c^2$. Strahlungsmasse hat die Spur $T^n_n = 0$. Potentialmasse hat die Spur $P^n_n = 0$. Allgemein ist $T^n_n + P^n_n = -\varrho_r c^2 = -\varrho c^2 + 3p$.

Neben dem Tensor T^k_i benutzt man in der allgemein relativistischen Physik auch den Tensor $\delta^k_i T^n_n - 2T^k_i$. Er wird oft als «Quell-Term» der Masse bezeichnet und ist in Einsteins Gleichungen proportional dem Ricci Tensor R^k_i. Seine Zeit-Zeit-Komponente $T^n_n - 2T^0_0$ ist $-T^0_0 + T^1_1 + T^2_2 + T^3_3 = \varrho c^2 + 3p$; ein Gegenstück zu $-T^n_n = \varrho c^2 - 3p$.

Großräumig läßt sich der Kosmos als eine isotrope, im Substrat ruhende Wolke ansehen. Die Galaxien sind ihre Ruhemassen-«Partikel», die Neutrinos und Photonen sind ihre Strahlungsmassen-Partikel. Gesamtkosmisch gelten für die Spuren von T^k_i und P^k_i und für die Quellterm-$^0_0$-Komponenten von T^k_i, P^k_i und C^k_i die Beziehungen:

$$+T^0_0 + T^1_1 + T^2_2 + T^3_3 \equiv T^n_n = -\varrho_r c^2 \;; \quad + P^0_0 + P^1_1 + P^2_2 + P^3_3 \equiv P^n_n = 0 \;;$$

$$-T^0_0 + T^1_1 + T^2_2 + T^3_3 - P^0_0 + P^1_1 + P^2_2 + P^3_3 = \frac{c^4}{8\pi} \left(-C^0_0 + C^1_1 + C^2_2 + C^3_3\right) .$$

Die bereits erklärten ersten zwei Gleichungen haben gesamtkosmisch eine besondere Bedeutung: Nach den weiter oben genannten verallgemeinerten Feldgleichungen ist $1/G$ eine Funktion von R_h und von der Spur $T^n_n + P^n_n$, die gleich $-\varrho_r c^2$ ist. Es tragen also nur Ruhemassen zum $1/G$-Feld bei. Das vereinbart sich mit der Vorstellung, daß Gravitation auf der Wirkungs-Erschließung durch Nukleonen beruht.

Die letzte Gleichung erhält man aus den verallgemeinerten Feldgleichungen. Dabei entsteht auf der rechten Seite noch der Term $-R^0_0 \cdot c^4/(4\pi G)$ — der aber wegen der Gleichförmigkeit der kosmischen Expansion verschwindet. Diese gehört also wesenhaft zusammen mit der Komplementarität von T^k_i, P^k_i und C^k_i nach der letzten Gleichung.

Die Wirkung ist die stückzahlhaft mit h gequantelte, relativistisch invariante Grundgröße der Quantenphysik und der Kosmologie; sie ist die physikalische Realität einfachhin. An der Wirkung scheitern alle Weltmodelle mit «ewiger Materie». Sogar mit nur endlichem Energie-Inhalt hätten diese Modelle mit ihrer unendlichen Zeit zwangsläufig eine unbegrenzt große und ständig noch wachsende Wirkung und Wirkungsdichte. Damit sind insbesondere alle «Steady-state-Modelle» (Hoyle, Bondi) mit ihrer trotz Expansion endlichen (sogar konstanten) Massendichte, sind ferner alle «Pulsations-Modelle» mit ihrer in Expansion und Kontraktion endlichen (sogar konstanten) Weltmasse, sind schließlich alle die primitiven statischen Modelle mit zeitlich unbegrenzt existierender Materie, Dinge der Unmöglichkeit.

Mit der gegebenen Zahl von Wirkungsquanten und der Zahl der Elementarvolumina im Weltraum ergibt sich eine Wirkungsdichte η': als Wirkung ($J{\cdot}s$) pro Volumen (m^3). In Einheiten der Elementar-Wirkungsdichte $\eta_1 = h/V_1$, ergibt η' eine Wirkungsdichte-Zahl η: als Zahl von Wirkungsquanten h pro Elementarvolumen V_1. Hierbei ist:

$$\eta' = \eta \cdot \eta_1 = \eta \cdot h/V_1 = \eta \cdot 3h/4\pi\lambda^3 .$$

Die Wirkung begründet einen entscheidenden Unterschied zwischen der Ruheenergie, welche proportional ihrer Alterung fortschreitend Wirkung erzeugt, und der Strahlungsenergie, welche nicht altert und damit auch keine Wirkung erzeugt. Die effektive Wirkungsbilanz des Weltalls wird nur durch die Nukleonen bestimmt. Jedes Nukleon (Elementarmasse m) erzeugt mit seiner Ruheenergie mc^2 in jeder Elementardauer τ der Weltzeit T ein weiteres Wirkungsquantum h; gemäß $mc^2 \cdot \tau = h$. Die gesamte Wirkung, die ein Nukleon zur Welt-Wirkung beiträgt, ist demnach $mc^2 \cdot T = mc^2 \cdot \tau \cdot Z = h \cdot Z$, ist also Z Wirkungsquanten h. Diese Wirkung $h \cdot Z$ ist in Z Stück je λ-dicken Kugelschalen — von denen jede 1 Wirkungsquantum h enthält und jede sich mit der kosmischen Expansion c ausbreitet — um das Nukleon über den gesamten Weltraum verteilt.

Photonen und Neutrinos haben keine Ruhemasse und erschließen keine Wirkung. Zwar haben sie bei einer Frequenz f formal die Wirkung $f \cdot h \cdot T$, aber diese ist gesamtkosmisch nicht «wirk-sam». Anders betrachtet: Ihre zur Massenenergie gehörige Wirkung kompensiert sich gesamtkosmisch mit ihrer zur Potentialenergie gehörigen Wirkung. Die Dynamik des Kosmos bestimmt sich daher durch η_r', das ist die allein von den Ruhemassen gebildete Wirkungsdichte.

Obgleich laufend Nukleonen vor Z_i entstanden und nach Z_i vergangen sind, und obgleich die Wirkungsquanten eines Nukleons über den gesamten Weltraum ausgebreitet sind, ergeben genaue Untersuchungen (Bereichabzählungen): die Wirkungsdichte η_r' ist überall gleich der mittleren Ruheenergie-Dichte $c^2 \cdot \varrho_r$ mal dem Weltalter $T = \tau \cdot Z$. Hierbei ist die Ruhemasse-Dichte ϱ_r durch die Parameter-Weltruhemasse M_r pro Parameter-Weltvolumen V_{prm} gegeben; $\varrho_r = M_r / V_{prm}$. Hierbei ist $M_r = m \cdot N_{prm}$ gleich der Elementarmasse m mal Parameter-Nukleonenzahl, und ist $V_{prm} = V_1 \cdot Z^3$ gleich dem Elementarvolumen V_1 mal dem Kubik der Zeitzahl Z. Es ist also:

$$\eta_r' = \eta_r \cdot h/V_1 = \varrho_r \cdot c^2 \cdot \tau \cdot Z \; ; \quad \text{damit } \eta_r = N_{prm}/Z^2 \; .$$

Ein Wirkungsquantum h pro Raum·Zeit-Abstand ist eine Wirkungsintensität. Die individuell-elementare Existenz wird durch Wirkung pro Raum·Zeit-Abstand vom Bezugspunkt bestimmt (φ); die kollektiv-kosmische Existenz wird durch Wirkung pro Raum·Zeit-Abstand vom Ursprungspunkt bestimmt (Y). Der räumliche Abstand der Wirkung vom Ursprungspunkt ist gleich deren Abstand $x \cdot R$, mit dem sie am Bezugspunkt (Tiefe R) präsent ist; der zeitliche Abstand der Wirkung vom Ursprungspunkt ist gleich deren eigenem Alter $(1-x) \cdot T$, mit dem sie am Bezugspunkt (Alter T) präsent ist. Damit ist die kosmisch-wirkende

Intensität von $1h$ gleich $h \cdot [x \cdot R \cdot (1-x) \cdot T]^{-1} = \chi_1 \cdot x^{-1}(1-x)^{-1} \cdot Z^{-2}$

Die Welt-Wirkungsintensität Y' ist die Summe der Intensitäten von allen Wirkungsquanten des Weltalls. In Einheiten der Elementar-Wirkungsintensität $\chi_1 = h/\lambda\tau$, ergibt Y' eine Welt-Wirkungsintensitätszahl Y: als Summe aller Wirkungsquanten pro dem jeweiligen Raum·Zeit-Abstand. Wegen ihrer grundlegenden Bedeutung für die kosmische Existenz sei Y als «Existenzvariable» bezeichnet. Es ist:

$$Y' = Y \cdot \chi_1 = Y \cdot h/\lambda\tau, \quad \text{wobei} \quad \chi_1 = h/\lambda\tau = mc^2/\lambda = \text{Elementarkraft}.$$

Der zweifache (Wechselwirkungsfaktor) Reziprokwert der Welt-Wirkungsintensität Y' ist unmittelbar der «Energie-Anziehungsfaktor» $2/Y'$. Ist eine Energie E_1 im Abstand r von einer anderen Energie E_2, so üben diese aufeinander eine Schwerkraft K'' aus: $K'' = (2/Y') \cdot E_1 \cdot E_2 / r^2$.

Die Wirkungsintensität ist eine auf einen Punkt orientierte, gleichsam «subjektive» Größe; im Gegensatz zur Wirkungsdichte, welche dem Raum als solchem, gleichsam «objektiv» eigen ist. Die Welt-Wirkungsintensität Y' bzw -Zahl Y ist an jeder Stelle des Weltraumes — auch nahe Neutronensternen — genau gleich: über den Raum konstant, aber mit der Zeit variabel. Die Wirkungsdichte steigt dagegen nahe von Massenballungen stetig an, die Massendichte sprunghaft an. Die lokalen Überhöhungen sind auf so kleine Bereiche beschränkt, daß sie den großräumigen Mittelwert kaum verändern; erreichen aber lokal doch sehr große Werte; in Grenzsternen gegenüber dem Mittel:

für die Wirkungsintensität genau 10^0fach (dh völlig konstant);
für die Wirkungsdichte 10^{22}fach; für die Massendichte 10^{44}fach .

Das großräumig präsente η_r' ist gleich der großräumigen Dichte $\varrho_r c^2$ der Ruheenergie mal deren präsentem Alter $z \cdot T = (1-x) \cdot T$. Es ist aber $(1-x) \cdot T$ zugleich der zeitliche Abstand vom Ursprung, der in der Wirkungsintensität vorkommt. Großräumig liefern die Ruhemassen daher zur Wirkungsintensität den Beitrag $\varrho_r c^2/xR$ mal Volumeneinheit. Die Weltwirkungsintensität Y' und daraus $Y = Y'/\chi_1$ und der Gravitationsfaktor G können somit durch dic zu besprechende «effektive» Integration über alle Ruhemassen gewonnen werden.

Der Wirkungsdichte-Exponent *

Die Anzahl der Wirkungsquanten pro Volumen des den Bezugspunkt bzw einen sonst betrachteten Punkt großräumig umgebenden Raumes, ist die parametrische Wirkungsdichtezahl η. Die Veränderung dieser örtlichen, parametrischen Wirkungsdichtezahl η wird am besten durch einen Wirkungsdichte-Exponenten ε angegeben:

$$\text{Wirkungsdichtezahl} \quad \eta \quad = \quad \text{konstant} \cdot Z^{\varepsilon}$$

Mit verschiedenen Exponenten ε würde sich somit ergeben:

$\varepsilon = +1$ konstante Welt-Massendichte ϱ
$\varepsilon = 0$ konstante Welt-Wirkungsdichte η'
$\varepsilon = -1$ konstante Welt-Wirkungsintensität Y'
$\varepsilon = -2$ konstante Welt-Nukleonenzahl N

Jeweils die drei anderen Größen werden damit entsprechend veränderlich. Die Veränderlichkeit des Kosmos in der Zeit ist wesenhaft; dh ein «ewiger Kosmos» ist unmöglich: Es gab einen Anfang mit $Z = 1$.

Aber auch mit endlichem Anfang sind nur ganz bestimmte Exponenten ε möglich.

Zuerst seien die Möglichkeiten für ε in der Anfangszeit betrachtet; also ab $Z = 1$ der ersten Elementardauer der kosmischen Zeit.

Ein Anfang mit $\varepsilon \leqslant -1$ ist unmöglich: Damit hätten — um zu den heutigen Verhältnissen führen zu können — gigantische Anfangswirkungsdichten gegeben gewesen sein müssen; über 10^{40} Wirkungsquanten pro Elementarvolumen. Wo hätten überhaupt diese gewaltigen Wirkungen — dh Energie·Zeit-Produkte — herkommen sollen, wenn die Zeit überhaupt erst beginnt?

In der Anfangszeit war ε notwendig merklich größer als -1. Tatsächlich genügt nur $\varepsilon = 0$ während einer längeren Anfangszeit der Bedingung für eine Nukleonen-Entstehung im Einklang mit den physikalischen Grundgesetzen. Die Multiplikations-Konstante — zugleich der Anfangswert der Wirkungsdichtezahl — war hierbei gleich 1.

Es entstanden in der Anfangszeit laufend Nukleonen; quadratisch mit der Zeitzahl Z ansteigend. Das Welt-Volumen stieg kubisch mit Z an, der Gravitationsfaktor G fiel reziprok mit Z ab.

Die Erhaltung der Energie gegenüber jedem beliebigen Bezugspunkt erfordert für diese Nukleonenentstehung die vollkommene Homogenität: Entstehung als «Einzelnukleon» in einem Entstehungsfeld mit über den ganzen Kosmos ausgedehnter Auftritts-Unbestimmtheit; in einem Kosmos mit wesenhafter Vertauschbarkeit der Nukleonen ohne jede Individualität. Jedes neu entstehende Nukleon tritt mit voller Wirkung $h{\cdot}Z$ ins Dasein; wie das erstentstandene Nukleon und fähig, als dieses zu erscheinen.

Keinesfalls könnten Nukleonen als Massenballungen entstehen, weil solche immer lokale Störungen der Energieerhaltung und verschieden geartete Nukleonen zur Folge hätten. Schon gar nicht könnten Nukleonen in explodierenden Massenballungen — vergleichbar den Supernovae (Jordan) — entstehen, die ihre Expansionsenergie fast schlagartig aus dem Weltraum entnehmen müßten. Diese Nukleonenentstehungen sind somit nicht als Umkehrung des Nukleonenverschwindens mit grenzschweren Sternen auffaßbar, denn Kontraktionsenergie ist in den Weltraum abstrahlbar.

Mit Endigung der Homogenität bei der Inhomogenisierungs-Zeitzahl Z_i endete zwangsläufig auch die Nukleonenentstehung.

Nur für eine Anfangszeit ist notwendig der Wirkungsdichte-Exponent ε größer als -1; konkret $\varepsilon = 0$. Ist einmal eine große Anzahl $N_i = Z_i^2$ Nukleonen entstanden, so kann ε auf kleinere Werte als -1 abfallen. Simpel ausgedrückt: Damit etwas existieren kann, muß erst einmal etwas entstehen; dieses kann dann aber später wieder vergehen.

Nach Z_i blieb die Nukleonenzahl zunächst noch konstant und fiel dann immer mehr ab. Mit ausreichender Genauigkeit läßt sich dieser Verlauf vereinfacht darstellen durch drei Epochen:

Die erste Epoche beginnt mit dem Ursprung und endet mit Z_i; sie hat quadratisch ansteigende Nukleonenzahl mit $\varepsilon = 0$.

Die zweite Epoche beginnt mit Z_i und endet mit einem dadurch definierten Z_s; sie hat konstante Nukleonenzahl mit $\varepsilon = -2$.

Die dritte Epoche beginnt mit Z_s und währt heute und bis zum Ende des Kosmos; sie hat abfallende Nukleonenzahl mit $\varepsilon < -2$.

Der Gravitationsfaktor G wird allein durch die von den Ruhemassen — praktisch den Nukleonen-Massen — des Weltalls erstellte Wirkung bestimmt; entsprechend der Komponente η_r der durch die Ruhemassen gegebenen Wirkungsdichtezahl. In den ersten beiden Epochen, in denen noch fast keine Strahlung vorhanden war, ist diese Komponente η_r gleich der totalen Wirkungsdichtezahl η. In der dritten Epoche, in der ein Großteil der Weltmasse als Strahlung vorhanden ist und damit η_r kleiner als η ist, bezieht sich der ε-Ansatz nur auf die durch die Ruhemassen bestimmten Wirkungsdichtezahlen η_r.

In stetigem Übergang von einer Epoche in die nächste ist:

1. Epoche:	$\eta_r = 1 = \eta$;	$N = Z^2$	steigend
2. Epoche:	$\eta_r = (Z/Z_i)^{-2} = \eta$;	$N = Z_i^2$	konstant
3. Epoche:	$\eta_r = (Z_s/Z_i)^{-2} \cdot (Z/Z_s)^{\varepsilon}$;	$N = Z_i^2 \cdot (Z/Z_s)^{\varepsilon+2}$	fallend

Die beiden ersten Epochen sind von Natur auf die Exponenten 0 bzw −2 festgelegt. Deshalb ist weiterhin nur noch der in der dritten Epoche auftretende Wirkungsdichte-Exponent als «ε» bezeichnet. Mit diesem Exponenten ε bestimmen sich die Massen und Dichten des Weltalls.

Massen und Dichten *

Bis T_i entstanden Nukleonen: parametrisch war die Nukleonenzahl $N = Z^2$. Das Entstehungsende bei T_i wird sich sehr zuverlässig mit einem T_i-Wert von rund 1 milliard Jahre ergeben. So liegt die bis T_i entstandene Zahl $N_i = Z_i^2$ der Nukleonen fest, welche damals allein die Weltmasse $M_i = mZ_i^2$ darstellte. Von T_i bis T_s war unverändert die höchste Zahl an Nukleonen und die größte Masse im Weltall gegeben: $N_s = N_i = Z_i^2$ bzw $M_s = M_i = mZ_i^2$.

Nach T_s begann die Vergehung der Nukleonen durch Verstrahlung. Damit wurden die Massen- und Dichtewerte sehr stark vom ε-Wert abhängig. Als Exponent der durch die Ruhemassen des Weltalls (dh die Welt-Nukleonen) gegebenen Wirkungsdichte, gibt ε den Abfall der Zahl N der Nukleonen mit der Zeit T an: $N = N_s \cdot (T/T_s)^{\varepsilon+2}$.

Die Masse dieser parametrischen Nukleonenzahl N ergibt die parametrische Welt-Ruhemasse M_r und (durch das parametrische Weltvolumen $V_1 \cdot Z^3$ dividiert) die parametrische Ruhemassen-Dichte ϱ_r, wie sie in der großräumigen Umgebung um einen Bezugspunkt ermittelbar ist. Mit der Elementarmasse m ($1672 \cdot 10^{-30}\ kg$) und der Elementardichte $\varrho_1 = m/V_1$ ($173 \cdot 10^{15}\ kg/m^3$) gilt:

Welt-Ruhemasse	$M_r = m \cdot N$	$=$	$m \cdot Z_i^2 \cdot (Z/Z_s)^{\varepsilon+2}$
Ruhemassen-Dichte	$\varrho_r = \varrho_1 \cdot N/Z^3$	$=$	$\varrho_1 \cdot Z_i^2 \cdot (Z/Z_s)^{\varepsilon+2}/Z^3$

Mit konkreten ε-Werten ist somit N als Funktion von T festgelegt:

$\varepsilon = -2$: kein Abfall von N mit T ; bis T_e ist $N = Z_i^2 = \text{const.}$
$\varepsilon = -3$: linearer Abfall von N mit T; gemäß $N = Z_i^2 \cdot (T/T_s)^{-1}$
$\varepsilon = -4$: quadrat. Abfall von N mit T; gemäß $N = Z_i^2 \cdot (T/T_s)^{-2}$
$\varepsilon = -\infty$: schlagartiger Abfall von N bei T_s auf verschwindend wenig.

Der Ansatz mit den verschiedenen ε-Werten ergibt die unten tabulierten Rechenwerte: für die maximale Weltmasse M_i ; für die heutige Welt-Ruhe-Masse M_{r0} (= Masse aller Nukleonen); außerdem für die heutigen Dichten in unserer großräumigen Umgebung: die totale Dichte ϱ_0, die sich zusammensetzt aus der Dichte ϱ_{c0} der Strahlungsmassen, und der Dichte ϱ_{r0} der Ruhemassen. Aus dem Vergleich dieser Rechenwerte mit den Meßwerten, ist der reale ε-Wert bestimmbar.

Eine direkte Messung der Dichte ϱ_{c0} der Strahlungsmassen ist aussichtslos: Aus der Nukleonen-Verstrahlung an der Existenzgrenze kommen fast nur energiearme Neutrinos, welche zudem noch von der jeweiligen Verstrahlungszeit bis heute verroten. Der quadratisch mit der Neutrino-Energie steigende Neutrino-Wirkungsquerschnitt ist aber schon im MeV-Bereich nur 10^{-20}fach des Photon-Wirkungsquerschnitts.

Dagegen ist die Messung der Dichte ϱ_{r0} der uns umgebenden Ruhemassen zwar ungenau, aber doch schon gut brauchbar:

Mit den beobachtbaren leuchtenden Sternen und kosmischen Gasen ergeben sich für heute Dichtewerte zwischen 10^{-28} und $10^{-27}\ kg/m^3$. Im Rechenwert ϱ_{r0} ist aber noch der Dichte-Anteil der kaum beobachtbaren entarteten Sterne enthalten, der als fast gleichgroß wie der der leuchtenden Sterne zu schätzen ist. Die beobachteten Dichten von 10^{-28} bis $10^{-27}\ kg/m^3$, ebenso die beobachtete Menge und Zusammensetzung des Interstellargases, lassen erkennen, daß die Realität zwischen einem linearen ($\varepsilon = -3$) und einem quadratischen ($\varepsilon = -4$) Abfall der Nukleonenzahl liegt; wobei schätzungsweise knapp die Hälfte des noch nicht verstrahlten Restes der Materie entartet ist.

Mit dem Mittelwert $\varepsilon = -3{,}5$ ergibt sich: Die zwischen etwa 1 und 5 Jahrmilliarden (T_i bis T_s) gegebene, maximale Weltmasse im parametrischen Einheits-Volumen $(4\pi/3)(cT)^3$ war etwa $33 \cdot 10^{51}\ kg$; als *pe*-Plasma mit $2 \cdot 10^{79}$ Nukleonen. Heute, bei $T_0 = 20 \cdot 10^9\ a$, ist nur noch die Hälfte dieser Weltmasse vorhanden, weil $^7/_8$ dieser Masse verstrahlt und inzwischen auf $^3/_8$ der ehemaligen Masse verrotet ist. Die verbliebene Hälfte, die heutige Weltmasse, besteht zu $^3/_4$ aus der Neutrino-Strahlung des homogenen «Neutrino-Meeres» und zu $^1/_4$ aus verbliebenen Nukleonen. Dieses noch verbliebene $^1/_8$ der zwischen T_i und T_s gegeben gewesenen Nukleonen ist etwa schon fast so viel in den entarteten Sternen wie in den leuchtenden Sternen der Galaxien geballt. Etwa $^1/_{100}$ der ehedem gegebenen Nukleonen ist als Interstellargas zwischen den Sternen verteilt. Für die Sterne und Gase mit etwa $2 \cdot 10^{21}$ Sonnenmassen im heutigen parametrischen Einheits-Volumen von $2{,}8 \cdot 10^{79}\ m^3$ ergibt sich eine mittlere Dichte von $1{,}5 \cdot 10^{-28}\ kg/m^3$, was gut mit der astronomischen Beobachtung übereinstimmt. Absolut sind die Massen 470000-fach dieser Parameter-Werte.

*Die effektive Wirkungsdichte ***

Die hiesige Wirkungsdichtezahl η_r ist ein parametrischer Wert. Es ist der Wert, der sich nach der Beziehung $\eta_r = Z \cdot \varrho_r/\varrho_1$ aus der in unserer astronomischen Großraum-Umgebung meßbaren mittleren Dichte ϱ_r der Ruhemassen ergibt.

Die gesamtkosmisch orientierten Größen Y und G sind nicht durch den parametrischen, sondern durch den effektiven Wert der Wirkungsdichtezahl bestimmt. Diese effektive Wirkungsdichtezahl η_{eff} bezieht sich ebenfalls nur auf die durch die Ruhemassen gegebenen Wirkungen.

Dieser Effektivwert η_{eff} ergibt sich als gesamtkosmisches Integral über die Wirkung aller Ruhemassen, das sowohl deren Präsenzalter als auch deren Abstand einbezieht. Zur Berechnung von η_{eff} werden wieder die Relationen $R/R_0 = T/T_0 = Z/Z_0 = z = e^{-\xi}$ benutzt, wobei R_0, T_0, Z_0 die hier-und-jetzt-Werte und R, T, Z die Präsenzwerte sind.

Im kosmischen Nahbereich, das heißt für ξ klein gegen $\ln Z_i$, ist die räumliche Krümmung des Kosmos vernachlässigbar. In diesem Bereich ist das präsente Volumen der Kugelschale mit dem Abstandswert ξ und dem Dickewert $d\xi$ gleich $4\pi R^3 \xi^2 d\xi$. Die darin enthaltene Ruhemasse ist $4\pi \varrho_r R^3 \xi^2 d\xi = 4\pi \varrho_r R_0^3 z^3 \xi^2 d\xi$, wobei ϱ_r der Präsenzwert der Ruhemassendichte ist. Der Beitrag dieser Kugelschale zum hiesigen Gravitations-Potential ist nach klassischer Rechnung negativ gleich der in ihr enthaltenen Ruhemasse mal dem Gravitationsfaktor G geteilt durch den Abstand $R_0\xi$. Er ist also gleich $-4\pi G \varrho_r R_0^2 z^3 \xi d\xi$. Wegen $\xi = -ln z$ und $d\xi = -dz/z$ und $R_0 = \lambda Z_0$ ist das $-4\pi G \varrho_r \lambda^2 Z_0^2 z^2 ln z \, dz$. Mit $\varrho_r = \eta_r \varrho_1/Z = 3m\eta_r/(4\pi\lambda^3 Z)$ und $\lambda = h/mc$ schreibt sich dieser klassische Potential-Beitrag der Schale: $-3Gm^2cZ_0(2h)^{-1}(2\eta_r z ln z \, dz)$.

Für die vorangehende Rechnung ist der Abstand $R_0\xi$ benutzt; denn der Potentialbeitrag einer Galaxie ist reziprok proportional ihrem parametrischen Abstand $R_0\xi = cT_0\xi$. Dagegen ist der Beobachtungswinkel einer Galaxie reziprok proportional ihrem präsenten Abstand $R\xi = cT_0 z\xi = cT_0 e^{-\xi}\xi$. Diesen bemerkenswerten Gegensatz kann man leicht verstehen, wenn man sich die Feldlinien und Sichtlinien auf einer Gummiplatte dargestellt denkt, die während des Informationsablaufs gleichmäßig auseinander gezogen wird: Die hiesige Feldliniendichte ist bestimmt durch den jetzigen Zeitpunkt T_0, in dem die Information hier eintrifft; dagegen ist der Sichtwinkel bestimmt durch den damaligen Zeitpunkt $T_0 z$, in dem die Information das Objekt verlassen hat.

Es ist sinnvoll, folgende Definition einzuführen:

$$\text{effektive Wirkungsdichtezahl } \eta_{eff} = \int_1^0 2\eta_r z ln z \, dz$$

Damit wird das Integral über $-3Gm^2cZ_0(2h)^{-1}(2\eta_r z ln z \, dz)$, also der klassisch gerechnete Potential-Beitrag des ganzen Kosmos, gleich $-3G\eta_{eff}m^2cZ_0/2h$. Dieser gesamte Beitrag ist nicht etwa $-c^2$, wie man vielleicht erwartet, sondern $-3c^2$. Das hängt damit zusammen, daß das absolute Potential $-c^2$ raum-zeitlichen Charakter, das klassische Potential aber zeitlichen Charakter hat. Somit ist $G\eta_{eff}m^2cZ/2h = c^2$.

Effektivmasse und Potential **

Das Verhältnis des Gravitationsfaktors G zum Weltradius R wird durch den Effektivwert der Weltmasse M_{eff} bestimmt: Das ist diejenige Masse, die im Abstand R den gleichen Gravitationseffekt hätte wie alle Massen des Weltalls mit ihren realen Abständen vom Bezugspunkt.

Wegen $M_{eff} = 4\pi R_0^3 \varrho_{eff}/3$ mit $\varrho_{eff} = 3m\eta_{eff}/(4\pi\lambda^3 Z_0)$ folgt, daß M_{eff} gleich $mZ_0^2\eta_{eff}$ ist. In diesen drei letzten Gleichungen darf bei R und Z der Index $_0$ fortgelassen werden, weil diese Größen keiner Integration unterworfen sind. Bedeutet M_r die mit dem Volumen $4\pi R^3/3$ multiplizierte Ruhemassendichte ϱ_r, so ergibt sich wegen ϱ_r gleich $3m\eta_r/(4\pi\lambda^3 Z)$ die Beziehung $\eta_r = M_r/(mZ_0^2 z^2)$. Daraus folgt:

$$\text{Effektiv-Weltmasse } M_{eff} = mZ^2 \cdot \eta_{\text{eff}} = \int_1^0 2M_r z^{-1} ln\, z \,\mathrm{d}z$$

Ein Stern der Masse m_s und des Radius s besitzt an der Oberfläche relativ zum flachen Weltraum das Potential $\Phi = -G{\cdot}m_s/s$. Der flache Weltraum besitzt absolut das existentielle Potential $-c^2$. Das mesokosmisch durch m_s und s bestimmte Potential Φ ist in der Relation zu den Weltgrößen M_{eff} und R festgelegt: $-\Phi/c^2 = 2{\cdot}(m_s/M_{eff}) : (s/R)$.

Wegen $\Phi = -G{\cdot}m_s/s$ folgt daraus $G = 2\,c^2{\cdot}R/M_{eff}$; bzw die existentielle Potentialgleichung $GM_{eff}/2R = (M_{eff}/RY){\cdot}hc/m^2 = c^2$ Sie stimmt überein mit der oben gehabten Gleichung $G\eta_{eff}m^2cZ/2h = c^2$. Die Expansion mit $R = c{\cdot}T$ ist fundamental. Auf diese stellt sich G derart ein, daß jedes Teilchen auf dem existentiellen Potential $-c^2$ liegt: Die Potentialenergie $-G{\cdot}m{\cdot}M_{eff}/R$ jeder Teilmasse m des Weltalls ist gleich $-mc^2$; also negativ gleich ihrer Massenenergie mc^2. Dies gilt für alle Teilmassen; dh für die gesamte Weltmasse:

Es ergibt sich damit die Energie-Null-Bilanz des Weltalls.

Die Existenzvariable Y ist wesenhaft ein Effektivwert. Sie ist das Integral über alle auf den kosmischen Ursprung bezogenen Wirkungsintensitätszahlen. Für uns hier und jetzt ist der Ursprungspunkt räumlich null entfernt und zeitlich das volle Weltalter T_0 entfernt. Bezüglich uns ist also die auf den Ursprung bezogene Wirkungsintensität eines Wirkungselements gleich dessen Wirkung pro räumlichem Abstand und pro präsentem Alter. Kosmische Wirkung pro Alter ist Energie, und diese ist Masse mal c^2. So verifiziert sich der fundamentale Zusammenhang:

$Y = Z^{-1}{\cdot}M_{eff}/m = Z{\cdot}\eta_{eff}$. Wegen $R = \lambda{\cdot}Z$ und $m = h/c\lambda$ folgt

Gravitationsfaktor $G = (2/Y){\cdot}hc/m^2 = (2/Z\eta_{eff}){\cdot}hc/m^2$.

Der durch die Gleichung $GM_{eff}/2R = c^2$ gegebene grundlegende Zusammenhang zwischen G und M_{eff} kann auch aus den in einem früheren Kapitel angegebenen verallgemeinerten Feldgleichungen hergeleitet werden: Die Anwendung der verjüngten Form dieser Feldgleichungen auf das kosmische Linienelement liefert als Ergebnis einer schwierigen Tensor-Rechnung, daß $2R_hc^2G^{-1}$ gleich dem zwischen hier und dem Horizont erstreckten Integral über $2(4\pi/3)\varrho_r R_h^3 \sin\chi\, d\chi$ ist. Bei gleichförmiger Expansion $\langle \chi = \xi/k_h;\ R_h = k_hR \rangle$ und vernachlässigter Raum-Krümmung $\langle \sin(\xi/k_h) \rightarrow \xi/k_h \rangle$ gibt dies $2\,k_h M_r \xi\, d\xi = 2\,k_h M_r z^{-1} ln\, z\, dz$. Das Integral darüber ist $k_h M_{eff}$. Andererseits ist bei gleichförmiger Expansion $2R_hc^2G^{-1} = 2k_hRc^2G^{-1}$. Die Gleichheit des letzten Ausdrucks mit k_hM_{eff} liefert tatsächlich die Grundgleichung $GM_{eff}/2R = c^2$.

Zur Berechnung der Existenzvariablen $Y = Z \cdot \eta_{eff}$ wird jede der drei Epochen mit ihrem eigenen η_r in einem eigenen Teilintegral erfaßt:

$$\eta_r = 1 \; ; \qquad \eta_r = (z/z_i)^{-2} \; ; \qquad \eta_r = (z_s/z_i)^{-2} \cdot (z/z_s)^{\varepsilon} \qquad \eta_{eff} =$$

$$\int_{z_i}^{0} 2z \ln z \, dz \; + \int_{z_s}^{z_i} 2(z/z_i)^{-2} \cdot z \ln z \, dz \; + \int_{1}^{z_s} 2(z_s/z_i)^{-2} \cdot (z/z_s)^{\varepsilon} \cdot z \ln z \, dz$$

Die Konstanten $z_i = T_i/T_0$ und $z_s = T_s/T_0$ werden um so kleiner, je später der Bezugspunkt $(z = 1)$ liegt; dh je größer T_0 festgelegt ist.

Für den Vergehungsbeginn T_s ist ein Weltalter von $5 \cdot 10^9$ Jahren geschätzt. Der T_s-Wert ist unkritisch und sei fest vorgegeben.

Mit fest vorgegebenem T_s und ansatzweise vorgegebenem ε-Wert muß ein Bezugspunkt hier und jetzt mit $T_0 = 20 \cdot 10^9 \, a$, also $Z_0 = 143 \cdot 10^{39}$, den heute gemessenen Wert $G_0 = 6{,}6720 \cdot 10^{-11} \, N \cdot m^2/kg^2$ ergeben. Weil $Y = (2/G) \cdot hc/m^2$, ergibt G_0 den heutigen Wert $Y_0 = 2{,}1289 \cdot 10^{39}$. Weil $\eta_{eff} = Y/Z$, ergibt Y_0 und Z_0 den heutigen Wert $\eta_{eff0} = 0{,}01489$.

Mit dieser Normierung ergibt sich mit den vorgegebenen Werten T_0 und T_s für jeden beliebig angesetzten ε-Wert ein Zeitwert T_i für die Inhomogenisierung. Damit ist $T_i/T_0 = z_i$ und die gesamte Funktion von η_{eff} in Abhängigkeit vom Weltalter T festgelegt. Die η_{eff}-Funktion — damit auch von M_{eff}, Y und G — wird konkret erhalten, indem der Bezugspunkt $(z = 1)$ auf die verschiedenen Weltalter T gelegt wird.

Liegt der Bezugspunkt in der 1. Epoche, so verschwindet das 2. und 3. Teilintegral. Das 1. Teilintegral wird konstant $\eta_{eff} = 1/2$: In der 1. Epoche steigt $Y = Z \cdot \eta_{eff}$ gemäß $Z/2$ linear mit der Zeit T an.

Liegt der Bezugspunkt in der 2. Epoche, so verschwindet das 3. Teilintegral. Das 1. und 2. Teilintegral zusammen ergeben ein η_{eff}, das nach T_i langsam unter $1/2$ abzufallen beginnt: In der 2. Epoche steigt $Y = Z \cdot \eta_{eff}$ auf ein flaches Maximum und fällt dann wieder ab.

Liegt der Bezugspunkt in der 3. Epoche, so ergeben alle drei Teilintegrale zusammen ein η_{eff}, das nach T_s immer schneller abfällt, bis es schließlich quadratisch mit der Zeit abfällt: im Lauf der 3. Epoche fällt $Y = Z \cdot \eta_{eff}$ schließlich linear mit der Zeit T ab.

Diese 3. Epoche reicht bis zur Zeit $T_e = Z_e \cdot \tau$ des Weltendes. Dieses ergibt sich für jenen Bezugspunkt $(z = 1)$, für welchen die Randbedingung $Y = Y_e = 1$ bzw $Z_e \cdot \eta_{eff} = 1$ erfüllt ist. Für $\varepsilon < 2{,}5$ hat die Endzeit T_e ungefähr die gleiche Größenordnung wie T_i^2/τ.

Mit der Vorgabe eines heutigen Weltalters T_0 von 20 milliarden Jahren und eines Vergehungsbeginns T_s bei 5 milliarden Jahren ergibt der willkürliche Ansatz je eines der konstanten ε-Werte :

	z_i	z_s	Z_i	Z_0	T_i	T_m	T_s	T_0	Z_e	T_e
$\varepsilon = -2$	30	—	4,3	143	0,61	2,4	–	20	730	102
$\varepsilon = -3$	31	250	4,5	143	0,62	2,4	5	20	41	5,8
$\varepsilon = -4$	32	250	4,5	143	0,63	2,5	5	20	36	5,1
$\varepsilon = -\infty$	33	250	4,7	143	0,66	2,6	5	20	33	4,6
mal	10^{-3}		10^{39}			$10^9 a$			10^{80}	$10^{50} a$

	M_i	M_{r0}	ϱ_0	ϱ_{r0}	ϱ_{c0}	G_i/G_0	G_m/G_0	$dG/dT \cdot G_0$
$\varepsilon = -2$	31	1	11	11	0	0,98	0,52	25
$\varepsilon = -3$	33	1/4	7,0	2,9	4,1	0,96	0,50	28
$\varepsilon = -4$	34	1/16	5,3	0,8	4,5	0,94	0,49	30
$\varepsilon = -\infty$	37	0	3,3	0	3,3	0,90	0,47	31
mal	$10^{51}\,kg$	M_i	$10^{-28}\,kg/m^3$			1		$10^{-12}/a$

Es ergeben sich somit die Inhomogenisierungszeit T_i, die Minimumzeit T_m, die Endzeit T_e, ferner der Gravitationsfaktor G_i bei T_i und G_m bei T_m, schließlich der heutige Gravitationsanstieg $dG/dT \cdot G_0$.

Diese Ergebniswerte sind erstaunlich wenig abhängig vom angesetzten ε-Wert; auch wenn ε mit dem extremsten Wert -2 bzw $-\infty$ angesetzt ist. Diese Ergebnisse sind damit auch dann sehr zuverlässig, wenn der angesetzte ε-Wert nicht genau mit dem realen Wert übereinstimmt; insbesondere wenn ε vereinfachend als konstanter Wert angesetzt ist.

Das Inhomogenisierungs-Weltalter T_i ist nicht nur vom ε-Wert, sondern auch vom Vergehungsbeginn T_s wenig abhängig. Deshalb ergibt sich verläßlich $T_i = 630 \cdot 10^6$ Jahre bzw $Z_i = 4{,}5 \cdot 10^{39}$.

Der Gravitationsfaktor $G = (2/Y) \cdot hc/m^2 = (2/Z\eta_{eff}) \cdot hc/m^2$ verläuft reziprok mit der Existenzvariablen Y : Vom Ursprung bis T_i fällt G linear mit der Weltzeit T ab; von T_i bis T_s durchläuft G eine flache Wanne mit dem Minimum bei $T_m = 3{,}92\,T_i$; nach T_m steigt G erst langsam, dann schneller — bis linear mit dem Weltalter T — an.

Seit Sterne geballt sind, steigt G an. Gemäß G_i/G_o hat sich G ab T_i bis heute T_o nur wenig verändert. Endete zudem die Nukleonen-Entstehung bei T_i nicht abrupt sondern ausklingend, so ist die G-Wanne flacher und der heutige Gravitations-Anstieg noch geringer.

Der heutige Gravitationsanstieg ist noch nicht linear: rund $3 \cdot 10^{-11}/a$. Seit 1 Jahrmilliarde hat sich G um etwa 3% erhöht. Dieser schwache Effekt ist bereits meßbar. Eine G-Anstieg hat schwere Folgen:

Die Strahlungsleistung (Leuchtkraft) eines Sternes steigt mit der 4. Potenz seiner Masse und mit der 8. Potenz des Gravitationsfaktors G. Dennoch veränderte der G-Anstieg die Strahlungsleistung der Sonne und damit die Temperatur auf der Erde nicht wesentlich: wegen der Reglerwirkung des Massenabtriebes. Auf solchen weist hin: 1. Aus der Sonnenkorona (10^6 °K) können Teilchen schon fast thermisch entweichen. 2. Im Sonnenwind und aus Sonneneruptionen treiben große Plasmawolken ab; offenbar geneigt zum Sonnenäquator (in der Ekliptik wird nur $^1/_5$ des Erforderlichen gemessen). 3. Sterne wirken auf feine Partikel — etwa in Gasnebeln, Kometenschweifen usw — mit ihrer Strahlung stärker abstoßend als mit ihrer Schwerkraft anziehend. 4. Bei der Sternbildung müssen die überhöhten Anfangs-Drehimpulse durch Massenabtrieb abgeführt werden. 5. Weil schwere Teilchen weniger abgetrieben werden, bleiben die wenigen Schweratome im Interplanetarraum zurück und ballen sich zu Planeten; die schwereren vornehmlich innen. 6. Abtrieb-Gas umgibt junge Sterne wie Zirrus-Wolken. 7. In elliptischen Zwerggalaxien strömt Abtrieb-Gas zum Zentrum, wo es von Neutronensternen verschluckt wird.

Weil der Massenabtrieb überhöht mit der Strahlungsleistung zunimmt, baut sich eine größere Sternmasse asymptotisch gegen einen Grenzwert ab: tatsächlich haben die alten Sterne zumeist halbe Sonnenmasse. Der Massenabtrieb regelt auch die von einem G-Anstieg verursachte Vergrößerung der Strahlungsleistung aus. Ein um 3% steigender Gravitationsfaktor G wird durch 5% abtreibende Masse voll ausgeregelt. Eine nicht ganz vollständige Ausregelung wird durch Weitung der Erdbahn weiter ausgeglichen. Ein G-Abfall könnte nicht ausgeregelt werden.

In kompressiblen Planeten bewirkt ein G-Anstieg eine zusätzliche Erwärmung und erhöhte Abstrahlung. Im Jupiter ist die Erwärmung durch einen G-Anstieg von $3 \cdot 10^{-11}/a$ knapp gleich der Erwärmung durch die Sonneneinstrahlung (Albedo 60%).

Eine G-Veränderung wirkt sich direkt auf die Planeten-Umläufe aus, so daß sie damit meßbar ist (Shapiro); etwa bis 1985 bei schwieriger Eliminierung der Sonnengezeitenreibung und des Meteoreinfalls. Daneben verspricht, etwa bis 1990, ein Labor-Experiment (Ritter) eine Messung der G-Veränderung mit $\pm 10^{-11}/a$ Genauigkeit.

Die Zeit T_i der Inhomogenisierung war bei rund einer milliard Jahre nach dem Ursprung. Dies ergibt sich in guter Übereinstimmung mit den verschiedensten astronomischen Beobachtungen. Vor allem stimmt dieser Wert erstaunlich genau mit jenem Wert überein, welcher auf völlig anderem Weg gefunden wurde: bei der Begründung (s.u.) für die Inhomogenisierungszeit durch die Neutronen-Zerfallszeit.

Mit Verschiebung der Existenzvariablen Y zu immer kleineren Werten und entsprechend immer weiterer Vergrößerung des Gravitationsfaktors G tritt immer intensivere Ballung der noch verbliebenen Materie zu Sternen auf. Mit fallender Existenzvariabler erreichen hierbei immer kleinere, geballte Nukleonenzahlen die Grenzgröße, bei welcher die Ballung aus dem Dasein schwindet. Schließlich, wenn Y bis auf 1 abgefallen ist, vergehen sogar einzelne Nukleonen — etwa Wasserstoffatome aus der Ultrastrahlung —, die der Ballung entgangen sind. Die Zeitzahl Z_e, bei welcher $Y = Y_e = 1$ erreicht wird, ist das Ende des Weltalls.

Die Existenzvariable Y ist die kosmische Wirkungsintensitätszahl. Der Wert $Y = 1$ hat somit die überaus interessante Bedeutung, daß die gesamte Wirkungsintensität gleich 1 h pro 1 λ und 1 τ ist. Das absolute Ende des Weltalls ist damit erreicht, wenn die gesamte Wirkungsintensität in bezug auf jeden beliebigen Punkt die Elementareinheit $h/\lambda\tau$ unterschreitet; dh wenn die die Welt-Raumzeit strukturierende Weltwirkung weniger intensiv wird als 1 Wirkungsquantum h pro 1 Elementar-Länge • Dauer $\lambda \cdot \tau$.

Sogar in dem irrealen Grenzfall $\varepsilon = -2$ (ganz ohne Ballung) würden alle Nukleonen gemeinsam nach rund 10^{52} Jahren vergehen. Der reale Endzeitwert von ε liegt irgendwo zwischen $-2{,}5$ und $-3{,}5$. Der konkrete ε-Wert beeinflußt dabei zwar extrem stark die vor dem Weltende noch vorhandene Nukleonenzahl; aber kaum den Wert des End-Weltalters $T_e = Z_e \cdot \tau$, das immer bei rund 10^{50} Jahren erreicht ist.

In rund 100 milliarden Jahren wird der leuchtende Sternkosmos verschwunden und der Raum dunkel geworden sein. Nach Vergehen der Sterne und Planeten folgt ein Staubkosmos in Nacht und Grauen. Das absolute Weltende wird nach einer zwar endlichen, aber geradezu irrsinnig langen Zeit von 10^{50} Jahren erreicht: mit dem Vergehen der letzten Nukleonen und damit von Raum und Zeit selbst. Das aus raum- und zeitlosem Nichts aufgetauchte Weltall versinkt damit wieder in raum- und zeitlosem Nichts.

Der Makrokosmos ist eine strukturelle Einheit mit dem Mikrokosmos. Ihre Strukturen bedingen einander. Das ganz Große und das ganz Kleine ist nur in der gegenseitigen Begründung wirklich verstehbar.

Sogar die Raum-Zeit-Struktur und die Expansion des Kosmos haben eine mikrophysikalische Ursache. Diese ist grundlegend für die Größen und Verhältnisse der Elementarteilchen.

Der Kosmos expandiert. Er weitet sich im Raume mit der Zeit; er weitet sich in der Zeit mit dem Raum. Er wird größer, indem er älter wird; älter, indem er größer wird. Was ist Maßgabe für was? «Ein Geck das ist ein Stutzer, ein Stutzer ist ein Geck» singen die Bauern im «Tiefland».

Letzte Maßstäbe, absolute Maßstäbe? Das normale Dasein ist nicht das des Ararat an der «Grenzscheide» des Seins zum Nirwana. Ein Existierender kommt nicht umhin, Entstehung, Gestaltung und Vergehung von Raum und Zeit eben in selbst wieder räumliche und zeitliche Bilder einzukleiden: Das Nichts als ein endloser, dunkler, leerer Raum, in welchem plötzlich «irgendwo», wo «man» aber «vorher» gar nichts bemerken konnte, in einer gewaltigen Explosion Materie entstand und sich ausbreitete? Auch der Physiker denkt in Bildern und setzt seine Mathematik auf Bilder an; freilich immer mehr auf unanschaulich werdende Analogbilder.

Aber ist der Kosmos wirklich unanschaulich; ist er nicht in Anschauung geschaffen; einfach und gigantisch? Vielleicht machen ihn nur unzulängliche Bilder unanschaulich? Viele Schwierigkeiten erstehen aus der sich rasch erschöpfenden Tragfähigkeit des Bildes von der Expansion selbst. Tatsächlich ist die Raum-Zeit-Struktur des Weltalls wundervoll anschaulich. Expansion und Alterung sind in der Wirkungs-Erschließung durch die Nukleonen unmittelbar mit der Elementarlänge λ und der Elementardauer τ im existentiellen Einklang.

Wie schon die «Erhaltung der Baryonenzahl» (bei sämtlichen Elementarteilchen- und Kernreaktionen) evident macht, gibt es existentielle Einheiten. Diese gehören einem wesenhaft anders gerichteten Aspekt an als dem essentiellen Aspekt der Relativitätsphysik oder dem aktuellen Aspekt der Quantenphysik. Dieser dem Relativitäts- und Quantenphysiker ungewohnte und fremde Aspekt ist das Fundament einer dritten Physik, eben der «Existenzphysik».

Eine Elementargröße ist eine «existentielle Einheit», die als Qualität nicht unterteilbar ist und von keiner Quantität bestimmt wird. Sie ist insbesondere etwas grundsätzlich anderes als eine «Kleinstgröße», die ein quantitativ nicht unterschreitbarer Grenzwert ist.

So ist zB der Mensch die existentielle Einheit der Menschheit. Ein Mensch ist nicht in zwei Menschen unterteilbar; er ist aber trotzdem in seinen Teilorganen unterscheidbar. Ein konkreter Mensch ist ein in sich einheitliches Element; unabhängig davon, ob er etwa 50 kg oder 100 kg wiegt, ob er etwa einen Arm weniger oder eine Geschwulst mehr als normal besitzt. Diese quantitativen Abweichungen sind zwar für die konkreten Zustände und Verhalten eines Menschen wichtig; nicht aber für den Elementarcharakter eines Menschen als Mensch. Dieser Elementarcharakter ist eine eigene Mächtigkeit, welche alles Gesellschaftsleben regiert. Deshalb kann das Wesen und Dasein des Menschen nicht durch anatomische, soziale oder psychologische Analysen erfaßt werden. Wie mit dem Menschen, so ist es in allen Bereichen des Seins; auch in der Physik.

Zwar können invariante und gequantelte Elementargrößen zugleich auch Kleinstgrößen darstellen; etwa die Elementarwirkung h, die Elementarladung e, die Elementarflüsse usw vereinigen beides; als Besonderheit. Eine solche Union ist aber nicht wesenhaft.

Mit der Elementarmasse m wird der Raum in Elementarlängen λ und die Zeit in Elementardauern τ erschlossen und die Existenz der Elementarteilchen im einzelnen und des Weltalls im ganzen begründet. Die Elementargrößen m, λ, τ sind damit aber keine Kleinstgrößen. Essentiell können etwa schnelle Nukleonen oder energische Photonen beliebig andere und auch kleinere Wellenlängen als λ bzw Schwingungsdauern als τ, entsprechend auch andere Massen als m haben. Aktuell können in Hochenergiestößen etwa Nukleonen mit den Subelementar-Radien $\lambda/2$ bzw $\lambda/2\pi$, bzw Elektronen mit weit unter λ-Radien reagieren. Trotzdem sind m, λ und τ die existentiellen Einheiten, welche die Existenz des Weltalls und aller Teilchen beherrschen.

Ebenso sind auch die quantitativen Unterschiede zwischen Proton und Neutron, und auch den anderen Baryonen, ohne Belang für den Elementarcharakter. Immer mehr «Elementarteilchen» werden entdeckt und zu den elementaren Größen der Masse, der Ladung und des Spin treten weitere; etwa die «Strangeness» oder der «Charm». Immer bessere Theorien werden verifiziert und fruchtbar; etwa ein Periodensystem der

Elementarteilchen; oder eine Theorie (Gell-Mann) einer «Zusammensetzung der Nukleonen aus je drei Quark», die allein prinzipiell nicht auftreten. So interessant und fruchtbar dies auch sei, so ist doch auf dieser ganzen Ebene der Essentialität und Aktualität dem Wesen der Existenz nicht entscheidend näher zu kommen. Dem Dasein als solchem kommt eben nur der anders gerichtete, existentielle Aspekt näher; mit seiner anderen Orientierung, und anderen Stärke und Schwäche.

Nur das Nukleon und das Elektron ist stabil; dh von unbegrenzt langer Lebensdauer. Das Neutron ist nur im Atom- oder Sternverband stabil. Das freie Neutron zerfällt in ca $^1/_4$ Stunde; eine kosmisch wichtige Lebensdauer. Die Lebensdauer aller anderen Elementarteilchen ist nur 10^{-6} bis 10^{-24} Sekunden. Rechnet man das ladungsergänzende und leichte Elektron zusammen mit dem Proton als «Nukleon», so besteht die gesamte Materie des Weltalls nur aus Nukleonen. Die übrigen Teilchen, die nur extrem kurzlebig als energetische Anregungszustände auftreten, sind verschwindend wenig. Dies macht zwar eine existenzbegründende Bedeutung des Nukleons für das Weltall evident. Primär ist aber umgekehrt der Elementarcharakter von m, λ und τ der Grund, warum allein das Nukleon stabil ist und die Materie trägt; warum das Nukleon und das Weltall überhaupt existiert.

Der existentielle Aspekt erfaßt mit dem Nukleon (als einfachstes Baryon) auch das Pion (als einfachstes Meson) und das Elektron (als einfachstes Lepton): als von den Elementargrößen λ und τ festgelegte Grundzustände materieller Existenz. Er liefert auch die Gründe, warum diese Teilchen die konkreten Massen und Eigenschaften besitzen — und muß sich nicht, wie die essentiell und aktuell orientierte Physik, auf Phänomen-Beschreibungen und -Ordnungen beschränken.

In der anderen Orientierung des existentiellen Aspektes, ergänzen sich die verschiedenen Aspekte, sie benötigen und bereichern einander. So erweisen sich etwa die existentiellen Einheiten als Grundgrößen von Anregungszuständen (Ehrlich), welche als die kurzlebigen Elementarteilchen erscheinen. Im existentiellen Aspekt der Elementarteilchenphysik, in welchem naturgemäß die «Erhaltungssätze» fundamental werden, wird auch der essentielle und aktuelle Aspekt weitergeführt.

Der existentielle Aspekt ist eine andere Art des Denkens; dem rein quantitativ orientierten Denken der üblichen Physik ungewohnt. Es gründet auf die existentiellen Einheiten; vor allem die Elementarmasse m, die Elementarlänge λ und die Elementardauer τ, welche sich primär im Nukleon, sekundär auch im Pion und Elektron materialisieren.

Mit dem Raum ist es ähnlich wie mit der Zeit: Die Zeit weitet sich nicht dadurch, daß der zeitliche Abstand, daß die Dauer zwischen zwei beliebigen Momenten — zB zwischen Christi Geburt und Tod — immer länger würde, sondern, daß unsere Gegenwart gleitend ist und daß immer neue, bisher nicht existente Zeitspannen hinzukommen: Der jetzige Moment der Gegenwart ist schon wieder versunken. Die Gegenwart gleitet unaufhaltsam weiter und erschließt damit laufend neue Zeitspannen. Alle Momente unserer Geschichte gleiten — zueinander aber unverändert bleibend — immer weiter in die Vergangenheit. Die Zeit empfinden wir deshalb als etwas Fließendes. Richtiger: das Fortgleiten der Gegenwart ist etwas Fließendes, aber die vollzogene Geschichte ist etwas unheimlich Unveränderliches.

Konkret dem einzelnen Nukleon wächst in seiner Zeit fortgesetzt eine neue und immer neue Elementardauer τ und mit jeder Elementardauer ein weiteres Wirkungsquantum h zu. So hat es — seit dem Ursprung — bis jetzt $Z = 14 \cdot 10^{40}$ Elementardauern und damit auch $14 \cdot 10^{40}$ Wirkungsquanten, mit denen es in der Zeit des Kosmos existent ist. Diese Existenz ist zugleich eine Existenz im Raume des Kosmos.

Wie die Zeit eines Nukleons sich über die ganze Weltzeit erstreckt, so erstreckt sich auch der Raum des Nukleons, in welchem es mit seinen gesamten (bis jetzt $14 \cdot 10^{40}$) Wirkungsquanten existent ist, über den gesamten Weltraum. Wie in seiner fließenden Gegenwart neue und immer neue Elementardauern zum jeweiligen Alter dazukommen, so erweitert das Nukleon in seiner räumlichen Anwesenheit seinen Raum auch um neue und immer neue Elementarvolumina: In einem raumerschließenden Versinken öffnet es in der Mitte seines Raumes mit jeder Elementardauer ein neues kugelförmiges Raumelement mit der Elementarlänge $\lambda = \tau \cdot c$ als Radius.

Das im Elementarvolumen in der Elementardauer zuvor erschlossene Raumelement wird damit zu einer konzentrischen Kugelschale um das jeweils raumerzeugende Elementarvolumen; zu einer Kugelschale mit einer Wandstärke gleich der Elementarlänge λ. Die früher und immer früher erschlossenen Raumelemente eines Nukleons sind somit als immer fernere und ausgedehntere Kugelschalen — mit je $1\,\lambda$ Wandstärke und $1\,h$ Wirkung — um das Nukleon, von welchem sie mit Invarianzgeschwindigkeit c fliehen. Das am Uranfang erschlossene Raumelement und Wirkungsquantum ist in einer Entfernung der Welttiefe $R = Z \cdot \lambda$. Nur durch die Verrotung werden diese Beziehungen modifiziert.

In dieser fundamentalen, radialen Raumstrukturierung sind Raum und Zeit einander wesensgleich und zusammengehörig: immer eine neue Elementarlänge λ pro neuer Elementardauer τ als existentieller Grund der «Expansion des Universums» mit Invarianzgeschwindigkeit c gemäß $\lambda/\tau = c$. Die radiale «Raumexpansion» ist existentiell identisch der Invarianzgeschwindigkeit c: Es ist nur ein mit c expandierendes Weltall existenzfähig; ein stillstehender oder gar kontrahierender Kosmos ist wesenhaft unmöglich.

Im Rahmen der Meßgenauigkeiten bestätigen (Sandage) astronomische Beobachtungen eine c-konstante Expansion des Weltraumes.

Die Expansion ist existenzschaffendes, Raum und Zeit erschließendes Versinken. Das fortlaufend Wirkung erschließende Versinken des Nukleons erzeugt Raum und Zeit. Alle Nukleonen erzeugen kollektiv das Raum-Zeit-Kontinuum des Weltalls.

Im Versinken ist das Nukleon gleichsam mit Invarianzgeschwindigkeit c bewegt gegenüber seinem Raum. Sein Raum in sich ist aber Bewegungslosigkeit. Es ist auch kein Zeitablauf im in sich ruhenden Raum des Nukleons; die Raumelemente in ferneren Raumschalen und ihre Wirkungsquanten sind nicht nur früher erschlossen, sondern in ihnen ist die frühere Zeit selbst bleibend, unveränderlich gegenwärtig. Das einmal Geschehene ist bis an das Ende der Welt unveränderliche, bleibende Existenz. Nur im Versinken, in der Expansion, ist Fließen, Veränderung, Fortgang.

Damit erklärt sich, warum die Invarianzgeschwindigkeit die nichtüberschreitbare quasi-unendliche Grenzgeschwindigkeit relativ zum Nukleon und zu jeder Masse überhaupt ist: Geringere Geschwindigkeit bedeutet immer noch ein Versinken mit fortschreitender Raum- und Zeiterschließung. Invarianzgeschwindigkeit selbst bedeutet bewegungs- und verstreichungsloses Verweilen im Raum mit Erlöschen des Zeitablaufes in Zeitlosigkeit. Wirkungsquanten, Photonen, Neutrinos, die von einem Nukleon ausgehen, verweilen zeitlos im Raume des Nukleons. Noch größere Geschwindigkeit, «Überinvarianzgeschwindigkeit» würde aber ein Zurückgelangen in die Vergangenheit bedeuten: eine Irrealität.

Die Existenzphysik ergibt somit die unmittelbare Ursache für das Grundphänomen der Relativitätsphysik: die Unüberschreitbarkeit, die Quasi-Unendlichkeit der Invarianzgeschwindigkeit; ein Phänomen, das in der Relativitätsphysik selbst nur als eine notwendige, aber in sich unbegreifliche Folge erhalten wird. Ebenso findet man aus der Existenzphysik Zugang zu einem Grundphänomen der Makrophysik: der Gravitation; dh der Schwerkraft, mit der Massen einander anziehen.

Jedes Nukleon erschließt sich mit jeder Elementardauer ein neues Raumelement mit einem neuen Wirkungsquantum. Aber immer und überall im ganzen Kosmos findet dieses Erschließen neuer Raumelemente nur an Stellen statt, die schon von allen anderen Nukleonen mit früheren Schwingungen erschlossen worden sind. Jedes Nukleon sinkt fortgesetzt in die schon früher erschlossenen Raumelemente (Kugelschalen) aller anderen im Kosmos schon existenten Nukleonen hinein; sinkt also in den mit Wirkungsquanten geladenen Raum eines jeden anderen Nukleons ein. Diese Wirkungsberührung mit anderen Nukleonen ist aber je nach der Lage des anderen Nukleons verschieden:

Im jeweiligen Erschließungs-Raumelement eines Nukleons ist das dazu fernste Nukleon des Kosmos mit dem von ihm schon am Uranfang erschlossenen Raumelement gegenwärtig; ein näheres Nukleon mit seinem entsprechend später, dh weniger früher erschlossenen Raumelement; ein nahes Nukleon mit seinem erst ganz kürzlich erschlossenen Raumelement. Der Wirkungsquantenzuwachs, den ein Nukleon mit jeder neuen Elementardauer erfährt, erfolgt somit aus einer von den betreffenden Raumelementen aller anderen Nukleonen zusammen gestalteten Stelle des Weltraums; dh er erfolgt aus einer Stelle des Weltraumes, an welcher die anderen Nukleonen mit ihren früher erschlossenen Wirkungsquanten gegenwärtig sind; jedes mit seinem zurückliegenden Raumelement und seinem früheren Zeitelement, also mit zurückliegender Stelle seines Raumes und noch frühem Moment seiner Zeit gegenwärtig. Es ereignet sich somit im Wirkungsquantenzuwachs eine Wirkungsberührung des aufnehmenden Nukleons im Wirkungsraum der übrigen Nukleonen. Dieser im Versinken gegebene Wirkungsquantenzuwachs, aus einem mit einer Wirkungsdichte anderer Nukleonen erfüllten Raum, ist die Ursache der Gravitation. Damit erklären sich unmittelbar die wichtigsten Eigenschaften der Gravitation, der Schwerkraft:

Die Schwerkraft K zwischen zwei Nukleonen mit je der Masse m im Abstand r voneinander ergibt sich mit dem so definierten und abgeleiteten Gravitationsfaktor G gemäß

$$\text{Mit} \quad G = (2/Y)\cdot ch/m^2 \quad \text{ergibt sich} \quad K = (2/Y)\cdot ch/r^2$$

Diese Formel $K = (2/Y)\cdot hc/r^2$ drückt unmittelbar die Schwerkraft als verursacht durch die Wirkungserschließung aus: Die mit den beiden Nukleonen beteiligten Elementarmassen erscheinen überhaupt nicht mehr. Statt dessen erscheint — zum makrokosmisch bedingten Zahlenfaktor Y — nur noch der Faktor hc/r^2 und der Faktor 2. Damit erscheint unmittelbar das von dem einen Nukleon in einer λ-dicken Kugelschale pro Elementardauer τ erschlossene Wirkungsquantum h, welches mit der Geschwindigkeit $\lambda/\tau = c$ und mit einer gemäß $1/r^2$ proportionalen Wirkungsdichte über das andere Nukleon hinweggeht. Es erscheint somit eben das «Feld» des einen Nukleons in seinem Kontakt mit dem anderen Nukleonen selbst. Wegen der Wechselwirkung — ein Nukleon im Feld des anderen, und anderes Nukleon im Feld des einen — erscheint dazu der Wechselwirkungsfaktor 2.

Freilich ist diese Beziehung $K = (2/Y) \cdot ch/r^2$ nur für die Schwerkraft zwischen zwei Nukleonen (genau zwei Elementarmassen m) unmittelbar faßbar. Tatsächlich wirkt jede Masse mit dem gleichen Gravitationsfaktor $G = (2/Y) \cdot ch/m^2$ gravitierend: die Masse vom Pion, Elektron, vom Neutrino, Photon; ja sogar die negative quasi-Masse der Gravitationsenergie. Aber es wird durch die Nukleonen die Raum-Zeit gegeben — und somit wird die Gravitation für alle Massen durch die Nukleonen begründet: durch m^2 im Nenner wird G universell festgelegt. Die Potentialenergie, gegenüber welcher die Materie überhaupt existiert, kommt ebenfalls nur von den Nukleonen, den Ruhemassen des Weltalls.

Neben der Schwere wird damit zugleich auch die Trägheit der Masse, dh des Nukleons verständlich: Während der Beschleunigung, und nur während dieser, werden in unmittelbarer Nähe des Nukleons dessen sonst kugelschalige Raumelemente (dh Wirkungsquantenverteilungen) deformiert; und zwar in Beschleunigungsrichtung gegenüber der existentiell angestrebten Größe verdichtet, bzw nach hinten verdünnt. Dies bedeutet eine Kraftwirkung auf das Nukleon entgegen der Geschwindigkeitsänderung. Genau das ist aber die Trägheit. Damit sind — auf gleiches Grundphänomen zurückführend — auch Schwere und Trägheit einander zwangsläufig gleich.

Allgemein-relativistisch wird die Gravitation als Folge einer «Krümmung des Raumes» gedeutet. Dieser Aspekt ist weitgehend äquivalent dem existenzphysikalischen Aspekt. Wie aber schon die viel diskutierten Paradoxien zeigen — der Beschleunigung einer kleinen Masse müßte ein plötzlich auftauchendes Schwerefeld für alle übrigen Weltmassen entsprechen —, ist dieser allgemeinrelativistische Aspekt nur begrenzt tragfähig. Die Existenzphysik zeigt den Grund: Diese Wirkungsquanten-Erschließung durch die Massen *ist* der Raum. Diese Wirkungsquanten-Erschließung ergibt aber auch die Gravitation. Die Raum-Struktur ist somit, ebenso wie die Gravitation, je eine Folge der Nukleonen-Wirkungen. Es ist aber nicht die Gravitation Folge der Raumkrümmung; auch nicht umgekehrt. Gleichsam: Gravitation und Raumstruktur sind zwei Schwestern, deren gemeinsame Mutter die Nukleonen-Wirkung ist. Als Geschwister sind sie einander so ähnlich, daß die allgemeine Relativitätsphysik zwar das Verhalten von Massen im gegenseitigen Gravitationsfeld richtig als raumzeitliche Minimalbahnen beschreibt. Sie stellt aber doch nur eine phänomenologische, keine ursächliche und wesenhafte Verbindung zur Gravitation her.

Analog ermöglicht die Quantenphysik nur eine zwar eindrucksvolle und fruchtbare Beschreibung und Bewältigung der Phänomene der Materiewelle und des Welle-Körper-Dualismus; etwa mit der «Wellenmechanik» und ihrer ψ-Funktion (Schrödinger) oder mit der dazu äquivalenten «Quantenmechanik» und ihrer Matrizenformalistik (Heisenberg). Aber nur der existentielle Aspekt zeigt den Seinsgrund. Tatsächlich ergibt sich mit der Raum-Zeit-Erschließung in der fortlaufenden Wirkungsquanten-Erzeugung eine Oszillation, welche mit der Materiewelle des Nukleons identisch ist. Die kosmische Expansion, die Schwerkraft und die Materiewelle sind nur verschiedene, miteinander komplementäre Erscheinungen des selben existentiellen Geschehens.

Körper und Welle ✳

Mit der existentiellen Wirkungserschließung ergeben sich für das Proton — genauer für die Elementarmasse m (und dann ebenso auch für die Elementarladung e) — zwei einander komplementäre Aspekte:

Der eine Aspekt betrachtet eben den Körper «Nukleon» (bzw Elektron) als ruhendes Objekt mit Körper-Radius (Raumvolumen), mit Masse und Energie. Dieser Körper ist im Raume eng lokalisiert. Dabei altert er fortgesetzt: am Orte eines statisch betrachteten Raumes ruhend, läuft er in der Zeit. Dieser Körper «verkörpert» eben die Energie dieses Vorganges. Diese Energie produziert mit ihrer Alterung fortschreitend Wirkung. Diese Wirkung entsteht in Wirkungsquanten h in Raumschalen, welche mit Invarianzgeschwindigkeit c enteilen.

Der andere Aspekt betrachtet eben diese Schalen. Diese sind über den gesamten Weltraum und die gesamte Weltzeit ausgedehnt, wobei sie immer unverändert in Raum und Zeit verharren. Sie bleiben bewegungslos im räumlichen Abstand vom Rand und nichtalternd im zeitlichen Abstand vom Ursprung unverändert liegen. Gegenüber dieser raum-zeitlichen Unveränderlichkeit enteilt das Nukleon mit Invarianzgeschwindigkeit c : in fortgesetzt neue Raum-Zeit-Elemente erschließendem Versinken. Diese Quasi-Bewegung des Nukleons gegen seinen Raum mit Invarianzgeschwindigkeit c begründet die existentielle «Ruheenergie» mc^2 des Nukleons. Also auch die Nukleonen, wie die Photonen und Neutrinos, sind invarianzbewegte Energien; nur andersartig.

Die Komplementarität dieser beiden Aspekte ist der Körper-Welle-Dualismus des Nukleons. Mit seinen — seit dem Ursprung — laufend erschlossenen Wirkungsquanten ist das Nukleon im gesamten Weltraum existent; wenn auch mit $1/r^2$ abnehmender Wirkungsdichte, welche quantenphysikalisch die «Auftrittswahrscheinlichkeit» darstellt. Dieses «Feld» des Nukleons ist eine Schwingung. Primär ergibt sich die Schwingungsdauer $\tau = h/mc^2$, indem gleichsam jedes neu erzeugte Wirkungsquantum — wie der Zeitschlag einer Uhr — eine neue Schwingung zuführt. Die Wirkungsquanten sind überhaupt Raum und Schwingung.

*Zeit- und Materiewelle ***

Es gibt drei grundverschiedene Arten von Wellen: die Raum-Wellen, die c-Wellen und die Zeit-Wellen. Den mit Invarianzgeschwindigkeit c bewegten Energien der Photonen und Neutrinos sind die c-Wellen eigen. Diese trennen, dazwischenliegend, die Raumwellen von den Zeitwellen unüberbrückbar; insbesondere nicht durch relativistischen Systemwechsel ineinander überführbar.

Eine Raumwelle ist zB (direkt im Sinne der Definition des Raumes) die Strichteilung eines Meterstabes. Jede Raumwelle hat ihr «Ruhesystem» S_0; etwa mit einem auf dem Meterstab festliegenden Punkt. In S_0 hat sie ihre maximale Wellenlänge L_0, etwa den räumlichen Abstand von einem Strich zum nächsten. In S_0 erscheint aber keine Schwingung (formal $T_0 = \infty$). Die Raumwelle hat nur eine räumliche Qualität aufgrund ihrer Wellenlänge L, hat aber überhaupt keine zeitliche Qualität. Nur einem relativ zu S_0 mit der beliebigen Geschwindigkeit v bewegten System S — etwa mit einem über die Strichteilung gleitenden Finger — begegnet eine Oszillation: ein zeitlich periodisches Vorbeigleiten der nacheinanderfolgenden Wellenlängen L, wobei diese relativistisch mit $\varkappa = (1-v^2/c^2)^{1/2} = (1-vw)^{1/2}$ gemäß $L = \varkappa \cdot L_0$ verkürzt sind. Damit erscheint sekundär auch eine Schwingungsdauer $T = L/v = \varkappa \cdot L_0/v$

Bei der Zeitwelle ist dies ebenso, aber raum-zeit-vertauscht: Eine Zeitwelle ist zB (direkt im Sinne der Definition der Zeit) das übereinstimmende Sekundenschlagen aller Uhren eines Landes. Jede Zeitwelle hat ihr «Ruhesystem» S_0, in welchem sie ihre maximale Schwingungsdauer T_0 besitzt; etwa zwischen einem Uhrschlag und dem nächsten. In S_0 erscheint aber keine Wellenlänge (formal $\Lambda_0 = \infty$). Die Zeitwelle hat nur eine zeitliche Qualität aufgrund ihrer Schwingungsdauer T; hat aber überhaupt keine räumliche Qualität. Klassisch würde sich auch nie eine Wellenlänge ergeben. Relativistisch verbindet sich jedoch mit einer Bewegung v auch eine Verstreichung mit dem Zeitgradienten $w = v/c^2$: eine Verschiebung der Systemzeiten gegeneinander längs (pro) räumlichen Abstand. Relativistisch erscheint somit, in bezug auf ein gegen S_0 mit w verstreichendes System S, eine endliche «Wellenlänge» $\Lambda = T/w = \varkappa \cdot T_0/w = \varkappa \cdot T_0 \cdot c^2/v = h/m_x v$: als jeweils Verschobensein der Zeit um immer eine volle Schwingungsdauer T pro Strecke Λ, wobei die Schwingungsdauer T mit $\varkappa$ gemäß $T = \varkappa \cdot T_0$ relativistisch verkürzt ist.

Bei der Zeitwelle kommt diese Strecke Λ, als eine raum-periodische Zeitverschiebung um immer die Dauer T, erst über die Schwingungsdauer T mit dem Zeitgradient w. Das Verhältnis $\Lambda/T = c^2/v = 1/w$ ist damit nur eine Phasenverschiebung längs Strecke pro Dauer. Eine solche «Phasengeschwindigkeit» ist eigentlich gar keine Geschwindigkeit. In der Zeitwelle läuft überhaupt nichts. Demgegenüber hat zB die von einem Schiff erzeugte Wasserwelle (eine Raumwelle mit dem Schiff als S_0) eine echte Geschwindigkeit gegenüber dem Wasser. Nur das Verhaftetsein an diesem unpassenden Bild ließ jahrzehntelang die Scheinprobleme etwa einer «Überlichtgeschwindigkeit c^2/v der Materiewelle» oder eines «Auseinanderlaufens des Wellenpaketes» oder von «Schwebungseffekten bei Wellenaddition» diskutieren.

Die Periodenlänge Λ der Zeitwelle ist $\Lambda = T/w = h/m_x v$. Speziell gegenüber dem in sich ruhenden Raum ist das Nukleon mit der Geschwindigkeit $v_0 = c$ bewegt, womit sich $\tau/w_0 = \tau \cdot c = \lambda$ bzw $h/mv_0 = h/mc = \lambda$ ergibt; also eine Periodenlänge Λ gleich der Elementarlänge λ. Speziell gegenüber dem in sich ruhenden Nukleon ist $v_0 = 0$, also die Periodenlänge $\Lambda = \infty$, womit eine im ganzen Raum synchrone Oszillation erscheint. Allgemein bezogen auf einen Punkt, relativ zu dem das Nukleon mit der Geschwindigkeit v bewegt ist, erscheint die Periodenlänge $\Lambda = h/m_x v$, wobei v sowohl eine Relativgeschwindigkeit (mit $m_x = m_0/\varkappa = m/\varkappa$) oder eine Fluchtgeschwindigkeit sein kann. Mit reinen Substratstellen über große kosmische Entfernungen $x = r/R$ ($\varkappa = 1$; $m_x = m$; $v = (1-x) \cdot c = z \cdot c$) ergibt sich damit direkt die kosmische Verrotung: $\Lambda = \lambda/z$. Die Verschiedenheit der Aspekte zeigt somit eine wundervolle Einheit des Kosmos.

Die Wirkungsquanten-Erzeugung des Nukleons mit der Periodizitätsdauer τ ergibt eine Zeitwelle. Auch mit dem dreidimensionalen Zeitgradienten w im 4-dimensionalen Kontinuum ergeben sich die genauen Eigenschaften der Materiewelle; von der endlichen Wellenlänge h/mv in Bewegungsrichtung, bis zur unendlichen Wellenlänge in dazu senkrechter Richtung (in welcher der v- bzw w-Vektor null wird). Die Vierer-Geschwindigkeit mit dem Vierer-Zeitgradient (contra- und co-variant) gefaltet, ergibt — system- und koordinaten-unabhängig — den Wert 1 (Philberth).

Eine nicht alternde, invarianzbewegte Energie (Photon, Neutrino) erschließt keine Wirkung; sie hat eine c-Welle mit nur $1h$. Nur die alternden Energien erschließen laufend Wirkung; jeweils pro Dauer ihrer eigenen Zeit. Die Wirkungserschließung ist der gemeinsame Seinsgrund sowohl der Expansion und Gravitation, als auch der Materiewelle: sie ist die Brücke vom Makro- zum Mikrokosmos.

Die Schwingungsdauer $\mathcal{T}$ einer Materiewelle ist die Dauer von der Erzeugung eines Wirkungsquantums h bis zum nächsten durch eine Energie E. Die Frequenz $f = 1/\mathcal{T} = E/h$ ist damit die «Häufigkeit der Erzeugung von Wirkungsquanten pro Zeit». Speziell die Elementarenergie mc^2 einer Elementarmasse m ergibt eben die Elementardauer τ als Schwingungsdauer; bzw $1/\tau = f_1 = mc^2/h$ als Frequenz. Dies gilt für alle alternden Energien; mit einer tiefen Problematik:

Betrachten wir zB drei Objekte, von denen jedes rund gleich schwer wie zwei Elementarmassen (dh zwei Nukleonen) ist: 1. ein Deuteriumatom; 2. ein Wasserstoffmolekül; 3. zwei getrennte Wasserstoffatome. Das Deuteriumatom hat eine Materiewelle der Frequenz $2/\tau$. Die beiden Wasserstoffatome haben je eine Materiewelle der Frequenz $1/\tau$. Hat das Wasserstoffmolekül eine Welle der Frequenz $2/\tau$ oder zwei Wellen je der Frequenz $1/\tau$? Wenn man — unbelastet von Modellvorstellungen — die Materiewelle als das und nur als das nimmt, was sie existentiell ist, löst sich dieses aufregende Problem trivial: Alle drei Objekte haben gleicherweise sowohl zwei Wellen mit je der Frequenz $1/\tau$ als auch eine gemeinsame Welle der Frequenz $2/\tau$. Jedes beteiligte Nukleon erzeugt pro τ ein Wirkungsquantum — und zwei Nukleonen zusammen erzeugen pro τ eben zwei Wirkungsquanten.

Jede Energie $E_x = m_x c^2$ einer Masse m_x erzeugt mit jeder Dauer $\mathcal{T} = h/E_x$ ihrer Alterung ein Wirkungsquantum h. Damit hat sie ein Materiewellenfeld der Erschließungs-Häufigkeit (Frequenz) $f = E_x/h$.

Dies gilt ua für das Proton, Neutron, Pion, Elektron usw. Damit existiert ein aus mehreren Einheiten zusammengesetztes System sowohl in den Wellen jeder einzelnen Einheit, als auch in der gemeinsamen Welle des gesamten Systems. So existiert zB ein Nukleon oder ein Elektron zugleich mit mehreren Radien. So vermag zB eine Bewegungsenergie als Anteil mit eigener Welle zu wirken; als Grund warum etwa mit langsamen Neutronen Resonanzspaltungen auftreten.

Dieses fundamentale «Sowohl-Alsauch» ist gebunden an existentielle Einheiten. Die Eigenständigkeit jeder anteiligen Einheit — im System in ihrer eigenen Welle existierend — fordert, daß keine zwei Einheiten völlig gleich sein können (Pauli-Verbot). Die spezielle Besonderheit der den Einheiten eigenen Wellenfelder ergibt und erklärt die Strukturen des Mikrokosmos; insbesondere der Grund-Elementarteilchen Proton, Pion, Elektron. Eine fundamentale Strukturgröße ist die «Feldkonstante».

Wirkungsintensität und Feldkonstante **

Die Kräfte werden durch die Wirkungsintensitäten bestimmt; dh durch die Wirkungsquanten h in den Raumschalen pro deren Raum·Zeit-Abstand in $\lambda\cdot\tau$-Einheiten. Die Elementar-Wirkungsintensität $\chi_1 = h/\lambda\tau$ ist selbst die Elementareinheit der Kraft. Konkret beim Nukleon:

Jedes von einer Elementarenergie mc^2 pro Elementardauer τ erschlossene Wirkungsquantum h gehört einer konzentrisch um das Nukleon befindlichen Kugelschale mit der Wandstärke (Dicke) λ zu. Weil das Wirkungsquantum immer mit dem Übergang von der Elementardauer $n\cdot\tau$ zu $(n+1)\cdot\tau$ erzeugt wird, gehört es dem Moment $(n+\frac{1}{2})\cdot\tau$ zu.

Betrachten wir das Elementarvolumen des Nukleons selbst als das 0. (nullte) Raumelement, so ist die anschließende Kugelschale zwischen $r = 1\cdot\lambda$ bis $2\cdot\lambda$ das 1. Raumelement; die Kugelschale zwischen $r = n\cdot\lambda$ bis $(n+1)\cdot\lambda$ das n. Raumelement. Dem der n. Raumschale zugehörigen Wirkungsquantum ist somit der Abstand $(n+\frac{1}{2})\cdot\lambda$ vom Nukleonenmittelpunkt zuzuschreiben; in den Elementareinheiten λ selbst ist somit die Abstandszahl gleich $(n+\frac{1}{2})$. Das gleiche gilt für den zeitlichen Abstand in Elementareinheiten τ.

Die Wirkungsintensität ist aber Wirkung pro Raum·Zeit-Abstand; je in Elementareinheiten h und $\lambda\cdot\tau$. Weil jede Schale, also auch die n. Schale, genau $1h$ Wirkung besitzt, ist die Wirkungsintensität der n. Schale im Nukleonenmittelpunkt gleich $(h/\lambda\tau)/(n+\frac{1}{2})^2$; ihre Wirkungsintensitätszahl damit einfach $1/(n+\frac{1}{2})^2$.

Die Wirkungsintensitätszahl des Elementarvolumens selbst, dh der 0. Schale, wäre somit genau 4. Die Wirkungsintensitätszahl der 1. Schale ist $1/_{2{,}25}$; der 2. Schale $1/_{6{,}25}$ usw. Die totale Wirkungsintensitätszahl aller Schalen $1, 2, 3, \ldots Z$, ab der Nukleonenoberfläche beim Radius λ bis zur vollen Weltraumtiefe beim Radius R, ist somit die Summe über alle diese Schalen-Wirkungsintensitäten. Diese totale Wirkungsintensitätszahl ist die als Feldkonstante φ bezeichnete Größe:

$$\text{Feldkonstante} \quad \varphi \quad = \quad \sum_{1}^{Z} (n+\tfrac{1}{2})^{-2} \quad = \quad 0{,}934\,802\,200$$

Zwar wird Z (heute $14 \cdot 10^{40}$) immer größer. Doch schon billionstel Sekunden nach dem Ursprung hatte φ den konstanten Grenzwert erreicht.

Ab Nukleonen-Mittelpunkt — also einschließlich der 0. Schale — käme noch die Zahl 4 dazu; die Summe wäre dann $4{,}934\,802\,200 = \frac{1}{2}\pi^2$.

Die Summation ab Nukleonenoberfläche bei $r = \lambda$ über den Umraum bis $r = R$ ist die Integration über den gesamten, wirklichen Nukleonenraum, indem das zwischen $r = 0$ bis λ befindliche Elementarvolumen ($n = 0$) selbst eine bemerkenswerte Sonderstellung einnimmt:

Der Spin im existentiellen Aspekt **

Die Wirkungsquanten werden vom Nukleon erzeugt, erschlossen. Raum und Zeit selbst werden vom Nukleon erzeugt, erschlossen. Dem Nukleon selbst, dh dem Elementarvolumen als der 0. Schale, kommt mit der von 0τ zu 1τ entstehenden Zeit gleichsam nur eine halbe Elementardauer $\tau/2$ zu. Demgemäß ist auch die Wirkung $h/2$, wie sie eben den Nukleonen (auch Elektronen) bezogen auf «volle Umdrehung» 2π eigen ist.

Diese halbe Elementardauer $\tau/2$ der Erschließung ergibt in der radialen Richtung der c-bewegten Schalen eine halbe Elementarlänge $\lambda/2$. Damit bestimmt der jeweils mittlere Radius $(n+\frac{1}{2})\cdot\lambda$ der n. ten Kugelschale die Wirkungsintensität dieser $n\cdot\tau$ früher erschlossenen Schale. Der Faktor φ — als Summe über die Wirkungsintensitätszahlen aller Schalen — ist damit ein Ausdruck für den Spin $h/2$ des Fermions.

Der Spin ist keine eigentliche «Rotation des Teilchens um seine Achse»; man würde damit auch ganz unmögliche Tangentialgeschwindigkeiten beim Proton oder Elektron erhalten. Der Spin ist eben diese Wirkungserschließung, mit welcher Raum und Zeit des Nukleons entstehen; eine Wirkungserschließung aus dem Elementarvolumen.

Dem Elementarvolumen ($n = 0$) kommt jedoch damit Raum und Zeit in wesenhaft anderem Sinne zu als den kugelschalenförmig sich anschließenden Raumelementen ($n = 1, 2, 3 \ldots$). Erst in diesen eigentlichen Raumelementen hat Raum und Zeit als wechselwirkungsfähiger, feldbildender Nukleonenraum, und hat die unveränderlich erschlossene Teilchenzeit mit den hier und dann als Feld gegebenen Wirkungsquanten feste Existenz erlangt; gleichsam die Produktionswerkstätte als fertiger Handelsartikel verlassen. Erst hinter sich bietet das versinkende Nukleon feldbildende Wirkungsquanten für Wechselwirkungen dar; erst hinter sich bietet es Raum und Zeit dar. Gleichsam wie bei einem Minenlegboot: Auf dem Boot noch in Bewegung, gehört die Mine dem Minenfeld noch nicht zu; erst die abgesetzte Mine gehört dem Minenfeld in unveränderlichem Verharren zu.

Die einzig sinnvolle und wirkliche Summation ist somit jene von λ bis R (dh der Schalen 1 bis Z), welche die Feldkonstante φ ergibt. Wie der Kosmos im Ganzen mit λ beginnt, so auch jedes Elementarteilchen.

Die Feldkonstante $\varphi = \frac{1}{2}\pi^2 - 4$ (der analoge klassische Wert mit quadratisch-abnehmender «Feldliniendichte» wäre 1) ist eine Schlüsselgröße für die gesamte Elementarteilchenphysik; ähnlich wie die Existenzvariable Y für die Kosmologie.

Die Feldkonstante φ ist die Wirkungsintensitätszahl-Summe über alle Raumschalen eines Elementarteilchens bis zur Weltraumtiefe R. Die Wirkungsintensität der fernen Schalen nimmt jedoch so sehr (quadratisch) mit der Entfernung ab, daß nur die nahen Schalen zu φ merklich beitragen; alle Schalen außerhalb von ein milliardstel Millimeter zusammen haben nur noch knapp 1‰. Damit ist φ, trotz der Erstreckung über den ganzen Weltraum, eine von kosmischen Veränderungen unabhängige Konstante von knapp 1.

Die Elementarwelle **

Jede Kugelschale von λ-Wandstärke besitzt genau 1 Wirkungsquantum h. Damit ist die elementare Wirkungsdichtezahl, dh die Quantendichtezahl Q in erster Näherung reziprok-proportional dem Volumen der betreffenden Kugelschale; in Elementarvolumeneinheiten gerechnet. Dies gilt in erster Näherung, denn der genaue Wert hängt ein wenig noch davon ab, wo sich die Wirkung vorzugsweise verdichtet.

Das Volumen des n. Raumelements (der n. Schale) ist gleich der Differenz der beiden Kugelvolumen mit $(n+1)\cdot\lambda$-Radius und mit $n\cdot\lambda$-Radius; also gemäß $(n+1)^3 - n^3$ gleich dem $(3n^2+3n+1)$-fachen des

Elementarvolumens. Die Wirkungsquantendichtezahl — dh mit $1h$ pro Elementarvolumen als Einheit gerechnet — ist somit als Mittelwert im ganzen n. Raumelement gleich $Q = 1/(3n^2+3n+1)$. Während somit im Elementarvolumen mit $n = 0$ selbst immer genau 1 Wirkungsquantum entsteht (also, aber in anderem Sinne, einer Quantendichtezahl gleich 1 entsprechend), nähert sich die Quantendichtezahl für sehr große n immer mehr dem Grenzwert $1/3n^2$.

Im Grenzwert für sehr große n gilt also $3Q = 1/n^2 = (\lambda/r)^2$ gemäß dem klassisch-quadratischen Feld. Man rechnet somit zweckmäßig mit der dreifachen Quantendichtezahl $3Q$, womit sich im Grenzwert das klassische Feld ergibt; also: $3Q = 1/(n^2+n+{}^1/_3)$.

Diese Quantendichtezahl $1/(n^2+n+{}^1/_3)$ bezeichnet jedoch den über das gesamte Volumen des n. Raumelements gleichmäßig gemittelten Wert. So angesetzt ergäben sich von Raumelement zu Raumelement stufenförmig, ringterrassenartig abfallende Werte. Tatsächlich ist die Quantendichtezahl aber eine Wellenfunktion $1-cos 2\pi r/\lambda$, welche als eine sich weitende Schwingung stetig derart abklingt, daß innerhalb eines jeden Raumelements genau 1 Wirkungsquantum h gegeben ist. Damit ergibt sich ein über das n. Raumelement wirksamer Mittelwert a_n, der ein wenig von $1/(n^2+n+{}^1/_3)$ abweicht: nach verschiedenen Abschätzungen ist die in a_n enthaltene Beizahl (statt ${}^1/_3$) nur ${}^1/_4 \pm 0{,}01$. So ergibt sich mit $a_n = 1/(n^2+n+{}^1/_4) = 1/(n+\frac{1}{2})^2$ die im n. Raumelement wirksame, dreifache Wirkungsdichtezahl zu:

$$3Q \quad = \quad (1-cos 2\pi r/\lambda)\cdot a_n \quad = \quad (1-cos 2\pi r/\lambda)/(n+\tfrac{1}{2})^2$$

In großer Entfernung — dh r groß gegen λ, bzw n groß gegen 1 — ergibt sich damit gemäß $1/n^2$ die quadratische Abnahme des klassischen Feldes; allerdings noch modifiziert durch die periodische Wellenfunktion.

Diese Wellenfunktion besitzt in ihrem Wellenglied $cos 2\pi r/\lambda$ immer eine volle Periode in jedem Raumelement; also 1 Periode pro λ, wobei sie wegen des Summanden 1 aber immer positiv ($\geqq 0$) bleibt. Offensichtlich ist dies aber (sowohl formal gemäß $1-cos 2\pi r/\lambda$ als auch physikalisch als Intensitätsfunktion) die Quadrierung einer $sin\, \pi r/\lambda$-Welle, welche sich mit einer vollen Periode über immer zwei Raumelemente erstreckt; also 1 Periode pro $2\cdot\lambda$, wobei sich negative und positive Halbwellen folgen. Damit ergeben immer 2 Wirkungsquanten zusammen eine volle Periode der Grundwelle.

Offensichtlich ist diese, der Wirkungsintensität des Nukleons zugeordnete Wellenfunktion die Materiewelle. Der der Welle zugehörige Intensitätsfaktor $(n^2+n+{}^1/_4)$ ist ja eben der Faktor $(n+\frac{1}{2})^2$ der Wirkungsintensität der n. Raumschale. Ferner ist die Verbindung zur Gravitation augenscheinlich, die sich schon anderweitig als doppelquantig ergeben hat. Schließlich ergibt eine Raum-Zeit-Spiegelung ein dazu negatives Quadrat $3Q$ der Wellenfunktion, so daß sich die Wellenfunktionen von Antiteilchen und Teilchen gegenseitig löschen.

Die Antimaterie *

Jedes Nukleon, jede Elementarmasse hat eine bis in die volle Tiefe R und über das volle Alter T der Welt-Raumzeit reichende Materiewelle mit der gigantischen Wirkung $Z \cdot h = 100\, MJ \cdot s$. Diese Wirkung ist überhaupt seine Raum-Zeit. Weil eine solche Welle zeitlich bis zum Ursprung zurückreicht, ist sie heute nicht mehr aufbaubar; somit sind Einzelnukleonen heute nicht mehr erzeugbar.

Die Welle eines Antiteilchens (etwa Anti-Proton) ergänzt sich jedoch mit der Welle des zugehörigen Teilchens (etwa Proton) bei räumlichem Zusammenfallen zu Null. Deshalb ist heute trotzdem noch eine «Paarerzeugung» möglich: Energie eines hinreichend energischen Gamma- oder Ultrastrahls kann sich etwa als Proton zusammen mit einem Antiproton materialisieren. Hierbei entsteht das Proton und das Antiproton am selben Punkt, um sich sodann voneinander zu entfernen. Damit brauchen sich die beiden Wellen, die sich bis zum Paarerzeugungs-Moment gleichsam miteinander zu Null ergänzt hatten, nur voneinander zu lösen. Umgekehrt ist es beim Vorgang der Paarvernichtung, wenn das gebildete Antiproton auf irgend ein Proton stößt und zusammen mit diesem verstrahlt: Es ergänzen sich dann die beiden Wellen ab der Verstrahlung zu Null.

Trotz der Erstreckung der Materiewellen über die gesamte Welt-Raumzeit ist aufgrund eben dieser Nullergänzung von Welle und Antiwelle eine derartige Paarerzeugung und Paarvernichtung jederzeit möglich. Insgesamt erscheint somit nur eine besondere Art von Energieumsetzung, bei der anderweitige Energie vorübergehend als Massenenergie von Teilchen und Antiteilchen investiert wird: als Proton und Antiproton, als Elektron und Positron, als Materie und Antimaterie aus ganzen Antiatomen. Sonst sind Nukleonen und Elektronen in keiner Reaktion zerstörbar: Erhaltung der Baryonen-Zahl und Leptonen-Zahl.

Daraus ergeben sich einige interessante Konsequenzen: Die Masse und Energie der Antimaterie ist positiv (wie die der normalen Materie). Es muß aber dann die von Antimassen erschlossene Wirkung negativen Wert haben, dh die von Antimassen erschlossene Raumzeit muß derart «gespiegelt» sein, daß $\lambda \cdot \tau$ negativ wird: Sonst würde bei einer Paarerzeugung von Nukleonen eine Wirkung von $2 \cdot Zh$ auftauchen — und bei der Paarvernichtung wieder verschwinden.

Bei solcher Umkehrung sowohl der Wirkung h als auch der Raumzeit $\lambda\tau$ bei Antiteilchen, ist deren Wirkungsintensität $h/\lambda\tau$ und damit deren Gravitation zwar gleichgerichtet, deren elektrische Ladung und deren Spin (Umlauf) ist aber umgekehrt.

Das Pion *

Das Nukleon, etwa das Proton mit seiner Masse m, ist gesamtkosmisch ausgerichtet, indem es fortgesetzt Raum und Zeit erschließt und bis zum Rand und Ursprung des Kosmos seine Raumzeit ausbreitet. Zugleich ist aber die Elementarlänge λ gemäß $\lambda = h/mc$ und die Elementardauer τ gemäß $\tau = h/mc^2$ eine absolute existentielle Größe, die offenbar alle Teilchen beherrscht. Es wäre nun auch ein Teilchen denkbar, das nicht in dieser Weise «weltoffen» ist, sondern eine in sich geschlossene Existenz aufweist.

Die einfachste Form einer geschlossenen Linie ist aber der Kreis; mit der Elementarlänge λ als Radius und damit vom Umfang $2\pi\lambda$. Diesen Umfang mit der Invarianzgeschwindigkeit c (der universell-existentiellen Geschwindigkeit) einmal voll zu umlaufen, erfordert die Zeit $t_\pi = 2\pi\tau$. Ein Teilchen mit solcher kreisförmig introvertierter Existenz müßte somit in erster Näherung eine um 2π kleinere Energie und Masse als das Proton besitzen.

Nahe dem λ-Radius ist ein kleineres Feld wirksam; kleiner im Vergleich mit jenem, das sich mit dem klassischen Feldlinienbild ergäbe, welches an größeren Entfernungen normiert ist. Diese Verkleinerung wird eben durch die Feldkonstante φ erfaßt. Im geschlossenen System ist dagegen kein in größere Entfernung auslaufendes Feld gegeben. Der ganze geschlossene Kreisumfang $2\pi\lambda$ ist somit durch die schwächere Nahstruktur des Feldes bestimmt. Ein geschlossenes Teilchen müßte somit auch um diese Feldkonstante φ leichter sein; dh seine Masse müßte sich aus der Elementarmasse m, multipliziert mit sowohl $1/2\pi$ als auch φ ergeben; als Masse des geladenen Pions:

$$m_\pi = m \cdot \varphi / 2\pi = 248{,}8239 \cdot 10^{-30}\, kg\,; \text{ Meßwert: } 248{,}8033 \cdot 10^{-30}\, kg\,.$$

Die Ladung e des geladenen Pions mit ihrer Masse $(\varphi\alpha/4\pi) \cdot m$ (s.u.) läßt eine Feinkorrektur ebenfalls zusammen mit dem Faktor $\varphi/2\pi$ erwarten

Tatsächlich ergibt sich mit dem Korrekturfaktor $1-(\varphi/2\pi)(\varphi\alpha/4\pi)$, dh $1 - m_\pi \cdot m_{es}/m^2$, ein sehr genauer Massenwert für das geladene Pion.

Diese Modifizierung des Pion-Terms mit φ (bzw analog auch anderer Umlauf-Terme) hat einen Schalen-Aspekt mit c-Umläufen: der letzten Elementardauer der Weltzeit zugehörig auf $(1+\frac{1}{2})\lambda$-Radius; der vorletzten Elementardauer zugehörig auf $(2+\frac{1}{2})\lambda$-Radius; . . . der n. letzten Elementardauer zugehörig auf $(n+\frac{1}{2})\lambda$-Radius. Die Aufsummierung über die Umläufe aller Zeit ergibt den Faktor φ. Die Kraftwirkung eines solchen Feldes nimmt in hoher Potenz mit dem Radius ab.

Das Pion wurde bereits theoretisch vorausgesagt (Yukawa), bevor es experimentell entdeckt wurde. Als gesondertes Elementarteilchen ist das Pion nicht stabil existenzfähig; es zerfällt mit $2{,}6\cdot10^{-8}\,s$ Lebensdauer radioaktiv. Es ist existentiell überhaupt anderer Art als das Proton oder das Elektron.

Die Länge λ, welche sich als h/mc aus der Elementarmasse m, dh aus der «statischen Protonmasse» ergibt, ist offenbar eine wirkliche Elementarlänge mit fundamentaler Bedeutung. Dies zeigen auch eine Reihe weiterer, überaus interessanter Beziehungen; vor allem solche, die sich an c-Umläufe auf λ-Radius knüpfen.

Der Nukleon-Drehimpuls **

Proton und Neutron schreibt man einen mechanischen Drehimpuls zu; aufgefaßt als Rotation der Masse um ihre Achse. Der «Spin» erscheint so als Drehimpuls.

Drehimpulse haben — obgleich sie anderen Wesens sind — die Dimension einer Wirkung. Der Drehimpuls eines Nukleons hat, sofern man diesen mit seinem Spin gleichsetzt, die Größe $h/2\pi$; in manchen Beziehungen auch $h/4\pi$. Diese Größe ist allerdings insoferne eine Fiktion, weil Drehimpulse nach Drehwinkel, dh Kreisbogen pro Radius definiert sind, was man auch anders hätte festlegen können. Existentiell sinnvoll sind nur Vollumdrehungen — und für diese besitzt dieser Voll-Drehimpuls den 2π-fachen Wert h; gemäß $2\pi\cdot h/2\pi = h$.

Dieser Drehimpuls würde beim Nukleon in jedem Fall (als Hohl- wie Vollkugel und mit allen vernünftigen Radien angesetzt) eine Oberflächen-Tangentialgeschwindigkeit von wesentlich unter Invarianzgeschwindigkeit ergeben; überdies in nicht überzeugenden Verhältnissen. Existentiell gibt es bei all diesen Elementarvorgängen aber immer nur die Invarianzgeschwindigkeit c.

Mit c-Geschwindigkeit auf λ-Radius wird aber der Voll-Drehimpuls h gerade mit einer Masse m_π/φ erzielt:

$$(m_\pi/\varphi)\cdot c\cdot 2\pi\lambda \; = \; (m/2\pi)\cdot c\cdot 2\pi\lambda \; = \; mc\lambda \; = \; h$$

Die Pionmasse m_π ist gemäß m_π/φ mit der Feldkonstanten φ modifiziert anzusetzen (ohne diese Modifizierung ergäbe sich mit m_π interessanterweise sehr genau der «klassische Elektron-Radius»).

Der Spin eines Nukleons ist auf Volldrehung allerdings nicht h, sondern $h/2$ (Fermion); dies eben infolge der Erschließung von 0 auf den vollen Wert h, was effektiv $h/2$ ergibt.

Das Nukleon *

In diesem Aspekt ist somit der Nukleon-Radius λ als durch ein Pion gegeben betrachtbar. Die restliche Nukleon-Masse trägt in diesem Aspekt nicht zum Drehimpuls des Nukleons bei.

Obgleich also das Nukleon die unteilbare Elementareinheit ist, gibt es zugleich auch den Aspekt des Nukleons als Mehrteilchensystem. Das einfachste Nukleon-System sind 7 Pionen. Von diesen bilden 3 Pion-Paare — je ein Paar in einer anderen der drei Raumdimensionen — eine sich gegenseitig vollkommen absättigende Einheit; vermutlich in jedem Paar mit gegeneinander umlaufendem geladenen und neutralen Pion. Diese 6-Pionen-Einheit ist damit in einem Höchstmaß in sich ausgewogen, stabil und unangreifbar. Nur bei einer Verstrahlung mit einem Antinukleon löst sich auch diese festeste «Verbindung» auf, wobei mehrere Pionen (meist 5) einzeln auftreten.

Dazu kommt das 7. Pion, welches somit eine Sonderstellung einnimmt: es ist Träger des Drehimpulses und Magnetmoments — und ist reaktionsfreudiger. In diesem 7. Pion unterscheiden sich Proton und Neutron voneinander: ein neutrales Pion beim Proton; ein geladenes Pion beim Neutron.

Charakteristisch für die Existenzphysik ist hierbei ein «sowohl-als-auch» der Aspekte: Existentielle Einheitlichkeit einerseits und andererseits mehrteiliges System; aber auch innerhalb dessen: entweder Umlauf aller 7 Pionen je mit λ-Radius; oder paarweiser Umlauf der 6 Pionen mit je zusammen $\lambda/2$-Radius, womit sich die 3 Paare zu einem «Core» von diesem $\lambda/2$-Radius bilden; oder gemeinsamer Umlauf aller 6 Core-Pionen auf $\lambda/6$-Radius; oder gar Umlauf der Totalmasse auf $\lambda/2\pi$-Radius.

Die Stoßradien *

Dieses 7 Pionen-Modell des Nukleons findet eine erstaunliche Bestätigung durch die Hochenergie-Physik:

Gemäß dieser «Zusammensetzung» des Nukleons aus $3 \cdot 2 + 1 = 7$ Pionen tritt das Nukleon unter verschiedenen Bedingungen eben mit verschiedenen Radien in Erscheinung. So existiert das Nukleon mit dem Radius λ eines jeden seiner 7 Pionen, die einander vertauschbar gleich sind; es existiert damit als «weiche Kugel» mit dem λ-Radius $1{,}32 \cdot 10^{-15}\,m$. Bei starkem Beschuß wird aber jedes der drei Pionenpaare des Core einzeln mit dem paareigenen Umlaufradius $\lambda/2$ (entsprechend 2facher Pionmasse) wirksam. Damit wirkt der Core wie eine Hohlkugel mit dem Radius $\lambda/2$, auf deren Oberfläche die positiven und negativen Pionenladungen in den wechselnden Stellungen ihres Umlaufes auftreten. Wirklich werden hochenergetische Elektronen am Nukleon wie an einer Hohlkugel wechselnder Ladung mit $0{,}66 \cdot 10^{-15}\,m$ Radius gestreut (Hofstadter). Bei energischstem Beschuß von Nukleonen aufeinander wird der Nukleonenradius $\lambda/6$ der sechs Pionen des Core oder gar $\lambda/2\pi$ des Nukleons im ganzen als absolute Grenze der möglichen Annäherung, als «harte Kugel» mit $0{,}21 \cdot 10^{-15}\,m$ wirksam.

Tatsächlich können sich die Mittelpunkte zweier höchstenergischer Nukleonen nicht weiter nähern als auf den genau meßbaren Abstand von $0{,}42 \cdot 10^{-15}\,m$. Dieser harte Stoßradius von $\lambda/2\pi = 0{,}21 \cdot 10^{-15}\,m$ ist jener Radius, welcher eben einem Umlauf der Nukleonmasse m im ganzen zukommt; einem Umlauf mit der Umlaufdauer τ und der Umlauflänge λ, welcher mit der gesamten Elementarmasse m den Drehimpuls h bzw $h/2$ ergibt.

In den verschiedensten Aspekten bestätigt sich so die Größe λ als eine wirkliche «Elementarlänge». Und immer wieder erscheint das klassisch unverständliche, existenzphysikalische «sowohl-als-auch» als Fundamental-Eigenschaft.

Die Kernkraft *

Der Core ist mit seinen 3 Pion-Paaren vollkommen in sich ausgewogen. Das 7. Pion ist als Schalenpion reaktionsfähiger: in diesem vermögen sich nicht nur Proton und Neutron ineinander umzuwandeln, sondern diese bewirken auch die Bindung der Nukleonen im Atomkern.

Gegenüber dem vereinzelten Schalenpion im Einzelnukleon stellen Schalenpion-Paare einen ausgewogeneren Zustand dar. Das System eines Nukleonenpaares — etwa des Proton-Neutron-Paares im Schwerwasserstoffkern H^2 — verliert an Energie und gewinnt damit an Stabilität, so daß sich eben zwei Nukleonen zu vereinigen vermögen und das neutrale Pion seine Zerfallsneigung verliert.

Das Paar der beiden Schalenpionen erstrebt nun seinerseits eine Umlaufbahn mit dem Radius $\lambda/2$. Dies ist jedoch ein kleinerer Bahnradius als es die beiden Core zulassen, so daß die beiden Schalenpionen auf λ-Radius laufen müssen. Das Paar der Schalenpionen befindet sich also in einem geweiteten und damit gespannten Zustand. Dieser Spannungszustand ist die Ursache der Kernkraft. Das Minimum des Wechselwirkungspotentials beim Mittelpunktabstand zweier in Hochenergiestößen einander bis $0{,}66 \cdot 10^{-15}\,m$ — dh $\lambda/2$ — genäherter Nukleonen bestätigt dies.

Die Kernkräfte sind somit keine «Austauschkräfte»; «Austauschimpulse» müßten ja sogar abstoßende Wirkung haben. Die Kernkräfte, die aus dem Bestreben der Schalenpionen rühren, sich auf den Grundzustand der ihnen existentiell zukommenden Umlaufbahn zusammenzuziehen, sind somit Umschließungskräfte, Einschließungskräfte, Oberflächenkräfte. Damit ist es nun möglich, die Kernkräfte quantitativ zu berechnen; und zwar mit einer Variation $d\lambda$ des Umlaufbahnradius λ des Schalenpions eines Nukleons, welche eine entsprechende Variation dE_π der Pionenenergie E_π zur Folge hat:

Weil der Umlaufbahnradius (unvariiert $= \lambda$) reziprok-proportional der Pionenenergie (unvariiert $= m_\pi c^2 = mc^2 \cdot \varphi/2\pi$) ist, ergibt sich: $dE_\pi = -m_\pi c^2 \cdot d\lambda/\lambda$. Daraus ergibt sich die Kraft K_k eines Nukleons in Bezug auf ein anderes gemäß $K_k = -dE_\pi/d\lambda$; mit negativem Vorzeichen als anziehende und damit potentialmindernde Kraftrichtung:

$$K_k = m_\pi c^2/\lambda = mc^2\varphi/2\pi\lambda = hc\varphi/2\pi\lambda^2 = (m_\pi/m) \cdot hc/\lambda^2$$

Die Kraft K_π eines Pionenpaares, dh die Kraft der starken Wechselwirkung eines Nukleons auf ein anderes und des anderen auf das eine, ist das doppelte hiervor; also:

$$K_\pi = 2 \cdot K_k = 2(m_\pi/m) \cdot hc/\lambda^2 \text{ ; wie Gewicht von } 3450\,kg$$

Die Kern-Bindungsenergie ✱

Die Kernkraft ist gänzlich anders geartet als die Ladungs- oder Schwerkraft: Das umlaufexistente Pion, an welches sich die Kernkraft knüpft, hat überhaupt keine radial geöffnete Raumzeitlichkeit; nicht wie das Elektron oder Nukleon, an welches sich demgemäß eine quadratisch mit dem Abstand abfallende Ladungs- bzw Schwerkraft knüpft. Die Kernkraft ist nicht im Sinne eines auslaufenden Feldes, sondern im Sinne der Spannkraft eines elastisch gedehnten Faßbandes gegeben. Die radiale Wirkungstiefe der Kernkraft kann damit nur durch eine Art Pfadbreite der Umlaufbahn gegeben sein.

Wie schon der Beifaktor m_π/m der Kernkraft vermuten läßt, kommt der Umlaufdauer $2\pi\tau$ ein Spielraum der Dauer τ — dh der Elementardauer und radialen Schwingungsdauer der vollen Nukleonenmasse m — zu. Dies bedeutet einen Bahnradius-Spielraum von $\lambda/2\pi$. Der buchstäblich «wirkliche»» Umlaufradius reicht somit $\pm\,\lambda/4\pi$ über λ hinaus.

Mit dieser Einwirktiefe $\lambda/4\pi$ taucht ein anderes Nukleon, das von ferne kommend sich an ein Nukleon bindet, in die Kernkraft K_k ein. Das Produkt ergibt eine

Bindungsenergie $K_k \cdot \lambda/4\pi = m_\pi c^2/4\pi = (\varphi/8\pi^2) \cdot mc^2 = 0{,}01184 \cdot mc^2$

Genauer ergibt sich die Bindungsenergie unter Berücksichtigung der Kraft-Variation und der für solche Spielräume gegebenen Gauß-Glocke. Bezeichnet man das Verhältnis der Radius-Variation zu λ mit x, so ergibt sich als ein Kraft-Weg-Integral die Nukleon-

Bindungsenergie $$m_\pi c^2 \cdot \int_0^\infty (1+x)^{-2} \cdot e^{-(4\pi x)^2}\,dx = 0{,}00966 \cdot mc^2$$

Dies entspricht dem Massendefekt eines Atomkernes von knapp 9,7‰.

Die tatsächlichen Massendefekte von Atomkernen sind etwas geringer, weil durch Nullpunktschwingungen, Ladungen, Oberflächenspannungen usw noch Restenergien verbleiben. Es konvergieren jedoch die Massendefekte der Atomkerne — etwa vom He^4 mit 7,9‰, über O^{16} mit 8,5‰, zum Fe^{56} mit 9,1‰ — bei den spannungsärmsten Kernen erstaunlich gut gegen diesen theoretischen Wert von 9,7‰ entsprechend 9,1 *MeV* Bindungsenergie pro Nukleon.

Wieso ist überhaupt die Bindungsenergie pro Nukleon von der Kernnukleonenzahl praktisch unabhängig? Die buchstäblich «oberflächliche» Erklärung, daß jedes neu zu einem Kern kommende Nukleon — im Sinne der Paarbildung der Schalenpionen und in Hinsicht auf die «kurze Reichweite» der Kernkraft — immer nur mit einem der Oberflächennukleonen in Wechselwirkung trete, hat viel für sich, ist aber in ihrem Individualismus für sich allein noch nicht voll befriedigend. Offenbar hat auch jener Aspekt eine Berechtigung, in welchem alle siebten Schalenpionen von n Nukleonen eines Atomkerns kollektiv miteinander eine Pfadbreite $\lambda/4\pi n$ aufweisen.

Der Atomkern *

Weil die Paarbildung der Schalenpionen die Grundursache der Kernkraft ist, sind somit Kerne mit gerader Nukleonenzahl stabiler als ungerade Kerne. Gerade Kerne mit ungerader Protonen- und ungerader Neutronenzahl gibt es nur deshalb nicht stabil (ausgenommen mit den Nukleonenzahlen 1+1, 3+3, 5+5, 7+7, wo sich sonst zu hohe Überschüsse einer Nukleonenart ergäben), weil sie mit Elektronenabstoßung (Betazerfall) einfach in die besonders stabilen doppel-geraden Kerne mit sowohl gerader Protonen- als auch gerader Neutronenzahl übergehen können. Doppel-gerade Kerne sind besonders stabil, weil zwei geladene Pionen und zwei neutrale Pionen sich besser gegeneinander auswiegen als ein geladenes mit einem neutralen Schalenpion.

Extrem fest gebunden und bei Kernreaktionen besonders bevorzugt sind Kerne mit magischer Protonenzahl oder mit magischer Neutronenzahl oder gar mit beidem. Die magischen Zahlen («magisch», allgemein ein witziger Ausdruck für undurchsichtige Zahlen) sind: 2, 8 (= 2+6), 14 (= 2+6+6), 20 (= 2+6+6+6), ferner 28, 50, 82, 126. Die besondere Bedeutung dieser magischen Zahlen, welche den Protonen und den Neutronen nur je für sich zukommen (magische Gesamtnukleonenzahl ist bedeutungslos), zeigt, daß ein von allen Core gemeinsam gebildeter Atomkernkörper gegeben sein muß, welcher von allen Schalenpionen umlaufen wird, wobei sich sowohl die geladenen Pionen wie auch die neutralen Pionen in gesonderten Schalen ordnen. Abgeschlossene Schalen mit magischen Pionenzahlen (vergleichbar den abgeschlossenen Elektronenschalen der Edelgaskonfiguration in den Atomhüllen) sind damit extrem ausgewogen und stabil. Ganze Protonen und Neutronen, die im Atomkern gepackt wären und zudem durch «Ladungsaustausch» fortgesetzt ineinander übergingen, könnten sich unmöglich in derart gesonderten Schalen ordnen. Auch die Mesonenatome mit ihren Röntgenspektren weisen auf diese Schalenpionenanordnungen hin, in welche sich die zusätzlichen Ionen-Mesonen einordnen.

Kern- und Elementarvolumen *

Betrachtet man die gesamte Menge der einigen hundert Isotopen, so gewinnt man den Eindruck, daß neben der Paarigkeit und Schalenordnung der Schalenpionen auch Anordnungen der Core im Atomkern körper von Bedeutung und von Einfluß auf die Bindungsenergie sind.

Auch im Atomkern wirken die Core — wie beim Einzelnukleon — unter verschiedenen Bedingungen mit den verschiedenen Radien λ, $\lambda/2$, $\lambda/6$: In manchen Beziehungen scheint der Atomkernkörper wie mit lauter Core je des Radius λ gepackt, so daß der Atomkern mit einem Kernradius proportional λ und der Kubikwurzel aus seiner Nukleonenzahl wirkt; die Pionenschalen wären damit innerhalb eines solchen Kernkörpers. In anderen Beziehungen wirken sie aber offenbar mit Radien $\lambda/2$ oder $\lambda/6$.

So fällt in der Isotopentabelle auf: erstens, daß die Massendefekt-Reihe der stabilen Kerne H^1, H^2, He^3, He^4 mit ihren extremen Abweichungen stark abgesetzt ist von jener weiteren Reihe vom Li^6 bis Pb^{208}, deren Kerne den Massendefekt von obigen 9‰ gut einhalten; zweitens, daß bis zum Pb^{208}, dem schwersten stabilen Kern, nur mit den Nukleonenzahlen 5 (= 1+4) und 8 (= 4+4) kein stabiler Kern existiert; drittens, daß radioaktive Massenabstoßung nur als einzelne Nukleonen (1) oder als Heliumkerne (4) erfolgt; viertens, daß innerhalb des Bandes der stabilen Kerne kurzlebige Alphastrahler (Heliumabstoßer) und Spontanspaltungen (hier ebenfalls als Zerfall in Helium, gegebenenfalls zusammen mit einem Nukleon) nur unmittelbar über dem Helium (bis 12 Nukleonen) auftreten; fünftens, daß außerdem kurzlebige Alphastrahler und Spontanspaltungen (hier in zwei mittelgroße Kerne und Neutronen) innerhalb der sich fortsetzenden Linie des stabilen Bandes nur über dem Blei auftreten; sechstens, daß bei all dieser Radioaktivität am Schluß immer nur der Wasserstoff-, Helium- und Bleikern verbleibt (nur bei Spontanspaltung über dem Blei auch Teilkerne). Von den offensichtlich ausgezeichneten Kernen sind zwar He^4 (2+2) und Pb^{208} (82+126) doppelt-magisch. Diese Magizität kann jedoch nicht der alleinige Grund für diese einzigartige Sonderstellung des H^1, des He^4 und Pb^{208} sein, weil derartige Besonderheiten sonst mit keiner anderen Magizität verbunden sind.

Diese Kerne H^1, He^4, Pb^{208} zeichnen sich aber dadurch aus, daß ihre Core mit jeweils einem der möglichen Radien gerade 1 Elementarvolumen ausfüllen: H^1 in sich selbst mit seinem existentiellen λ-Radius; He^4 als Tetraeder mit je $\lambda/2$-Radien; Pb^{208} als Kugelpackung mit je $\lambda/6$-Radien; also je mit einem anderen jener Radien, in denen der Core wirksam zu werden vermag. Wie immer es auch sei: auch die einzigen über dem Pb^{208} liegenden und in Größe des Weltalters langlebigen Kerne des Thorium und Uran, die ganz unmagisch sind, entsprechen einer Kugelpackung mit $\lambda/2\pi$-Radien, in denen das Gesamtnukleon wirksam zu werden vermag; oberhalb dieser Kerne nehmen die Spontanspaltungen überhand.

Man kann sich damit dem Eindruck schwer verschließen, daß die Atomkernkörper auf das Elementarvolumen (Kugel mit λ-Radius; Volumen des Protons, des Wasserstoffkerns) hinorientiert sind. Wenigstens in manchen Beziehungen verhält sich der Atomkern wie ein Schalensystem aus den Schalenpionen um einen Atomkernkörper, welcher alle Core-Pionen innerhalb des Elementarvolumens vereinigt.

Druckfestigkeit ✻

Die Umlaufaspekte bestimmen auch die Festigkeit der Materie; vor allem die Druckfestigkeit: Erscheint in einem Umlaufaspekt eines Teilchens eine mit der Geschwindigkeit v auf dem Radius r umlaufende Masse m_x, so ergibt das Verhältnis von deren Zentrifugalkraft $m_x v^2/r$ zu deren Bahn-Kugeloberfläche $4\pi r^2$ die Druckfestigkeit $m_x v^2/4\pi r^3$.

Für das Proton (dh das Nukleon) erscheint bei seiner «weichen Kugel» eine mit c auf dem Radius λ kreisende Elementarmasse m; als Masse seiner 7 Pionen. Die Zentrifugalkraft ist damit $mc^2/\lambda = h/\lambda\tau$ gleich der Elementarkraft χ_1; die Oberfläche $4\pi\lambda^2$ gleich der Elementar-Kugeloberfläche. Das Verhältnis ist gerade der Grenzdruck

$$p_0 \quad = \quad mc^2/4\pi\lambda^3 \quad = \quad 5{,}182 \cdot 10^{33}\, N/m^2 \quad = \quad 5{,}182 \cdot 10^{28}\, Bar \ ,$$

welcher im Mittelpunkt eines nukleonendichten Grenzsternes auftritt.

Für das Elektron (s. u.) erscheint eine mit c auf dem «großen Elektronradius» $\lambda \cdot 2/\varphi\alpha$ kreisende Elektronmasse $m_{es} = m \cdot \varphi\alpha/4\pi$. Die Druckfestigkeit des Elektrons ist damit

$$p_0 \cdot (\varphi\alpha/4\pi) \cdot (\varphi\alpha/2)^3 \quad = \quad 1{,}116 \cdot 10^{23}\, N/m^2 \quad = \quad 1{,}116 \cdot 10^{18}\, Bar \ .$$

Dies ist der kritische Druck für einen «Weißen Zwerg». Bei größerem Druck bricht das «Große Elektron» zusammen: die Materie eines Sterns wird bis auf Nukleonendichte zusammengepreßt. Bei mehr als dem Grenzdruck p_0 bricht auch das Nukleon, das Neutron zusammen. Diese beiden kritischen Drucke sind je gleich $^1/_3$ Energiedichte: wie bei einer «Photon-Raumstrahlung» oder einem «relativistisch-entarteten Gas»; mit der Energie mc^2 pro Nukleonvolumen $(4\pi/3) \cdot \lambda^3$; bzw mit $m_{es}c^2$ pro großes Elektrovolumen $(4\pi/3)(\lambda \cdot \varphi\alpha/2)^3$.

Für das Wasserstoff-Atom ergibt sich mit seinem kreisenden Hüllelektron eine Druckfestigkeit von $2{,}34 \cdot 10^{12}\, N/m^2 = 2{,}34 \cdot 10^7\, Bar$. Tatsächlich zeigen die verschiedenen Materialien eine solche Druckfestigkeit von einigen millionen Atmosphären. Bei höherem Druck werden die Elektronenhüllen abgequetscht.

Es ist zwar einleuchtend, aber trotzdem erstaunlich, daß die Druckfestigkeiten mit den pro Oberfläche gegebenen Zentrifugalkräften übereinstimmen, welche in den Umlaufaspekten erscheinen. Zugleich zeigt dies aber auch den nur gleichnishaften Charakter dieser Umläufe; «so als ob». Wären es objektivierbare Bahnen, in welchen — wie bei Planeten — die Zentrifugalkräfte im Gleichgewicht mit den Zentripetalkräften stünden, würden schon geringe Drucke die Bahn verändern.

Die Umlaufaspekte bestimmen nicht nur materiell die Existenz des Pions, die Drehimpulse des Protons und Elektrons, die Strukturen des Nukleons und der Atomkerne und die Festigkeit der Materie. Sie bestimmen elektrisch auch die Magnetfelder und begründen damit die Existenz der Magnetmomente, Magnetfeldenergien und Magnetfeldmassen.

Elementarladung und Feinstrukturkonstante **

Die elektrische Ladung besitzt ebenfalls eine Elementargröße:

$$\text{die Elementarladung} \quad e = 1{,}602\,1892 \cdot 10^{-19}\, A\, s\,.$$

Das Proton trägt eine positive Elementarladung e^+; das Elektron eine negative Elementarladung e^-.

Fast immer, wenn die Elementarladung e wirksam wird, erscheint eine dimensionslose Konstante α (Sommerfeld), welche neben φ und π die wichtigste Größe der Elementarteilchenphysik ist: die alle elementaren und atomaren Strukturen beherrschende «Feinstrukturkonstante» α.

Die Feinstrukturkonstante α ist ein Wirkungsverhältnis: Sind zwei großflächige Platten, die zueinander im beliebigen Abstand d parallel stehen, auf jeder Teilfläche A mit einer elektrischen Ladung Q gegeneinander geladen, so ist die zwischen A gegebene

$$\text{elektrische Feldenergie} \quad E^{\text{II}} = (Q^2/2\varepsilon)\cdot d/A = \langle 2\pi Q^2 \cdot d/A \rangle$$

⟨Angaben in spitzen Klammern immer: im elektrostatischen Maßsystem mit Vakuum-Dielektrizitätskonstante $\varepsilon = 1/4\pi$⟩.

Speziell mit $Q = e$ und $A = d^2$ — dh in einem elementargeladenen, regelmäßigen Würfel der Kantenlänge d — ergibt $E^{\text{II}} = (e^2/2\varepsilon)/d$.

Der Abstand d mit Invarianzgeschwindigkeit c durchlaufen, ergibt eine Dauer d/c. Die Feldenergie E^{II} mit dieser Aufbauzeit d/c multipliziert ergibt eine Größe mit der Dimension einer Wirkung: $E^{\text{II}} \cdot d/c = e^2/2\varepsilon c$. Diese Wirkung ergibt im Verhältnis zu h die Feinstrukturkonstante:

$$(e^2/2\varepsilon c) : h = e^2/2\varepsilon c h = \alpha \quad ; \quad \text{bzw} \quad \langle 2\pi e^2/ch \rangle = \alpha$$

Magnetisch: Läuft in einem langen Hohlzylinder des beliebigen Radius r auf jeder Teillänge $l = r$ eine Elementarladung e mit Invarianzgeschwindigkeit c um, so wird in diesem Hohlzylinder ein Magnetfluß $\alpha h/e$ induziert. Elementar läuft aber eine Elementarladung e (statt im langen Zylinder) im Kreisring mit charakteristischer Stromdichteverteilung um. Dabei induziert sie den Elementar-Magnetfluß $\varphi \cdot \alpha h/e$ (s.u.).

Sowohl die elektrischen als auch magnetischen Felder werden immer mit der Wirkung αh (statt h) aufgebaut. Trotzdem ist nicht αh die «elektrische Wirkungseinheit», sondern $\alpha h \cdot \varphi/4\pi$: denn erstens sind alle elementaren Felder mit φ modifiziert; zweitens haben die realen Feld-Kugelschalen der Elementarladung e (im Gegensatz zum ebenen Plattenpaar) noch den Kugelflächen-Beiwert $1/4\pi$. Es ist damit (s.u.) die

$$\text{elektrische Elementarwirkung} \quad h_s = \alpha h \cdot \varphi/4\pi = h \cdot \varphi\alpha/4\pi \ .$$

Elementarkreisstrom und Elementarmagnetmoment **

Bewegte elektrische Ladung, dh Ladung pro Zeit, ergibt einen elektrischen Strom.

Läuft eine Elementarladung e auf einem Kreis von λ-Radius mit c-Geschwindigkeit um, so ergibt sich eine Umlaufdauer $2\pi\lambda/c$. Die Elementarladung e dividiert durch diese Dauer ergibt den Elementar-Kreisstrom i_1 gemäß: $i_1 = ec/2\pi\lambda = e/2\pi\tau = 5785\,A$.

Das Produkt aus Strom mal umlaufene Fläche ergibt ein Magnetmoment. Die Fläche eines Kreises mit λ-Radius ist $\pi\lambda^2$; multipliziert mit dem Elementar-Kreisstrom i_1 ergibt diese das Elementar-Magnetmoment

$$\mu_1 = \pi\lambda^2 \cdot ec/2\pi\lambda = ec\lambda/2 = eh/2m = 3{,}173909 \cdot 10^{-26}\,A \cdot m^2 \ .$$

Der Elementarcharakter dieser Größen wird ua am Nukleon sichtbar.

Das Nukleon-Magnetmoment **

Das Proton- und das Neutronmagnetmoment ist sehr genau meßbar. Dieser Meßwert ist sehr ähnlich dem $3\,m_\pi/m$- bzw $-2\,m_\pi/m$-fachen des Elementar Magnetmoments μ_1 :

Proton - Magnetmoment	μ_p	Meßwert	=	$+1{,}410617 \cdot 10^{-26}\,A \cdot m^2$
		$+3(m_\pi/m) \cdot \mu_1$	=	$+1{,}416627 \cdot 10^{-26}\,A \cdot m^2$
Neutron-Magnetmoment	μ_n	Meßwert	=	$-0{,}966244 \cdot 10^{-26}\,A \cdot m^2$
		$-2(m_\pi/m) \cdot \mu_1$	=	$-0{,}944418 \cdot 10^{-26}\,A \cdot m^2$

Demnach wären die Nukleon-Magnetmomente aus Teilmomenten $(m_\pi/m)\cdot\mu_1$ zusammengesetzt, was auf das 7-Pionen-Modell hinweist (in der aktiven Ebene 3 Pionen). Trotz der guten Übereinstimmung (4‰) könnten diese Verhältnisse doch numerischer Zufall sein. Es gibt aber noch ein so genaues Verhältnis, daß Zufall extrem unwahrscheinlich ist:

Mit dem Elementar-Magnetmoment $\mu_1 = eh/2m$ aus $i_1 = e/2\pi\tau$ besitzt der Meßwert des Proton-Magnetmoments $\mu_p = 2{,}7928456\cdot eh/4\pi m_p$ das überaus interessante Verhältnis: $\mu_p/\mu_1 = 0{,}4444416$

Es ist praktisch genau $\mu_p/\mu_1 = 4/9 = (2/3)^2$

Ein Verhältnis $4/9$ ergibt sich, wenn ein Kreis mit $(2/3)\cdot\lambda$-Radius vom Elementarstrom i_1 umflossen wird. Dies entspricht gut dem 7-Pion-Modell und erinnert an das Quark-Modell.

Mit (siehe unten) $E_{pm} = \frac{1}{2}(\varphi a/2e)(\mu_p/\pi\lambda^2)$ ergibt $\mu_p/\mu_1 = 4/9$ (weil $m_{pm} = E_{pm}/c^2$; $\mu_1 = eh/2m$; $h^2/c^2\lambda^2 = m^2$) die Beziehung:

$$m_{pm} = (2/9)(\varphi a/4\pi)\cdot m = (2/9)\cdot m_{es}$$

Die Verhältnisse $m_{pm}/m_{es} = 2/9$ und $m_{es}/m = \varphi a/4\pi$ sind anscheinend sehr genau richtig. Wegen quantenphysikalischer Strom-Pfadbreiten scheinen die Verhältnisse m_{em}/m_{es} und m_π/m noch Feinkorrekturen $1-\varphi a$ bzw $1-(\varphi/2\pi)(\varphi a/4\pi)$ zu erhalten :

$$m_{em}/m_{es} = (\varphi a/2)(1-\varphi a) \quad \text{bzw} \quad m_\pi/m = (\varphi/2\pi)[1-(\varphi/2\pi)(\varphi a/4\pi)]$$

Diese Korrekturglieder $1-\varphi a$ bzw $1-(\varphi/2\pi)(\varphi a/4\pi)$ sind zwar in Hinsicht auf die Meßergebnisse numerologisch gefunden, sind aber in der Form glaubwürdig. Die Begründung wäre noch zu suchen.

Der Elementarmagnetfluß **

Läuft eine Elementarladung e mit c-Geschwindigkeit auf einem Kreis mit λ-Radius um, so ist diesem Umlauf zur Umlaufdauer $2\pi\tau$ eine Schwankung τ eigen.

Es ist damit so, als fließe der Kreisstrom i_1 in einem ringförmig geschlossenen Runddraht mit der Drahtstärke $\lambda/2\pi$, dessen Drahtmittellinie eben den Kreisring $2\pi\lambda$ bildet. Aus dem Radius λ und aus diesem Verhältnis 2π von Kreisradius zu Pfadbreite $\lambda/2\pi$ bestimmt sich eine Induktivität L. Elektrotechnisch berechnet, erhält man damit ein L zwischen $48\cdot10^{-22}\ Vs/A$ für gleichmäßige, bis $49\cdot10^{-22}\ Vs/A$ für nach außen abnehmende Stromdurchflutung. Tatsächlich verringert sich der elementare Kreisstrom nach außen; ähnlich wie bei der Kernkraft, nur durch e statt durch m_π erzeugt.

Mit der Induktivität L gleich $49 \cdot 10^{-22}\ Vs/A$ ergibt sich eine magnetische Speicherenergie $i_1^2 \cdot L/2$ von rund $820 \cdot 10^{-16}\ J$. Das ist im wesentlichen gleich der Massenenergie $m_e c^2$ des Elektrons. Aus grundsätzlichen Erwägungen ist aber die Magnetfeldenergie $i_1^2 \cdot L/2$ nicht genau gleich $m_e c^2$, sondern gleich $m_{es} c^2 = E_{es}$; das ist der um rund 3‰ kleinere elektrostatische Anteil der Elektron-Energie (s.u.).

Bei dem gegebenen Elementar-Kreisstrom i_1 von 5785 A und dieser Energie E_{es} von $816 \cdot 10^{-16}\ J$ läßt sich der dazugehörige Elementar-Magnetfluß ausrechnen: $2E_{es}/i_1 = 282 \cdot 10^{-19}\ Vs$.

Dies ist aber gerade $\varphi\alpha h/e$. Dieses ist der vom Elementar-Kreisstrom tatsächlich induzierte Magnetfluß; eben der

$$\text{Elementar-Magnetfluß} \quad \Phi_1 = \varphi\alpha h/e = 2{,}821201 \cdot 10^{-17}\ Vs\ .$$

So ist also $\frac{1}{2} \cdot i_1 \cdot \Phi_1$, das halbe Produkt aus dem Elementar-Kreisstrom $i_1 = ec/2\pi\lambda$ und dem Elementar-Magnetfluß $\Phi_1 = \varphi\alpha h/e$, gleich der statischen Elektron-Massenenergie $E_{es} = (\varphi\alpha/4\pi) \cdot ch/\lambda$. Offenbar gibt es einen magnetischen Term in dieser Größe. Die magnetischen Phänomene des Elektrons knüpfen sich zwar an den «großen Elektron-Radius» (s.u.). Aber generell ist das Elektron in der Struktur der geschlossenen Umläufe mit dem Pion verwandt.

Überhaupt alle statischen Magnetfelder sind in diesem Elementar-Magnetfluß $\Phi_1 = \varphi\alpha h/e$ gequantelt. Analog zum Flußquantum $h/2e$ bei der Supraleitung erscheint jedoch gelegentlich auch ein halbierter Elementar-Magnetfluß $\varphi\alpha h/2e$; so beim Proton:

*Die Proton-Magnetfeldenergie ***

Die Magnetfeldenergie des Protons E_{pm} ist das halbe Produkt aus dem halbierten Elementarmagnetfluß $\varphi\alpha h/2e$ mit einem Kreisstrom i_p, der sich als Proton-Magnetmoment μ_p pro Elementarfläche $\pi\lambda^2$ ergibt:

$$E_{pm} = \tfrac{1}{2} \cdot (\varphi\alpha h/2e) \cdot i_p = \tfrac{1}{2}(\varphi\alpha h/2e)(\mu_p/\pi\lambda^2)$$

Der Meßwert von μ_p ergibt $E_{pm} = 0{,}222221 \cdot E_{es}$. Statt des Meßwertes kann pragmatisch die Beziehung $\mu_p = (2/3)^2 \cdot \mu_1 = (2/3)^2 \cdot ec\lambda/2$ gesetzt werden. Damit wird $E_{pm} = (2/9) \cdot E_{es}$, weil:

$$\text{Proton-Magnetfeldenergie} \quad E_{pm} = (2/9)(\varphi\alpha/4\pi) \cdot hc/\lambda = 1{,}81324 \cdot 10^{-14}\ J$$

Weil die zugehörige Masse das $1/c^2$-fache davon ist und weil $h/c\lambda$ gleich der Elementarmasse m ist, ergibt sich für die

$$\text{Proton-Magnetfeldmasse} \quad m_{pm} = (2/9)(\varphi\alpha/4\pi) \cdot m = 0{,}000120632 \cdot m$$

Die totale Protonmasse m_p setzt sich damit aus einer magnetischen Protonmasse m_{pm} und aus einer statischen Protonmasse m_{ps} zusammen, wobei m_{ps} identisch der Elementarmasse m ist.

$$m_p = m + m_{pm} = [1 + (^2/_9)\varphi\alpha/4\pi]\cdot m = 1{,}0001206\cdot m$$

Umgekehrt ist damit aus der unmittelbar meßbaren Protonmasse m_p die Elementarmasse m bestimmbar:

$$\text{Elementarmasse} \quad m = m_p/[1 + (^2/_9)\varphi\alpha/4\pi] = m_p/1{,}0001206$$

Diese Beziehung wurde schon vorwegnehmend zur Bestimmung der genauen Zahlenwerte von m, von $\lambda = h/mc$ und $\tau = h/mc^2$ benutzt. Die Approximation konvergiert so rasch, daß dies zulässig ist.

Der große Elektron-Radius **

Der Elektron-Spin — mit $h/2$ auf Volldrehung — müßte bei einer Rotation des Elektrons mit seinem eigentlichen Radius λ (oder auch mit dem «klassischen Elektron-Radius») eine Oberflächengeschwindigkeit von fast $300\,c$ ergeben. Das hierbei induzierte Magnetfeld hätte eine Energie, welche um viele Größenordnungen größer als die ganze Elektron-Massenenergie wäre. Hierbei würde sich das Magnetfeld auch extrem kurz schließen.

Der Spin und die magnetischen Phänomene verbinden sich beim Elektron mit einem rund 300fach größeren Radius als der elektrostatische Elektron-Radius. Dieser «große Elektron-Radius» ergibt sich in einer für das existenzphysikalische «sowohl-als-auch» bezeichnenden Weise:

Besitzt das Elektron eine Magnetfeldenergie E_{em}, so sind die Magnetphänomene sicher von einer um diese verminderten Elektron-Massenenergie bedingt; sonst würde sie sich selbst mitenthalten. Sie ergibt sich mit einer statischen Elektron-Energie $E_{es} = E_e - E_{em}$ bzw mit einer statischen Elektron-Masse $m_{es} = E_{es}/c^2$. In einem Umlaufaspekt dieser Masse m_{es} mit c auf einer Kreisbahn, ergibt sich nach der Bahnquantenbedingung ein Kreisumfang gleich deren Compton-Wellenlänge $h/m_{es}c = hc/E_{es}$. Die Umlaufdauer ist h/E_{es}. Der Radius dieser Umlaufbahn ist der große Elektronradius $r_m = hc/2\pi E_{es} = (2/\varphi\alpha)\cdot\lambda$.

Die mit c umlaufende Masse m_{es} ergibt eben den Volldrehimpuls h; bzw auf Vollumlauf die Erschließungswirkung $h/2$ des Fermions. Eine ebenfalls auf der Bahn des großen Elektronradius r_m mit c umlaufende Elementarladung e ergibt die Magnetfeldenergie E_{em} und das Magnetmoment μ_e des Elektrons.

Eine auf dem Radius r_m mit c umlaufende Elementarladung e ergibt einen Kreisstrom $i_e = e \cdot c/2\pi r_m$. Auf einer Kreislinie ergäbe dies unendlich große Stromdichte und Magnetfeldenergie. Tritt jedoch der Bahnradius r_m zugleich als quantenphysikalische Schwankung des Umlaufes auf, so fließt dieser Kreisstrom mit einer mittleren Pfadbreite von $r_m/2\pi$. Die Stromdichte ist auf der Kreislinie des Radius r_m am größten und fällt exponentiell mit dem Quadrat des Abstandes ab (Gauß-Glocke; analog wie bei der Kernkraft).

Dieser Kreisstrom induziert ein Magnetfeld. Mit $r_m = hc/2\pi E_{es}$ und damit $i_e = e \cdot E_{es}/h$ ergeben technische Laborformeln einen Magnetfluß im Wert von $\varphi a h/e$. Dies legt nahe, daß der obengenannte Elementar-Magnetfluß $\Phi_1 = \varphi a h/e$ eine universelle Größe ist, die auch die Elektron-Magnetfeldenergie festlegt.

Das halbe Produkt aus dem Strom $e \cdot E_{es}/h$ und dem Elementarmagnetfluß $\varphi a h/e$ ergibt damit die Elektron-Magnetfeldenergie

$$E_{om} = \tfrac{1}{2} \cdot (e \cdot E_{es}/h) \cdot \varphi a h/e = (\varphi a/2) \cdot E_{es} = 0{,}003410790 \cdot E_{es}$$

Weil total $E_e = E_{es} + E_{em} = [1 + \varphi a/2] \cdot E_{es}$, ist die

$$\text{statische Elektronenergie } E_{es} = E_e/(1+\varphi a/2) = E_e/1{,}0034108 .$$

Damit: $r_m = hc/2\pi E_{es} = 387{,}467 \cdot 10^{-13}\, cm$; $i_e = e \cdot E_{es}/h = 19{,}73\, A$.

Die totale Elektronmasse $m_e = E_e/c^2$ setzt sich damit zusammen aus einer magnetischen Elektronmasse $m_{em} = E_{em}/c^2$ und einer statischen Elektronmasse $m_{es} = E_{es}/c^2$; also:

$$m_e = m_{es} + m_{em} = [1 + \varphi a/2] \cdot m_{es} = 1{,}0034108 \cdot m_{es} .$$

Umgekehrt ergibt die unmittelbar meßbare totale Elektronmasse m_e die

$$\text{statische Elektronmasse } m_{es} = m_e/(1+\varphi a/2) = m_e/1{,}0034108 .$$

Die quantenphysikalische Pfadbreite läßt für m_{em} eine Feinkorrektur erwarten. Tatsächlich ergibt sich mit dem Korrekturfaktor $1 - \varphi a$, dh $1 - 2 \cdot m_{em}/m_{es}$, ein sehr genauer Massenwert für m_{em}.

Im langen Hohlzylinder (s. o.) ist der Magnetfluß gleich $a h/e$. Es ist aber noch nicht geklärt, ob dann trotzdem der Elementarmagnetfluß Φ_1 exakt $\varphi a h/e$ sein kann, nachdem sich φ aus der ganz andersartigen Geometrie des radialen Kugelfeldes ergeben hatte. Vermutlich gibt es eine Komplementarität eines Quanten- und Geometricaspektes mit φ, a und π als Fundamentalkonstanten.

*Das Elektron-Magnetmoment ***

Eine auf dem Radius r_m mit c umlaufende Elementarladung e stellt einen, die Fläche $r_m^2 \cdot \pi$ einschließenden Strom $e \cdot c/2\pi r_m$ dar. Das Produkt ergibt ein Magnetmoment $r_m^2 \pi \cdot ec/2\pi r_m = ecr_m/2$.

Mit $r_m = hc/2\pi E_{es} = h/2\pi cm_{es}$ besitzt dieses Magnetmoment die Größe $eh/4\pi m_{es}$. Dieses ist nur 2,2‰ größer als das reale, gemessene Elektron-Magnetmoment von $9{,}284832 \cdot 10^{-24}\ A \cdot m^2$.

Die Abweichung kommt dadurch zustande, daß die Elementarladung e statistisch alle Kreisbahnen, deren Radius gemäß der mittleren Pfadbreite $r_m/2\pi$ vom Radius r_m abweichen, je mit Invarianzgeschwindigkeit c umläuft (Karl Philberth). Das Integral über alle möglichen Bahn-Wahrscheinlichkeiten ergibt mit $r_m = hc/2\pi E_{es}$ quantitativ das gemessene Elektron-Magnetmoment; innerhalb der Genauigkeit der angewendeten graphischen Bestimmungsmethode.

Die Mehrschichtigkeit der elementaren Existenz tritt auch hierbei in Erscheinung: Auch die totale Elektronmasse m_e ergibt über das Bohr-Magneton $eh/4\pi m_e$ mit der Schwinger-Korrektur $(1 + \alpha/2\pi) \cdot eh/4\pi m_e$ extrem genau das gemessene Elektron-Magnetmoment.

Auf die existentielle Mehrschichtigkeit verzichten zu wollen, wäre analog einem Verzicht auf den Wellen- oder den Korpuskularaspekt in der Quantenphysik, in deren Komplementarität sie sich gerade begründet. Offenbar ergibt die Mehrschichtigkeit — analog zur Unbestimmtheitsrelation — existentielle Spielräume, mit denen erst die Elementarteilchen jene mannigfaltigen Verhaltensweisen entfalten, welche den überfließenden Formenreichtum allen Seins begründen. Die Mehrschichtigkeit der Aspekte ist offensichtlich das Wesen der Existenz und der Grund für den konkreten Wert von α .

Dazu eine Merkwürdigkeit: Vom Meßwert weicht $eh/4\pi m_{es}$ sehr genau doppelt so viel nach oben wie $eh/4\pi m_e$ nach unten ab; bemerkenswert, weil ein ganz ähnliches Abweichverhältnis auch bei der Feinstrukturkonstanten α selbst auftritt (s. u.). Anscheinend sind aber α, π und φ fundamentale Naturkonstanten.

Feld und Ladung

Die Feldkonstante φ erscheint in der Regel bei elementaren Feldflüssen: der elektrische Elementarfluß tritt als φe auf; der magnetische Elementarfluß als $\varphi \alpha h/e$. Demgegenüber ist die elektrische Elementarladung einfach e; eine (hypothetische) magnetische Elementarladung wäre $\alpha h/e$.

Je nachdem, ob Feldflüsse oder Ladungen einen Vorgang bestimmen, erscheint eine Größe mit oder ohne die Feldkonstante φ.

Mit der Kombination dieser elektrischen und magnetischen Flüsse und Ladungen strukturieren sich verschiedene Terme; jeder wieder als dynamische Ladungsumläufe oder als statische Felderstreckungen. Mit den Grundlängen r_m bzw λ gibt es sowohl E_{em} als auch E_{es} in allen diesen Strukturen und Aspekten. Die wichtigsten Terme des Elektrons sind jedoch:

E_{em} im Aspekt des dynamisch-geschlossenen Umlaufes der elektrischen Elementarladung e auf Radius r_m, womit ein magnetischer Elementarfluß $\varphi\alpha h/e$ induziert wird.

E_{es} im Aspekt des statisch-offenen Kugelfeldes des elektrischen Elementarflusses φe, womit eine elektrische Elementarladung e auf Radius λ auftritt.

Geschlossene Strukturen **

Der quantenphysikalische Umlaufaspekt besitzt einen dazu komplementären relativistischen Aspekt; an eine geschlossene Materiewelle anknüpfend. Betrachtet sei ein Kreisring mit λ-Radius, welcher um seinen Mittelpunkt rotiert (als Modell ein Autoreifen, der gemäß der Raddrehung um die Radachse rotiert). In Bezug auf den Mittelpunkt — dh auf das kosmisch-ruhende Bezugssystem — ist diese Rotation als rein speziell-relativistische Bewegung gegeben. Damit unterscheidet sich eine Tangentialzeit von einer Radialzeit. Beides sind Zeiten, die dem rotierenden Kreisring zugehören: die Tangentialzeit ist zeitlicher Fortschritt, der dem Kreisring in tangentialer Richtung synchron erscheint; die Radialzeit ist zeitlicher Fortschritt, der ihm in radialer Richtung, also an je zwei gegenüberliegenden Stellen, als synchron erscheint.

Im Gegensatz zur Radialzeit ist die Tangentialzeit nicht wirbelfrei. Daher zeigt sie im geschlossenen Umlauf eine Versetzung, die durch die tangentiale Verstreichung des Kreisringes zustande kommt und gleich dem Zeitgradienten w mal dem Kreisumfang $2\pi\lambda$ ist. Von außen gesehen läuft die Tangentialzeit kontrahiert ab. Wegen der Zeitversetzung ist sie aber nach immer einer ganzen Umdrehung des Kreisrings gleich weit wie die Radialzeit. Sie laufen also nicht immer weiter auseinander; sie sind nur verschiedene Erscheinungsbilder einer einzigen Zeit.

Eine ringförmige Materiewelle vermag nur in einem Zustand des Selbstgenügens zu existieren, wenn nämlich auf ihren Umfang gerade eine oder mehrere ganze Wellenlängen kommen (Schrödinger). Da die Materiewelle aber eine reine Zeitschwingung in der Tangentialzeit darstellt, so bedeutet dies, daß die genannte Tangentialzeit-Versetzung gleich ist der einfachen oder ganzzahlig-mehrfachen Materiewellen-Schwingungsdauer. Diese ist im Falle des Pions, bei welchem der Zeitgradient w gleich $1/c$ ist, gemäß $\mathcal{T} = 2\pi\lambda w = 2\pi\lambda/c = 2\pi\tau$ gegeben. Die Tangentialzeit-Versetzung ist also gerade gleich einer Umlaufdauer.

Betrachtet man in diesem Modell des Kreisringes die Materiewelle — im Sinne einer echten Zeitwelle — etwa als eine zusätzliche Rotation des Kreisringes um seine Tangentialachse (als eine kreisförmig in sich geschlossene Rohruhr mit dem Kreisumfang als Mittellinie; wie ein Auspuffrauchring), so wäre ein derartiger Kreisring längs eines vollen Umfanges gerade einmal um seine tangentiale Achse gewendelt. Bildlich vorgestellt, wären also die in Gestalt von Kreislinien nebeneinander «ring-parallel» laufenden Feldlinien, schraubenförmig um die mittlere Kreislinie verdrillt; so daß jede Linie bei einem vollen Umfang wieder in sich selbst zurückführt.

Diese beiden zueinander senkrechten Rotationen — die Rotation um den Kreismittelpunkt und die Rotation um den Kreisumfang — bedingen einander; als raumzeitlich bzw elektromagnetisch sich wechselseitiges Erzeugen. Indem diese beiden Rotationen in zwei verschiedenen Richtungen zueinander stehen können, gibt es zwei Spinrichtungen; die Links- und die Rechtsschraube. Diesen gehören wohl auch zwei verschieden gerichtete Wirkungsquanten zu.

Auf dem Fundament der Existenzphysik sind somit die geschlossenen Strukturen der Elementarteilchen in verschiedenen Bildern erfaßbar; in verschiedenen, zueinander komplementären Aspekten; insbesondere in einem quantenphysikalischen und in einem relativistischen Aspekt. Der «Spin» der echten Elementarteilchen hat viele Gesichter. Aber alles sind immer nur Modelle, welche in gegenseitiger Verdrängung und zugleich Ergänzung verschiedene Seiten des Geschehens beleuchten.

Das Elementarteilchen hat überhaupt keine räumliche und zeitliche Gestalt; es «hat» keine Raum-Zeit-Struktur; es existiert nicht «in» Raum und Zeit: Es ist ein Geschehen, das selbst erst den Raum und die Zeit, das elektrische und das magnetische Feld erzeugt, schafft.

Die Umlaufaspekte begründen somit die Existenz vieler wesentlicher Größen und Eigenschaften. Sie treten hierbei in einem charakteristischen «sowohl-als-auch» zusammen mit den Radialaspekten in Erscheinung: jeder Aspekt die volle Masse und Ladung beanspruchend; also nicht nur in einem unproblematischen «teils-teils», sondern in einem erstaunlichen «zugleich-so-und-anders». Der klassische Identitätssatz ist damit in eigentümlicher Weise durchbrochen.

Neben die Umlaufaspekte tritt der Radialaspekt. Für die Existenz der Elementarteilchen ist deren Radial-Struktur fundamental; wie beim Proton, so auch beim Elektron mit seinem elektrostatischen Feld.

Das elektrische Kugelfeld **

Eine Kugel mit dem beliebigen Radius d_o sei mit der elektrischen Ladung Q oberflächengeladen. Konzentrisch zur Kugel liege eine Kugelschale mit dem inneren Radius r_i und dem äußeren Radius r_a. Die Schalendicke ist $d = r_a - r_i$; der mittlere Radius $r_n = \frac{1}{2} \cdot (r_a + r_i)$.

Im klassischen Fall, mit quadratisch-abnehmender Feldstärke, ergibt sich die Feldenergie $E_n{}^{\mathrm{I}}$ in dieser Kugelschale zu:

$$E_n{}^{\mathrm{I}} \;=\; (Q^2/2\varepsilon) \cdot d/[4\pi\, r_i r_a] \;=\; (Q^2/8\pi\,\varepsilon) \cdot d/(r_n{}^2 - d^2/4)$$

Nun sei der ganze Raum — vom Radius d_o bis unendlich — in konzentrische Kugelschalen unterteilt, welche alle die gleiche Schalendicke d besitzen. Die n. Kugelschale ist das zwischen $r_i = d_o + nd - d$ und $r_a = d_o + nd$ eingeschlossene Volumen. Der mittlere Radius zwischen r_i und r_a ist damit: $r_n = d_o + nd - \frac{1}{2}d$.

Setzt man zur Vereinfachung $d/d_o = \Delta$, so ergibt sich für die n. Schale der mittlere Radius r_n und die dazugehörige Fläche A_n zu:

$$r_n \;=\; d_o(1 + n\Delta - \tfrac{1}{2}\Delta) \quad ; \quad A_n \;=\; 4\pi\, r_n{}^2$$

Ohne das (mit $\Delta \to 0$ vernachlässigbare) Glied $d^2/4 = d_o{}^2 \cdot \Delta^2/4$, wird $r_i \cdot r_a$ zu $r_n{}^2 = d_o{}^2(1 + n\Delta - \frac{1}{2}\Delta)^2$ und die Energie $E_n{}^{\mathrm{I}}$ der n. Schale zu:

$$E_n{}^{\mathrm{I}} \;=\; (Q^2/8\pi\,\varepsilon) \cdot d/r_n{}^2 \;=\; (Q^2/8\pi\,\varepsilon\, d_o) \cdot \Delta/(1 + n\Delta - \tfrac{1}{2}\Delta)^2$$

Die gesamte elektrostatische Feldenergie $E^{\mathrm{I}} = {}_1\Sigma E_n{}^{\mathrm{I}}$ der mit Q geladenen Kugel des Radius d_o ist die Summe über alle Schalenenergien:

$$\text{Kugel-Feldenergie} \quad E^{\mathrm{I}} \;=\; (Q^2/8\pi\,\varepsilon\, d_o) \cdot {}_1\Sigma\, \Delta/(1 + n\Delta - \tfrac{1}{2}\Delta)^2$$

Mit einer Schalendicke d klein gegen den Kugelradius d_o — dh $\Delta \to 0$ —, wird die Δ-Summe von $n = 1$ bis ∞ gleich 1. Damit ergibt E^{I} die

$$\text{klassische Kugelkondensatorenergie} \quad E^{\mathrm{I}} \;=\; Q^2/8\pi\,\varepsilon\, d_o \;=\; \langle Q^2/2d_o \rangle .$$

Der Allgemeinfall des elektrostatischen Kugelfeldes ist also durch zwei voneinander unabhängige Längen bestimmt: etwa durch d_o und d (bzw d_o und Δ). Speziell für das kontinuierliche, klassische Feld entartete die eine Länge d (bzw Δ) zu Null, so daß nur noch die eine Größe d_o des Kugelradius bestimmend war.

In einem Feld mit Längenquantelung ist zwar ebenfalls nur noch die eine Länge d_o des Kugelradius bestimmend. Die andere Länge, die Dicke d, verschwindet aber nicht; sie wird gleich dem Radius d_o gemäß $\Delta = 1$. Es wird damit aber auch der Abstand der die maßgeblichen Kugelflächen A_n bestimmenden Radien voneinander gleich d_o; eine Bedingung, die nur von den Mittelradien r_n eindeutig erfüllt wird:

$$r_n = d_o(1+n-\tfrac{1}{2}) = d_o(n+\tfrac{1}{2}) \quad ; \quad A_n = 4\pi r_n^2$$

Damit ergibt sich die Energie E_n der n. Kugelschale zu:

$$E_n = (Q^2/2\varepsilon)\cdot d/4\pi r_n^2 = (Q^2/8\pi\varepsilon d_o)\cdot(n+\tfrac{1}{2})^{-2}$$

Die gesamte Feldenergie E des gequantelten Feldes wird damit zu:

$$E = {}_1\Sigma E_n = (Q^2/8\pi\varepsilon d_o)\cdot{}_1\Sigma(n+\tfrac{1}{2})^{-2} = (Q^2/8\pi\varepsilon d_o)\cdot\varphi = \langle\varphi Q^2/2d_o\rangle$$

Unter diesen Quantelungsbedingungen — ungeachtet der Größe von d_o und Q — ergibt sich somit die gequantelte Kugelfeldenergie als φ-fach der klassischen Kugelfeldenergie. Völlig unabhängig von allem Vorhergehenden ergibt sich dieser Faktor φ für das elektrostatische Kugelfeld ebenso als $\varphi = {}_1\Sigma(n+\tfrac{1}{2})^{-2}$ wie er sich als die Feldkonstante φ — aufgrund der kosmischen Expansion und Wirkungserschließung — für die Proton-Wirkungsintensität ergeben hat. Dieser Faktor φ hatte aber auch das Pion bestimmt.

Weil bei Kugelladungen mit großem Q auf großem d_o dieser Faktor nicht auftritt (der klassische Integralfaktor bzw Summenfaktor mit $\Delta \to 0$ ist 1), ergibt sich die Frage: Mit welchem Q auf welchem d_o ist diese Quantelung tatsächlich gegeben? Diese ist beim Elektron gegeben:

Das statische Elektron-Feld **

Ist die allgemeine Oberflächen-Ladung Q einer Kugel mit Radius d_o gleich der Elementarladung e des Elektrons, so ergibt sich die Energie E des gequantelten Feldes zu $E = \varphi e^2/8\pi\varepsilon d_o = (\varphi e^2/4\pi\varepsilon)/2d_o$. Umgekehrt ist zu einer Feldenergie E der Radius d_o bestimmbar:

$d_o = \varphi e^2/8\pi\varepsilon E$. Speziell für das Elektron ist hierbei die statische Elektron-Massenenergie zu setzen, weil der magnetische Energieanteil E_{em} einem andersgearteten Feld zugehört. Weil

$E_{es} = E_e/(1+\varphi\alpha/2) = m_e c^2/(1+\varphi\alpha/2)$ ergibt sich damit

$$d_o = (1+\varphi\alpha/2)\cdot\varphi e^2/8\pi\varepsilon m_e c^2 = 1{,}321\,600\cdot 10^{-15}\,m\ .$$

Dies ist aber das $(1+\varphi\alpha/2)\cdot\varphi$-fache des «klassischen Elektronradius» $e^2/8\pi\varepsilon m_e c^2$ bzw $\langle e^2/2m_e c^2\rangle$.

Vor allem ist dies aber — mit einer Abweichung durch Feinstkorrekturen oder Meßungenauigkeiten von nur einigen Millionstel — gleich der Elementarlänge $\lambda = 1{,}321\,569\cdot 10^{-15}\,m$.

Dies besagt etwas ganz Grundlegendes:

1) Das elektrostatische Elektronfeld besitzt genau die gleiche λ-Schalenstruktur wie das Massenfeld des Protons mit der Elementarmasse m. Alles wird damit überraschend einfach und durchsichtig. Es wird:

Elektronradius = Pionradius = Protonradius = Elementarlänge λ.

2) Die Elektronmasse ist — von dem nur 3,4 ‰ großen Magnetmassenanteil abgesehen — voll die Verkörperung seiner elektrostatischen Feldenergie. Die ältesten Vorstellungen erweisen sich damit doch als richtig.

3) Dieses elektrostatische Feld ist mit λ gequantelt und deshalb durch die universelle Feldkonstante φ modifiziert. Überhaupt alle Längen in diesem Feld sind λ: der Radius der oberflächengeladenen Kugel, die Dicke der gequantelten Kugelschalen, der Abstand der maßgeblichen Kugelschalenradien r_n voneinander. (Mit v bewegte Elektronen haben $(1-v^2/c^2)^{1/2}\cdot\lambda$-Radius: umlaufartig reziprok der Energievergrößerung, longitudional mit der Lorentzkontrakton verkleinert.)

Mit $d_o = \lambda$ geht $E = \varphi e^2/8\pi\varepsilon d_o$ über in $E_{es} = \varphi e^2/8\pi\varepsilon\lambda$.

Weil $e^2/2\varepsilon hc = \alpha$ und $m_{es} = E_{es}/c^2$ ist dies die

statische Elektronenergie $E_{es} = (\varphi\alpha/4\pi)\cdot hc/\lambda = \langle\varphi e^2/2\lambda\rangle$ bzw
statische Elektronmasse $m_{es} = (\varphi\alpha/4\pi)\cdot h/c\lambda = (\varphi\alpha/4\pi)\cdot m$

Mit $m_{es}/m = \varphi\alpha/4\pi = \langle\varphi e^2/2hc\rangle$ ergeben sich:

der große Elektron Radius $r_m = \lambda\cdot 2/\varphi\alpha$
die Pion-Masse $m_\pi = m_{es}\cdot 2/\alpha$
die Proton-Magnetfeldmasse $m_{pm} = m_{es}\cdot 2/9$

Die Verhältnisse der Grund-Elementarteilchen Proton, Pion, Elektron werden damit sehr genau faßbar und verblüffend einfach:

Energien und Massen

Proton-Energie:

E_{ps}	statisch	$mc^2 = hc/\lambda$	938,1664 *MeV*
E_{pm}	magnetisch	$(^2/_9)(\varphi\alpha/4\pi)\cdot hc/\lambda$	0,1132 *MeV*
E_p	total	$E_{ps} + E_{pm} = [1 + (^2/_9)(\varphi\alpha/4\pi)]\,hc/\lambda$	938,2796 *MeV*
	(mit ±2,9 *ppm* Standard Abweichung)	Meßwert	938,2796 *MeV*

Pion-Energie:

E_π	geladenes Pion	$(\varphi/2\pi)\cdot hc/\lambda$	139,5789 *MeV*
	(mit ±5,0 *ppm* Standard Abweichung)	Meßwert	139,5673 *MeV*

Elektron-Energie:

E_{es}	statisch	$(\varphi\alpha/4\pi)\cdot hc/\lambda$	509,2780 *keV*
E_{em}	magnetisch	$(\varphi\alpha/2)(\varphi\alpha/4\pi)\cdot hc/\lambda$	1,7370 *keV*
E_e	total	$E_{es} + E_{em} = (1 + \varphi\alpha/2)(\varphi\alpha/4\pi)\cdot hc/\lambda$	511,0151 *keV*
	(mit ±2,8 *ppm* Standard Abweichung)	Meßwert	511,0034 *keV*

E_n	Neutron-Energie:	Meßwert	939,5731 *MeV*
$E_{\pi o}$	Neutralpion-Energie:	Meßwert	134,9630 *MeV*

$h = 4{,}1357013\cdot 10^{-15}\ eV\cdot s \pm 2{,}6\ ppm$; $c = 299\,792\,458\ m/s \pm 0{,}004\ ppm$
$e = 1{,}6021892\cdot 10^{-19}\ A\cdot s \pm 2{,}9\ ppm$; $1\ J = As\cdot V$; $1\ ppm = 0{,}001$ ‰ .

Primär gemessen sind die *eV*-Werte; Umrechnung auf *SI*-Einheiten:
Ein *eV*-Wert multipliziert mit $1{,}6021892\cdot 10^{-19}\ J/eV \pm 2{,}9\ ppm$ gibt den *J*-Wert. Die Energie [*J*] dividiert durch c^2 gibt die Masse [*kg*].

Feinkorrekturen für Pion und Elektron:

$$E_\pi = E_{ps}\cdot(\varphi/2\pi)[1 - (\varphi/2\pi)(\varphi\alpha/4\pi)] \qquad 139\,567\,619\ eV$$

Die Abweichung vom ±5,0 *ppm* genauen E_π-Meßwert ist +2,3 *ppm*

$$\frac{E_\pi}{E_p} = \varphi/2\pi\cdot\frac{1 - (\varphi/2\pi)(\varphi\alpha/4\pi)}{1 + (2/9)(\varphi\alpha/4\pi)} = 1/6{,}722\,797\,84$$

Die Abweichung vom ±5,3 *ppm* genauen E_π/E_p-Meßwert ist +2,3 *ppm*

$$E_{es} = E_{ps}\cdot\varphi\alpha/4\pi \qquad 509\,278{,}039\ eV$$
$$E_{em} = E_{es}\cdot(\varphi\alpha/2)(1 - \varphi\alpha) \qquad 1\,725{,}191\ eV$$
$$E_e = E_{es} + E_{em} \qquad 511\,003{,}230\ eV$$

Die Abweichung vom ±2,8 *ppm* genauen E_e-Meßwert ist −0,33 *ppm*

$$\frac{E_e}{E_p} = \varphi\alpha/4\pi\cdot\frac{1 + (\varphi\alpha/2)(1-\varphi\alpha)}{1 + (2/9)(\varphi\alpha/4\pi)} = 1/1836{,}15199$$

Die Abweichung vom ±0,38 *ppm* genauen E_e/E_p-Meßwert ist −0,33 *ppm*

Meßwerte mit Standard Abweichung: Particle Data Group 1982.

Das «statische» elektrische Feld der Elementarladung e ist in Wirklichkeit ein dynamischer Ausbreitungsvorgang; es ist die kosmische Expansion mit Invarianzgeschwindigkeit c:

Mit jeder Elementardauer τ wird eine neue λ-Schale um das «Elektron selbst» erzeugt; als neue 1. Schale mit der Feldenergie $E_n = E_1$. Die zuvor 1. Schale wird zur 2. Schale, ihre Schalenenergie E_1 zu E_2; E_2 zu E_3; ...; die zuvor 5. Schale zur 6. Schale, ihre Schalenenergie E_5 zu E_6; ... usw. Die Schalenenergie E_n der n. Schale ist

$$E_n \quad = \quad (e^2/8\pi\varepsilon\lambda)(n+\tfrac{1}{2})^{-2} \quad = \quad (\alpha hc/4\pi\lambda)(n+\tfrac{1}{2})^{-2}$$

Je weiter eine Schale fortschreitet (je größer ihr n-Wert wird), um so kleiner wird die ihr zugehörige Feldenergie E_n; bis zum Verschwinden. Weil aber mit jedem τ immer gleichmäßig eine neue 1. Schale gezeugt wird und immer gleichmäßig die gegebenen Schalenenergien E_n Stufe um Stufe abfallen, bleibt die Summe über alle Schalenenergien immer konstant: Als «elektrostatische» Feldenergie $E_{es} = {}_1\Sigma E_n$. Diese Energie $E_{es} = (\varphi\alpha/4\pi)\cdot hc/\lambda$ verkörpert sich eben als elektrostatische Elektronmasse $m_{es} = E_{es}/c^2 = (\varphi\alpha/4\pi)\cdot h/c\lambda$.

Jede einmal erschlossene Schale läuft mit Invarianzgeschwindigkeit $\lambda/\tau = c$ vom Elektron weg. Somit altern die einmal erschlossenen Schalen nicht mehr; ihr Erschließungsmoment verbleibt ihnen feststehend. Ihr Abstand vom Elektron wird nicht nur räumlich, sondern auch zeitlich immer größer. Wegen dieses Fehlens des Zeitablaufes tritt das formale Produkt $E_n\cdot\tau$ nicht als eine «Schalenwirkung» auf.

Wohl aber ergibt sich eine Wirkung $E_{es}\cdot\tau$ mit der konstanten Feldenergie E_{es}, welche dem fortgesetzt alternden Elektron im Ganzen eigen ist. Diese Energie E_{es} erschließt jede Elementardauer τ die

$$\text{Elektron-Schalenwirkung } E_{es}\cdot\tau \;=\; h_s \;=\; (\varphi\alpha/4\pi)\cdot h \;=\; \alpha h\cdot\varphi/4\pi\,.$$

Diese elektrische Schalenwirkung h_s enthält den Teilfaktor αh der Wirkung des e-geladenen Raum-Zeit-Würfels, zusammen mit $\varphi/4\pi$. Indem 4π den Kugelflächenbeiwert und φ die Summation über alle λ-gequantelten Schalen darstellt, ergibt sich umgekehrt zwangsläufig aus der eigentlichen elektrischen Wirkungseinheit $h_s = (\varphi\alpha/4\pi)\cdot h$, speziell für den Raum-Zeit-Würfel eben die Wirkung αh. In Übereinstimmung damit, daß die totale Wirkung des Elektrons gleich seinem Alter T mal seiner Energie E_{es} ist, bleibt diese Wirkung h_s jeder Schale — auch einer noch so alten und fernen — konstant eigen.

Die Wirkungserschließung erfolgt somit im elektrischen Feld der Elementarladung e in λ-Schalen in τ-Zeitabständen; und zwar durch die gesamte elektrostatische Feldenergie $(\varphi\alpha/4\pi)\cdot hc/\lambda$ der Elementarladung e. Dies ist ganz konsequent im Sinne des Welle-Körper-Dualismus, in dem das unteilbare Energiequantum gemäß Wirkung/Schwingungsdauer dem Korpuskel zukommt.

Beim elektrischen Feld (Welle) der Elementarladung e ist diese Wirkung h_s. Das in der statischen Elektronmasse m_{es} unteilbar verkörperte Energiequantum ist also h_s/τ, dh $(\varphi\alpha/4\pi)h/\tau$.

Beim materiellen Feld der Elementarmasse m ist diese Wirkung h. Das in der statischen Protonmasse $m_{ps} = m$ unteilbar verkörperte Energiequantum ist also h/τ.

Mit der Elementarladung e ist es insoweit wie mit der Elementarmasse m: Mit jeder Elementardauer τ wird eine neue λ-Schale erschlossen, welcher jedoch bei der Elementarladung die Wirkung $h_s = (\varphi\alpha/4\pi)\cdot h$ zukommt, bei der Elementarmasse aber die Wirkung h. Das Verhältnis h_s/h ist dabei das statische Elektron/Proton-Massenverhältnis: $h_s/h = \varphi\alpha/4\pi = m_{es}/m$.

Der Elementarladung e gehört das elektrische Feld zu. Der Elementarmasse m gehört das Schwerefeld zu. Überhaupt jeder schweren Masse gehört ein Schwerefeld zu: mit Schalen der Wirkung h, aber einer der Masse proportionalen Frequenz. So besitzt auch die statische Elektronmasse m_{es} als solche sekundär ein Schwerefeld mit den Schalenwirkungen h, aber dafür den Schalendicken $(h/h_s)\cdot\lambda$. Auf diese Schalen bezogen kommt also dem elektrischen Feld der Elementarladung e gleiche Wirkung h wie dem Schwerefeld der statischen Elektronmasse m_{es} zu. Wieso ergibt sich mit gleicher Wirkungsgröße einmal die elektrische Kraft, andermal die Gravitationskraft?

Die statische Elektronmasse m_{es} ist die Verkörperung der elektrostatischen Feldenergie $m_{es}c^2$ der Elementarladung e. Die statische Elektronmasse m_{es} ist aber nicht die Verkörperung der Feldenergie des von m_{es} ausgehenden Gravitationsfeldes. Auch die Elementarmasse m ist nicht die Verkörperung der Energie des von m ausgehenden Gravitationsfeldes. Diese Energien des m_{es} bzw m selbst eigenen Gravitationsfeldes sind aber nicht nur viel zu klein (φ/Y-fach), sondern haben auch negatives Vorzeichen (würden in der Verkörperung negative Massen ergeben). Würde die Gravitationskraft in gleicher Stärke durch die Schalenwirkung bestimmt werden wie die Ladungskraft (Coulombkraft), so würde ihre Verkörperung bei der statischen Elektronmasse m_{es} genau $-m_{es}$ selbst sein; also sich mit m_{es} zu genau Null ergänzen. Tatsächlich sind aber die Gravitationskräfte und -energien für diese individuelle Nullergänzung um rund den Faktor $5 \cdot 10^{-40}$ zu klein.

Die Kräfte **

Die drei wichtigsten Kräfte des Kosmos sind die Kernkraft K_π, die Ladungskraft K_e (Coulombkraft) und die Schwerkraft K_g (Gravitation). Sie haben — wie unten begründet — ganz analoge Form:

Kernkraft	K_π	$=$	$2E_\pi/\lambda$
(e^+, e^-) Ladungskraft	K_e	$=$	$2E_n/\lambda$
(m, m) Schwerkraft	K_g	$=$	$2E_{ng}/\lambda$

Die Kernkraft K_π ist die Kraft zwischen zwei Nukleonen im Atomkern. Sie wird bestimmt von der Pionenergie $E_\pi = m_\pi c^2 = (\varphi/2\pi) \cdot hc/\lambda$. Diese Kernkraft K_π ist in dieser Form der Ladungskraft K_e sehr ähnlich, indem lediglich an Stelle von m_{es} die Pionmasse m_π steht. Dies gilt allerdings nur auf λ-Abstand extrapoliert, weil die Kernkraft mit viel höherer Potenz der Entfernung abnimmt.

Die Ladungskraft K_e ist die Kraft zwischen einer Elementarladung e^-, welche in der n. Schale einer anderen Elementarladung e^+ steht (und umgekehrt). Sie wird bestimmt von der elektrischen Feldenergie E_n dieser n. Schale (elektrostatische Grundkonstante $G_e = (4\pi\varepsilon)^{-1} = \langle 1 \rangle$).

Die Schwerkraft K_g ist die Kraft zwischen einer Elementarmasse m, welche in der n. Schale einer anderen Elementarmasse m steht (und umgekehrt). Sie wird bestimmt von der Gravitationsfeldenergie E_{ng} dieser n. Schale (Gravitationsfaktor $G = (2/Y) \cdot hc/m^2$). Weil:

$$E_n = (\alpha/4\pi)(hc/\lambda)(n+\tfrac{1}{2})^{-2} \quad \text{bzw}$$
$$E_{ng} = (1/Y)(hc/\lambda)(n+\tfrac{1}{2})^{-2}$$

ergibt sich, indem die beiden Ladungen bzw Massen den Mittelpunktsabstand $\lambda \cdot (n+\frac{1}{2}) = r_n$ besitzen:

$$K_e = G_e \cdot e^2/r_n^2 = 2(\alpha/4\pi) \cdot hc/r_n^2 = 2(\alpha/4\pi)(hc/\lambda^2)(n+\tfrac{1}{2})^{-2} = 2E_n/\lambda$$
$$K_g = G \cdot m^2/r_n^2 = 2(1/Y) \cdot hc/r_n^2 = 2(1/Y)(hc/\lambda^2)(n+\tfrac{1}{2})^{-2} = 2E_{ng}/\lambda$$

Die Feldenergie E_n bzw E_{ng} ist dem ganzen Volumen der n. Schale zugeordnet, welches in großen Entfernungen riesengroße Ausmaße annimmt. Es ist deshalb nicht selbstverständlich, daß die Kräfte K_e oder K_g von diesen Schalenenergien E_n bzw E_{ng} bestimmt werden. Mit diesen Energien leiten sich gleichartige Ausdrücke für G_e wie G ab:

$G_e = (2/\varphi)\cdot\lambda\cdot E_{es}/e^2$; $G = (2/Y)\cdot\lambda\cdot E_{ps}/m^2$.
Wie sich G_e mit φ, E_{es}, e darstellt, so G mit Y, E_{ps}, m.

Dazu seien diese beiden Kräfte K_e und K_g zwischen einem naturgemäß einander zugeordneten Teilchen-Paar — Proton und Elektron — miteinander verglichen: Ladungskraft zwischen deren Elementarladungen e^+ und e^-; Schwerkraft zwischen deren statischen Massen m und m_{es}.

Kraft und Wirkungsintensität **

Die dem elektrostatischen Feld der Elementarladung e zugehörige statische Elektronmasse m_{es} enthält in jeder Schale die Erschließungs-Wirkung $h_s = (\varphi\alpha/4\pi)\cdot h = (m_{es}/m)\cdot h$.

Es gilt also $(\alpha/4\pi)\cdot h = (1/\varphi)(m_{es}/m)\cdot h$. In der Ladungskraft geht damit der Teilfaktor $(\alpha/4\pi)\cdot h$ in $(1/\varphi)(m_{es}/m)\cdot h$ über.

In der Schwerkraft zwischen der statischen Elektronmasse m_{es} und statischen Protonmasse m geht ebenfalls der Faktor m_{es}/m ein, weil die eine der beiden Massen m_{es} statt m ist.

Setzt man wieder $(n+\frac{1}{2})^{-2} = a_n$ und $hc/\lambda^2 = h/\lambda\tau$, so folgt:

(e^+, e^-) Ladungskr. $K_e = 2(1/\varphi)(m_{es}/m)\cdot hc/r_n^2 = 2(a_n/\varphi)(m_{es}/m)\cdot h/\lambda\tau$
(m, m_{es}) Schwerkr. $K_g = 2(1/Y)(m_{es}/m)\cdot hc/r_n^2 = 2(a_n/Y)(m_{es}/m)\cdot h/\lambda\tau$

Der Faktor 2 ist der Wechselwirkungsfaktor. Beide Kräfte existieren als Wechselwirkung. Tatsächlich besteht die Schwerkraft ebenso wie die Ladungskraft aus zwei Komponenten, die eine Verdopplung bedeuten: eine Ladung im Feld der anderen und andere Ladung im Feld der einen; eine Masse im Feld der anderen und andere Masse im Feld der einen.

Der Faktor $(m_{es}/m)\cdot h/\lambda\tau$ ist die (m_{es}/m)-fache Elementar-Wirkungsintensität $\chi_1 = h/\lambda\tau$, welche hier nur als Dimensionsgeber (Elementarkraft χ_1) auftritt.

Es verbleiben nur noch die beiden Teilfaktoren a_n/φ bzw a_n/Y, mit welchen sich K_e und K_g voneinander ausschließlich unterscheiden. Diese Verhältnisse haben eine überaus interessante Bedeutung:

a_n/φ ist das Verhältnis der Wirkungsintensität der n. Schale zur ganzen Wirkungsintensität des einen Elementarteilchens.

a_n/Y ist das Verhältnis der Wirkungsintensität der n. Schale zur ganzen Wirkungsintensität des gesamten Weltalls.

Jedes Teilchen wirkt also mit dem Wirkungsintensitätsanteil der n. Schale seines Feldes; dh derjenigen Schale, in der das andere Teilchen eben steht und dementsprechend es Anteil am ganzen anderen Partikel hat. Während dieser Wirkungsintensitätsanteil bei der Ladungskraft im Verhältnis zur Wirkungsintensität aller Schalen des beteiligten Teilchens wirkt, wirkt dieser Wirkungsintensitätsanteil bei der Schwerkraft im Verhältnis zur ganzen Welt-Wirkungsintensität.

Durch diese Relation nur zur partikulären, in sich selbst unveränderlichen Teilchen-Wirkungsintensität, erklärt sich die Konstanz der Ladungskraft. Umgekehrt erklärt die Relation zur veränderlichen Welt-Wirkungsintensität die Veränderlichkeit der Schwerkraft mit den mannigfaltigen Veränderungen in den Tiefen des Kosmos.

Kraft und Kosmos *

Aus $hc/m = \lambda \cdot c^2$ folgt $(m_{es}/m) \cdot hc = \lambda \cdot m_{es}c^2 = \lambda \cdot E_{es}$; damit:

$$(e^+, e^-) \quad K_e = (2/\varphi)(m_{es}/m) \cdot hc/r_n^2 = (2/\varphi) \cdot \lambda \cdot E_{es}/r_n^2$$
$$(m, m_{es}) \quad K_g = (2/Y)(m_{es}/m) \cdot hc/r_n^2 = (2/Y) \cdot \lambda \cdot E_{es}/r_n^2$$

Indem $\lambda \cdot E_{es}$ nur 3,3‰ kleiner als $(m_e/m_p) \cdot hc$ ist, bestätigt der Meßwert von K_e zugleich unmittelbar die Realität der fundamentalen Feldkonstanten φ. Allgemein ergibt sich mit K_e und K_g :

Die Ladungskraft einer allgemeinen Ladung Q_x auf die elementare Ladung e eines Elektrons ist $K_{ex} = (Q_x/e) \cdot K_e$.

Die Schwerkraft einer allgemeinen Masse m_x auf die statische Masse m_{es} eines Elektrons ist $K_{gx} = (m_x/m) \cdot K_g$.

In der existentiellen Potentialgleichung $GM/2R = c^2$ steht die Effektiv-Weltmasse M und der Weltradius R . Weil

$G = (2/Y) \cdot hc/m^2 = (2/Y) \cdot \lambda \cdot c^2/m$ folgt: $Y = (M/m):(R/\lambda)$; also:

$$(Q_x, e^-) \quad K_{ex} = 2 \cdot (Q_x/\varphi e) \cdot \lambda \cdot E_{es}/r_n^2$$
$$(m_x, m_{es}) \quad K_{gx} = 2 \cdot (m_x/M) \cdot R \cdot E_{es}/r_n^2$$

Während makrophysikalisch anstatt des mikrophysikalischen Faktors φ der Wert 1 tritt, und während in K_{ex} wie in K_{gx} gleicherweise die Elektronenenergie E_{es} pro Abstandsquadrat r_n^2 steht, sind diese beiden Kräfte im übrigen erstaunlich spiegelbildlich:

In K_{ex} steht die Elementarlänge λ, und die elektrische Ladung Q_x steht im Verhältnis zur Elementarladung e .

In K_{gx} steht der Weltradius R , und die schwere Masse m_x steht im Verhältnis zur gesamten Weltmasse M .

Damit wird mit geradezu wunderbarer Klarheit deutlich, daß und wie die Ladungskraft mikrophysikalisch, die Schwerkraft aber makrophysikalisch bestimmt und orientiert ist. Gleichsam: die Ladungskraft ist die vom Mikrokosmos in den Mesokosmos hinaufgreifende, individuelle Kraft der Materie; die Schwerkraft ist aber die vom Makrokosmos in den Mesokosmos hinabgreifende, kollektive Kraft der Materie. Beide Kräfte sind somit in den Grenzen des Kosmos verankert; die Ladungskraft in der unteren, die Schwerkraft in der oberen Grenze des Seins.

In ihrer Individualität begründet die Ladungskraft die Existenz der Teilchen. In ihrer fundamentalen Kollektivität begründet die Schwerkraft die Existenz des Weltalls.

Unsymmetrie und Existenz

Die Elementarmasse m ist kollektiv-kosmisch ausgerichtet. Dies bringt die Raum-Zeit des Kosmos hervor. Dies begründet zugleich die Schwerkraft als ein Verhältnis zur Welt-Wirkungsintensität: zur Existenzvariablen Y.

Die Elementarladung e^+ und e^- ist dagegen individuell-partikular ausgerichtet. Dies bringt das elektrische Feld als Quell- und Sinkstelle hervor. Dies begründet zugleich die Ladungskraft als ein Verhältnis zur Partikel-Wirkungsintensität: zur Feldkonstanten φ.

Die von den Nukleonenmassen erschlossene Raum-Zeit des Weltalls wird nicht durch negative Raum-Zeiten von Antinukleonenmassen kompensiert. Das Schwerefeld ist ohne Sinkstellen. Die materielle Seinsentfaltung ist wesenhaft unsymmetrisch und makrokosmisch. Erst im Gegenüber zur Welt-Raum-Zeit erhält die Welt-Masse ihre existentielle Ergänzung zu Null. Erst in der Dreiheit von Raum-Zeit-Masse verschwindet die räumliche, zeitliche und materielle Mächtigkeit des Alls in Bezug auf «außen»; verschwindet im Nichts als Nichts. Dies ist der Grund, warum überhaupt Weltraum und Weltzeit, warum überhaupt Weltmasse da ist und nicht nicht-ist. Das Sein in Raum und Zeit, expandierend und alternd, ist wesenhaft Unsymmetrie. Völlig symmetrisch ist nur das Nichts.

Die von den Ladungen e^+, e^- ausgehenden elektrischen Felder ergänzen sich hingegen schon innerhalb dieser Welt-Raum-Zeit zu Null. Die elektrische Seinsentfaltung ist wesenhaft symmetrisch und mikrokosmisch. Es gibt im Weltall genau soviel negative wie positive elektrische Ladungen; soviel Ladungslöcher wie Ladungen selbst, die nur miteinander entstehen und vergehen können. In den Atomen und Sternplasmen kompensieren sich die elektrischen Felder schon fast vollkommen in mikrophysikalischen Bereichen. Auch die verschwindend kleinen Ladungsverschiebungen innerhalb galaktischer Räume, kompensieren sich im übergalaktischen Makrokosmos.

Die gigantische Weltwirkung wird damit praktisch nur von den Nukleonen erstellt; mit je $14 \cdot 10^{40}\, h$ bis zum Rand und Ursprung. Ein Wirkungsanteil der elektrischen Felder als solcher — falls diese überhaupt Wirkung zeugend sind — ist infolge der makrokosmischen Neutralität verschwindend klein. Nur die den elektrischen Feldenergien sekundär zukommende Masse, die Elektronmasse m_e, trägt als solche rund $\frac{1}{2}$‰ zur Weltwirkung bei; ungeachtet der elektrischen Ursache.

Wirkung und Existenz

Die Schwerkraft ist wesenhaft kollektiv orientiert: Es bestimmt die Welt-Wirkungsintensitätszahl Y bzw die Welt-Wirkungsintensität $Y' = Y \cdot h/\lambda\tau$ den Gravitationsfaktor G der «Massen-Anziehung»:

$$G = (2/Y) \cdot hc/m^2 = 2c^4/Y' .$$

Der analoge Faktor einer «Energie-Anziehung» ist direkt gleich $2/Y'$: mit dem Wechselwirkungsfaktor 2, allein reziprok der Welt-Wirkungsintensität Y'. Diese ist die Summe aller Wirkungen pro deren Raum·Zeit-Abstand vom Ursprungspunkt. Die Welt-Wirkungsintensitätszahl Y ist der Zahlenwert in den Elementareinheiten h, λ, τ.

Die Anziehung der einzelnen Massen bzw Energien aufeinander wird somit durch die gesamten, in der Welt-Raumzeit gelagerten Wirkungen bestimmt. Wieso ist die Wirkung so fundamental?

Es wäre falsch, etwa dem Wirkungsquantum ein «Feld» zuzuschreiben; wie der Masse oder der Ladung. Die Wirkung hat kein Feld, sondern *ist* Feld. Die Wirkungsintensität übt keine Kraft aus, sondern *ist* Kraft. Die individuelle Erscheinungsform der Wirkungsintensität *ist* die Ladungskraft — und in ihr existiert die elektrische Ladung und das elektrische Feld. Die kollektive Erscheinungsform der Wirkungsintensität *ist* die Schwerkraft — und als Null-Ergänzung zu diesem Schwerefeld existiert die Weltmasse.

Ein Wirkungsquantum ist überhaupt kein «Teilchen», «Körper» oder etwas ähnliches. Sonst wäre es auch nicht begreiflich, wieso ein Wirkungsquantum in seinem Raumelement verbleiben sollte und sich nicht etwa — wie ein kleines Körperchen — in ein anderes Raumelement fortbewegen könnte. Vielmehr sind die Wirkungsquanten eines Nukleons die Wirkung — und zwar eben die gequantelte Wirkung — des Nukleons selbst, in welcher das Nukleon Raum und Zeit erschließt und gestaltet.

Das Nukleon existiert überhaupt in diesen seinen Wirkungsquanten und als diese Wirkungsquanten in Raum und Zeit. Die Wirkungsquanten erfüllen nicht den Nukleonenraum, sondern stellen ihn überhaupt dar: Der Raum ist wesenhaft Wirkung; er existiert als Energie mal Zeit in den Nukleonenwirkungsquanten. Dieser Raum des Nukleons ist radial auf das existenztragende Elementarvolumen hinorientiert und bildet so das Nukleonenfeld; das Feld, dh die Raum-Zeit-Existenz.

Jedes Nukleon existiert in seiner eigenen Dreiheit von Raum-Zeit-Masse. Das Zusammenwirken dieser Dreiheiten aller Nukleonen ist aber der Weltraum, die Weltzeit und die Weltmasse.

Die Grundformel **

Die elementaren Energie-Verhältnisse ergaben sich als nur durch die Konstanten φ, α, π bestimmt. Diese haben eine einfache Bedeutung:

φ	Feldkonstante ;	φ	=	0,934802200
α	Feinstrukturkonstante ;	α	=	1/137,03604
π	Kreiskonstante ;	π	=	3,141592654

Damit ist es möglich (Karl Philberth) eine Formel aufzustellen, welche auf der Basis der Elementarenergie hc/λ zugleich für alle drei statischen Energien E_{ps}, E_{π}, E_{es} gültig ist, und sogar noch zwei weitere interessante Terme liefert:

$$E = (hc/\lambda) \cdot \varphi a / A$$

Der Beifaktor a kann 1 oder α sein.
Mit $a = 1$ ergeben sich Ausdrücke für Massen-Terme;
mit $a = \alpha$ ergeben sich Ausdrücke für Ladungs-Terme.

Der Beifaktor φ nimmt die Summe über alle $(n + \frac{1}{2})^{-2}$ vorweg, so daß die Flächen nur noch durch ihren Beiwert A auszudrücken sind.

Der Beiwert A kann 1 oder 2π oder 4π sein.

Mit $A = 1$ wird die Elementar-Quadratfläche λ^2 zur Basis;
Erstreckung mit λ orthogonal zu Erstreckung mit λ: radial-radial; als Ausdruck für eine fundamentale Einheit in sich;

mit $A = 2\pi$ wird die Elementar-Zylinderoberfläche $2\pi\lambda^2$ zur Basis;
Krümmung mit λ orthogonal zu Erstreckung mit λ: tangential-radial; womit ein dynamischer Umlauf beschrieben wird: ein Wirbelfeld;

mit $A = 4\pi$ wird die Elementar-Kugeloberfläche $4\pi\lambda^2$ zur Basis;
Krümmung mit λ orthog. zu Krümmung mit λ: tangential-tangential; womit ein statischer Auslauf beschrieben wird: ein Quellenfeld.

*Die Grundterme ***

1) Das Proton ; $E_{ps} = mc^2$:

Mit $a = 1$ und $A = 1$ und 1 statt φ ergibt sich die Proton-Energie:

$$(hc/\lambda)\cdot\varphi a/A \quad \rightarrow \quad hc/\lambda \quad = \quad mc^2 \quad = \quad E_{ps}$$

Diese Elementar-Energie mc^2 des Protons ergibt sich also in der 1-Haftigkeit aller Beifaktoren φ, a und A. Dies entspricht genau der existentiellen Ur-Einheitlichkeit des Protons und seiner statischen Masse m als Elementarmasse. Im Proton ist die Masse m nicht die Verkörperung seiner eigenen Feldenergie, sondern ist die ihm fundamental eigene Größe. Daher steht im Proton-Term mit der Elementar-Energie mc^2, auch anstelle der Feldkonstanten φ der Faktor 1 .

2) Das Pion ; E_π :

Mit $a = 1$ und $A = 2\pi$ ergibt sich die Pion-Energie:

$$(hc/\lambda)\cdot\varphi a/A \quad \rightarrow \quad mc^2\cdot\varphi/2\pi \quad = \quad E_\pi$$

Dies ist der dynamische materielle Term des geladenen Pions; als Träger der Kernkräfte; auch als frei existenzfähiges Teilchen.

3) Das «halbe» Pion ; $\frac{1}{2}E_\pi$:

Mit $a = 1$ und $A = 4\pi$ ergibt sich die halbe Pion-Energie.

Mit dem Wirkungsquantum h über die Kugelfläche $4\pi\lambda^2$ ist dies ein statischer materieller Term von knapp 70 MeV. Tatsächlich ist dies der wichtigste Hadron-Term; ein Term der inneren Bindung der mittel- und überschweren Elementarteilchen.

4) Das «doppelte» Elektron ; $2E_{es}$:

Mit $a = \alpha$ und $A = 2\pi$ ergibt sich die doppelte Elektron-Energie.

Mit der dem Einheitswürfel eigenen elektrostatischen Wirkung $\alpha\cdot h$ in einer geschlossenen Zylinderfläche $2\pi\lambda^2$ ist dies ein dynamischer elektrischer Term für extrem bewegliche Elementarladungen (c-Umläufe). Dieser Term ermöglicht vermutlich den quasi-unendlichen Ladungstransport in Supraleitern. Im Aspekt der BCS-Theorie (Bardeen) erscheint entsprechend das «gekoppelte Elektronenpaar». Dazu:

Ein geladenes Teilchen beliebiger Masse m_x bewegt sich mit beliebiger Geschwindigkeit v (auch $v = c$) in einem Magnetfeld beliebiger Induktion B auf einer Kreisbahn. Auf dieser wird die Zentrifugalkraft von der Lorentzkraft aufgefangen; mit einfacher Elementarladung e gilt $m_x v^2/r = e \cdot v \cdot B$. Mit einer in sich geschlossenen Quantenbahn ist dieser Radius $r = h/2\pi m_x v$. Mit Ladung e (nicht $2e$) schließt der damit umlaufene Kreis in dem angelegten Magnetfeld den Fluß $h/2e$ ein. Nach Abschalten des angelegten Magnetfeldes stellen sich in Leitern immer so große Ströme ein, daß der eingeschlossene Magnetfluß erhalten bleibt; speziell in supraleitenden Hohlleitern ungedämpft. Elementar-Umläufe von Elementarladungen (e oder $2e$) können gar keinen Fluß der Größe $h/2e$ induzieren; nur den viel kleineren Elementar-Magnetfluß $\varphi a h/e$.

Im $2E_{es}$-Term tritt die Elementarladung e analog an die Stelle, welche die Pionmasse m_π in der «Starken Wechselwirkung» inne hat. Mit der nur α-fachen Energie des $2E_{es}$-Terms ist dieser der Träger des energetischen Aspektes der «Schwachen Wechselwirkung», welche die Neutrino-Bindung im Atomkern bestimmt (Kopplungsfaktor 10^{-14}). Der c-Kreisstrom der Elementarladung e im $2E_{es}$-Term ist regelmäßig von Neutrinos begleitet; etwa bei β-Zerfall freiwerdend.

5) Das Elektron ; E_{es} :

Mit $a = \alpha$ und $A = 4\pi$ ergibt sich die Elektron-Energie E_{es} :

$$(hc/\lambda) \cdot \varphi a/A \quad \rightarrow \quad mc^2 \cdot \varphi\alpha/4\pi \quad = \quad E_{es}$$

Dies ist der statische elektrische Term des Elektrons, wie es als freies, stabiles Teilchen auftritt.

Die Grundstrukturen *

Die Grundformel $(hc/\lambda) \cdot \varphi a/A$ kennzeichnet die Grundstrukturen. Diese sind von zwei Komponenten geprägt: erstens materiell bzw elektrisch; zweitens offen bzw geschlossen. Dies gibt 4 Kombinationen:

Das Proton ist im Wesen materiell und offen; seine Elementarmasse m und deren radiales Feld bestimmt seinen Grundterm E_{ps} . Das Pion ist im Wesen materiell und geschlossen; sein Massen-Umlauf bestimmt seinen Term E_π . Das Elektron ist im Wesen elektrisch und offen; seine Elementarladung e und deren radiales Feld bestimmt seinen Grundterm E_{es} . Zugleich ist das Elektron aber auch elektrisch und geschlossen; sein Ladungs-Umlauf bestimmt ebenfalls seinen Grundterm gemäß $i_1 \Phi_1/2 = E_{es}$.

Proton, Pion und Elektron sind je in ihrer Art die einfachsten Strukturen, die dabei auch noch immer durch ein und dieselbe Elementarlänge λ bestimmt sind: Die einfachste offene Form ist die Gerade: als radiales Strahlenfeld beim Proton und Elektron. Die einfachste geschlossene Form ist der Kreis: als Zylinderfeld beim Pion. Zugleich sind sie — je in ihrer Art — auch die leichtesten Teilchen: Das Proton ist das leichteste Baryon; das Pion das leichteste Meson; das Elektron das leichteste Lepton.

Proton, Pion und Elektron sind somit in jeder Hinsicht durch Minimalbedingungen ausgezeichnete, wesensverschiedene Grundstrukturen. Proton und Elektron sind die einzigen stabilen Teilchen im Kosmos.

Die Struktur-Komplementarität *

Jede der drei Grundstrukturen ist für eine der drei Grund-Elementarteilchen — Proton, Pion, Elektron — fundamental. Die beiden jeweils anderen Strukturen kommen komplementär hinzu.

Dem Proton ist die Masse (m) fundamental eigen, als seine Existenz; es hat gar kein Feld, dessen Energie in seiner Masse verkörpert wäre (wie dies beim Elektron der Fall ist). Ladung und Umlauf kommen jedoch beim Proton komplementär hinzu.

Dem Elektron ist die Ladung (e) fundamental eigen, als seine Existenz. Masse und Umlauf ergeben sich erst daraus komplementär.

Dem Pion ist der Umlauf fundamental eigen, als seine Existenz; es hat gar keinen Drehimpuls und kein Magnetmoment. Masse und Ladung kommen erst komplementär hinzu.

Jedes Seiende wird erst in allen Komponenten vollständig: Alle haben sie Masse und Energie mit Materiewelle und Schwerefeld; alle haben sie Ladung mit elektrischem Feld. Und auch das Proton und Elektron haben Umlaufaspekte; materiell als die verschiedenen Stoßradien, elektrisch als die verschiedenen Magnetfelder erscheinend.

Vor allem wichtig ist die Masse-Ladungs-Komplementarität: Die schwere Masse — in der Einheit der Elementarmasse m — ist als kollektive Erscheinung der Wirkung existent. Die elektrische Ladung — in der Elementarladung e — ist als individuelle Erscheinung der Wirkung existent. Vollständig ist aber ein Teilchen nur in zugleich kollektiver wie individueller Wirkungsentfaltung. Darum hat nur das Proton das glatte Magnetmoment $\mu_p = (2/3)^2 \cdot \mu_1$. Darum haben nur das Elektron, das geladene Pion und das Proton zueinander die einfachen und sehr genauen Massenverhältnisse; nicht aber etwa die Elektronen oder die Nukleonen zum neutralen Pion; nicht etwa die Elektronen oder Pionen zum Neutron; auch sonst kein Teilchen zu einem anderen.

Während die Ladung beim Elektron eine Masse m_{es} zur Folge hat, haben die Ladungen von Pion und Proton keinen Einfluß auf deren Massen m_π bzw m. Beim Elektron ist eben die elektrische Ladung fundamental, beim Pion und Proton nur komplementär.

Was im einen Teilchen primäres Wesen seiner Existenz ist, erscheint im anderen Teilchen als sekundäre Vervollständigung. Diese vervollständigenden Komponenten sind jedoch von der fundamentalen Komponente in jeweils besonderer Weise geprägt. Damit ergibt sich schon mit diesen einfachsten und leichtesten Teilchen eine große Mannigfaltigkeit von Eigenschaften und Aspekten.

Die Elementarteilchen *

Schon die drei Grundelementarteilchen ergeben sich damit nicht als Anregungen einer einzigen Struktur, sondern als mögliche Spielarten von drei Grundstrukturen. Die eindrucksvolle Ordnung der wichtigsten Elementarteilchen nach bestimmten Quantenzahlen in einem dreidimensionalen Schema (Gell-Mann) ist bei all ihrer Fruchtbarkeit noch keine Erfassung der Strukturen selbst. Eine Spintheorie, welche als solche nur mit dem drittrangigen Aspekt operiert, dürfte zur Bewältigung einer Strukturerfassung auch nicht ausreichen. Eine universelle Formel für alle Elementarteilchen zu finden, erfordert zumindestens eine gründliche Vertrautheit mit den aufgezeigten Grundstrukturen; mit deren Wesen und Eigenarten und mit deren gegenseitiger Komplementarität.

Wie dem auch sei: Allein die Grundstrukturen erschließen das Wesen des Mikro- und Makrokosmos. Die Grund-Elementarteilchen tragen das gesamte kosmische Geschehen: Die Protonen und Elektronen und die Atomkerne, in welchen Nukleonen von den Pionen gebunden sind, tragen allein die Materialität des Kosmos. Daneben beherrschen nur noch die Strahlungsmassen — Neutrinos und Photonen — das kosmische Geschehen. Alles übrige tritt nur in verschwindenden Spuren und immer nur extrem kurzzeitig bei Energie-Umsetzungsprozessen auf.

Proton und Elektron

Beim Proton kommt zur fundamentalen Elementarmasse m noch komplementär eine Elementarladung e^+. Sie bilden so eine existentielle Einheit. Eben in dieser Existenzeinheit besitzt das kollektiv wirksame Schwerefeld der Elementarmasse m und das individuell wirksame elektrische Feld der Elementarladung e die gleiche λ, τ-Schalenstruktur.

Beide haben sie die gleiche radiale Welle, die gleichsam am Rande des Kosmos aufsitzt und die Existenz des Protons begründet: Bezogen auf den Rand und Ursprung, als unveränderlich festliegende Raum-Zeit-Gestalt; bezogen auf das Proton als den Kosmos überspannende Oszillation. Welle- und Körperaspekt vertauschen sich bei Vertauschung des Bezuges.

Im kollektiven Aspekt ist diese Welle eben das Schwerefeld, welches in kollektiver Energie-Null-Ergänzung die Existenz der schweren Massen begründet. Im individuellen Aspekt ist diese gleiche Welle eben das Ladungsfeld, das analog eine individuelle Null-Ergänzung findet: gleichsam in einem Loch, welches die positive Elementarladung e^+ des Protons in der Raum-Zeit des Kosmos hinterläßt.

Dieses Ladungsloch des Protons ist eine negative Elementarladung e^-. Diese hat damit naturgemäß die gleiche λ, τ-Schalenstruktur wie das Proton; aber mit eben umgekehrter (negativer) Oszillation. Weil diesem Loch-Feld seinerseits eine Energie zukommt, die sich in einer Masse verkörpert, existiert dieses Ladungsloch als eigenständiges Teilchen: als Elektron (Dirac).

Beim Elektron ist somit die Elementarladung e^- fundamental, zu welcher eine statische Elektronmasse m_{es} komplementär hinzukommt.

Die Rangfolge

Das Proton existiert als Ergänzung der fundamentalen Elementarmasse m mit einer Elementarladung e^+. Diese hinterläßt eine freie negative Elementarladung e^-, die damit weiterhin zum Fundament des Elektrons wird. Das Elektron existiert als Ergänzung der nun fundamentalen Elementarladung e^- mit einer Elektronmasse m_{es}.

Das Proton ist damit erstrangig; das Elektron zweitrangig. Ebenfalls zweitrangig ist der Umlaufaspekt, welcher sich an die Elementarmasse m anknüpft: das Proton als mit c umlaufende Pionen. Drittrangig sind schließlich die an die Aspekte mit umlaufenden Ladungen geknüpften Magnetfeldmassen m_{pm} des Protons bzw m_{em} des Elektrons.

Man kann somit eine Rangfolge — Masse m, Ladung e, Umlauf — feststellen. Diese Rangfolge spiegelt sich auch in den Eigenschaften der zugehörigen Teilchen:

Das mit der Elementarmasse m fundamentale Proton ist am vielseitigsten; mit vier Radien und Magnetfeld. Das mit der Elementarladung e fundamentale Elektron ist schon ärmer; mit zwei Radien und Magnetfeld. Das mit dem Umlauf fundamentale Pion ist am einfachsten;

mit nur einem Radius ohne Magnetfeld. Proton und Elektron sind frei unbegrenzt beständig (stabil); das Pion ist frei nicht dauerhaft beständig (instabil).

Die erstrangigen Elementarmassen *m* stellen als Protonen und Atomkerne 999,4‰ der gesamten Weltmaterialität. Die zweitrangigen Elementarladungen stellen als Elektronen knapp 0,5‰ der Weltmaterialität. Die drittrangigen Umläufe stellen als Magnetfeldmassen noch 0,1‰ der Weltmaterialität. Die Umläufe in den freien Pionen haben keinen Anteil an der Weltmaterialität.

Zu dieser eigentlichen Materialität, welche in den Ruhemassen verkörpert ist, kommt allerdings noch eine ganz andere Art von Energie und Masse im Kosmos: die Neutrinos und Photonen.

Neutrino und Photon

Das Proton (als wesenhaft materielles Teilchen) und das Elektron (als wesenhaft elektrisches Teilchen) haben eines miteinander gemeinsam: beides sind stabile Teilchen mit endlicher Ruhemasse. Aber schon beim Proton mit dem Aspekt des Pion-Umlaufs, und beim Elektron mit dem Aspekt des Ladungsumlaufs, ergänzt sich das radiale, statische Feld durch eine *c*-Bewegung.

Wenn die Natur aber alle Spielarten von fundamental und komplementär verwirklicht, muß es auch radial mit Invarianzgeschwindigkeit *c* ausstrahlende Vorgänge geben: eine auf materieller Basis; eine auf elektrischer Basis.

Die materielle Form der radial invarianzbewegten Energie ist das Neutrino. Die elektrische Form der radial invarianzbewegten Energie ist das Photon (Licht).

Wie Elektron und Proton als radial-strahlende Ruheenergien miteinander verwandt sind, so Photon und Neutrino als radial-strahlende invarianzbewegte Energien. Wie Elektron und Photon als elektrische Energien miteinander verwandt sind, so Proton und Neutrino als materielle Energien.

Während das Photon eine dem elektrostatischen Feld verwandte, elektromagnetische Oszillation in Raum und Zeit darstellt, ist das Neutrino anscheinend eine dem Schwerefeld verwandte Oszillation des Raumzeit-Kontinuums selbst. Im *MeV*-Bereich ist die Fähigkeit des Neutrinos, Materie zu durchdringen, ungefähr 10^{20}-fach wie die des Photons (1000 Lichtjahre : 10 *cm*). Dies ist ungefähr die Wurzel aus dem Verhältnis von Ladungskraft zu Schwerkraft.

Photon und Neutrino sind keine echten Teilchen. Es sind nur Ausdrücke für die bei Reaktionen mit den elektromagnetischen bzw raumzeitlichen Wellenfeldern auftretenden Energiequanten. Als invarianzbewegte Energien haben sie die Ruhemasse Null und erfahren keine Alterung. Sie erschließen damit auch keine Wirkung. Es kommt ihnen Wirkung nur in einem anderen Sinne $E \cdot T = h$ zu: ihre Quantenenergie E mal ihre Schwingungsdauer T ist gleich dem Wirkungsquantum h. Photonen und Neutrinos können dabei mit jeder beliebigen Schwingungsdauer und damit jeder Quantenenergie $E = h/T$ auftreten.

Diese Beziehung ist zugleich ein Spezialfall der quantenphysikalischen Energie-Zeit-Unbestimmtheit. Mit dieser ergeben Energie- und Zeit-Unbestimmtheiten immer das konstante Produkt h. Ein größerer Spielraum (Unbestimmtheit) der Energiegröße ergibt einen um so kleineren Spielraum der Zeitgröße — und umgekehrt. Nur eine solche objektiv-reale Unbestimmtheit macht das mikrophysikalische Geschehen überhaupt möglich. Komplementär zur Energie-Zeit-Unbestimmtheit gibt das Produkt des elektrischen Feldflusses φ_e [*Ampere·sec*] und des magnetischen Feldflusses φ_m [*Volt·sec*] bei jedem Photon beliebiger Frequenz und Bündelung auch immer das konstante Produkt h gemäß $\varphi_e \cdot \varphi_m = h$: ein größerer magnetischer Fluß φ_m (mehr und kürzere magnetische Feldlinien) ergibt einen um so kleineren elektrischen Fluß φ_e (weniger und längere Feldlinien) — und umgekehrt.

Die Veränderung von φ_e gegenüber φ_m ergibt sich bei Veränderung von gestaltgebenden Umständen; etwa bei verschiedener Art der Bündelung des Wellenfeldes in optischen oder elektrotechnischen Apparaturen. Dieses quantenphysikalische Wechselspiel zwischen elektrisch und magnetisch mit Verstellung der Apparatur ist eigentümlich komplementär zur relativistischen Transformation von elektrischen und magnetischen Größen ineinander bei Veränderung des Bezugssystems.

Spekulative Verhältnisse *

Diese interessanten Beziehungen führen vielleicht etwas weiter in der Ergründung des Geheimnisses, das die Elementarteilchen-Physik durchzieht: Warum hat die Feinstrukturkonstante α gerade den Wert 1/137,036 ? Diese Grundkonstante beherrscht die gesamte Mikrophysik; vor allem die Größe der Elementarladung e und die fundamentalen Massenverhältnisse der Elementarteilchen: etwa von Elektron/Proton gemäß $\alpha \cdot \varphi / 4\pi$ bzw von Elektron/Pion gemäß $\alpha/2$.

Der Wert der Feinstrukturkonstanten α hat die bedeutendsten Physiker dieses Jahrhunderts beschäftigt. Die Erwartung (Eddington), daß $1/\alpha$ die ganze Zahl 137 sei, wurde mit fortschreitender Meßgenauigkeit enttäuscht. Neuere Arbeiten stellen vergleichend fest, daß die Massen vieler Atomkerne sehr genau ganz- und halbzahlige Vielfache der Elektronmasse m_e sind (Witmer); oft zusammengesetzt aus Zweierpotenzen. Im Zusammenhang damit wurde spekulativ gesetzt:

$1/\alpha = 136 + 1 + (2^2 + 1)/136 = 137{,}03677$; wobei $136 = 2^3(2^4 + 1)$

Eine andere Arbeit beschreibt gruppentheoretisch Elementarteilchen-Verhältnisse in höherdimensionalen, komplexen Räumen (Wyler). Dabei ermittelt sich: $1/\alpha = (8\pi^4/9)(2^4 \cdot 5!/\pi^5)^{1/4} = 137{,}03608$

Die Abweichungen vom Realwert sind zwar sehr klein. Jedoch können numerisch noch so gute Übereinstimmungen nie exakte Beweise für die Richtigkeit einer Formel sein. Mit hinreichend komplizierten Ansätzen in genügend verengtem Rahmen sind immer irgendwie gute Übereinstimmungen numerisch errechenbar. Trotzdem kann arbeitsmethodisch auf spekulative Ansätze mit numerischen Wertvergleichen kaum verzichtet werden.

Partikeltheorie ist insofern «Numerologie», als sie an Meßdaten orientiert ist. Ein spekulativer Ansatz muß dabei so gute numerische Genauigkeit bieten, daß man ihn mindestens als Annäherung gelten lassen kann; in der Hoffnung, sich durch Entdeckung von Feinkorrekturen noch weiter herantasten zu können. Er muß sich aber auch noch durch andere Merkmale empfehlen: in Formulierung und Voraussetzung einfach und arm (möglichst ohne freie Parameter und möglichst ohne neue Lehrsätze); in Konzeption und Wesensschau klar und einsichtig (möglichst unmittelbar zugängliche Gedanken mit möglichst anschaulichen Strukturen); in Fortschritt und Querverbindungen fruchtbar und mannigfaltig (möglichst ausbaufähig in sich, und mit anderen Wissenschaftszweigen verbindend).

Die Feinstrukturkonstante ist — als elementare Grundkonstante — sicher von einfacher Natur. Dazu seien in den beiden nachfolgenden Kapiteln einige spekulative Betrachtungen angestellt und einige numerische Merkwürdigkeiten angegeben. Es sei dazu das elektrostatische Maßsystem $\langle \varepsilon = 1/4\pi \rangle$ benutzt, welches zwar die Ausdrucksweise spezialisiert, aber auch vereinfacht und damit Wesenszusammenhänge oft deutlicher hervortreten läßt; als Grund, warum es in der theoretischen Physik vorzugsweise benutzt wird.

Vor allem ist eine Elektron-Pion-Verwandtschaft bemerkenswert:

Elektron und Pion **

In der Elektron-Energie erscheint die Feinstrukturkonstante α; in der Pion-Energie nicht. Der Vergleich dieser beiden Energien ist in verschiedener Hinsicht interessant:

Elektron-Energie	$m_{es}c^2$	$=$	$(\varphi\alpha/4\pi)\cdot mc^2$	$=$	$\langle\varphi e^2/2\lambda\rangle$
Pion-Energie	$m_\pi c^2$	$=$	$(\varphi/2\pi)\cdot mc^2$	$=$	$\varphi hc/2\pi\lambda$

Offenbar ist $\langle\varphi e^2\rangle$ ebenso ein quadratischer Ausdruck für elektrische Elementarflüsse, wie φhc für elektromagnetische Photonflüsse. Zudem besitzt — bei λ-Radien — ein von einer Kugelfläche radial ausstrahlendes Feld die effektive Länge 2λ; ein kreisförmig geschlossenes Feld die Länge $2\pi\lambda$. Demnach ist das Elektron ladungsartig der Urtyp des wirbelfreien Quellenfeldes; das Pion photonartig der Urtyp des quellfreien Wirbelfeldes.

Treten diese Ladungen und Flüsse auch kombiniert auf? Eine Elementarladung e, die sich mit einem ringförmig geschlossenen Photonfluß verbindet, müßte einen angeregten Elektron-Term ergeben, der $\langle(hc/e^2)^{1/2}\rangle = (2\pi/\alpha)^{1/2}$-fache Elektron-Energie besitzt. Statt der Energie $E_{es} = (\varphi\alpha/4\pi)\cdot mc^2 = (\varphi/2)(\alpha/2\pi)\cdot mc^2$ hätte dieser kurzlebige Elektron-Term die Energie $(\varphi/2)(\alpha/2\pi)^{1/2}\cdot mc^2 = 14{,}944\, MeV$.

Schließen sich — analog dem 7-Pionen-Modell des Protons — 7 dieser umlaufartigen Terme zusammen, so sollte ein vergleichsweise stabiles Lepton entstehen. Tatsächlich ist die Energie des Myons um nur 2,07 E_{es} größer als das 7-fache dieses angeregten Elektron-Terms.

Verbindet sich eine elektrische Elementarladung e mit dem Pion-Wirbelfeld, so sollte sich ein geladenes Pion ergeben, dessen Energie E_π das $[1 + (\alpha/2\pi)^{1/2}]$-fache der Energie $E_{\pi o}$ des ungeladenen Pions wäre. Tatsächlich ist sehr genau. $E_\pi/E_{\pi o} = 1 + (\alpha/2\pi)^{1/2}$.

Die leichtesten Elementarteilchen sind also anscheinend erfaßbar; die schwereren scheinen daraus durch Kombinationen (Mc Gregor) erfaßbar zu sein. Die Entdeckung (Ehrlich), daß die Zerfallszeit gerade der überschweren Teilchen durch die Elementardauer τ bestimmt ist, berechtigt zur Hoffnung, den Ordnungen der Anregungszustände (instabile Teilchen) näher zu kommen. Für die Existenz des Weltalls und seiner elementaren Grundzustände (Nukleonen und Elektronen) ist dies wohl nur sekundär von Belang. Existentiell wichtig ist der Wert der Feinstrukturkonstanten α, welcher die Grundstruktur bestimmt.

Merkwürdigerweise besitzt $\frac{1}{2}\alpha$ sehr genau den Wert $\varphi/2^8$; also $1/\alpha$ den Wert $2^7/\varphi$. In der hierbei auftretenden Abweichung von 0,793‰ steckt eine Überraschung: Innerhalb weniger Millionstel weicht gegenüber der ganzen Zahl 137 der Wert $2^7/\varphi$ genau doppelt so viel nach unten wie $1/\alpha$ nach oben ab:

$$2^7/\varphi = 136{,}92736 = 137 - 0{,}530‰$$
$$1/\alpha = 137{,}03604 = 137 + 0{,}263‰$$

Während diese Beziehung zur ganzen Zahl 137 überhaupt fragwürdig ist, hat die numerische Ähnlichkeit von $\varphi/2^8$ zum Elektron/Pion-Massenverhältnis $\frac{1}{2}\alpha$ hochinteressante Aspekte:

Weil: $\langle \alpha = 2\pi e^2/hc \rangle$; gilt: $hc/e^2\pi = 2^8/\varphi$ (+ 0,793‰)

Daraus folgt: $e^2/hc = (\varphi/\pi)\cdot 2^{-8}$; oder: $\frac{1}{2}e^2 = (\varphi/2\pi)\cdot hc/16^2$

Der Beifaktor $1/2\pi$ in $\frac{1}{2}e^2$ ist offensichtlich das Verhältnis eines kreisgeschlossenen zu einem radial-offenen Feld. Das Elektron ist die Verkörperung der eigenen elektrostatischen Feldenergie. Die Elementarladung e steht in der Tiefe des eigenen Feldes. Das Kraft-Integral über alle λ-gequantelten Feldschalen ergibt die Feldkonstante φ, welche in den Formeln $\frac{1}{2}e^2 = \varphi\cdot(hc/2\pi)/16^2$ bzw $\frac{1}{2}\alpha = \varphi/16^2$ als Beifaktor erscheint.

Weil die Kernkraft $K_\pi = (\varphi/\pi)\cdot h/\lambda\tau$ bzw weil das Pion/Proton-Massenverhältnis $m_\pi/m = \varphi/2\pi$ folgt mit $\frac{1}{2}e^2 = (\varphi/2\pi)\cdot hc/16^2$ eine einfache Beziehung zur Kernkraft bzw zum Massenverhältnis:

$K_\pi = (16e)^2/\lambda^2$; oder $m_\pi/m = (16e)^2/2hc$; bzw $m/m_{es} = 2\pi\,(16/\varphi)^2$

Es ist zwar nicht unmöglich, aber doch sehr unwahrscheinlich, daß diese überraschend einfachen und einsichtigen und dazu so genauen (0,8‰) Beziehungen rein numerische Zufälligkeit sein sollten.

Der Faktor 16 (gleich 2 hoch 2 hoch 2) ist als reine Zweierpotenz Ausdruck einer einfachstmöglichen strukturellen Ordnung. Ungeklärt ist nur, warum gerade diese Zweierpotenz 2^4 auftritt. Möglicherweise erklärt sich dies in einer Extrapolation auf den Ursprung. Alle Grund-Einheiten sind am kosmischen Ursprung orientiert.

Alle Elementargrößen und überhaupt alle entscheidenden Größen des Weltalls sind vom Ursprung her bestimmt: vom Sprung aus dem Nichts in das Sein; aus der Zeitlosigkeit in die Weltzeit; mit der erst noch einzigen Elementardauer τ . Damit war 1 Nukleon mit der Elementarmasse m existent. Der Radius des Urnukleons von 1 Elementarlänge λ war im Ursprungs-Kosmos gleich der Welttiefe R .

Diese erstaunliche Ein-heitlichkeit ist identisch eben dem existentiellen Ein-klang des Nukleons mit dem Kosmos als Grund für dessen stabile Existenz. Damit sind m , λ , τ als kosmische Elementar-Einheiten gegeben. Darin liegt auch das Geheimnis begründet, warum die «Naturkonstanten» c und h diejenigen Zahlenwerte besitzen, die sie eben besitzen: sie sind im absoluten Ur-Maßsystem einfach alle 1 ; weil und wie m , λ , τ je gleich 1 ist. In einem «urpraktischen Maßsystem» wäre:

die Längeneinheit	$10^{12}\,\lambda$	=	1,3216	Millimeter
die Masseneinheit	$10^{24}\,m$	=	1,6724	Gramm
dic Dauereinheit	$10^{24}\,\tau$	=	4,4083	Sekunden

Warum diese Elementar-Einheiten der Länge (Raum), Masse (Energie) und Dauer (Zeit) etwa in unserem Meter-Kilogramm-Sekunden-Maßsystem so krumme Zahlenwerte besitzen, ist gar keine physikalische, sondern nur eine historische Frage: warum die Menschen miteinander übereingekommen sind, den 10 000 000sten Teil des Erdquadranten als Längen-Einheit «Meter» (*m*), den 1000sten Teil eines Kubikmeters Wasser als Massen-Einheit «Kilogramm» (*kg*), den 24·60·60sten Teil einer Erdumdrehung als Zeit-Einheit «Sekunde» (*s*) fiktiv festzulegen — und alles in diesem «SI-Maßsystem» auszudrücken.

Wichtige Probleme der Physik lösen sich oft ganz von selbst, wenn man sie nur in den kosmischen Elementareinheiten des Urmaßsystems ausdrückt: Massen in m ; Längen in λ ; Dauern in τ ; Geschwindigkeiten in $c = \lambda/\tau$; Impulse in mc ; Energien in mc^2 ; Wirkungen in $h = mc\lambda = mc^2\tau$ und Ladungen in e ; also in Größen mit der natürlichen 1-Wertigkeit. Diese Größen variieren nur unter den extremsten Bedingungen der ersten Anfangs- und letzten Endzustände. Diese Ur-Einheitsgrößen — m , λ , τ , c , h und e — sind universelle Naturkonstanten des Kosmos.

Die kosmische Existenz war von Anfang an mit sich im Einklang. Die Grundeinheiten waren im Anfang 1 und sind auch 1 geblieben. Aus dieser 1-Haftigkeit haben sich mit der Entwicklung die der Vermehrung der Raum- und Zeit- und Materieelemente konsequent entsprechenden Veränderungen in den Größen und Verhältnissen ergeben. Die ganze spätere Entwicklung wird konsequent von den Ursprungswerten vorgezeichnet; von jenen Werten, mit denen der Kosmos sein Dasein eröffnet hat. Im Ursprung waren Mikro- und Makrokosmos noch identisch.

Erst mit zunehmender Trennung von Makro- und Mikrokosmos wurden deren kennzeichnende Größen existent; mit jenen Werten, die bis heute das Geschehen im Großen wie im Kleinen bestimmen.

Wechselwirkungen zwischen zwei Teilchen können naturgemäß frühestens existieren ab dem Moment, da überhaupt mehr als 1 Teilchen existiert. Dies war aber erst mit der zweiten Elementardauer der Fall, mit welcher nun auch der Wechselwirkungsfaktor 2 erschien.

Die im Weltall unter den verschiedenen Aspekten erscheinenden Räume und Massen können naturgemäß erst existieren, wenn überhaupt einmal mehrere Raumelemente und Massenelemente existieren. Dies wurde erst mit mehreren Elementardauern zunehmend Wirklichkeit. Damit begannen sich die charakteristischen Beifaktoren der Präsenz-, Parameter- und Absolutwerte der Räume und Massen von 1 abzuheben. Erst damit traten die Strukturen des Weltraumes und der Weltmasse ins Dasein.

Die Eigenpotentialenergie der Nukleonen wurde bald verschwindend klein gegenüber der Massenenergie: die sich mit der Massenenergie zu Null ergänzende Potentialenergie wurde damit bald nur noch durch das Wechselwirkungspotential der vielen Nukleonen miteinander bestimmt.

Eine auf den Ursprung extrapolierte Elektronmasse wäre — wegen der damals wesenhaften Einshaftigkeit aller Größen — gleich der Protonmasse. Das eine und einzige Ursprungsteilchen war aber weder Proton noch Elektron, die je des Ladungspartners bedurft hätten: es war ein Neutron. Wann konnten Elektronen frühestens auftreten?

Auf den Ursprung extrapoliert, ist die Schwerkraft gleich der Ladungskraft. Im 1-Nukleonen-Kosmos des Ursprungs ist der Nukleonen-Grenzradius (aus der Energie-Null-Bedingung) gleich der Elementarlänge λ. Zu jeder Zeit ist der Nukleonenradius ebenso wie der

Elektronenradius gleich der Elementarlänge λ. Gleiche Kräfte, gleiche Radien; Radien von Kugeln, denen noch kein Raum eigen ist! In dieser Welt des Elementaren gibt es keine in Bruchteilen auszudrückende Unterteilungen. Da gibt es nur Elementarvolumen, Elementarlänge, Elementardauer und Wirkungsquantum; alles ist Einheit in sich.

Diese hochinteressante Einheitlichkeit und Gleichheit der Kräfte und Radien ist allerdings mit einem wesenhaften Unterschied zwischen Nukleon und Elektron verbunden: Das alleinseiende Nukleon wird im Ursprung in seiner positiven Massenenergie $E = mc^2$ von seiner negativen Potentialenergie $P = m\Phi$ in sich schon existenzbegründend zur Gesamtenergie Null gemäß $E + P = 0$, ergänzt. Im Gegensatz zur Potentialenergie ist aber die elektrische Ladungsenergie — der Ladung des Protons wie des Elektrons — selbst eine positive Energie, die wesenhaft nicht zu einer Nullergänzung der Elektronenmasse fähig ist. Vielmehr ist die Elektronenmasse nur die Verkörperung eben dieser positiven Ladungsenergie; so wie sich jede Energie als äquivalente Masse verkörpert. In den ersten Elementardauern konnten deshalb noch keine Elektronen auftreten; nur Neutronen.

Erst in einem hinreichend großen Kosmos — etwa $Z = 1000$ und größer —, in welchem von vielen Nukleonen ein allgemeines Potential im Weltraum geschaffen worden ist, kann sich jede Massenenergie — ob groß oder klein — mit der ihrer Masse zugleich zukommenden Potentialenergie existenzbegründend zu Null ergänzen.

In einem größeren Kosmos ist damit kollektiv für jede beliebig große Masse die existentielle Energie-Null-Ergänzung gegeben; auch für kleinere Massen als die Elementarmasse m. Damit können neben die Nukleonen — etwa durch Zerfall der Neutronen in Protonen und Elektronen — auch Elektronen ins Dasein treten. Gegenüber der nur kollektiven Energie-Null-Ergänzung ergänzen sich die elektrischen Ladungen aller Teilchen auch schon individuell miteinander zu Null, jedes Elektron (^-e) mit einem Proton (^+e). Deshalb gibt es im Weltall gleichviele Elektronen wie Protonen; einschließlich der Neutronen, die schon in sich die Elektron-Proton-Ladungs-Nullergänzung darstellen.

Im kollektiven Potential eines größeren Kosmos können beliebige Massen existenzfähig werden; neben Neutronen, Protonen und Elektronen auch Neutrinos, Photonen, Mesonen und eben die ganze Schar der «Elementarteilchen» im weiteren Sinne. Eine hochdifferenzierte Welt mit einer großen Mannigfaltigkeit von Teilchen, Formen und Gestaltungen wird schließlich existent.

In der Anfangszeit sind notwendig Nukleonen entstanden. Charakteristische Prozesse gestalten heute den Kosmos. Notwendig vergehen die Nukleonen wieder bis zur Endzeit des Weltalls. Wie ist die Entstehung, Gestaltung und Vergehung des Weltalls?

Das Weltall hat drei Grundphasen; eine Entstehungsphase (I) als homogener Gas-Kosmos; eine Gestaltungsphase (II) als inhomogener Stern-Kosmos; eine Vergehungsphase (III) als entkoppelter Grenz-Kosmos. Der Uranfang und das Ende sind Unfaßbarkeit — und doch sind die kosmischen Größen auf den Ursprung des Weltalls hinorientiert; hinorientiert auf Unfaßbares. Ist das nicht unmöglich, sinnlos?

Was ist überhaupt möglich und was unmöglich, was sinnvoll und was sinnlos; in wessen Mächtigkeit möglich, in welchem Maßstab sinnvoll? Es ist eine der Besonderheiten dieser Welt — auch der Physik, aller Wissenschaft und aller Religion —, daß sie (wenn sie nicht in Flachheiten verbleiben wollen) ihre Orientierungen in ihnen selbst nicht mehr eigenen Extrapolationen finden müssen und finden können; Orientierungen, Hinordnungen, in denen sie gleichsam über sich hinauswachsen; in denen sie ihr Wesen, aber auch ihre Grenze erfahren; in denen sie lebendig, mächtig, aber zugleich auch fragwürdig, nichtig werden.

Das Weltall ist ein geheimnisvoller Strom. Nur in seiner Unbegreiflichkeit begreifen wir sein Wesen; wie in dem Lied der Ureinwohner Afrikas: «Niemand weiß, wo er herkommt und wo er hingeht, der Sambesi.» Wissen wir letztlich, wo das Weltall herkommt und wo es hingeht; wie sein Anfang und wie sein Ende?

Der Ursprung

Der Ursprung des Kosmos ist Unfaßbarkeit; ein Anfang, an dem gleichsam der Schöpfergeist selbst erst sein existenzgestaltendes Gedenken aufnimmt. Vor Einsatz der ersten Elementardauer, vor $Z = 0$: kein Raum und keine Zeit; auch kein leerer Raum und keine ereignislose Zeit, die erfüllt werden könnten oder müßten, um «Welt» zu bilden. Erst recht keine Materie, keine Masse: Nichts, gar nichts; undenkbares Nichts, wo auch das Nichtdenken schon zuviel ist.

Der Uranfang des Kosmos ist in der Tat ein Ur-«Sprung», wie man ihn von alters her in zutiefst richtigem Empfinden bezeichnet.

Im Ursprung — im Sprung vom Nichts in das Sein — wird spontan 1 Nukleon existent. «Eins»; ein großes Wort von einer kleinen Zahl! Der Ursprung ist die Zeitspanne $Z = 0$ bis $Z = 1$; die Zeit der ersten Elementardauer $T = 1 \cdot \tau$. Im Ursprung hat der Weltraum die Tiefe $R = 1 \cdot \lambda$; den Raum der ersten Elementarlänge mit 1 Elementarvolumen Inhalt. Am Ende der ersten Elementardauer, mit der ein Neutron mit vollem Wirkungsquantum h zur Existenz gekommen ist, ist damit die Wirkungsdichtezahl η in sich gleich 1; also $\eta = \eta_1 = 1$ bei $Z = 1$. Die Präsenz-, Effektiv- und Absolutwerte sind identisch.

Beschränkt auf das Elementarvolumen V_1 hatte die Existenzvariable Y den Wert 1; damit erhält die Existenzvariable Y bei $Z = 1$ und $\eta = 1$ den Wert $Y_1 = 1$. Die Potentialgleichung $-\Phi = (M/RY) \cdot hc/m^2$ ergibt bei $Y = 1$ mit $M = m$ und $R = \lambda$ den Wert $-\Phi_1 = hc/m\lambda = c^2$.

In diesem Ursprungskosmos mit $T = \tau$, $R = \lambda$ bei $Z = 1$ besitzt daher diese 1-Nukleonen-Welt ($N = 1$) in sich schon eine negative Potentialenergie $-P_1 = ch/\lambda$, die gemäß $\lambda = h/mc$ gleich ihrer positiven Massenenergie $E = mc^2$ ist. Erstaunlich und selbstverständlich zugleich: Die Gesamtenergie dieses 1-Nukleonen-Kosmos ist schon in sich Null; Existenz an der Grenze zwischen Nichts und Sein.

Beschränkt auf das einzige Nukleon hat der Wechselwirkungsfaktor (sonst 2) den Wert 1; bei $Y = 1$ hat damit der Gravitationsfaktor G (sonst $G = (2/Y) \cdot hc/m^2$) den Wert $G_1 = hc/m^2$. Die Kraft K_1 des Nukleons im Eigenfeld wird somit $G_1 \cdot m^2/\lambda^2$; also $K_1 = hc/\lambda^2$. Längs λ ergibt sich damit eben die Potentialenergie P_1 als: $P_1 = K_1 \cdot \lambda = hc/\lambda$.

Alles in diesem Ursprungskosmos ist 1: Seine Kraft P_1/λ würde 1-mal seine Masse m in 1-mal der Elementardauer τ längs 1-mal der Elementarlänge λ beschleunigen, was 1-mal Invarianzgeschwindigkeit c bedeutet; seine Energie, als 1-mal Kraft mal 1-mal Weg, bedeutet in 1-mal der Elementardauer τ auch 1-mal das Wirkungsquantum h: Alles «1»; kein Bruchteil und kein Mehrfach. Es existieren noch keine Zahlen — und wer sollte auch zählen? Das Sein selbst hat ein selbstmächtiges «1» ausgerufen.

Zugleich weist diese wundervolle Ein-fachheit in der ursprünglichen Einheitlichkeit und im fortdauernden Einklang von Nukleon und Kosmos gebieterisch auf diese Art der Entstehung des Kosmos hin.

Ein Nukleon hat den Kosmos grundgelegt; wohl auch, ob er als Materie oder Antimaterie existent sein würde (was wir eben heute als «Anti . . .» bezeichnen; sonst umgekehrt). Der Ursprung, auf den hin alles kosmische Sein orientiert ist, hat selbst noch keine Zeit als Nacheinander und keinen Raum als Nebeneinander. Kraft, Weg, Energie, Masse, Feld, Bewegung: alles nur Gleichnisse; ungeheuer mächtige Gleichnisse, die das Weltall tragen; Einheitsgleichnisse!

Zugleich ergibt sich die Schwerkraft $K_2 = 2hc/\lambda^2$ in der Wechselwirkung zweier Nukleonen im Abstand λ voneinander. Diese Kraft K_2 längs des Weges λ ergibt gemäß $K_2 \cdot \lambda = 2hc/\lambda = 2mc^2$ gerade die Massenenergie mc^2 dieser beiden Nukleonen. Und schon folgt dem «1» das «2» ins Dasein. Zeitzahl $Z = 2$: Schon sind 4 Nukleonen mit 8 Wirkungsquanten in 8 Elementarvolumina existent. Erste Andeutungen von Raum und Zeit erscheinen; erste Wechselwirkungen treten auf.

Zeitzahl $Z = 3$ bis $Z = 10^{10}$: Immer mehr Nukleonen treten ins Dasein. Immer mehr gestaltet sich Raum und Zeit. Die Wirkungsdichtezahl η war und bleibt konstant auf dem Wert 1. Rasch nähert sich die effektive Wirkungsdichtezahl η_{eff} dem festen Wert $\frac{1}{2}$; die Existenzvariable Y dem laufenden Wert $Z/2$; der Gravitationsfaktor dem laufenden Wert $(4/Z) \cdot hc/m^2$. Die Masse wird Z^2m, das Volumen Z^3V_1.

Die Absolutwerte der Weltmasse bzw des Weltvolumens erhalten demgegenüber den Beifaktor $(lnZ)^3 \cdot 12/\pi^2$, der bis Z_i schleichend gegen 10^6 ansteigt. Diese absoluten Werte des endlichen Weltalls werden aber erst in extrem späten Zeiten präsent und effektiv. Die kosmische Geschichte wird von den Präsenz- und Effektiv-Werten bestimmt. Diese liegen nahe beieinander: $M_{eff} = \frac{1}{2} \cdot Z^2m$; $M_{prs} = {}^3/_4 \cdot Z^2m$. Im wesentlichen ist — ausgedrückt in den Elementar-Einheiten m und V_1 — die «wirkliche» Weltmasse eben $M = Z^2m$; das Weltvolumen $V = Z^3V_1$.

Zeitzahl $Z = 10^{10}$ bis $Z = 10^{30}$: unvorstellbar schnell entstehen Nukleonen (mit Z^2) und Elementarvolumina (mit Z^3). Welt entsteht aus dem Nichts (Dirac, Eddington). Dies währt bis $Z = Z_i$; knapp 10^{40}.

Die Entstehung der Materie

Jedes neue Nukleon tritt mit voller Wirkungsquantenzahl Z ins Dasein, wie das Urnukleon selbst; ununterscheidbar. Jedes Nukleon ist auf den Ursprung hinorientiert. Diese eigenartige Entstehung war dadurch möglich, daß in dieser Entstehungsphase von einer den Gesamtraum des Kosmos umfassenden Homogenität ($\eta = 1$) ein kollektives Nukleonfeld mit wesenhafter Nichtindividualisierbarkeit im Rahmen einer den ganzen Weltraum umfassenden Unbestimmtheit gegeben war; vergleichbar dem entarteten Fermigas, das freilich heute — im inzwischen inhomogen gewordenen Kosmos — nur noch unter speziellen Bedingungen auftreten kann. Jedenfalls wird die prinzipielle Möglichkeit und sogar Wahrscheinlichkeit derartiger Vorgänge sogar noch in unserem heutigen, inhomogenen Kosmos durch mannigfaltige quantenphysikalische Effekte aufgezeigt; Effekte, die alles aktuelle Geschehen entscheidend bestimmen. Offenbar stellen diese heute noch gegebenen und geschehenbestimmenden Vorgänge aber nur noch Relikte aus jener Epoche dar, in welcher mit einer Wirkungsdichtezahl η immer konstant gleich 1 und prinzipieller Homogenität mit überall in jedem Elementarvolumen genau 1 Wirkungsquantum h über den gesamten Weltraum, noch eine diesen Vorgängen wesenhaft zugehörige, ganzheitliche Weltstruktur gegeben war. Die Nukleonen-Entstehung war wesenhaft mit derartiger kosmischer Homogenität und 1-Haftigkeit der Wirkungsdichte ($\eta = 1$) verknüpft, so daß diese Nukleonen-Entstehungsmöglichkeit mit der späteren Inhomogenisierung zwangsläufig endete. In der Tat ist auch nirgends ein Effekt beobachtbar, der eine heute noch gegebene Nukleonenentstehung nachweisen würde.

Heute scheinen prinzipiell nur noch «Paarerzeugungen» — Teilchen zusammen mit Antiteilchen, und auch das nur in Hochenergieprozessen — geschehen zu können, bei denen nicht einer neuen Welle über den Weltraum Existenz verschafft werden muß, sondern sich nur zwei einander zu Null ergänzende Wellen quasi-kontinuierlich voneinander zu trennen brauchen. Diese Paarerzeugung ist auch insofern keine echte Materievermehrung, als das Antiteilchen bei erster Begegnung mit einem der vielen Teilchen unserer Umwelt sofort wieder zerstrahlt, so daß heute im Endeffekt mit Erzeugung eines Teilchens ein anderes vernichtet wird. Die Paarerzeugung ist somit nur eine besondere Form von Energieumsetzungen mit dem Teilchenpaar als Zwischenphase.

Eine andere Frage ist, ob vielleicht auch in der Entstehungsphase des Kosmos nur Teilchen und Antiteilchen als Paare miteinander entstanden und heute in Galaxien und Antigalaxien voneinander geschieden seien. Eine derartige Annahme ist jedoch mit den Tatsachen nicht gut vereinbar: Ohne gegenseitige Schwereabstoßung hätte keine großräumige Trennung erfolgen können — und mit solcher Schwereabstoßung wären die galaktischen Potentialenergien um viele Größenordnungen zu klein, um die existentielle Energie-Null-Bedingung erfüllen zu können. Es sind nur Nukleonen (oder sehr viel mehr als Antinukleonen) entstanden. Vermutlich sind in der Entstehungsphase keine Antinukleonen entstanden; andernfalls müßten aus den Räumen der früheren Epochen Strahlungen einfallen, die in der Zerstrahlung dieser Antinukleonen mit Nukleonen erzeugt worden wären.

Ein hier und jetzt erzeugtes Nukleon-Antinukleon-Paar besitzt wohl überhaupt keine Raum-Zeit-Erschließung. Die Anti-Raum-Zeit-Erschließung des Antinukleons kompensiert gleichsam die Raum-Zeit-Erschließung eines Nukleons. Der gleiche Umstand, der jetzt und hier nur noch Paare entstehen läßt, brachte in der homogenen Entstehungsphase nur Nukleonen der einen Art hervor. Sein ist Unsymmetrie: Unsymmetrie im Raum als Versinken in einer Richtung; Unsymmetrie in der Zeit als Alterung in einer Richtung; Unsymmetrie in der Materie als nur Nukleonen. Das Werden von Raum und Zeit ist wesenhaft zusammengehörig mit dem Werden von nur einer Nukleonenart in der homogenen Entstehungsphase.

Im homogenen Entstehungskosmos tritt jedes neue Nukleon nicht mit der Wirkung $1 \cdot h$, sondern im jeweiligen Weltalter $Z \cdot \tau$ mit der vollen Wirkung $Z \cdot h$ ins Dasein: Jedes Nukleon ist mit jedem vertauschbar; prinzipiell keines vom anderen unterscheidbar. Auch diese Eigenart ragt relikthaft bis in unseren heutigen Kosmos herein. Diese prinzipielle Vertauschbarkeit der Nukleonen hängt hierbei unmittelbar mit der existentiellen Relationalität des Raumes zusammen. Für jedes Nukleon, für jeden Bezug ist ein anderes Nukleon das fernste und damit — seit dem Ursprung bei $T = 1\tau$ — am wenigsten gealterte Nukleon.

Neutronenentstehung und Wasserstoffplasma

Die Nukleonen-Entstehung ist nicht so vorstellbar, daß «man» bei Betrachtung einer bestimmten Stelle des Raumes plötzlich daselbst ein Nukleon vorfindet, das vorher weder an dieser Stelle vorhanden war noch von Nachbargebieten eingewandert ist. Bei einem derart spontan ins Dasein tretenden, individualisierbaren und lokalisierbaren Nukleon wäre es auch unbegreiflich, wieso diesem schon ein bis an den Rand und Ursprung des Kosmos sich erstreckendes Feld mit allen Z Wirkungsquanten zukommen könnte.

Vielmehr kommt dem ideal homogenen Raum des Entstehungskosmos pro Elementarvolumen genau immer ein Wirkungsquantum, dh $1\,h$ zu; in einer existentiellen Identität von Raum und Wirkung gemäß $\eta \equiv 1$. Erhöht sich mit der Expansion die Anzahl der Elementarvolumina, erhöht sich zwangsläufig auch die Zahl der Wirkungsquanten. Diesen zunehmenden Wirkungsquanten ist kollektiv eine zunehmende Zahl von Nukleonen zugehörig; aber nicht individuell und nicht lokal den «einzelnen» Wirkungsquanten zuschreibbar. Das «einzelne» Nukleon ist in der vollkommenen Homogenität überhaupt nicht individualisierbar, nicht lokalisierbar, nicht als «es» beobachtbar und nicht in seinen Raum- und Zeitgrößen bestimmbar.

Mit der statistisch gleichmäßig im Raum verteilten Entstehung von nicht lokalisierbaren Nukleonen ist der Energie-Erhaltungssatz nicht verletzt: Für jede Stelle ist in jedem Moment die Gesamtenergie des Weltalls gleich Null. In einem inhomogenen Kosmos würde dagegen durch lokale Massenentstehung der Energie-Erhaltungssatz verletzt werden, weil das Gravitationsfeld die einzelnen Stellen nur mit der endlichen Invarianzgeschwindigkeit erreicht.

Die Nukleonen entstehen in der homogenen Entstehungsphase I in ihrer undifferenzierten, elektrisch-neutralen Einheit: als Neutron. Sie entstehen als je eine Masseneinheit, die einer über den ganzen Weltraum erstreckten Welle mit Z Wirkungsquanten zugehört. Sie treten damit absolut stehend — dh konzentrisch ruhend — ins Dasein.

Dieser Umstand hat eine ganz besondere Bedeutung: Die Materiewelle, die raum-zeitlich in Z Wirkungsquanten mit λ und τ strukturiert ist, hat rein räumlich (auf den selben Moment bezogen) für das ruhende Teilchen eine unbegrenzt große Materie-Wellenlänge: $\Lambda = h/mv$ ergibt mit $v = 0$ den Wert ∞. Das Entstehungs-Neutron ist somit nicht lokalisiert; die Ortsunbestimmtheit ist unbegrenzt. Das Entstehungs-Neutron ist überall im Kosmos potentiell gegenwärtig.

Bei $Z = 10^{24}$ ist das Weltall einige Sekunden alt und ist million Kilometer tief (rund; $10^9\ m$; wie der Sonnendurchmesser) mit einer Masse von trillion Tonnen (rund $10^{21}\ kg$; wie alles Meerwasser) bei ein zehnmilliardstel der Dichte des Wassers (rund $10^{-7}\ kg/m^3$; wie technisches Hochvakuum): eine absolut kalte, dünne Neutronenwolke. Zwischen $Z = 10^{26}$ bis $Z = 10^{27}$ überschreitet das Weltalter die Zerfallszeit (ca $^1/_4$ Stunde mittlere Lebensdauer) des Neutrons, so daß das kalte Neutronengas schon in der ersten Stunde des Weltalls in heißes Proton-Elektron-Plasma, dh in Wasserstoff-Plasma übergegangen ist.

Mit einer Zerfallszeit von ca $^1/_4$ Stunde zerfällt ein Entstehungs-Neutron in ein Proton, ein Elektron und ein Neutrino. Die Zerfallsenergie von $0{,}78\ MeV$, dh von $1{,}25 \cdot 10^{-13}\ J$ verbleibt im Durchschnitt zu $^2/_3$ dem Neutrino, zu $^1/_3$ dem Elektron und zu weniger als 1‰ dem Proton als Bewegungsenergie. Das Elektron bewegt sich damit fast mit Lichtgeschwindigkeit, das Proton mit allen möglichen Geschwindigkeiten, je nach der Energie und Abstoßrichtung von Neutrino und Elektron; durchschnittlich mit $10^5\ m/s$. Auf diese Weise ergibt sich ein Wasserstoff-Plasma mit einer Elektronengas-Temperatur von knapp

1 milliarde $^\circ K$ und einer Protonengas-Temperatur von ca 500 000 $^\circ K$; ohne «Energie-Gleichverteilung».

In der ganzen homogenen Phase — zwischen 1 Stunde bis 1 milliarde Jahre nach dem Ursprung — ist die Stoßzeit proportional dem jeweiligen Weltalter. Bei der geringen Dichte und Geschwindigkeit der Protonen kann keine Vereinigung zu einem Deuterium oder zu noch schwereren Atomkernen erfolgen: es bleibt ein absolut reines Proton-Elektron-Plasma. Jedes Proton wird nur etwa alle Weltalter einmal von einem Elektron mechanisch angestoßen. Die elektrostatischen Wechselwirkungen übertragen zwar mehr Energie der hochtemperierten Elektronen auf die Protonen; aber auch nur so wenig, daß sich bei weitem kein Energie-Gleichgewicht einstellen kann. Bei den wenigen Brems-Photonen war der Homogenkosmos der Entstehungsphase völlig dunkel.

Einerseits erhöhen die wechselwirkenden Elektronen die Protonengeschwindigkeit; andererseits fällt diese gegen die Raumexpansion proportional mit dem Weltalter ab. Beide Effekte sind jedoch nicht beherrschend: beide werden bei weitem überboten durch die Neutronen-Neuentstehung, mit welcher bei jeder Verdoppelung des Weltalters die 3fache Zahl neuer Protonen mit wieder der ursprünglichen Geschwindigkeit aus dem Neutron-Zerfall neu hinzukommt.

Somit hat das Wasserstoff-Plasma in der gesamten Homogenphase immer gleiche Protonen-Temperatur mit einer mittleren Protonen-Geschwindigkeit v_p von rund $1/3000$ der Invarianzgeschwindigkeit c; also $v_p = c/3000$.

Die Homogenität **

Homogenität bedeutet gleichmäßige Verteilung der Materie im Weltraum. Eine Nukleonenentstehung, ohne den Energiesatz in Bezug auf jede beliebige Stelle zu verletzen, setzt extrem hohe Homogenität voraus. In der anfänglichen Entstehungsphase war die Homogenität stabil:

Infolge der Geschwindigkeit v_p (rund $c/3000$) der Protonen würden sich statistisch Gebiete mit mehr bzw weniger Protonen ausbilden, als dem homogenen Mittelwert entspricht. Infolge der weit ausgedehnten Auftrittswahrscheinlichkeit der absolut ruhenden Entstehungs-Neutronen, konnten diese die Verdünnungsgebiete laufend gleichmäßig auf die Werte der Verdichtungsgebiete auffüllen. Dieser stabilisierende Ausgleich zur vollkommenen Homogenität ist allerdings nur solange möglich, als die Zahl der Neutronen dafür groß genug ist.

Die Zahl der Protonen ist praktisch gleich der Gesamtzahl N der Nukleonen; $N = Z^2$. Die Zahl der Neutronen N_n ist als jeweils noch nicht zerfallene Entstehungs-Neutronen gleich $2Z$ mal der mittleren Neutron-Lebensdauer τ_n (rund 1/4 Stunde) pro Elementardauer τ; also $N_n = 2Z \cdot \tau_n/\tau$ (wobei $\tau_n/\tau = 2 \cdot 10^{26}$). Maßgeblich als Gebietsgröße ist jene Kugel, deren Radius r_n innerhalb der Lebensdauer τ_n der Neutronen von den Protonen mit v_p durchlaufen wird; $r_n = \tau_n \cdot v_p$. Der Weltraum mit seiner Tiefe $R = Z \cdot \tau \cdot c$ hat A_n solcher Gebiete;

$$A_n = (R/r_n)^3 = [Z(c/v_p)(\tau/\tau_n)]^3$$

Das sind $3 \cdot 10^{-69} \cdot Z^3$ Gebiete; mit $Z = 0{,}7 \cdot 10^{40}$ rund: $A_n = 10^{51}$.

Die Protonenzahl in einem solchen Gebiet ist somit Z^2/A_n. Die statistisch wahrscheinlichste Schwankung S dieser Protonenzahl in einem solchen Gebiet ist die Wurzel daraus: $S = Z/A_n^{1/2}$. Die momentane tatsächliche Schwankung eines Gebietes sei $\sigma \cdot S$; für Protonenmangel ist $\sigma < 0$; für Protonenüberschuß ist $\sigma > 0$.

Um diese Schwankungen zur vollkommenen Homogenität auszugleichen, müssen von den N_n Entstehungs-Neutronen laufend alle A_n Gebiete bis auf den maximal vorkommenden Schwankungswert aufgefüllt werden; dh bis auf den höchst-vorkommenden σS-Wert. Um alle A_n Gebiete (gemittelte Schwankung gleich Null) auf einen Schwankungswert σS aufzufüllen, ist die Nukleonenzahl N_a erforderlich:

$$N_a = A_n \cdot \sigma S = A_n \cdot \sigma Z/A_n^{1/2} = \sigma Z \cdot A_n^{1/2} = \sigma Z[Z(c/v_p)(\tau/\tau_n)]^{3/2}$$

Mit $N_a = N_n$ ergibt sich eine Beziehung zwischen σ und jener Zeitzahl Z, bei welcher N_n alle Gebiete bis auf σS auffüllt:

Weil $N_n = 2Z(\tau_n/\tau)$ gilt: $\sigma Z[Z(c/v_p)(\tau/\tau_n)]^{3/2} = 2Z(\tau_n/\tau)$

Nach σ^2 aufgelöst (konkret $\tau_n/\tau = 2 \cdot 10^{26}$ und $v_p/c = 1/_{0000}$) ergibt:

$$\sigma^2 = (2\tau_n/\tau)^2 \cdot [(\tau_n/\tau) \cdot (v_p/c)/Z]^3 = (3{,}6 \cdot 10^{40}/Z)^3$$

Tritt in einem Gebiet zur Zeit Z ein statistischer Protonen-Überschuß mit mehr als diesem σ-Wert auf, so taucht die Überschuß-Spitze über den homogenisierenden Neutronenspiegel auf: die Inhomogenisierung beginnt. Ein solcher Überschuß bleibt im Mittel nur für die Dauer τ_n erhalten, so daß die aufgetauchte Spitze bald wieder versinkt. Die Wahrscheinlichkeit, daß innerhalb einer Dauer t in einem Gebiet ein Überschuß von mehr als $\sigma \cdot S$ auftritt, ist angenähert $(t/\tau_n) \cdot exp - \sigma^2/2\sigma$; also praktisch $(t/\tau) \cdot 2 \cdot 10^{-28} \cdot exp - \sigma^2$, wobei $\sigma^2 = (3{,}6 \cdot 10^{40}/Z)^3$. Ist diese Wahrscheinlichkeit gleich $1/A_n$, so taucht innerhalb der Zeit t eines der A_n Gebiete auf und versinkt wieder. Demnach ist in der ganzen Zeit bis $Z = 6{,}9 \cdot 10^{39}$ kein einziges der 10^{51} Gebiete je aufgetaucht; aber bis $Z = 7{,}3 \cdot 10^{39}$ sind 10^8 Gebiete, bis $Z = 7{,}7 \cdot 10^{39}$ schon 10^{16} Gebiete aufgetaucht. Damit ergibt sich die Zeit T_i der

Inhomogenisierung: rund 1 Jahrmilliarde nach dem Ursprung.

Gleichsam: Die Protonen bilden einen Erdkörper mit hügeliger Oberfläche. Erdverschiebungen verändern die oberflächlichen Erhebungen fortwährend. Diese veränderliche Berglandschaft ist von der Sintflut der Neutronen bedeckt; anfänglich bis über die höchsten Bergspitzen, so daß alle Erhebungen vollkommen ausgeglichen wurden. Fortwährend verwandelt sich diese Flut in Erdsubstanz, wobei fortwährend die Flut durch Regenfälle erneuert wird. Weil aber die Regenfälle langsam nachlassen, tauchen ab einer bestimmten Zeit die ersten Bergspitzen über der absolut ebenen Flut auf: erstmals treten Höhenunterschiede in Erscheinung, womit eine neue Phase beginnt:

Die Entstehungssteuerung **

Bald nach Auftauchen der ersten Spitzen wird der Homogenisierungs-Effekt der Neutronen-Entstehung überholt von einem Steuer-Effekt, mit welchem sich die Dichte- und Potential-Unterschiede selbsterregt weiter vergrößern: Die einzelnen Gebiete sind zwar zu klein und tauchen zu wenig und zu kurz auf, um für sich schon eine wirksame Potentialvertiefung zu ergeben. Weil aber — aufgrund der großräumigen, statistischen Schwankung der Protonen-Zahl — in manchen Großgebieten mehr von den 10^{51} Kleingebieten auftauchen, ergeben sich bald summarisch großräumige Potentialunterschiede. Diese verändern die Materiewellenlänge der Entstehungs-Neutronen — und verlagern dadurch deren Auftritt von den Verdünnungs- in die Verdichtungsbereiche.

Die Protonen haben bei ihrer Geschwindigkeit von $10^5\ m/s$ eine Materiewellenlänge von $4 \cdot 10^{-12}\ m$. Bei dieser mikrophysikalisch-scharfen Lokalisierung bestimmen sich die Protonengeschehnisse nach den klassischen Gesetzen extrem dünner Gase: klassische Protonenbewegungen streben größere Dichteschwankungen auszugleichen; bis herab zu den kleinen, ständig wechselnden Dichteschwankungen des statistisch wahrscheinlichsten Zustandes.

Die Neutronen entstehen jedoch absolut ruhend; dh mit der Geschwindigkeit Null gegenüber dem Weltraum im Ganzen. In einem vollkommen homogenen Weltraum ist damit ihre Wellenlänge unbegrenzt groß, so daß ein Entstehungsneutron im ganzen Weltraum gleicherweise potentiell gegenwärtig ist.

Sind jedoch im Weltraum Potentialschwankungen vorhanden, so bedeutet dieser Ruhestand gegenüber dem Potentialmittelwert, eine positive Energie (reelle Geschwindigkeit) in den Verdichtungsbereichen mit tieferem Potential; aber eine negative Energie (imaginäre Geschwindigkeit) in Verdünnungsbereichen mit erhöhtem Potential. Klassisch würde damit ein Neutron in Verdünnungsbereichen überhaupt nicht entstehen können. Quantenphysikalisch ergibt sich damit eine exponentiell vom Rand gegen die Mitte des Verdünnungsbereiches abnehmende Auftrittswahrscheinlichkeit. Diese ist zwar nicht Null, nimmt aber so stark ab, daß schon bei extremst kleinen Dichteschwankungen (viele Zehnerpotenzen unter den statistischen), im Inneren von Verdünnungsgebieten keine Neutronen mehr entstehen können.

Je größer das Gebiet, um so eher werden die Bedingungen für diese Steuerung erreicht. Ist zB in einem Gebiet des Radius $(v_p/c) \cdot R$ innerhalb dessen halbem Radius ein summarischer Überschuß von nur $2 \cdot c/v_p$ $(= 6000)$ Nukleonen aufgetreten (nur 10^{-72} relative Potentialschwankung), so ist im inneren Verdichtungsbereich die Materiewellenlänge bereits kleiner als der halbe Radius; im äußeren Verdünnungsbereich schon imaginär, womit dort die Neutronen-Entstehung nachläßt.

Damit entfällt in den Verdünnungsgebieten weiterhin nicht nur die Homogenisierungswirkung der Neutronenentstehung, sondern die Neutronenentstehung selbst. Damit vergrößern sich nun mit der Expansion selbständig die Dichteunterschiede immer weiter: während in den Gebieten mit fortlaufender Neutronenentstehung die Dichte zunimmt oder nur wenig mit dem Weltalter abfällt, fällt sie nun in den Verdünnungsgebieten kubisch $(1/Z^3)$ mit dem Weltalter ab.

Mit immer weiterer Ausdehnung der Verdünnungsgebiete geht überhaupt die Neutronenentstehung zurück; als Grund, warum mit der eigentlichen Inhomogenisierung und Massenballung die Nukleonenentstehung schließlich ganz endete.

Gleichsam: In manchen Großgebieten tauchen statistisch mehr Spitzen der Protonen-Landschaft über die Neutronen-Flut. Damit treten Unterschiede in der mittleren Erhebung der verschiedenen Großgebiete auf. Dies bewirkt, daß in den Großgebieten mit relativ verringerter mittlerer Erhebung die Niederschläge nachlassen, so daß sich die relativen Höhenunterschiede immer weiter vergrößern. Schließlich entsteht eine bergige Landschaft, in der die Niederschläge enden und die Flut verschwindet.

Sobald sich die statistischen Protonengas-Dichteschwankungen der Homogenisierung zu entwinden beginnen, entstehen im Weltraum schwache Potentialunterschiede. Diese sind abhängig von der Gebietsgröße.

Weil die statistische Potential-Schwankung gleich der Wurzel aus der Teilchenzahl pro Gebietsradius ist, können sich in kleinen Gebieten keine ausreichend großen Potentialunterschiede ausbilden. In großen Gebieten reicht dagegen zur Einstellung ausreichend großer Potentialunterschiede die Zeit nicht mehr aus.

Weil die in den Verdichtungsgebieten noch anhaltende Neutronenentstehung eine Vervierfachung der Protonenzahl pro Verdoppelung des Weltalters bedeutet, liegen auch die entscheidenden Zeiten in der Größe des Weltalters T. Weil die statistischen Dichteschwankungen durch die Protonen-Bewegung zustande kommen, ist ferner die Protonen-Geschwindigkeit v_p (rund $10^5\ m/s = c/3000$) entscheidend. Die maßgebliche Gebietsgröße ergibt sich damit als Kugel, deren Radius innerhalb des Weltalters T von den Protonen mit v_p durchlaufen wird. Dies ist aber gleich dem Weltradius R mal v_p/c; konkret $T \cdot v_p = R/3000$.

In wesentlich kleineren Gebieten als $R/3000$ werden somit die ohnehin kleinen Potentialunterschiede zu schnell wieder von den vergleichsweise zu raschen Protonen ausgeglichen, als daß fortschreitende Dichte-Verschiebungen auftreten könnten: zu kleine Verdünnungsgebiete werden vom Protonenwind zu schnell zugeweht. In wesentlich größeren Gebieten als $R/3000$, die zwar von den Protonen nicht mehr ausgeglichen werden könnten, entstehen dagegen Potential-Unterschiede schon gar nicht: die Weltzeit reicht eben nicht aus, als daß die vergleichsweise zu langsamen Protonen bis in Nachbargebiete laufen könnten, um so großräumige Dichte-Schwankungen zu verursachen. Ein statistisches Gleichgewicht bildet sich gar nicht.

Daraus folgt, daß es in Teilgebieten mit einem Radius von rund $R/3000$ am ehesten zu einer fortschreitenden Vertiefung der Dichteschwankungen durch die einsetzende Entstehungssteuerung kommt. Damit zerfällt die Weltmasse bei der Inhomogenisierung in Teilgebiete von zumeist dieser Größe; dh in die auch heute schon präsenten $3000^3 = 27 \cdot 10^9$ Teilgebiete. Aus diesen haben sich eben die knapp hundertmilliarden Galaxien der heutigen Weltmasse entwickelt, welche im astronomisch zugänglichen Ausschnitt beobachtet werden. Die absolute Vollzahl aller 10^{16} Galaxien des Weltalls wird präsenzmäßig erst bis zum Weltende T_e aus dem homogenen Entstehungszustand herausgetreten sein.

Die aus dem Neutronenzerfall gegebene Protonengeschwindigkeit v_p legt also die Anzahl A der Galaxien im Weltall fest; zugleich auch die durchschnittliche Nukleonenzahl einer Galaxie als Anteil $1/A$ an der Weltmasse. Für den heute präsenten, wirklichen Weltraum ist damit die

$$\text{Galaxienzahl im Weltall} \quad A = (c/v_p)^3\,; \quad \text{das ist } 27 \cdot 10^9$$

Der Rückgang der Neutronen-Entstehung setzt in verschiedenen Teilen des Weltraumes mit statistischen Unterschieden ein. Das Wasserstoff-Plasma ballt sich daher aus unterschiedlich großen Gebieten zusammen. Damit entwickeln sich die Galaxien unterschiedlich schnell und groß — und die Galaxien treten sowohl einzeln wie in unterschiedlich großen Gruppen auf. Aus mikrokosmischen Unbestimmtheiten erwachsen die makrokosmischen Gestaltungen.

Die Inhomogenisierung ✳

Der Beginn der statistischen Dichteschwankungen ergibt ein Inhomogenisierungs-Weltalter T_i von rund 10^9 Jahren. Die davon unabhängigen Berechnungen aus der heutigen Weltmasse und Gravitation ergeben ebenfalls T_i zu knapp 10^9 Jahren. Es war Z_i ungefähr $\frac{1}{2} \cdot 10^{40}$.

Die Zahl N der Nukleonen, welche im späteren astronomischen Weltraum die Weltmasse bildeten, stieg in der Enstehungsphase I quadratisch mit der Zeitzahl Z; es war $N = Z^2$. Bis zur Inhomogenisierung bei $Z = Z_i = 10^{40}$ — dh bis zum effektiven Ende der Nukleonen-Entstehung — waren in rund 10^{120} Elementarvolumina rund 10^{80} Nukleonen entstanden: als reines, homogenes Wasserstoff-Plasma mit 10 *pe*-Paaren je Liter Weltraum. Diese Masse im parametrischen Volumen $(4\pi/3) \cdot R^3$ individualisierte sich nach Z_i zu $30 \cdot 10^9$ protogalaktischen Wolken.

Nur eine derartige Materie-Entstehung bringt die tatsächliche Weltmasse hervor. Mit der Inhomogenisierung war der Übergang in die Gestaltungsphase II vollzogen. Damit endete die Materie-Entstehung: bis zum Weltende entsteht nun keine Materie mehr, sondern vergeht fortschreitend. Der Übergang von der ununterscheidbaren Homogenität in die Gestaltung ist bereits vom Tod gezeichnet; der Übergang zur Individualisierung ist auch schon der Weg zum Untergang.

Die Entstehungssteuerung endete naturgemäß mit der Neutronenentstehung, welche bis rund $Z = 10^{40}$ abgeklungen war. Bis dahin waren aber die Dichteerhöhungen in den knapp hundertmilliarden Teilgebieten $(R/_{3000})$ des Weltraumes so weit angestiegen, daß sie sich nun mit der Gravitation weiter steigern konnten

Bei einer Größe von $R/3000$ und einer Protonentemperatur von 500 000 °K erfüllt die Protonenzahl $10^{80}/(3000)^3$ eines Gebietes gerade die kritische Bedingung (Ebert) für den «instabilen Zusammenfall von Gaswolken». Die fortschreitende Verdichtung erfolgt unter den gegebenen Bedingungen jedoch schon bei vergleichsweise kleinen Dichteerhöhungen im Inneren dieser Gebiete gegenüber den Zwischenräumen:

Die Gebietsgröße ergibt sich ja gerade so, daß die Protonengeschwindigkeit ($c/3000$) nicht mehr ausreicht, um innerhalb des Weltalters wirksam zu werden; weder aufbauend noch ausgleichend. Die langsameren Protonen bleiben daher im Gebiet zurück. Nur die schnelleren Protonen können abwandern. Dabei verlieren sie aber gegen die Expansion des Weltraumes so sehr an Geschwindigkeit, daß sie — bei der eben so eingestellten Gebietsgröße — im Nachbargebiet fast ohne Geschwindigkeit einlaufen. Weil zudem ebensoviele langsame Protonen von Nachbargebieten einlaufen als schnelle Protonen dorthin auslaufen, tritt auch kein Massenverlust auf, welcher die «Auflösung» fortschreiten lassen könnte. Dazu kommt, daß die abwandernden Protonen nach außen gerichtete Geschwindigkeitskomponenten besitzen; die zuwandernden nach innen gerichtete. Dabei sind die Abstände anfangs noch so groß, daß die Stoßzeit noch länger als das ganze Weltalter ist, so daß die Stöße der Teilchen aufeinander dem Zusammenfall kaum entgegenwirken. Die überschnellen Elektronen wirken zwar elektrostatisch dem Zusammenfall der Protonenwolke entgegen; bei ihrer viel kleineren Masse aber nur wenig. Die Massen der Gebiete hatten auch noch keine Drehimpulse, welche dem Zusammenfall entgegenwirken.

Ein Massenunterschied in der Verdichtungszone eines Gebietes, relativ zu seiner Verdünnungszone gleichen Volumens, vergrößert sich damit unaufhaltsam. Ist der Unterschied bei Ende der Neutronenentstehung einige Prozent, so führt diese fortschreitende Vergrößerung des Unterschiedes in einigen Jahrmilliarden zu einer sich absondernden Wolke, die innerhalb einiger hundertmillionen Jahre in sich zusammenfällt. Dies deutet auf ein heutiges Weltalter von rund 20 milliarden Jahren. Die Hubble-Konstante wird dafür zwar etwas zu groß gemessen; aber deshalb, weil die Galaxien früher noch statistisch heller leuchteten: in den ferneren Galaxien sieht man aus der früheren Zeit noch mehr der spezifisch hellen, inzwischen ausgebrannten Riesensterne.

In der Endphase des Zusammenfalls — noch bevor die Ballungen zu leuchten begannen — wurden gewaltige Energien langwellig abgestrahlt. Diese Abstrahlung erfolgte anfänglich aus dem Zentrum, mit zunehmender Verdichtung verschob sich die Abstrahlungszone zum Wolkenrand.

Die Zerfallsenergie der knapp 10^{80} Entstehungs-Neutronen ist rund $10^{67}\,J$. Etwa $^1/_5$ davon enthielten die sich ballenden Plasma-Wolken anfänglich als Elektronen-Bewegungsenergie; rund $2 \cdot 10^{66}\,J$.

Die Kontraktionsenergie des Zusammenfalls von Plasma-Wolken mit je 10^{69} bis 10^{70} Nukleonen, im Schwerefeld auf je einen Wolkenradius von 1000 Lichtjahren, ergab für die knapp 10^{80} Nukleonen insgesamt ebenfalls rund $2 \cdot 10^{66}\,J$. Der weitere Zusammenfall auf je 100 Lichtjahre Wolkenradius setzte schon etwa $2 \cdot 10^{67}\,J$ frei.

Diese gewaltigen Energien von rund $10^{67}\,J$ mußten in der Frühzeit langwellig abgestrahlt werden. Mit Wolkenradien von 100000 Lichtjahren hatte sich das Energiegleichgewicht eingestellt. Die Elektronen bewegten sich zwischen den Protonen mit rund 40-facher Geschwindigkeit v_e; schlangenlinig zwischen den positiven Ladungen des mittleren Abstandes s_p voneinander. Mit dieser diffusen Oszillation elektrischer Ladungen stellte sich großräumig ein elektromagnetisches Wellenfeld der bevorzugten Wellenlänge $s_p \cdot c/v_e$ ein, aus dem Photonen in den Weltraum ausliefen. Die Strahlungsleistung einer solchen durchsichtigen Plasmamasse steigt mit s_p^{-4} an.

Bei den großen Protonabständen s_p der anfangs noch großen Wolkenradien wurde noch kaum Energie abgestrahlt. Mit der immer schnelleren Verkleinerung der Wolkenradien, stieg jedoch die Strahlungsleistung extrem an. Bis die Wolkenradien unter 100 Lichtjahre abgefallen waren, konnten schon innerhalb weniger hundertmillionen Jahre rund $10^{67}\,J$ abgestrahlt werden. Das schwarzstrahler-ähnliche Spektrum verschob sich hierbei immer mehr gegen kürzere Wellenlängen. Aus dem dichteren und heißeren Zentralbereich kam energiereichere, kürzerwellige Strahlung. Schließlich ergab sich eine Begrenzung:

Je größer die Elektronendichte ist, auf um so kürzerer Strecke stößt ein Photon auf ein Elektron; unabhängig von der Photon-Energie. Ein Photon doppelter Energie — dh halber Wellenlänge — gibt aber pro Stoß viermal soviel Energie an ein Elektron ab. Damit wurde das sich verdichtende Plasma bei 100 Lichtjahren Wolkenradius für kürzerwellige Strahlung als 1 bis $^1/_{10}\,mm$ undurchsichtig, wogegen längerwellige Strahlung noch aus Randzonen von einigen Lichtjahren Dicke ausstrahlen konnte. Die von innen kommende, kürzerwellige Strahlung setzte sich damit außen — über Photon-Elektron-Stöße — in langwellige Strahlung um. Bald wurden die Wolken auch für längerwellige Strahlung beinahe undurchsichtig.

Im langwelligen Bereich enthielt damit diese Strahlung — wie bei einer Schwarzstrahlung — stetig zunehmend mehr Photonen geringerer Wellenlänge. Unter 1 bis $^1/_{10}$ *mm* fiel die Photonenzahl wieder ab. Die Gesamtenergie war rund $10^{67}\,J$. Mit der Verrotung von 5:1 ist bis heute die Grenzwellenlänge auf rund 1 *mm* verlängert; die Gesamtenergie auf rund $2\cdot10^{66}\,J$ vermindert. Bei einem heutigen Weltvolumen von $3\cdot10^{79}\,m^3$ ist somit die Dichte dieses langwelligen Strahlungsfeldes heute knapp $10^{-30}\,kg/m^3$. Diese Strahlung fällt heute — aus 15 milliarden Lichtjahren Entfernung — gleichmäßig von allen Seiten bei uns ein. Zehnmilliarden über die Himmelskugel verteilte, diskrete Strahlungsquellen sind kaum auflösbar.

Diese Strahlung wurde 1965 als «Hintergrundstrahlung» entdeckt (Pencias, Wilson). Der Bezeichnung «Ursprungstrahlung» oder «3K-Strahlung» liegt die Vorstellung einer «Schwarzstrahlung» des Weltraumes mit $3\,°K$ zugrunde; als Relikt aus einer frühen «Photonen-Ära»: Ein sehr heißes und dichtes Ursprungsplasma (Friedmann) hätte sich mit der Expansion auf $3\,°K$ abgekühlt (Die «absolute Temperatur» Kelvin $°K$ läuft wie Celsius $°C$; aber am absoluten Temperatur-Nullpunkt beginnend: $0\,°K = -273{,}15\,°C$). Im Sinne dieser Deutung war die Hintergrundstrahlung schon vorausgesagt worden; dennoch: in keiner Epoche war der Weltraum ein «Schwarzer Strahler»; immer liefen die frühen Emissionen — ohne Energiegleichgewicht — in den zukünftigen Kosmos aus; uns hier und jetzt von allen Seiten gleicherweise erreichend.

Aufgrund dieser langwelligen Energie-Abstrahlung konnte das Plasma rascher zusammenfallen. Die dabei freiwerdende Graviationsenergie heizte die sich mehr und mehr verdichtenden Plasma-Massen stark auf, wobei sich die kurzwellige Bremsstrahlung bis in die Randzonen vorschob. Nun wurden gewaltige Energien mit sichtbarem Licht abgestrahlt. Die Ballungen begannen intensiv zu leuchten. Es ward Licht in der Finsternis.

Mit diesen Wasserstoff-Ballungen begann die Gestaltung des Kosmos.

Die Wasserstoffballung

Es bildeten sich zehn- bis hundertmilliarden Wasserstoffwolken, mit je etwa hundertmilliardenfacher Masse der Sonne, aus reinem Wasserstoff. Dieser reine Wasserstoff der Urzeit verhielt sich in seinen Kernreaktionen gänzlich anders als die spätere Sternmaterie, die wenigstens Spuren von Kohlenstoff und mittelschweren Kernen enthielt: Im reinen Wasserstoff, ebenso im sich bildenden Wasserstoff-Helium-Gemisch gibt es keine der Zyclen — wie den *CN*-Zyclus —, mit welchem die Wasserstoffverbrennung zu Helium extrem mit der Temperatur ansteigt; außerdem keine Urka-Prozesse, mit denen, gegen $10^{10}\,°K$, Energie aus dem Sterninneren durch Neutrinos direkt in den Weltraum abgestrahlt werden kann (Pinajew).

Im *CN*-Zyclus lagern sich nacheinander (mit zwei Positronenaussendungen dazwischen) 4 Protonen an C^{12}, C^{13}, N^{14}, N^{15} an, um dann mit dem letzten Schritt wieder C^{12} und Helium He^4 zu bilden; der Kohlenstoff kommt also wieder heraus, er war nur eine Art Katalysator (Bethe, Weizsäcker).

Beim Urka-Prozeß (russisch «Dieb»; witzige Bezeichnung für diesen Energiediebstahl) entlädt ein schnelles Elektron in einem Atomkern ein Proton zu einem Neutron, wobei die überschüssige Energie mit einem Neutrino abgeführt wird. Der dadurch beta-aktiv gewordene Kern gibt das Elektron wieder zusammen mit einem weiteren, energischen Neutrino ab. Damit ist wieder das freie Elektron und der alte Atomkern gegeben, welcher nur ein Katalysator für einen Prozeß war, bei welchem die getätigte Energie größtenteils in Neutrino-Strahlung umgesetzt wurde. Ein analoger Urka-Prozeß kann auch durch ein in den Atomkern eindringendes Photon bewirkt werden. Die Neutrino-Strahlung durchdringt widerstandslos die größten Massen.

Alle Atomkern-Reaktionen beginnen mit der über die «Schwache Wechselwirkung» verlaufenden und damit sehr langsamen *pp*-Reaktion. Diese setzt schon bei wenigen million $°K$ ein, wird aber bis milliarden $°K$ nur wenig schneller. Rechnet man jede Annäherung eines anderen Protons an ein Proton, die ohne Wechselwirkung zur mechanischen Berührung geführt hätte, als «Stoß», so erfolgt bei $10^7\,°K$ nur alle 10^{27} Stöße eine *pp*-Reaktion: Zwei Protonen p (Wasserstoff H^1) vereinigen sich unter Positron- und Neutrino-Aussendung — zum Deuteron (Schwerwasserstoff H^2), das rasch mit einem weiteren Proton zum leichten Helium He^3 weiter aufgebaut wird. Daraus bildet sich — über verschieden-mögliche Wege — vergleichsweise bald das normale Helium He^4 (Critchfield, Salpeter).

Im reinen Wasserstoff und Wasserstoff-Helium-Gemisch ist die Umsetzung der Photonenenergie in Neutrinostrahlung nur unmittelbar über Elektron Positron-Paarerzeugungen und -vernichtungen möglich, bei welchen sich aber nur selten und auch dann nur sehr geringe Energieanteile in Neutrinostrahlung umsetzen; etwa 1 : 1000 im Vergleich zum mittelbaren Urka-Prozeß an mittelschweren Kernen.

Deshalb konnten sich in der Urzeit übergigantische Wasserstoffmassen mit etwa 10^{69} Nukleonen (billionfache Sonnenmasse) ballen. Es ergaben sich damit mittlere Dichten bis etwa $10^{-5}\ kg/m^3$, bei denen die Stöße anderer Protonen auf ein Proton noch in Abständen von Sekunden aufeinander folgten; bei den etwa tausendfach höheren Dichten im Zentrum in Abständen von Millisekunden. Bei derart seltenen Stößen konnten noch keinerlei Atomkern-Reaktionen ablaufen.

Allein schon durch das Abfallen der Massen im Schwerefeld in fortschreitender Kontraktion stieg die Temperatur im Zentralgebiet bis auf zehnmilliarden Grad ($10^{10}\,°K$), oberhalb welcher zunehmend mehr Energie durch Paar-Erzeugung von Elektronen und Positronen gebunden wurde. Die Zahl und der Druck der Raumstrahl-Photonen und dann auch der Elektronen und Positronen nahm rasch mit der Temperatur zu. Die Compton-Stöße der nach außen strahlenden Gamma-Photonen auf die leichteren Elektronen führten zum Aufbau eines radialen elektrischen Feldes, das dem Zusammenfall der Protonen entgegenwirkte.

Mit Plasma, das auch schwerere Atomkerne als He^4 enthält, wäre eine stabile Ballung derart großer Massen unmöglich. Nur mit reinem Wasserstoff- oder Wasserstoff-Helium-Plasma war dies möglich, weil darin nur der bis zu extrem hohen Temperaturen langsame *pp*-Prozeß zur Verfügung stand, welcher bei den langen Stoßzeiten noch lahm lag, und weil darin nur sehr wenig Neutrinos erzeugt wurden, welche Energie in den Weltraum hätten abführen können. Die in 10^{10} Lichtjahren Entferung beobachtbaren, übergigantischen Massen bestätigen, daß die Urmaterie nur aus reinem Wasserstoff bestand: daß die Materie in einzelnen Nukleonen entstanden ist.

Mit dem hochtemperierten Strahlungs- und Teilchendruck konnte die übergigantische Masse in einem langsam gleitenden Gleichgewicht mehr als hundertmillionen Jahre stabil geballt bleiben. Aus dem Zentralgebiet, wo bei derartiger Überhitzung die thermische Energie überwiegend als Photonen-Raumstrahlung vorhanden war, konnte Energie nicht unmittelbar in den Weltraum abstrahlen. Aber mit dem aus den Randzonen abgestrahlten Licht leuchteten diese übergigantischen Massen je mit hundertfacher Galaxen-Leuchtkraft.

Mit der weiteren Verdichtung in der stetig fortschreitenden Kontraktion setzten im Zentrum die ersten Atomkern-Reaktionen ein. Erst wurden nur große Mengen Helium gebildet; später auch Atomkerne des *CN*-Zyclus und schwere Atomkerne.

Bei 10^{10} °K stoßen zwei Protonen p (H^1) derart energisch aufeinander, daß ein Positron e^+ erzeugt und abgestoßen werden kann, womit die Vereinigung zum Deuteron d (H^2) erfolgt; oder stößt ein Elektron e^- derart energisch auf ein Proton p, daß dies zum Neutron n entladen werden und damit ein weiteres Proton p ein Deuteron d bilden kann. Dies sind zwar auch Vorgänge von «Schwacher Wechselwirkung» mit Neutrino-Abgang. Trotzdem war damit die Verbrennung von Wasserstoff H^1 (p) zu Helium He^4 (α) schnell genug geworden.

Die Reaktionen wurden von den langen Stoßzeiten bestimmt; dh von der Dichte. Wegen der Kurzlebigkeit von Be^8 war kein 3α-Prozeß möglich. Aber durch Anlagerung von drei α (He^4) an ein leichtes He^3 — über $He^3(\alpha,\gamma)Be^7(\alpha,p)B^{10}(\alpha,..)CN$ oder $He^3(\alpha,\gamma)Be^7(\alpha,\gamma)C^{11}(\beta^+\nu)B^{11}(\alpha,..)CN$ — konnten C- oder N-Kerne gebildet werden. Weil He^3 langsamer mit He^4 als mit He^3 reagiert und der Zwischenkern Be^7 (kein β^+-Zerfall) bzw B^{10} oder B^{11} bei p-Anlagerung spaltet, bildeten sich Kerne des CN-Zyclus erst bei genügender He^4-Dichte. Mit dem CN-Zyclus verbrannte H^1 noch schneller zu He^4. Die Reaktionen steigerten sich selbsterregt. Urka-Zyclen — wie $He^3(e^-,\nu)H^3(\beta^-\nu)He^3$ oder $N^{14}(e^-,\nu)C^{14}(\beta^-\nu)N^{14}$ — führten mit Neutrinos Energie direkt aus dem Zentrum in den Weltraum ab. Ein kleines Zentralgebiet begann sich rasch zu verdichten.

Gesteigerte Temperatur und Dichte erzeugte mit raschen Reaktionen — wie $H^3(p,n)He^3$ oder $C^{14}(p,n)N^{14}$ oder $C^{13}(\alpha,n)O^{16}$ — Neutronen. Durch n-, p- und α-Anlagerungen an H- und CN-Kerne wurden Schwerwasserstoff und Schwerelemente gebildet; diese turbulent verbreitet:

Im Laufe dieser Entwicklung war der Ballungs-Kern instabil geworden und hatte begonnen, wie ein übergroßer Delta-Cephei-Stern zu pulsieren. Diese Pulsationsphase währte rund einmillion Jahre, während welcher Feuerstürme mit immer turbulenteren Plasmaströmen zu toben begannen und die Pulsationen immer heftiger wurden.

Die Schwingungsdauer der Pulsation wurde durch den kleinen und dichten Kern der Ballung bestimmt. Der Radius der ganzen Ballung konnte daher größer sein als die Lichtgeschwindigkeit mal diese Dauer einer Pulsations-Schwingung. Die Pulsations-Wellen liefen nacheinander über den Ballungsradius von innen nach außen und regten die durchlaufenen Schichten periodisch an. In der dünnen äußeren Sphäre, aus welcher das sichtbare Licht abstrahlte, steilten diese Pulsationswellen jäh auf, so daß mit Ionen-Strömen Materie in den Weltraum abtrieb und die Ballungen mit periodischen Lichtausbrüchen gigantische Lichtleistungen in den Weltraum abstrahlten. Jede dieser Ballungen leuchtete mit tausendfacher Galaxen-Leuchtkraft.

Die galaktischen Halo

Noch während der Zeit der Ballung der übergigantischen Massen — noch vor den Quasar-Explosionen, also etwa vor 15 milliarden Jahren — hatte parallel dazu die Entwicklung der Halo begonnen.

Damals war der Abstand einer übergigantischen Masse von der jeweils nächsten noch durchschnittlich 1 bis 2 million Lichtjahre; ca $^1/_5$ des heutigen Abstandes der Galaxien. Der freie Weltraum dazwischen war noch nicht leer, sondern ein Teil der Weltmasse war darin noch als Wasserstoff verteilt. In und bei den übergigantischen Massen traten der nach außen treibende Lichtdruck und die nach innen ziehende Schwerkraft als Gegenspieler voneinander auf, die sich einander das geschehenbeherrschende, dynamische Gleichgewicht hielten.

Zwischen den Ballungen kompensierte jedoch die Schwerkraft einer Ballung die Schwerkraft der gegenüberliegenden, wogegen der Lichtdruck einer gegenüberliegenden Ballung durch das dazwischen noch vorhandene Raum-Plasma abgeschirmt war. Deshalb schob der Lichtdruck der Ballungen in den Zwischenräumen Wasserstoff-Massen zusammen. Daraus ergaben sich örtliche Verdichtungen, welche in sich instabil zu großen, erst unregelmäßigen Sternwolken zusammenfielen. Diese gestalteten sich zu den kugelförmigen Sternhaufen, in welchen rund 1 million Sterne in wundervoll harmonischer Verteilung durcheinander pendeln. Durch den Impulsaustausch der Haufensterne konnten hierbei viele Einzelsterne den Kugelhaufen verlassen; seinem Feld entweichen. Die Kugelhaufen und die daraus entwichenen Einzelsterne wurden — bei der expansiven Abstandsvergrößerung — von der jeweils nächsten, sich zur rotierenden Galaxie entwickelnden Ballung, als ihr Halo mitgenommen.

Der Halo einer Galaxie hat damit ganz andere Herkunft als die Galaxie, der er heute zugehört. Da er aus dem fast rotationsfreien Weltraum-Wasserstoff unmittelbar entstanden ist, nimmt der Halo einer Galaxie auch nicht an der Rotation der Galaxie teil. Der Halo ist nur schwach besiedelt: er besteht aus einigen hundert Kugelhaufen und einer vergleichsweise kleinen Zahl von Einzelsternen. Diese Kugelhaufen und Einzelsterne des Halo ordnen sich selbst wieder in Gestalt von nahezu einer Kugel mit hunderttausend Lichtjahren Radius (doppelt dem Radius der Galaxenscheibe) um den Schwerpunkt der Galaxie. Die Kugelhaufen-Sterne sind die ältesten Sterne überhaupt; 14 milliarden Jahre. Die Sterne des Halo — die Kugelhaufen als Ganze — durchpendeln mit Perioden von einigen hundertmillionen Jahren ihre Galaxie; rosettenförmig, mit elliptischer Umkehr in der Ferne und hyperbolischem Vorbeigang am Zentrum. Relativ zu den mitrotierenden Sternen der Galaxie erscheinen Halo-Sterne als «Schnelläufer».

Thermodynamisch ist homogenes Gas der wahrscheinlichste Zustand größter Unordnung: maximale Entropie. Die Schwerkraft formt daraus die hochgeordneten Strukturen der Stern-Systeme. Die verbindenden Felder wirken wie eine steuernde Information. Die Negativität der Potentialenergie begründet eine negative Entropie (Negentropie). Das Grundprinzip der kosmischen Existenz, daß die Total-Energie, die Total-Ladung, der Total-Impuls und Total-Drehimpuls immerfort null ist, gilt vermutlich auch für die Total-Entropie des Weltalls.

Die Quasare

Inzwischen hatten sich die übergigantischen Massen auf je eine, «wie sternartig» (= quasi-stellar, Quasar) aussehende Ballung mit weniger als 1 Lichtjahr Radius zusammengezogen. Zusätzlich zur Fluchtbewegung kam eine Rotverschiebung durch die Potentialvertiefung; dazu Verschiebungen durch kontraktive bzw expansive Plasmabewegungen. Das eigentliche Quasar-Stadium war erreicht. Die immer heftiger werdenden Pulsationen gingen bald in urgigantische Explosionen über.

Bei den Explosionen der Quasare und später der Galaxenkerne reagierten die Atomkerne jäh in allen möglichen Verschmelzungen und Spaltungen. Hierbei — wie auch endlich bei den Supernova-Explosionen — entstanden die meisten Atomkerne schwerer als Helium, welche ua die Substanz unserer Erde bilden. Etwa Beryllium reagiert viel zu schnell weiter und Thorium bildet sich viel zu langsam über seine kurzlebigen Vorstufen, um die gegebenen Häufigkeiten mit den p-, α- und n-Anlagerungen aus Stern-Brennprozessen erklären zu können.

Bei den Quasar-Explosionen wurden Teilwolken mit Massen von großen Galaxien mit Geschwindigkeiten bis zu tausenden von km/s ausgestoßen; in der Regel als zwei Wolken in entgegengesetzter Richtung. Die hierbei getätigten Energien von rund $10^{55}\,J$ (wie billion Supernovae) konnten bei weitem nicht von Atomkern-Reaktionen aufgebracht werden. Sie stammten aus der Totalverstrahlung von Materie an der Existenzgrenze; etwa von hundertmillion Sonnenmassen ($^1/_{10\,000}$ der Quasar-Gesamtmasse) bei einer dieser Quasar-Explosionen:

Mit der Kontraktion der Ballung wurde das relative Potential immer tiefer und näherte sich im Mittelpunkt dem Grenzpotential $-c^2$. Dies ist zwar ein nicht erreichbarer, quasi-unendlicher Grenzwert. Mit der

Kontraktion des leicht-kompromierbaren Plasmas setzte jedoch schließlich im Mittelpunkt eine selbsterregte gegenseitige Steigerung der Gravitations- und Strahlungsenergie ein, der gegenüber die Ruheenergie der Nukleonen verschwand. Die die Potentialvertiefungen bewirkenden Schwerefelder dringen jedoch in eine Zone um so langsamer ein, je näher diese schon dem Grenzpotential ist. Im Verlauf einer beschleunigten Kontraktion weitet sich damit die zuerst punktförmige Instabilitätszone aus. An der Grenze unbegrenzt ansteigende Massen und Kräfte ließen die umgebende Materie mit relativistischen Geschwindigkeiten stürzen und die sich weitende Instabilitäts-Grenze überschreiten. Damit defektierte die Ruheenergie der Materie zu null: sie verstrahlte. Ein einzelnes Quant könnte nicht abstrahlen. Aber kollektiv strahlen große Massen doch kurzzeitig ab, wobei die innen dynamisch-selbsterregt, extrem-gesteigerten Strahlungsenergien auf die Masse der laufend verstrahlenden Materie defektieren.

Diese Strahlungsenergien erzeugten in der Umgebung der Grenzzone riesige Massen von Elektron-Positron-Paaren, welche den Konvertierungsgrad der Strahlungsenergien erhöhten. Während die Positronen immer wieder mit entgegenstürzenden Elektronen verstrahlten, erreichten Elektronen extrem relativistische Geschwindigkeiten nach außen. Immer mehr Materie stürzte in die Grenzzone und verstrahlte in quasiunendlicher Entartung. In der Umgebung der Grenzzone setzte sich immer mehr Strahlung in thermische und mechanische Energie um; die Energiedichte stieg extrem an. Schließlich kehrte ein übergigantisch gewordener Druck die Kontraktion in eine Expansion um. Die in der Strahlung selbst und in der Riesenmasse an paarerzeugter Sekundärmaterie gestaute Energie bewirkte eine urgewaltige Explosion.

Die Totalverstrahlung der Materie in einer existentiellen Entartungszone ist bei den Quasar-Explosionen wesensähnlich wie später bei den Galaxenkern-Explosionen; aber von größerer, urzeitlicher Gewalt. Wegen der größeren Quasar-Massen ereignete sich die Verstrahlung und Konvertierung bei den Quasaren mit geringerer Dichte auf viel größerem Volumen. Die uranfänglichen Ballungen hatten auch noch keine Drehimpulse. In einer dadurch unbeeinträchtigten Kontraktion entwickelten sich die übergigantischen Explosionen der frühen Quasare. Aufgrund nicht genau radialen Ausstoßes und innerer Turbulenzen führten jedoch ausgestoßene Teilwolken auch Drehimpulse mit ab.

Dazu kamen elektrische Vorgänge: Die Compton-Stöße der vom Zentrum kommenden Photonen übertrugen viel mehr Energie auf die leichteren und schnelleren Elektronen, als auf die Protonen. In einem dynamischen Gleichgewicht mit der rücktreibenden Ladungskraft reicherten sich die Elektronen in den äußeren Zonen an. Bei den Explosionen wurde dieser negativ-elektrische Ladungsüberschuß mit den äußeren Massen in riesenhafte Entfernungen geblasen. Damit entstand ein radiales elektrisches Feld von gewaltiger Länge und Stärke.

In diesem Feld wurden sämtliche Atomkerne nach außen und sämtliche Elektronen nach innen beschleunigt; unterbrochen durch die gegenseitigen Stöße. Stoßfrei auf langer Strecke beschleunigt, erhält ein Atomkern die Energie eines Ultra-Strahls. Die Anzahl stoßfrei zurückgelegter Strecken nimmt exponentiell mit deren Länge ab; daher werden Ultrastrahlen exponentiell mit ihrer Energie seltener. Durch Zertrümmerung im Zusammenstoß mit anderen Atomkernen sind in der Ultra-Strahlung die leichten Atomkerne, wie Lithium und Beryllium, angereichert. Es sind in der Ultra-Strahlung naturgemäß nur wenig Elektronen enthalten. Atomkerne der Ultra-Strahlung haben bis 10^{21} *eV* Energie.

Die bei den Quasar-Explosionen ausgestoßenen Teilwolken führten besonders große elektrische Ladungen mit. Diese Ladungen bremsten die Geschwindigkeit der Teilwolken; sie beeinflußten ihre Gestalt und beherrschten ihre Energieumsetzungen. Die mit tausenden *km/sec* bewegte Wolken-Ladung war relativ zu dem im Substrat ruhenden Proton-Elektron-Plasma von einem gigantischen Magnetfeld umgeben. In der Wechselwirkung des Raum-Plasmas mit der bewegten Wolken-Ladung wurden übergigantische Energien in langwelliger Synchrotron-Strahlung ausgesandt. Die langwellige Strahlungsleistung einer Teilwolke war hundertfach ihrer thermischen Strahlungsleistung. Maser-Effekte konvertierten diese Strahlung teilweise in 211 *mm* Wellenlänge.

Die Teilwolken drangen bis in das Einzugsgebiet von Nachbarballungen ein. Das dort noch vorhandene Weltraum-Plasma erhielt durch die Wechselwirkung mit den raschbewegten Teilwolken starke Impulse. Mit dem späteren Einströmen dieses Plasmas in die Nachbarballungen erhielten diese und die daraus sich entwickelnden Galaxien ihre Peculiar- und Rotations-Impulse; dh ihre Streu- und Dreh-Bewegungen.

Diese Art der Entwicklung der Dreh-Impulse bestätigt sich an den Riesen-Galaxien bzw Gruppen-Galaxien. Merkwürdig und regelwidrig sind die allergrößten Galaxien elliptisch, fast rund: Diese Riesen-Galaxien haben in sich die Materie aus einem größeren Umraum zusammengezogen, so daß sie mehr isoliert stehen. Von anderen Ballungen ausgestoßene Teilwolken übertrugen damit seltener und weniger Drehimpulse auf die Riesenmasse. Entsprechend umgekehrt haben Gruppen-Galaxien besonders große Peculier- und Drehimpulse.

Der Kern einer sich bildenden Galaxie ist kleiner als der des früheren Quasars — und gehört einem rotierenden System an. Die Rotationsenergie einer Galaxie ist durchschnittlich rund $^1/_{100}$ der Bewegungsenergie einer von Quasar-Explosionen ausgestoßenen Teilwolke.

Im Auseinanderweichen der Massen nach einer Explosion des Kerns kühlte sich dieser ab, womit der Strahlungsdruck nachließ und erneut Gasmassen in den Kern stürzten. Als die Ballungen Drehimpulse erhalten hatten, verlangsamte sich dieser Zusammenfall. Die Kern-Explosionen erfolgten bei geringeren Massenballungen mit geringerer Energiefreisetzung. Die ausgestoßenen Gasstrahlen führten große Ladungen mit, deren elektrische Kräfte den Bewegungsablauf entscheidend mitbestimmten; insbesondere deren Bremsung und den Rückfall der Restmassen nach der Sternbildung. Die Gasstrahlen verließen den Anziehungsbereich der Ballung nicht mehr: es gestaltete sich eine Galaxie. Aus dem Restkern von Quasaren bildeten sich «kompakte» Galaxien. In der Regel bildeten sich verschiedene Typen von Spiral-Galaxien.

Anfänglich hatte der Kern einer großen Galaxie immer noch viele milliarden Sonnenmassen. Die Strahlung der im existenzentarteten Mittelpunkt totalverstrahlenden Massen konvertierte bereits in einem kleineren und dichteren Zentralbereich in thermische und kinetische Energie. Der einer Galaxenkern-Explosion folgende Massen-Zusammenfall leitete mit einer wieder erhöhten Materie-Verstrahlung und Energie-Konvertierung immer wieder eine neue Explosion ein. In der Phase erhöhter Aktivität erscheint ein Galaxenkern als ein «Quasar zweiter Art». Die Aktivität des Galaxenkerns beherrscht nun die weitere Entwicklung einer Galaxie (Ambarzumjan, Markarjan).

In Abständen von zehn- bis hundertmillionen von Jahren wurden durch immer neue Galaxenkern-Explosionen Gas-Strahlen unterschiedlicher Massen und Geschwindigkeiten ausgestoßen; gelegentlich mit so großer Masse und Geschwindigkeit, daß sich daraus Zwerg-Galaxien bildeten, welche die Muttergalaxie als Begleitsysteme durchpendeln.

Die galaktische Gaswolke einer rotierenden Galaxie erfährt eine zunehmende Abplattung: mit ihrer zur Rotationsachse parallelen (dh zur Rotations- und Scheibenebene senkrechten) Geschwindigkeitskomponente kommen die Gase — durch atomare Stöße ihre Geschwindigkeit ausmittelnd und ihre axiale Bewegungsenergie in Wärme umsetzend — in der Rotationsebene zur Ruhe. Diese in der Galaxenebene zur flachen Scheibe verdichteten Gasmassen ballen sich mehr und mehr zu Sternen.

Die bei Kern-Explosionen ausgestoßenen Materie-Strahlen verzogen sich mit der Rotation spiralenförmig. Mit Abkühlung der ausgestoßenen Gasstrahlen kondensiert die Strahlmaterie zu jungen, helleuchtenden Sternen, mit welchen die neugebildeten Spiralarme sichtbar werden. Innerhalb einiger hundertmillionen Jahre verteilen sich diese Sterne in der galaktischen Scheibe, wobei ihre Leuchtkraft abnimmt, so daß sich die laufend gebildeten Spiralarme immer wieder in der galaktischen Scheibe «auflösen».

Der Galaxenkern ist ein Massenumschlagspunkt; ein dynamisches Verteilerzentrum mit einem periodischen Stoffwechsel. Die für die Sternbildung und die Totalverstrahlung verbrauchte Materie wurde anfangs durch den Wasserstoff-Zustrom aus dem Weltraum ersetzt. Der aus dem intergalaktischen Raum einströmende Wasserstoff beteiligte sich auch unmittelbar an der Sternbildung, so daß in der galaktischen Scheibe wechselnde Zusammensetzungen von Elementen vorliegen; vereinzelt sogar reine Wasserstoff-Sterne.

Wenige milliarden Jahre nach Bildung der Galaxenkerne hatte sich jedoch der intergalaktische Raum durch diesen Abfluß seiner Materie in die Galaxien entleert. Der Massenzufluß zu einem Galaxenkern kommt jetzt nur noch aus dem interstellaren Raum der Galaxie selbst: übriggebliebenes Gas aus den früheren Kern-Explosionen und Gas aus dem Massenabtrieb und den Explosionseruptionen der Sterne der Galaxie. Der Zufluß zum Kern verarmt und seine Masse wird kleiner; die Energiefreisetzung und der Massenausstoß der Explosionen nehmen weiter ab, wobei die Dichten im galaktischen Kern weiter zunehmen.

Schließlich verdichtet sich der Kern — im Inneren eines undurchsichtig gewordenen Zentralgebietes — zu einem von außen unsichtbaren Superstern. Von diesem schubweise abgestoßene Plasmawolken kondensieren schon in der Kernumgebung zu Sternen. Von den anderen Sternen wird immer weniger Gas abgestoßen und davon immer mehr von Neutronensternen verschluckt: Der Gas-Haushalt der Galaxie erschöpft sich; die Aktivität des Galaxenkerns erlischt.

Dieses natürliche Ende der Kernaktivität kann gelegentlich beschleunigt herbeigeführt worden sein, wenn in gegenseitiger Durchdringung von Galaxien — etwa in Haufen von einander durchpendelnden Galaxien — das Gas der kleineren Galaxie herausgefegt worden ist; oder wenn einer kleineren Galaxie von einer nahestehenden größeren Galaxie — etwa bei Nachbargalaxien in Galaxien-Gruppen — der Gaszustrom aus dem Weltraum weggefangen worden ist. Allgemein haben kleinere Galaxien mit ihrer geringeren Schwerkraft ein weniger tiefes Einzugsgebiet im Weltraum und damit einen nicht so lange anhaltenden Wasserstoffzustrom, so daß ihre Kernaktivität früher erlischt.

Mit Erlöschen ihrer Kernaktivität kommt die Galaxie zur Ruhe: Die Sterne — ungehindert ihre Galaxie durchlaufend — vermögen ihre achsparallelen Geschwindigkeitskomponenten gegeneinander nicht mehr auszumitteln, sondern verunterschiedlichen diese sogar noch mehr und mehr durch gegenseitigen Impulsaustausch. Mit den rosettenförmigen Pendelbewegungen ihrer Sterne lösen sich die Spiralarme und die ganze galaktische Scheibe nach und nach auf: zu einer elliptischen Sternwolke mit zunehmend verschwindender Abplattung; zu einer elliptischen Galaxie, in welcher die Sterne ruhig um den Galaxenschwerpunkt laufen oder diesen durchpendeln.

Mit Erschöpfung des Gasgehaltes einer Galaxie verschwindet somit zwangsläufig auch die spiralige Gestalt und Abplattung wieder. Bei den auf die Kante gesehenen Galaxien kann man an den verschiedenen Typen unmittelbar erkennen, wie die anfangs runde (als Wasserstoffballung entstandene) galaktische Gaswolke sich fortschreitend abplattet — und wie die sodann platte (in der Gasscheibe entstandene) galaktische Sternwolke sich später fortschreitend wieder abrundet.

Die Galaxien

Die «ältesten» und kleinsten Galaxien mit dem schon geringsten Gehalt an interstellarem Gas (0 bis 2% ihrer Masse) sind deshalb die elliptischen Galaxien (Typ E). Knapp 15% aller Galaxien sind elliptisch. Der Kern der elliptischen Galaxien hat sich eben wegen der geringen Größe und dem eher versiegten Wasserstoffzustrom früher beruhigt. Die fast runden und die weniger abgeplatteten, elliptischen Galaxien besitzen nur $^1/_{100}$ bis $^1/_{10}$ der Masse einer spiraligen Galaxie; wogegen die stärkst abgeplatteten elliptischen Galaxien an Masse fast die spiraligen erreichen: weil sie eben größenmäßig fast gleich sind, sind sie entwicklungsmäßig den spiraligen Galaxien auch am nächsten. Den Übergang bilden Galaxien mit noch spiraliger Gestalt (Typ SO), welche aber ihr Gas schon fast verbraucht oder verloren haben; vornehmlich in Galaxen-Gruppen zu finden. Unter den elliptischen Galaxien gibt es allerdings auch einige Riesen mit über billion Sonnenmassen.

Die meisten — über 80% — und größten Galaxien — mit durchschnittlich gegen hundertmilliarden Sonnenmassen —, sind die spiraligen Galaxien (Typ S). Über 95% der Weltmaterie ist in spiraligen

Galaxien gesammelt. Mit einem mittleren Gasgehalt (5 bis 10% ihrer Masse) stehen diese jetzt im Höhepunkt der Gestaltung des Kosmos. Mit fortschreitendem Verschwinden von Massen im Galaxenkern konnte bei abnehmender Kernaktivität weitgehend ein dynamisches Gleichgewicht zwischen zentripetalen und zentrifugalen Komponenten eintreten; mit meist auf Kreisbahnen den Galaxenkern umlaufenden Sternen.

Die «jüngsten» Galaxien mit dem noch höchsten Gasgehalt (20% ihrer Masse) sind die selteneren und höchst turbulenten unregelmäßigen, dh irregulären Galaxien (Typ Ir) mit durchschnittlich $^{1}/_{10}$ der Masse der spiraligen Galaxien. Knapp 3% der Galaxien sind unregelmäßig. Sie stammen aus Wolken mit größerer Turbulenz als Rotation, so daß sich keine zentralsymmetrischen Strukturen und keine Spiralarme ausbilden. Die Gasmassen stürzen sogar an verschiedenen Zentren zusammen und bilden dort galaxenkern-artige Ballungen, die im Inneren gegen das Grenzpotential entarten und wie Galaxenkerne explodieren. Die Gewalt der Explosion und die hohe Turbulenz löst die Verdichtungen immer wieder weitgehend auf; unter diffusem Ausstoß des Plasmas, aus dem sich — in der Umgebung verstreut — Sterne ballen. Die hohe Turbulenz verlangsamt die Ballung der Gasmassen zu Sternen. Nach dem späteren Gas Aufbrauch und der Endigung der Aktivität verbleiben viele milliarden Sterne in einer bizarren Sternwolke, die sich nach und nach elliptisch gestaltet.

Nicht eigens gezählt sind die Begleitsysteme der großen spiraligen Galaxien, die aus Gasstrahlen ihrer Muttergalaxie entstanden sind und somit keine eigenständige Entwicklung durchmachen. Alsbald nach dem Ausstoß des Gasstrahls bildet sich eine erst noch gasreiche, unregelmäßige Sternwolke, die dann auch in eine gasarme, elliptische Sternwolke übergeht. Viele der großen Spiralgalaxien haben ein oder zwei Zwerggalaxien als Begleiter, die heute — je nach der Zeit des Ausstoßes — teils noch unregelmäßig, teils schon elliptisch sind. Nach einer ersten Durchpendelung der Muttergalaxie haben solche begleitende Zwerggalaxien schon kein Gas mehr, aber noch ihre unregelmäßige Gestalt und junge Sterne. Die Magellan-Wolken — mit 0,7 bzw 1,5 milliarden Sonnen — sind solche Begleiter unserer Milchstraße.

Alle Galaxien haben sich (absolut) zur gleichen Zeit zu bilden begonnen. In den «alten» Galaxien (elliptisch) hat sich nur das Gas schneller zu Sternen geballt; in den «jungen» Galaxien (unregelmäßig) langsamer, so daß diese noch viel Gas und junge Sterne enthalten. Starke Rotation und Turbulenz verlangsamen die Entwicklung einer Galaxie. Der Typus einer Galaxie wird daher vom Drehimpuls bestimmt (Unsöld).

Den kleinsten Drehimpuls haben die kleinen, fast runden Galaxien des elliptischen Typus. Ihre geringe Größe ist zugleich Ursache und Folge der rascheren Entwicklung: infolge der raschen Stern-Ballung ist das Gas aufgebraucht, so daß sich keine jungen Sterne mehr bilden, und viele der früh gebildeten Sterne bereits ausgebrannt und verschwunden sind: sterbende Galaxien.

Galaxien haben ein bewegtes Leben mit Veränderlichkeit und Vergänglichkeit, mit Anfang und Ende. Auch bei ihnen, diesen Gewaltigen, ist Wandel und Unbestand das Wesen.

Schon wenige milliarden Jahre nach Beginn der Strukturierung der Galaxien, also vor rund 10 milliarden Jahren, hatte sich über die Hälfte aller Sterne gebildet. Die Sternbildung erfolgte also innerhalb einer vergleichsweise kurzen Zeitspanne. Auch heute entstehen zwar noch Sterne aus dem Interstellargas, aber nur noch selten und wenig.

Heute sind bereits 90% der Weltmaterie in Sternen zusammengeballt. Nur 10% der Weltmaterie ist heute noch als interstellare Materie vorhanden; im wesentlichen als jene 10% Interstellargas zwischen den Sternen der vielen und großen spiraligen Galaxien; der Galaxien der Art unserer Milchstraße, der «Galaxis».

Die in den Sternen des Weltalls geballte Materie — also $^9/_{10}$ der gesamten Weltmaterie — besteht zu 80% aus Wasserstoff, zu 19% aus Helium und nur zu 1% aus allen schwereren Elementen, wovon alle noch schwereren Elemente als Eisen zusammen wieder nur den millionsten Teil ausmachen. Dagegen die interstellare Materie — also $^1/_{10}$ der Weltmaterie — besteht nur noch zu 60% aus Wasserstoff, schon zu 38% aus Helium und 2% aus allen schwereren Elementen; letztere hälftig als Gas und hälftig als Staub, in welchem sich die nichtflüchtigen schwereren Elemente kondensiert haben. Die Interstellarmaterie ist also «älter» als die Sternmaterie; weil sie zumeist von Explosionen aus schon fortgeschritteneren Verbrennungsprozessen ausgestoßen wurde.

Kosmische Räume

Entfernungen im makrokosmischen Raum, im «intergalaktischen Raum», zählen nach Mega-Lichtjahren. Die Entfernung von 1 *MLj,* einem «Mega-Lichtjahr» legt das Licht in 1 million Jahren zurück; eine gänzlich unanschauliche Größe. Um wenigstens die Unanschaulichkeit zu veranschaulichen, sei ein Beispiel gegeben: Stapelt man hauchdünnes Papier von $^1/_{65}$ *mm* Dicke (ein 1 *cm* dickes Buch hat damit 650 Blätter) Blatt auf Blatt von der Erde bis zum Mond, und nimmt man nun für jedes Blatt einmal die Erde-Mond-Entfernung (380 000 *km*; fast 10-mal um die Erde), so ergeben sich 25 billionen Erde-Mond-Entfernungen: dies ist 1 Mega-Lichtjahr: das sind rund 10 trillionen Kilometer.

Zu Beginn der Sternballungen — vor rund 12 milliarden Jahren — war der Abstand einer Galaxie von der jeweils nächsten durchschnittlich 2 Mega-Lichtjahre. Heute ist dieser mittlere Galaxienabstand auf rund 6 Mega-Lichtjahre angestiegen. In dichten Galaxien-Gruppen sind Galaxienabstände von etwa 1 Mega-Lichtjahr.

Innerhalb einer Galaxie, im «interstellaren Raum», ist der Abstand eines Sterns vom jeweils nächsten rund 4 Lichtjahre; in Kugelhaufen rund $^1/_{10}$ Lichtjahr; in sonstigen dichten Sternhaufen rund 1 Lichtjahr: das sind rund 10 billionen Kilometer.

Die Tiefe R des Weltalls ist heute rund 20 000 Mega-Lichtjahre. Der Durchmesser einer Galaxie ist durchschnittlich 0,1 Mega-Lichtjahre; also 100 000 Lichtjahre. Der Durchmesser eines Planetensystems ist rund 4 Lichtstunden. Der Durchmesser eines normalen Zwergsternes — wie unsere Sonne — ist durchschnittlich 4 Lichtsekunden; 1 bis 2 millionen Kilometer.

Bei diesen Verhältnissen können Kugelhaufen ihre Mutter-Galaxie oder Gruppen-Galaxien einander durchlaufen, ohne daß auch nur ein einziger Stern-Zusammenstoß erfolgt. Das interstellare Gas der kleineren Sternwolke bleibt jedoch in der größeren zurück.

Die Sterne

Nach Abschluß der Gestaltung der Galaxien wird die Entwicklungsgeschichte des Kosmos mehr und mehr zur Geschichte der Einzelsterne in den Galaxien. Die Sterngeschichte ist in einigem sehr ähnlich der Geschichte der übergigantischen Massen und Quasare; alles freilich mit je dem milliardstel an Mächtigkeit, aber dafür milliardenfach an Zahl. Diese Ähnlichkeiten erscheinen in den Turbulenzen, Pulsationen und Explosionen; samt den hierbei auftretenden elektromagnetischen Phänomenen; einschließlich der Aussendung aller Arten von Wellen- und Korpuskularstrahlung und mit ähnlicher Bildung der schwereren Elemente aus Wasserstoff und Helium.

In anderer Hinsicht ist jedoch die Sternentwicklung ganz anders als die der übergigantischen Urzeitmassen; vor allem im Ablauf der Kernreaktion im Sternkörper: Die Dichten im Sternkörper, vor allem im Zentrum sind so hoch (etwa 10^3 kg/m^3 im Durchschnitt; etwa 10^5 kg/m^3

im Zentrum), daß die Brenngeschwindigkeiten nicht durch die Dichte begrenzt werden und damit fast allein durch die Temperatur bestimmt werden. Wenige kohlenstofflose Wasserstoffsterne und alle massearmen Zwergsterne brennen fast nur, die Sonne — mit 0,2‰ Kohlenstoff und 0,4‰ Stickstoff bei 14 millionen °*K* Zentraltemperatur — brennt vorwiegend mit der wenig temperaturabhängigen *pp*-Reaktion. Massereiche Sterne brennen fast ausschließlich mit dem *CN*-Zyclus.

Die Brenngeschwindigkeit des *CN*-Zyclus steigt rasch mit der Temperatur an; bei Temperaturerhöhung von 14 auf 18 millionen °*K* auf das 10-fache; bei Erhöhung auf 30 millionen °*K* auf das 10000-fache. Damit stellt sich die Zentraltemperatur so ein — in Massezwergen auf 10 millionen °*K*, in Masseriesen auf 30 millionen °*K* —, daß der nach außen gerichtete Gas- und Strahlungsdruck dem nach innen gerichteten Schweredruck stabil das Gleichgewicht hält.

Bei größerer Sternmasse stellt sich dieses Gleichgewicht mit größerer Dichte und größerem Schweredruck ein: Damit steigt die Strahlungsleistung mit der 4. Potenz der Sternmasse. Die Geschwindigkeit des Abbrandes — zeitlicher Wasserstoffverbrauch pro Sternmasse — steigt mit der 3. Potenz der Sternmasse. ZB ein Stern mit 10facher Sonnenmasse strahlt knapp 10000fach so hell und verbrennt knapp 1000fach so schnell. Die Stern-Brennprozesse und damit die Stern-Alter sind gut bestimmbar (Kippenhahn). Weil jedoch *G* früher kleiner war, ist das reale Alter der Sterne — damit auch des Weltalters — größer als es aus den Stern-Brennprozessen mit konstantem *G*-Wert berechnet wird.

Die Sterne bilden sich aus stark abgekühlten Gasnebeln innerhalb der Galaxien; vornehmlich in den Spiralarmen. Erst wird interstellares Gas vom Strahlungsdruck umliegender Sterne zu «Nebulen» (Bock) zusammengeschoben, die dann instabil zusammenfallen. In der Regel werden nur Sternhaufen gebildet; kaum Einzelsterne. Bei diesem Zusammenfall derartiger Nebel erhöht sich deren Dichte bei fast gleichbleibender Temperatur, so daß immer kleinere und kleinere Teile der Wolken instabil werden und in sich zusammenfallen. Das Ende der Auflösung in Teilwolken ist erreicht, wenn diese durch die Dichteerhöhung an Durchsichtigkeit verlieren, so daß die Kontraktionserwärmung nicht mehr genügend abgestrahlt wird. In der Regel haben diese Wolken so große Drehimpulse, daß sich daraus nur dann Sterne bilden können, wenn dieser Drehimpuls nach außen abgeführt wird. Dies geschieht überwiegend durch Massenabtrieb. Der Drehimpuls treibt zudem durch «Gezeitenreibung» ab: Die Deformationsarbeit des rotierenden Stern-Körpers überträgt Stern-Drehimpuls auf die Planeten.

Die Wolken haben so verschiedene Anfangsbedingungen und der Zusammenfall läuft naturgemäß so unregelmäßig ab, daß die Sterne mit sehr unterschiedlichen Massen entstehen. Trotzdem haben alte Sterne fast durchweg ähnliche Massen; rund halbe Sonnenmasse, mit welcher die meisten Sterne die längste Zeit leben: wegen des Massenabtriebes. Durch Eruptionen und durch den stetig beschleunigenden Strahlungsdruck auf die äußersten Gasvolumina treiben wasserstoffbrennende Sterne fortlaufend Materie aus ihren obersten Sphären in den Umraum ab. Um junge, massereiche und leuchtkräftige Sterne bilden die großen abtreibenden Massen zirrusartige Gasschleier.

Diese Massenabstoßung nimmt sehr stark mit der Strahlungsleistung zu; also mit mehr als der 4. Potenz der Sternmasse. Ein mit mehrfacher Sonnenmasse gebildeter Stern verliert damit anfänglich so schnell und so lange an Masse und damit an Strahlungsleistung, bis nur noch wenig Masse gegen die Stern-Schwerkraft abgetrieben werden kann. Immer langsamer nähert sich dabei der Stern jener Strahlungsleistung, mit welcher der Massenabtrieb nur noch dem *G*-Anstieg das Gleichgewicht hält. Nur Sterne, die mit sehr selten großen Massen anfangen, haben bis zum Ende noch mehrfache Masse und Strahlungsleistung.

An der Sonne wird äquatorial geringerer Massenabtrieb als erforderlich gemessen. Die Strahlungsleistung wird aber von dem über Jahrmillionen und die ganze Sonne gebildeten Mittelwert des stark schwankenden Massenabtriebes ausgeregelt. Dem Massenabtrieb steht ein geringer Massenzugang durch Meteore und Kometen gegenüber, welche die Sonne aus dem Interstellarraum einfängt. Deren in Sonnennähe verdampfende Materie wird zumeist abgetrieben oder in der Ekliptik angesammelt. Die schwereren Elemente des Zodiakalstaubes und der Planeten sind — neben Abtrieb-Rückständen aus der Sonne — auch solche Aussortierungen aus dem Interstellarraum. Nur so konnten überhaupt kreisbahnlaufende Planeten in dieser Größe aus so seltenen Elementen entstehen. Wenn der Gravitationsfaktor *G* nicht konstant ist, kann nur ein *G*-Anstieg mit einem Massenabtrieb so ausgeregelt werden, daß eine für 1 Jahrmilliarden hinreichend konstante Ozean-Temperatur die Entwicklung der Lebewesen auf der Erde ermöglichte.

Hat sich der undurchsichtige Sternkörper gebildet, so steigt die Zentraltemperatur rasch auf 10 bis 15 millionen °*K*, so daß die kernatomare Verbrennung des Wasserstoffs zu Helium einsetzt, wobei eine Energie von 6,3 *MeV* pro Nukleon frei wird. Wenn der Wasserstoff im Zentrum verbrannt ist, ist 12% vom gesamten Wasserstoff des Sterns verbraucht: die Lebenszeit des Sterns nähert sich dem Ende. Die

Sonne, die seit ihrer Entstehung vor 6 milliarden Jahren, bis jetzt im Zentrum 30% und im ganzen 3% ihres Wasserstoffs verbraucht hat, besitzt eine Lebensdauer von insgesamt 20 milliarden Jahren. Der Einfluß des *G*-Anstieges und des Massenabtriebes auf die Lebensdauer gleichen sich dabei teilweise miteinander aus.

Ist dieses «Wasserstoffbrennen» zu Ende und im Zentrum nur noch Helium, so fällt der Stern in sich zusammen, wobei sich seine Zentraltemperatur auf 100 bis 120 millionen $^{\circ}K$ erhöht. Damit setzt das «Heliumbrennen» ein: Helium verbrennt mit dem «3-Alpha-Prozeß» zu Kohlenstoff. Bei diesem Heliumbrennen wird nur noch eine Energie von 0,6 MeV pro Nukleon frei, so daß der auch noch mehrfach heller leuchtende Stern mit beginnendem Heliumbrennen nur noch einige Prozent seiner Lebensdauer vor sich hat.

Beim 3α-Prozeß vereinigen sich erst zwei He^4-Kerne (α-Teilchen) zum kurzlebig-instabilen Berylliumkern Be^8, der — bevor er wieder in zwei Heliumkerne zerfällt — von einem dritten He^4-Kern zum Kohlenstoffkern C^{12} aufgebaut werden muß. Infolge der Kurzlebigkeit des Zwischenkerns Be^8 steigt die Brenngeschwindigkeit mit der Dichte und extrem mit der Temperatur an: bei einer Erhöhung von 100 auf 120 millionen $^{\circ}K$ auf das 1000-fache.

Diese starke Abhängigkeit von Dichte und Temperatur bewirkt, daß der Stern in der Epoche seines Heliumbrennens instabile Phasen durchläuft. Eine Kontraktionserwärmung führt dort zu gesteigerten Reaktionen mit weiterer Überhitzung. Aufgrund dessen läuft nun eine Stoßverdichtung nach außen, was in großen Bereichen die Kernreaktionen anfacht. In einer Selbstaufschaukelung folgen sich periodische Pulsationen mit abwechselnd Aufblähung und Verdichtung des Sternkörpers; etwa als «Delta-Cephei-Stern».

Gegen Ende der Brennprozesse treten explosive Eruptionen auf; mit Aufblähung des Sterns bis über 100fach seines normalen Durchmessers. Hierbei leuchtet der Stern innerhalb einiger Tage mit bis zu 100000-facher Helligkeit auf; wobei er bis zu $10^{38}\,J$ Photonen-Energie abstrahlt; als «Nova-Explosion».

Im Heliumbrennen — vor allem in den Pulsationen und Explosionen — werden durch Anlagerungen von He^4 an C^{12} — mittelschwere Kerne gebildet. Die Erde besteht fast nur aus mittelschweren Elementen, die nicht in der Sonne, sondern in den Galaxenkern-Explosionen und Stern-Endphasen gebildet wurden. Die Sonne hat diese Elemente aus der Interstellar-Materie schon bei ihrer eigenen Entstehung mitbekommen oder später als Staub, Meteore und Kometen eingefangen.

Solange der Stern noch kernatomar brennt und mit dem Gas- und Strahlungsdruck im Gleichgewicht steht, ist der Sternradius um so kleiner je größer die Sternmasse; bei um so mehr vergrößerter Dichte. Danach setzt eine Extremverdichtung ein, bei welcher die Energie des Absinkens der Sternmasse im Sternpotential das Geschehen bestimmt. Hierbei gibt es zwei ausgezeichnete Zustände und Dichtewerte:

Mit Sternmassen bis zu rund 10^{57} Nukleonen (wie die Sonne), ergibt sich ein «Weißer Zwerg» mit extrem «entartetem Elektronen-Gas» im Zentrum (Chandrasekhar). Im Weißen Zwerg setzt sich die Sternmaterie schließlich bis auf den «großen Radius» ihrer Elektronen zusammen (MacGregor). Mit Atomkernen — wie He^4 —, die ungefähr gleich viel Neutronen wie Protonen enthalten, ergibt dies eine Dichte von rund 10^{10} kg/m^3; zehn Tonnen pro Kubikzentimeter.

Sterne mit weniger als $^1/_6$ Sonnenmasse erreichen bei dieser Dichte einen stabilen Endzustand. Wenn jedoch solche Sterne durch Materieansaugung ihre Masse erhöhen, oder wenn jetzt schon massereichere Sterne durch Auskühlung ihre Dichte erhöhen, wird zwangsläufig einmal der Druck erreicht, bei welchem im Zentrum das große Elektron zusammenbricht. Damit erhöht sich selbsterregend die Dichte, bis sich im Sternzentrum die Materie auf das Eigenvolumen der Nukleonen selbst zusammensetzt; wie zu einem Riesen-Atomkern. Dieser überschwere Sternkern saugt nun die übrige Sternmaterie an, bis die gesamte Sternmaterie nahezu die Nukleonendichte von rund 10^{17} kg/m^3 erreicht; hundertmillion Tonnen pro Kubikzentimeter.

Normalerweise bildet sich ein nukleonendichter Kern stetig-fortschreitend unter Ansaugung der Stern-Atmosphäre. In der überhitzten Atmosphäre werden sogar schwere Atomkerne gebildet. Die intensive Strahlung treibt große Massen in den Weltraum ab. Seltene Masse-Riesen können hierbei als «Supernova» explodieren: etwa 3mal pro Jahrhundert in einer Galaxie vorkommend: Dabei wird in wenigen Tagen bis 10^{43} J (visuell 10^{41} J; milliardenfache Sonnen-Leuchtkraft) abgetrahlt und bis halbe Sternmasse in den Interstellarraum abgetrieben. Abgeblasene Elektronen erzeugen ein gigantisches elektrisches Feld, als Ursache intensiver Ultrastrahlung. Atomkern-Spaltungen und -Verschmelzungen aller Art ereignen sich; es bilden sich die schwersten Atomkerne. Abgetriebene und vom verbleibenden, extremverdichteten Stern («Pulsar») zum Leuchten angeregte Gasmassen erscheinen als «planetarischer Nebel», der sich im Interstellarraum auflöst.

Die Fermi-Temperatur verbindet sich mit keiner abstrahlbar-thermischen Energie und mit keiner spezifischen Wärme. Sie ist Folge der quantenphysikalischen Impuls-Orts-Unbestimmtheit der über das ganze Sternvolumen vertauschbaren Elektronen bzw Nukleonen; wie bei den Leitfähigkeits-Elektronen bzw Atomkern-Nukleonen. Die Annäherung des Sterns an die «relativistische Entartung» bedeutet quantitativ, daß sich ausgekühlte Sterne eben auf das «Eigenvolumen» ihrer Elektronen bzw Nukleonen zusammensetzen.

Brechen im Weißen Zwerg die großen Elektronvolumen zusammen, so werden fortschreitend mehr Protonen zu Neutronen entladen und überschwere Atomkerne gebildet. Bei unentwegten Proton-Entladungen und Neutron-Zerfällen freigesetzte Neutrinos führen gewaltige Energien in den Weltraum ab. Dichte und Druck steigen; sogar so weit, daß die mit der Vereinigung eines Elektrons und eines Protons zu einem Neutron einhergehende Volumenverminderung mehr Energie freisetzt als diese Vereinigung als solche verbraucht. Damit verschiebt sich das Gleichgewicht extrem zu den Neutronen: zum «Neutronenstern».

Im Endzustand besteht dieser fast nur noch aus atomkernartig gebundenen Neutronen. Schon wenige, an der Oberfläche gebundene Protonen erzeugen ein extrem starkes elektrostatisches Feld, welches eine sehr dünne Elektronen-Atmosphäre festhält. Die Stern-Oberfläche strahlt dabei so wenig Licht ab, daß der Stern selbst unsichtbar ist — und der Stern nur an Reaktionen aus seiner Umgebung beobachtbar ist. Dies ist ein unechtes «Schwarzes Loch»: ein endverdichteter Neutronenstern noch diesseits der Schwarzschild-Grenze.

Die ganzen Atomkernreaktionen der Verbrennung von Wasserstoff zu mittelschweren Atomkernen setzen Energien mit insgesamt nur knapp 1% Massendefekt frei. Demgegenüber ergeben die im Sternpotential freigesetzten Gravitationsenergien Massendefekte bis rund 50%.

Die ganzen kernatomaren Reaktionen, welche das Sternleben so lange gestaltet haben, sind somit sehr energiearm gegenüber den gravitationsbestimmten Endprozessen. Entstehung wie Vergehung wird durch die existenzbestimmenden Gravitations-Vorgänge beherrscht. In der Gestaltungsphase II halten die Atomkern-Verschmelzungen die viel energischeren Gravitationsgeschehnisse nur noch ab, wirksam zu werden.

Die Energie des Neutronensterns ist durch Neutrinos abgeführt; die eigenen Energiereserven sind vollkommen erschöpft. Dennoch sind gewaltige Energieumsetzungen; auf und über der Stern-Oberfläche:

Eine Masse aus dem Interstellarraum fällt mit fast Lichtgeschwindigkeit gegen die Stern-Oberfläche, auf welcher sich jene Temperatur ($10^9\ ^\circ K$) einstellt, oberhalb welcher die Neutrino-Strahlung extrem ansteigt. Die umgesetzte Energie wird fast mit dem vollen Betrag mc^2 der einfallenden Masse m in den Weltraum zurückgestrahlt.

Bei dem kleinen Sterndurchmesser ist die direkte Auftreffwahrscheinlichkeit für interstellare Körper allerdings sehr klein. Diese werden jedoch in Sternnähe verdampft und ionisiert; ebenso das angesaugte Gas: zu raschbewegten Atomkernen und Elektronen, die in den starken Sternfeldern gekrümmte Bahnen laufen, wobei sie Bewegungsenergie durch Bremsverstrahlung verlieren. Damit schlagen sie schließlich doch auf die Stern-Oberfläche. In Neutronensternen mit starken Magnetfeldern geht die gewaltige Einfallenergie schon zumeist über der Oberfläche in Synchrotronstrahlung über. Bei starkem Gasangebot, aus engbenachbarten Doppelstern-Begleitern, werden somit Neutronensterne zu extrem starken Röntgenquellen.

Neutronensterne rotieren bei ihrem kleinen Radius von knapp 40 km oft sehr rasch; anfänglich bis 30 Umdrehungen pro Sekunde. Dazu haben sie meist extrem starke elektrische und magnetische Felder; mit Feldstärken bis $10^8\ Vs/m^2$; dh bis billion-fach des Erd-Magnetfeldes. Rotation und Magnetfeld bewirkt Aussendung intensivster Strahlung; periodisch mit der Umdrehung: daher der irreführende Name «Pulsar» für solche Neutronensterne. Diese Abstrahlung vermindert langsam die Rotation und das Magnetfeld.

Die Massenkonzentration in nukleonendichten Neutronensternen und die Schwerkraft an deren Oberfläche sind unvorstellbar: die Masse einer Lokomotive (90 Tonnen) ist zusammengepreßt auf das Volumen eines gerade noch sichtbaren Kügelchens (0,1 *mm* Durchmesser), das in dem hundertmilliarden-fach stärkeren Schwerefeld (etwa 3 000 000 Erdmassen bei $^1/_{200}$ Erdradius) mit einer Kraft gleich dem 100-fachen Gewicht des Montblanc-Massivs angezogen wird.

Die Neutronensterne ziehen fortgesetzt aus dem Interstellarraum Gas und Staub an sich. Es sind die «Staubsauger des Kosmos». Ein Großteil der Galaxenmassen — vor allem im Zentralgebiet —, besteht aus Neutronensternen. Durch Materieansaugung und Gravitationsanstieg nähern sich die Neutronensterne einer existentiellen Grenze, an welcher eine Verstrahlung der Materie einsetzt. Dies bestimmt die Endgeschichte allen materiellen Seins; der Sterne, Galaxien und des ganzen Kosmos. Die Physik der Neutronensterne ist Allgemeine Relativitätsphysik und Allgemeine Quantenphysik.

Die relativistische Transformation projiziert die Sterngrößen in eben die Metrik unseres kosmischen Zustandes hier und jetzt; eine bedeutende Leistung der allgemeinen Relativitätsphysik. Die Rechnungen operieren daher mit den unverändert unsrigen Werten von c, h, m usw. Es sei also:

c	Invarianzgeschwindigkeit ;	$2{,}99792 \cdot 10^{8}\ m/s$
h	Wirkungsquantum ;	$6{,}6262 \cdot 10^{-34}\ Js$
m	Nukleon-Ruhemasse ;	$1{,}6726 \cdot 10^{-27}\ kg$
m'	Nukleon-Defektmasse ;	im Grenzfall $m/2$
M	Stern-Eigenmasse (undefektiert gerechnet)	
M'	Stern-Defektmasse ;	im Grenzfall $M/2$
n	Stern-Nukleonenzahl (Neutronenzahl)	
G	Gravitationsfaktor ;	heute $6{,}6720 \cdot 10^{-11}\ N \cdot m^2/kg^2$
s	Stern-Radius (klassisch gerechnet)	
Φ	Allgemein kosmisches Potential; $\Phi = -c^2$	
Φ_z	vertiefendes Potential; $\Phi_z = -MG/s$	
k	Kopplung; $k = 1 - MG/sc^2 = 1 - \Phi_z/\Phi$	

Die Stern-Eigenmasse M ist jene undefekte Masse, welche die Summe aller Sternteilchenmassen aufgelöst im flachen Weltraum ergäbe. Sie enthält auch die relativistische Massenvergrößerung der thermisch raschbewegten Teilchen; außerdem die Masse der Photonen, Neutrinos der Stern-Raumstrahlung usw. Nur im Sonderfall fehlender thermischer Energie und fehlender Neutrinos wird $M = n \cdot m$. Mit dieser Stern-Eigenmasse M existiert der Stern in sich selbst.

Die Stern-Defektmasse M' ist dagegen jene Masse, mit welcher der Stern im flachen Weltraum mit seinem Schwerefeld erscheint und wirkt. Sie ist die etwa an der Bahn von Planeten astronomisch bestimmbare Sternmasse.

Der Sternradius s sei als Radius einer Hohlkugel behandelt; so als sei alle Masse auf der Sternoberfläche verteilt. Die realen Vollkugeln sind sehr viel schwieriger zu behandeln, wobei sich aber nur unwesentliche Wertverschiebungen ergeben.

Der Gravitationsfaktor G ist bis zur Stabilitätsgrenze gleich unserem Wert $6{,}6720 \cdot 10^{-11}\ m^3/kgs^2$. Der Gravitationsfaktor tritt in der Regel nur zusammen mit dem Sternradius s auf, so daß es gleichgültig ist, ob etwa s kleiner oder G größer wird.

Φ ist das absolute Potential jeder unbewegten, bewegten oder geballten Masse. Φ_z ist das vom flachen Weltraum aus gerechnete relative Potential der Stern-Oberfläche. Wegen $k = 1 - MG/sc^2$ ist $k = 1 - \Phi_z/\Phi$. An der Stabilitätsgrenze wird $\Phi_z = -c^2$, so daß $k = 0$ wird. Diese Größe k ist unmittelbar das Maß der existentiellen Kopplung eines Sterns mit dem Kosmos.

Die Beziehung für die Sternenergie E, mit der der Stern im flachen Weltraum erscheint und wirkt, ergibt sich somit zu:

$$E = M'c^2 = Mc^2 + M \cdot \Phi_z/2 = Mc^2(1 - MG/2sc^2) = Mc^2(1+k)/2$$

$$\text{daraus:} \quad M'/M = (1 - MG/2sc^2) = (1+k)/2$$

Der Faktor 1/2 ist der kollektive Mittelwert-Faktor bei der Sternzusammenfügung.

Differenziert ergibt sich daraus eine Beziehung zwischen E, M und G/s in ihren differentiellen Veränderungen dE, dM und d(G/s) gemäß:

$$dE = (1 - MG/sc^2)c^2 dM - (M^2/2)\,d(G/s) = kc^2 dM - (M^2/2)\,d(G/s)$$

Für den Fall, daß G unveränderlich bleibt, aber s sich verändert:

$$dM' = k \cdot dM + (1-k)(M/2s)\,ds$$

Wenn sich aber weder der Gravitationsfaktor G noch der Sternradius s ändert (oder G/s konstant bleibt), wenn also $d(G/s) = 0$, ergibt sich speziell: $dE = kc^2 dM$; das heißt $dM' = k \cdot dM$.

Dieser wichtige Fall bedeutet: Verringert sich die sterninnere Massenenergie um dMc^2, so entspricht das von außen einer Verringerung der Sternenergie um dE. Wegen der Erhaltung der Totalenergie muß eine außen erscheinende Abstrahlungsenergie diesen Betrag dE ausgleichen. Damit ist das Verhältnis dE/dMc^2 der außen ankommenden Energie dE zur innen abgegangenen Massenenergie dMc^2 gleich k.

Dies ist ebenso als ein Massenverhältnis $dM' = k \cdot dM$ interpretierbar. Im Grenzfall, dh mit $k = 0$, kommt somit ein Photon oder Neutrino, das den Stern innen mit beliebig großer Energie (und Masse) verläßt, außen ohne Energie (ohne Masse) an. Dies bedeutet, daß keine Energie mehr abgestrahlt werden kann; wenigstens nicht in so kleinen Quantitäten, daß der Grenzzustand erhalten bleibt.

Dieses einfache, aber nicht selbstverständliche Ergebnis der existenzphysikalischen Betrachtung ist quantitativ gleich den bekannten Ergebnissen, die sich aus der komplizierten allgemein-relativistischen Raum-Zeit-Metrik nahe großer Massen ableiten. Der Faktor k ergibt sich hierbei als dem erhaltenen Energie- bzw Massenverhältnis proportionales Schwingungsdauer-Verhältnis. So ist die allgemein-relativistische Einsteindilatation der Schwingungsdauern gleich $(1-2a_z/r)^{1/2}$ bzw $(1+2\Phi'/c^2)^{1/2}$. Nachdem hierbei der Faktor a_z (Sommerfeld) gleich GM'/c^2 und $r = s$ ist, bzw der Faktor Φ' (Landau, Lifschitz) gleich $-M'G/s$ ist, ergibt sich mit $M' = M(1+k)/2$ ebenfalls:

$$(1-2a_z/r)^{1/2} = (1+2\Phi'/c^2)^{1/2} = [1-2(1-k)(1+k)/2]^{1/2} = k$$

Ebenso kommt man zu diesem Ergebnis über die allgemein-relativistische Verstreichung und deren Zeitgradient $w = v/c^2$: Ist L die Strecke längs eines Potentials, ist b die Beschleunigung im Schwerefeld, ist t die Beschleunigungsdauer und ist $v = b \cdot t$ die erreichte Geschwindigkeit, so ergibt sich die Zeitverschiebung Δt längs L gemäß:

$$\Delta t = L \cdot w = L \cdot v/c^2 = L \cdot bt/c^2 = -\Phi_z \cdot t/c^2 \; ; \quad \text{also}$$
$$1 - \Delta t/t = 1 + \Phi_z/c^2 = 1 - MG/sc^2 = k$$

Wie die Invarianzgeschwindigkeit c einen quasi-unendlichen Wert besitzt, so die Grenze einen raumzeitlich quasi-verschwindenden Wert. Relativistisch raumzeitlich ist die Grenze von außen ein verschwindender Punkt. In einer Überforderung des relativistischen Aspektes erscheint sie «von innen» wie der unerreichbare Rand eines expandierenden Kosmos. Diese Raum-Zeit-Entartung hat aber kein «Innen».

Die individuell gegen das Ballungsfeld aufsteigenden Neutrinos verenden gegen diese Entartung. Die kollektiv, unter Auflösung der Ballung, aufsteigenden Neutrinos laufen jedoch noch mit halber Energie in den Weltraum aus; nichts, auch keinen «geschlossenen Raum» mehr zurücklassend.

Zu den analogen Ergebnissen kommt eine dazu komplementäre Quantenphysik des Makrokosmos:

Existenz und allgemeine Quantenphysik **

Der Gravitationsfaktor G ist gemäß $G = (2/Y) \cdot hc/m^2$ eine Funktion der Welt-Wirkungsintensitätszahl Y. In der Nähe von Neutronensternen ist die lokale Wirkungsdichtezahl bis 10^{22}-fach der Wirkungsdichtezahl η des Kosmos. Welchen Einfluß hat dies auf die lokale Wirkungsintensitätszahl Y_l in der Nähe von Massen?

Die lokale Wirkungsintensitätszahl Y_l setzt sich aus einer kosmischen Komponente Y_k und einer stellaren Komponente Y_s zusammen; gemäß $Y_l = Y_k + Y_s$.

Nahe einer Masse ist die Welt-Wirkungsintensitätszahl nicht mehr mit dem vollen Wert Y, sondern mit dem «verdünnten» Wert der kosmischen Komponente Y_k gegeben. Die Welt-Wirkungsintensität ist bei großen Massen insoferne vermindert, als die Stern-Raumzeit relativistisch verengt ist. An der Grenze mit $k = 0$, wo die Stern-Raumzeit punktförmig entartet ist, verschwindet damit die kosmische Komponente Y_k gänzlich.

Der Verdünnungsfaktor für Y_k ist gleich k, mit welchem eben die Raumzeit verkürzt ist; etwa eine auf dem Stern stehende Uhr verlangsamt erscheint. Dies ist etwa auch so ausdrückbar, daß die Wirkung mit der Einsteindilatation vermindert ist; also:

$$Y_k = k \cdot Y$$

Andererseits kommt aber auch eine Erhöhung der lokalen Wirkungsintensitätszahl Y_l dadurch zustande, daß die erhöhte Wirkungsdichte im Sternbereich eine zusätzliche, stellare Wirkungsintensitäts-Komponente Y_s zur Folge hat. Wie groß ist diese stellare Wirkungsintensitätszahl Y_s?

Für ein einzelnes Nukleon — etwa ein Neutron — ist die «stellare» Wirkungsintensitätszahl gleich der Feldkonstanten φ. Diese ist im wesentlichen gleich 1; als Integral über $(\lambda/r)^2$ von 1 bis ∞ (dh vom λ-Radius des Nukleons bis in den flachen Weltraum). Eine Masse mit n Neutronen, die auf einer Hohlkugel des Radius s sitzen, ergibt in der analogen Rechnung eine Wirkungsintensitätszahl von $n\lambda/s$.

Im wesentlichen ist die Sternmasse M doch die Masse der n Nukleonen. Damit ist $MG/sc^2 = n \cdot m \cdot G/sc^2 = 1-k$. Weil $G = (2/Y) \cdot hc/m^2$ und $mc\lambda = h$, so folgt daraus: $1-k = (2/Y) \cdot n\lambda/s$. Die erhaltene Wirkungsintensitätszahl $n\lambda/s$ ist somit gleich $(1-k) \cdot Y/2$.

Dies berücksichtigt jedoch nur die Wirkungen aus dem Stern-Außenraum; als Integration über alle Wirkungen für $r > s$. Das Einzelnukleon — als der primäre Wirkungserschließer — besitzt zwar keinen wirkungserfüllten Innenraum. Eine Hohlkugel (auch eine Vollkugel) besitzt aber einen Innenraum, welcher von den auf der Oberfläche gelagerten Nukleonen mit Wirkungsquanten beschickt wird. Dieser Innenraum erstellt einen gleichgroßen Anteil zur stellaren Wirkungsintensitätszahl Y_s wie der Außenraum: je $n\lambda/s = (1-k) \cdot Y/2$. Damit ergibt sich die stellare Wirkungsintensitätszahl zu:

$$Y_s = (1-k) \cdot Y$$

Die lokale Wirkungsintensitätszahl Y_l ergibt sich damit als gleich der kosmischen Wirkungsintensitätszahl Y selbst:

$$Y_l \;=\; Y_k + Y_s \;=\; k \cdot Y + (1-k) \cdot Y \;=\; Y$$

Die den Gravitationsfaktor G bestimmende Wirkungsintensitätszahl Y ist also selbst bei extremen Massenballungen homogen. Damit ist auch G überall gleich. Es hängt nur von der Zeitzahl Z ab.

Zugleich verändert aber Y seinen Charakter in der Nähe großer Massen; dh mit gegen 0 fallender Kopplung k: der Anteil k der Welt-Wirkungsintensität geht im gleichen Maße zurück, wie der Anteil der Stellar-Wirkungsintensität zunimmt. Der Stern erfährt somit — trotz der Homogenität von Y und G — zunehmende Entkopplung und Isolierung mit abnehmendem Kopplungsmaß k; bis mit $k = 0$ eine vollkommene Entkopplung eintritt. Diese Verschiebung der Wirkungsintensität, mit abnehmender Kopplung k bis auf den Wert 0, ist überhaupt die Primärursache für den Existenzkollaps und den konkreten Wert der Grenzgrößen, bei denen dieser eintritt.

Die Schwerkraft hatte sich als Wirkungsintensitätsverhältnis dargestellt: der Wirkungsintensität der jeweiligen Berührungsschale zur gesamten Welt-Wirkungsintensität (die Ladungskraft analog zur Partikel-Wirkungsintensität). Die Entkopplung bedeutet somit, daß bei $k < 1$ im Intensitätsverhältnis die gesamte Welt-Wirkungsintensität nur noch k-fach eingeht, dafür aber die Stern-Wirkungsintensität ausgleichend hinzutritt. Im Grenzfall $k = 0$ bestimmt sich somit die Schwerkraft nur noch im Verhältnis zur Stern-Wirkungsintensität.

Anders ausgedrückt: An der Grenze hat der Stern ein völlig entkoppeltes, isoliertes Eigenleben erlangt.

An dieser sowohl relativitätsphysikalisch wie quantenphysikalisch aufgezeigten Grenze ereignet sich der Existenzkollaps. Die Grenze und den Existenzkollaps beschreibt die Existenzphysik in einfacher Weise.

Mit Hilfe der in einem früheren Kapitel angegebenen verallgemeinerten Feldgleichungen läßt sich zeigen, daß G extrem kleine lokale Schwankungen hat. Diese sind Trichter, deren Durchmesser dem Abstand zwischen den Sternen, deren Tiefe dem Produkt aus diesem Abstand und dem «Schwarzschild-Radius» $2M'G/c^2$ und $(\mathrm{d}G/\mathrm{d}cT)^2/G$ bzw $\mathrm{d}^2G/\mathrm{d}cT^2$, vergleichbar ist. Die Tiefe des gesamten zur Sonne gehörigen Trichters hat die Größenordnung $10^{-32}\,G$. Das ist vernachlässigbar. Somit darf G als homogene Größe behandelt werden. Das stimmt überein mit dem aufgrund der Wirkungsintensitätszahl Y erhaltenen Ergebnis.

Individuelle und kollektive Energie *

Ein einzelnes Neutron (Nukleon) besitzt für sich allein noch kaum ein Schwerepotential. Kommen jedoch schrittweise mehr und mehr Neutronen in einer kugelförmigen Ballung zusammen, so wird das Potential an der Kugeloberfläche immer tiefer und tiefer. Jedes aus dem flachen Weltraum neu hinzukommende Neutron fällt auf immer tieferes Energie-Niveau. Der damit verbundene Energieverlust setzt sich in Wärme um.

Diese Energieumsetzung hat eine individuelle und eine kollektive Komponente: Durch das neu zufallende n. Neutron kommt dieses selbst (individuell) auf niedereres Potential. Zugleich kommen aber auch alle n-Neutronen der Ballung (kollektiv) in ein etwas verringertes Potential. Dieser kollektive Potentialabfall ist für jedes der n Neutronen im Mittel nur $(1/n)$-fach des individuellen Potentialabfalls für das zufallende Neutron. Dafür sind es aber auch n geballte Neutronen. Insgesamt ist also die kollektive Energieumsetzung gleich der individuellen; wenigstens gilt dies exakt bei einer Hohlkugel mit unverändertem Radius.

Die gesamte Umsetzung von Potentialenergie in Wärme ist somit doppelt so groß wie die auf den Potentialverlust des Neutrons für sich allein entfallende Energieumsetzung. Diese Verdoppelung der Energie entspricht genau dem Wechselwirkungsfaktor 2, indem nicht nur das letztzufallende Einzelneutron gegenüber der geballten Nukleonenmenge, sondern auch die geballte Nukleonenmenge gegenüber dem zufallenden Einzelnukleon anziehend wirkt. Der Gravitationsfaktor G enthält diesen Wechselwirkungsfaktor 2. Der Gravitationsfaktor G berücksichtigt also bereits beide Anteile.

Die — individuell wie kollektiv — freigesetzte Wärme kann vom Stern nur teilweise und vorübergehend mit Temperaturerhöhung gespeichert werden. Sie muß schließlich in den Weltraum abgestrahlt werden: bei niederen Temperaturen und durchsichtigem Sternkörper vorwiegend als Photonen; bei hohen Temperaturen (über 10^9 °K) und undurchsichtigem Sternkörper (Neutronensterne) fast nur als Neutrinos.

Massendefekt und Defektmasse *

Die bei der Neutronenballung in den Weltraum abgestrahlte Energie stellt eine Massenabführung in den Weltraum dar, die der Ballung selbst als «Massendefekt» verloren geht. Gegenüber dem flachen Weltraum (dh relativ dazu, relativistisch-essentiell) verbleibt somit die Ballung mit verkleinerter Masse; dh als «Defektmasse». Im Sinne der klassischen Energiekonstanz ausgedrückt: was an Masse herausgegangen ist, fehlt drinnen. Masse wurde verstrahlt; wie bei der Bildung von Atomkernen.

Im flachen Weltraum erscheint und wirkt ein Stern mit der Stern-Defektmasse M'. Sie ist die eigentlich bestimmende Sternmasse. Mit der ihr zugehörigen Energie $E = M'c^2$ genügt der Stern der Energie-Erhaltung. Bekommt oder liefert der Stern Materie und Strahlung der Masse m_a, so erhöht bzw erniedrigt sich damit die Stern-Defektmasse M' um m_a. Bricht der Radius s des Sterns zusammen, so ändert sich dadurch seine Defektmasse M' nicht; denn seine Nukleonen geraten zwar in tieferes Potential, gewinnen dafür aber kinetische Energie. Interessant ist das Langzeit-Verhalten eines Sterns, der konstanten Radius s und keinerlei Materie- oder Strahlungs-Austausch mit dem Weltraum hat: Die kosmologisch bedingte zeitliche Zunahme des Gravitationsfaktors G verstärkt seinen Massendefekt, M' nimmt also ab. Die damit dem Stern verlorengehende Energie wird durch den Potentialenergie-Fluß P_0^1 in den Weltraum verfrachtet. Das fundamentale Gesetz der Energie-Erhaltung ist also auch in diesem Falle gültig.

Bei einer Ballung von Neutronen zu einem Stern, wobei deren Ballungsenergie abgestrahlt worden ist, verbleibt eine kleinere Sternmasse M' (Stern-Defektmasse), als die Masse M aller noch im Raum verteilten Neutronen, Neutrinos und Photonen war (Stern-Eigenmasse). Die Zahl der Neutronen wurde jedoch bei der Ballung nicht vermindert. Es ist nicht ein Teil der Neutronen verstrahlt worden. Sondern jedes an der Ballung beteiligte Neutron hat eine gegenüber seiner normalen Masse m verkleinerte Defektmasse m'; es hat also den Massendefekt $m - m'$ erlitten. Je größer die Zahl n der Neutronen eines Neutronensternes ist und je kleiner dessen Sternradius s ist, um so tiefer ist das Stern-Potential — und um so größer ist der Massendefekt bzw um so kleiner die Defektmasse m' des einzelnen Stern-Neutrons.

Die Funktion der Stern-Eigenmasse M, ebenso die Funktion des vertiefenden Potentials $\Phi_z = -MG/s$ der Stern-Defektmasse M' zeigt jedoch eine Grenze: Weil $M' = M(1 - MG/2sc^2)$ ergibt sich:

$$M = (sc^2/G)[1-(1-2M'G/sc^2)^{1/2}] \quad ; \qquad \Phi_z = -c^2\,[1-(1-2M'G/sc^2)^{1/2}]$$

Für kleine M' ergibt sich $M = M'$ bzw $\Phi_z \to 0$. Jedoch für so große M', daß $2M'G/sc^2 = 1$ ergibt sich $M' = sc^2/2G$; damit folgt $M = sc^2/G = 2M'$ bzw $\Phi_z \to -c^2$. Dies ist aber genau jener Wert mit $k = 0$, bei welchem allgemein-relativistisch $2\Phi'/c^2 = -1$ (Landau) bzw $2\alpha_z/r = 1$ (Sommerfeld) wird.

Mit $2M'G/sc^2 = 1$ gehört umgekehrt einer beliebig gegebenen Masse M bzw $2M'$ ein Grenzradius zu; der

«Schwarzschild-Radius» $s_s = 2M'G/c^2 = MG/c^2$.

Der Weltradius R mit der effektiven Weltmasse M_{eff} unterscheidet sich von einem Schwarzschildradius $s_s = MG/c^2$ formal um den Faktor 2, gemäß $R = M_{eff}G/2c^2$. Dies gründet darin: Weltall wie Grenzballung hat zwar ein gleichtiefes Potential $-c^2$. Aber die Weltmasse existiert im absoluten Potential $-c^2$, in welchem sie als Ganzes voll defektiert: Totalenergie Null. Dagegen die Grenzmasse liegt innerkosmisch auf dem relativen Potential $-c^2$, mit welchem sie im Ganzen nur halb defektiert: $M - M' = \frac{1}{2}M$. Das Weltall ist somit eine «Grenzballung» wesenhaft anderer Art: keine Grenz-Singularität in einem «Überraum», sondern von gleichsam «außen» eine absolute Nullgröße. Dagegen bezeichnet der Schwarzschildradius eine innerkosmische, untere Seinsgrenze: eine quasi-unendliche Singularität.

Diese Grenze für Massenballungen bei $2M'G/s = c^2$ ist wesensverwandt der Grenze für Geschwindigkeiten bei $v^2 = c^2$. Gegen diese Grenzen steigt ein Massenzuwachs dM bei kleinsten Steigerungen dM' ins unbegrenzte; ebenso wie die Masse bewegter Materie bei kleinstem Geschwindigkeitszuwachs: Diese Grenzen sind in gleicher Weise unüberschreitbar. Wie mit $v^2 > c^2$ die relativistische Wurzel $(1 - v^2/c^2)^{1/2}$ imaginär wird, so mit $2M'G/s > c^2$ die Massenwurzel $(1 - 2M'G/sc^2)^{1/2}$: Stern-Eigenmasse M und vertiefendes Potential Φ_z würden komplex.

Für $2M'G/s > c^2$ ist keine stabile Existenz mehr gegeben. Mit $M/M' = 1/(1 - MG/2sc^2)$ ergibt sich eine instabile Rückkopplung: Zuwachs zu M in $MG/2sc^2$ hat einen größeren Zuwachs von M in M/M' zur Folge. Damit vergrößert sich die Eigenmasse M selbsterregt-beschleunigt ins unbegrenzte. Die Neutronenmassen defektieren zu Null und die Sternenergie geht in reine Strahlung über. Von dieser strahlt immer soviel in den Weltraum ab, daß der Stern mit einem sich in Millisekunden steigernden Kollaps an der Grenze anliegt. Er verschwindet fast schlagartig im quasi-unendlich tiefen Potential, wobei seine ganze Energie E in den Weltraum abstrahlt.

Am Anfang springen die Neutronen vom Nichts des Nullpotentials ins Dasein des absoluten existentiellen Potentials $\Phi = -c^2$. Am Ende springen die Neutronen vom Dasein im existentiellen Potential in die Nichtigung des relativen Grenzpotentials $\Phi_z = -c^2$. Materielles Sein ist nur zwischen dem Nullpotential oben und dem Grenzpotential unten. Es gibt kein «Jenseits» der unteren Seinsgrenze. Die «Schwarzen Löcher» sind Gogols «Tote Seelen» der Astrophysik.

Saugt ein Neutronenstern immer weiter Materie aus dem Interstellarraum an, so muß zwangsläufig eine Grenze erreicht werden, an der die Verstrahlung der Materie einsetzt. Bei einer idealen Hohlkugel wird dies mit einer Sternmasse erreicht, bei welcher der Massendefekt des einzelnen Stern-Neutrons gerade halb ist; dh wenn die Defektmasse m' noch halb der Normalmasse m ist; $m' = m/2$.

Kommt zu einem Neutronenstern mit der Grenznukleonenzahl n_0 ein weiteres Neutron vom Weltraum hinzu, so erfährt dies im Sternpotential halben Massendefekt; dh $m/2$, wie die schon geballten n_0 Neutronen. Alle n_0 Neutronen erfahren zusammen im Potential des neu dazugekommenen Neutrons nochmals $m/2$ Massendefekt. Insgesamt ergibt sich damit gerade der volle Massendefekt m der ganzen Neutronenmasse m. Mit Abstrahlung dieser Defektenergie mc^2 als Photonen und bzw oder Neutrinos hat sich somit durch Hinzukommen eines weiteren Neutrons zum Stern zwar die Neutronenzahl des Sterns um 1 erhöht, es hat sich aber die Masse des Sterns dadurch nicht verändert. Statt dessen ist eine volle Neutronmasse verstrahlt und abgestrahlt.

Genauer: Der Grenzstern hat seine Defektmasse M' nicht verändert, mit welcher er im Weltraum existent ist. Strahlt der Stern jedoch diese Energie nicht voll ab, so erfährt seine Defektmasse M' eine Vergrößerung dM'. Weil aber $dM' = k \cdot dM$ und damit $dM = dM'/k$, bedeutet dies an der Grenze, wo $k = 0$, einen unbegrenzt großen Anstieg der Stern-Eigenmasse M und damit der Stern-Eigenenergie. Das Gleichgewicht verschiebt sich damit extrem zu den Strahlungsmassen; vorwiegend zu einer internen Neutrinostrahlung.

Ganz analoges gilt für eine Energieabstrahlung: etwa mit Photonen oder Neutrinos: Steht ein Stern nahe der Grenze, so erreichen vom Stern abgehende, hochenergische Neutrinos den flachen Weltraum nur noch mit stark verminderter Energie: eine große, noch undefektierte Masse geht innen ab, eine kleine, defektierte Masse kommt außen an (Rotverschiebung). Obwohl also den Stern innen schwere Neutrinos verlassen, vermindert sich die Sternmasse nach außen doch nur um die in den Weltraum gelangenden leichten Neutrinos: Die Energieerhöhung über das Potential ist aber dabei genau gleich der Energieverminderung der Neutrinos auf dem Weg zum Weltraum. An der Grenze selbst ($k = 0$) kommt gar keine Neutrino-Energie mehr nach außen. Der Stern verliert damit — auch wenn innen beliebig viele und beliebig energische Neutrinos abgehen — nach außen keine Energie und Masse mehr.

Diese Aussage erfordert aber eine prinzipielle Unterscheidung: Individuell — dh das einzelne Neutron, Proton, Elektron bzw Photon, Neutrino betreffend — hängt dem Teilchen voller Massendefekt an. Kollektiv — dh alles zusammen — ist aber der Massendefekt erst halb; etwa jedes Neutron erscheint noch mit $m/2$, dh mit halber Normal-Neutronenmasse m im flachen Weltraum. Der Stern erscheint und wirkt kollektiv noch mit halber Masse und damit auch halbem Schwerefeld im Weltall. In größerer Entfernung ist das Schwerefeld eines Grenzsternes mit n_0 Neutronen und halbem Defekt nicht zu unterscheiden vom Schwerefeld eines Sternes mit halber Neutronenzahl $n_0/2$ aber ohne Defekt (etwa mit noch großem Radius).

Diese merkwürdige Unterschiedlichkeit zwischen dem individuellen und kollektiven Energieniveau läßt sich auch so verstehen: Werden die einzelnen Neutronen schrittweise zusammengeführt, so gelangt das Potential von 0 ab bis zum Endwert, so daß der kollektiv maßgebliche Mittelwert eben die Hälfte des mit dem letzten Neutron erreichten End- und Grenzwertes ist.

Dies hat eine sehr wichtige Bedeutung: Während an dieser Grenze kein einzelnes Energiequant — gegen das zurückbleibende Ganze — den Stern verlassen kann, könnte alle Energie und Masse zugleich und gemeinsam — den Stern auflösend — sehr wohl in den Weltraum gelangen. Die Neutronen könnten als solche zwar auch nicht gemeinsam in den Weltraum austreten, weil damit jedes einzelne Neutron im Weltraum mit halber Masse fortbestehen müßte. Aber wenn in einem Grenzstern etwa alle Neutronen verschwänden und dafür Neutrinos entstünden, könnten diese zugleich und gemeinsam in den Weltraum ausstrahlen. Die zuvor als Sternmasse kompaktierte Neutronenmasse würde sich damit als Neutrinomasse invarianzbewegt im Weltraum verteilen. Tatsächlich verstrahlt die Sternmasse an der Existenzgrenze.

Entkopplung und Verstrahlung

Immer und überall im Kosmos ist für eine jede Masse m die Potentialenergie $m\Phi$ negativ gleich der Massenenergie mc^2: die Gesamtenergie also gleich Null. Trotzdem kann unter Normalbedingungen — wegen der energetischen, raumzeitlichen und individuellen Verflechtung mit dem Gesamtkosmos — nicht ohne weiteres ein Teilchen entstehen oder vergehen. Erreicht jedoch ein Neutronenstern die Grenzgrößen, so entfallen diese Verflechtungen, die einem Entstehen und Vergehen von Teilchen entgegenstehen.

Ein in einem Grenzstern verschwindendes Neutron entzieht diesem die Masse $m/2$; dh die dem Neutron eigen gewesene Defektmasse. Dies hat eine Potentialerhöhung zur Folge, aufgrund derer die n_0 anderen Sternneutronen weniger defektieren; dh ihre Massen vergrößern. Unter Grenzbedingungen vergrößern aber die verbliebenen Neutronen zusammen ihre Masse gerade um den gleichen Wert $m/2$, der mit dem Verschwinden des Neutrons verschwunden ist. Die Sterndefektmasse verändert sich somit an der Grenze nicht, wenn in ihr Neutronen vergehen; auch umgekehrt nicht, wenn welche entstehen.

Weil die Defektmasse nach außen unverändert bleibt, bleibt auch die Sternpotentialenergie und das Sternschwerefeld unverändert: wie die Massenenergie des Grenzsternes. Die klassische Energie- bzw Massenerhaltung wird somit in Bezug auf keinen Punkt des Weltalls verletzt, wenn in einem Grenzstern Neutronen vergehen (oder entstehen). Mit der allgemein-relativistischen Raumzeit-Entartung zu Null («Raumschließung») geht zudem noch die Raum-Zeit-Verflechtung mit dem Weltraum verloren. In einer punktförmigen relativistischen Entartung der Abmessungen ist im Grenzstern eine wesenhafte Ununterscheidbarkeit der verschiedenen Energiearten und deren Materialisationsweisen eingetreten. Alle Arten von Energie sind potentiell gegenwärtig.

Wie Neutronen unter Grenzbedingungen entstehen und vergehen können, so auch jede andere Art von Massen; etwa auch Protonen, Elektronen, Mesonen, Photonen usw; insbesondere aber Neutrinos. Desgleichen könnte ein Grenzstern seine Temperatur, dh seine thermische Energie erhöhen oder senken. Damit verliert die «Sternmaterie» ihre Arteigenschaft. Sie hat keine definierbare Existenz mehr.

In der Kollektivität seiner Defektmasse ist der Grenzstern zwar noch existent und in seinem Schwerefeld mit der Weltraumzeit verflochten. In der Individualität seiner Teilchen ist er aber schon entkoppelt und entartet; jegliche Individual-Existenz ist nichtig. Gleichsam: in unbegrenzter Potentialität vergehen und entstehen Neutronen und Neutrinos (und alle Energiearten) in einem verschwindend kurzzeitigen Gleichgewicht. Weil aber die Neutrinos die weitaus höchste Durchdringungsfähigkeit und damit Entweichmöglichkeit besitzen, verschiebt sich das Gleichgewicht extrem auf Seiten der Neutrinos, die sofort in den Weltraum abstrahlen.

An der Existenzgrenze strahlt die Sternmasse in den Weltraum ab. Die Existenzgrenze selbst wird nicht erreicht; erst recht wird sie nicht überschritten. Es bildet sich kein echtes Schwarzes Loch.

Der Schwarze Moloch *

Das «Schwarze Loch» wäre eine Masse solcher Dichte, daß sogar Neutrinos und Photonen nicht mehr aus deren Schwerefeld entweichen könnten, sondern schon längs endlicher, radialer Abstrahlstrecken zu Null defektieren müßten. Man spricht sogar davon, daß Photonen auf mirakulösen Ellipsen laufen sollten. Tatsächlich gibt es aber kein stabiles Sein dieser Art. Das Schwarze Loch ist eine falsche Anwendung der allgemeinen Relativitätsphysik in einer unzulässigen, irrealen Extrapolation auf ein Jenseits der Seinsgrenze:

Paradoxerweise sollen die elektromagnetischen Felder der Photonen — mit einer unendlichen Einsteindilatation verzögert — aus dem geschlossenen Raum nicht mehr ausstrahlen können; wohl aber das Schwerefeld. Davon angezogene Materie müßte sich dann immer irgend wo im oder nahe vom Schwarzen Loch ansammeln. Ohne Energieabstrahlung müßte sich die Stern-Defektmasse M' unbegrenzt fortlaufend um eben die angezogenen Massen vergrößern. Die Defektmasse des einzelnen Neutrons müßte damit unbegrenzt weiter abfallen. Schon wenn sie Null geworden wäre, bestünde der Stern nur noch aus Strahlungsmassen, die nicht geballt bleiben könnten:

Unterstellt, es wäre eine reine Strahlungsmasse geballt, dann würde immer ein Großteil der Neutrinos und Photonen radial nach außen laufen, wobei diese defektieren. Auch wenn diese dabei auf kurzer Strecke zu Null defektieren (Schwarzes Loch), wird durch die damit einhergehende Massenausbreitung die Ballungsdichte verringert. Weitere Neutrinos und Photonen, die sich nachfolgend auswärts bewegen, defektieren nun erst auf längerer Strecke zu Null, so daß die Ballungsdichte weiter verringert wird. Schließlich defektieren Strahlungsmassen nicht mehr in endlichen Entfernungen zu Null. Damit laufen immer mehr, je immer weniger defektierte Neutrinos und Photonen in den Weltraum aus. Somit muß die Materie an der unteren Existenzgrenze immer irgendwie in den Weltraum verstrahlen.

Wegen der quadratischen Beziehung $M' = M(1 - MG/2sc^2)$ müßte bei einem Schwarzen Loch bereits M' abnehmen, wenn M zunimmt. Mit derart «fallender Charakteristik» müßte das System instabil sein und verstrahlen. Bei einer idealen Hohlkugel würde die Verstrahlung an der Seinsgrenze einsetzen und total verlaufen; bei einer realen Vollkugel sogar schon bevor ihre Oberfläche die Seinsgrenze erreicht.

Alle bisher beobachteten Phänomene, die auf Schwarze Löcher gedeutet werden könnten, sind auch durch Neutronensterne erklärbar.

Der flache Weltraum hat das Potential $\Phi = -c^2$ unter dem Nullpotential. Nahe von Massenballungen ist ein tieferes Potential als im flachen Weltraum. Das Grenzpotential liegt $-c^2$ unter dem Potential des flachen Weltraums. Das Potential ist relativistisch strukturiert.

Es ist wesenhaft zwischen dem absoluten Potential und dem relativen Potential zu unterscheiden (Karl Philberth). Die Potentialstruktur ist analog der speziell-relativistischen Struktur, weil sich diese, als eben spezielle Erscheinungsform, in der allgemeinen Struktur des Kosmos begründet.

Das absolute Potential ist das Potential unter dem Nullpotential; gegenüber dem absoluten Nichts. Dieses hat für alle Bezugspunkte — für einen Substratpunkt im flachen Weltraum; aber auch etwa für ein Nukleon eines Ultrastrahls oder eines Neutronensterns — immer den gleichen Wert $-c^2$. Klassisch ist dies unverständlich, relativistisch aber genau entsprechend: Für einen invarianzbewegten Punkt haben alle endlichen Ruhemassen — trotz beliebiger Relativgeschwindigkeiten gegeneinander — immer gleiche Geschwindigkeit c.

Das absolute Potential ist das existentielle Potential. In diesem Potential ist die negative Potentialenergie jedes Teilchens — beliebig tief an Ballungen — gleich seiner positiven Massenenergie: seine Gesamtenergie ist gleich Null; gemäß des existentiellen Grundprinzips des Weltalls im Ganzen wie jedes seiner Teile. Ein jeder Beobachter — beliebig bewegt und beliebig tief gegenüber dem Substrat — mißt mit seinem Maßstab und seiner Uhr den immer gleichen Wert der Invarianzgeschwindigkeit c zu $299792\ km/s$, mit dem auch sein existentielles Potential $-c^2$ bestimmt ist.

Vor dem quasi-unendlichen Wert c verschwinden alle endlichen Unterschiede. Trotzdem erscheinen relational gewaltige Unterschiede; ausdrückbar in einer konsequent allgemeinen Relativitätsphysik.

Das relative Potential ist die Potentialdifferenz gegenüber einem beliebigen Bezugspunkt innerhalb des Weltalls. Dieses ist naturgemäß Null gegenüber dem jeweiligen Bezugspunkt selbst; wie immer er relativ zum Substrat bewegt oder tief sei. Einem beliebigen Bezugspunkt gegenüber ist: Relativ-Geschwindigkeit ein positives Relativ-Potential; Relativ-Vertiefung ein negatives Relativ-Potential. Der Relativgeschwindigkeit v ist ein Relativpotential Φ_v zuordenbar durch die Potential-Geschwindigkeits-Beziehung $1 + \Phi_v/c^2 = (1 - v^2/c^2)^{-1/2}$.

Analog wie Relativgeschwindigkeiten, so addieren sich zwei nach oben oder unten gerichtete Relativpotentiale Φ_1 und Φ_2 mit dem Additionstheorem der Relativpotentiale $\Phi_3 = \Phi_1 + \Phi_2 + \Phi_1\Phi_2/c^2$.

Obgleich absolut das allgemeine kosmische Potential mit dem endlichen Wert $-c^2$ unter dem Nullpotential liegt, ergeben sich relativ zum Innerkosmos nach «oben» bis zu unbegrenzt hohe Potentiale.

Beliebig viele Geschwindigkeiten addiert, erreichen nicht die Invarianzgeschwindigkeit c. So erreichen nach «unten» auch beliebig viele Potentialadditionen nicht den endlichen Grenzwert $-c^2$.

Das Nullpotential und das Grenzpotential sind die wesenhaft unerreichbaren Grenzen, die alles Sein zwischen sich einschließen: das Nullpotential als quasi-unendliche, obere Grenze; das Grenzpotential als quasi-punktförmige, untere Grenze. Es ist kein Sein jenseits dieser Grenzen: Das Weltall ist keine punktentartete Grenz-Singularität in einem «Überkosmos» — und die Grenz-Singularitäten sind keine in sich c-expandierenden «Eigenkosmen». Es gibt auch keinen in dem Sinne endlichen Schwarzschildradius, daß sich davon ein Schwerefeld mit endlicher Länge in den Weltraum erstrecken könnte. Die untere Grenze ist wesenhaft punktförmig mit verschwindendem Schwerefeld. Es gibt keine «Ereignishorizonte» im Weltall; weder im expandierenden Weltraum, noch um geballte Massen. Keine Flächen mit unendlicher Einsteindilatation scheiden irgendwo Innen- und Außenbereiche. Jeder Punkt des Weltalls ist mit jedem gekoppelt.

Zwischen den Grenzen erreicht ein Photon oder Neutrino, von jedem Punkt aus, jeden anderen Punkt mit endlicher Energie. Aber jedes noch so energiereiche Photon oder Neutrino würde total verroten und verschwinden, wenn es von der unteren Grenze bis zu irgend einem (noch so tiefen und nahen) Punkt, bzw von irgend einem (noch so hohen und fernen) Punkt zur oberen Grenze laufen würde. Keine noch so große Energie würde ausreichen, um eine noch so kleine Masse von der unteren Grenze zur oberen Grenze zu verbringen. Jedes (noch so tiefstehende) Nukleon ist von der unteren Grenze, bzw jedes (noch so energiereiche) Nukleon ist von der oberen Grenze immer noch durch eine unendliche Kluft getrennt; wie jede noch so große Relativgeschwindigkeit von der Invarianzgeschwindigkeit c. Umgekehrt würde jede Masse, die auf die untere Grenze abgesenkt wird (auch von beliebig tief und nahe) gerade ihre volle Massenenergie als Defektenergie verlieren und damit ihre materielle Existenz nichtigen.

Diese Existenznichtigung ist ein instabil-dynamischer Prozeß.

Absolut ist jede Masse total defektiert; relativ kann der totale Defekt nur grenzwerthaft erreicht werden: unmittelbar vor dieser unteren Grenze geht jede Masse in invarianzbewegte Energie (etwa Neutrinos oder Photonen) über, die in ihrer eigentümlichen Unmaterialität und Potentialität den Grenzen selbst zugeordnet ist. Auch mit dem realen Neutronenstern treten nie irgendwelche Horizonte auf.

Das Oberflächen-Potential eines realen Neutronensternes kann — wie das einer Hohlkugel — dem Grenzpotential $-c^2$ beliebig nahe kommen, wobei das Mittelpunkts-Potential immer noch näher an die unerreichbare Grenze rückt. Der ganze Sternkörper legt sich damit «flach» an das Grenzpotential $-c^2$ an. Die immer kleineren Unterschiede im Abstand des Oberflächen- und des Mittelpunkts-Potentials von diesem quasi-unendlichen Grenzwert $-c^2$ begründen jedoch immer größere Unterschiede im Energie-Niveau: Bei der real nach innen zunehmenden Dichte des Sternkörpers ist die relative Verrotung vom Mittelpunkt zur Oberfläche immer ähnlich stark wie von der Oberfläche zum Weltraum; auch mit den immer stärkeren Verrotungen bei Annäherung an die Grenze. Dennoch bleibt jede Verrotung vom Mittelpunkt endlich, solange die Verrotung von der Oberfläche noch endlich ist. Eine unendliche Verrotung ist nicht erreichbar.

Noch vor Erreichen des Grenzpotentials $-c^2$ setzt nahe der Mitte eine sich selbst steigernde Entartung der Materie ein, bei welcher diese im quasi-unendlichen Potential verschwindet und die Energie total in Strahlung übergeht. Die Einstein-Dilatation ist hierbei zwar sehr groß; es sind aber auch die Strecken mit hoher Dilatation sehr kurz, so daß die Defekt-Energie dennoch fast unverzögert nach außen abgeht. Dies ist in verschiedener Weise möglich.

Verstrahlen im Zentrum eines Sternes laufend Neutronen in Neutrinos — Masse $\mathrm{d}M_{rc}$ pro Zeit $\mathrm{d}t$ —, so werden aus der angrenzenden Zone laufend gleichviele Neutronen in die entleerte Verstrahlungszone nachgeschoben; praktisch mit Lichtgeschwindigkeit. Hierbei:

(1) Wenn Strahlungsmasse in den Weltraum derart ausläuft, daß die Masse des Sterns sich vermindert, aber seine Dichte unverändert bleibt, dann nimmt die Verstrahlung immer weiter ab: $\mathrm{d}M_{rc}/\mathrm{d}t$ klingt ab. Dies ist Stabilität, mit Verstrahlung nur bis zu einem Grenzwert.

Jedoch haben sogar Neutrinos in nukleonendichter Materie nur noch kürzere freie Weglängen als der Sternradius. Damit setzt sich im

Sternkörper Strahlung in Wärme um, wodurch wieder thermische Neutrinos erzeugt werden. Durch fortgesetzte Neutrino-Emission-Absorption und durch eine supra-hohe Wärmeleitung gelangt Energie vom Zentrum zum Rand, von wo sie in den Weltraum abstrahlt. Dieser Energie- und damit Massenverlust wirkt zwar stabilisierend, ist aber doch langsamer als die fortschreitende Verstrahlung im Zentrum.

(1–2) Wenn sich die Strahlungsmasse im Sternkörper derart verteilt, daß sowohl die Masse des Sterns als auch seine Dichte unverändert bleibt, dann läuft die Verstrahlung konstant weiter: $\mathrm{d}M_{rc}/\mathrm{d}t$ = const. Dies ist der Grenzfall zwischen Stabilität und Instabilität, mit gleichmäßig fortschreitender Verstrahlung.

(2) Wenn die Strahlungsmasse nahe des Zentrums des Sterns derart verbleibt, daß die Masse des Sterns sich nicht verändert, aber seine Dichte sich erhöht, dann nimmt die Verstrahlung selbsterregt zu: $\mathrm{d}M_{rc}/\mathrm{d}t$ klingt an. Dies ist Instabilität, mit immer schnellerer Verstrahlung von Nukleonen-Massen in Neutrino-Massen.

Bei erhöhter Dichte ziehen sich zudem die einander näherkommenden Massen stärker an. Ist der Sternkörper kompressibel, so erhöht dies seine Dichte weiter. Solche Verdichtung treibt ebenfalls zur Instabilität. In einem nukleonendichten Stern ist zwar der Platz für ein Neutron ohnehin schon auf das Eigenvolumen seiner weichen Kugel (λ-Radius) verengt: der Sternkörper ist nicht kompressibel. Unmittelbar bei der Entkopplung des Mittelpunktes stellt sich aber dort der Grenzdruck p_0 ein: das Neutron verliert seine Eigenart und bricht zusammen, so daß die Dichte schlagartig ansteigt.

Ein entkoppelter Mittelpunkt hat quasi-unendliche Eigenschaften; analog dem mit Invarianzgeschwindigkeit c fliehenden Antipol als kosmischem Fernstpunkt; und analog der Invarianzgeschwindigkeit c selbst, gemäß der speziellen Relativitätsphysik. Ein Entkopplungspunkt im Sternzentrum ist für Neutronen nur grenzwerthaft annäherbar; bei noch so raumenger Annäherung verbleibt immer noch eine unendliche, nie überwindbare Kluft. Relativ zum flachen Weltraum erscheinen alle Vorgänge nahe des Entkopplungspunktes zwar mit der Einsteindilatation verzögert; am Entkopplungspunkt selbst unbegrenzt verlangsamt. Aber in sich steigern sich alle Prozesse ins Unbegrenzte in einer existentiellen Instabilität: in einer fortreißenden Entartung und Verstrahlung der Materie unmittelbar vor dem Entkopplungspunkt. Dies wird ua durch einen sich gegen die Grenze unbegrenzt vergrößernden Verstärkungsfaktor deutlich.

Sowohl Mittelpunkts-Entkopplung als auch Kompression verbindet sich mit einem Schwund $-\mathrm{d}s$ des Sternradius s. Damit ergibt sich zusätzlich eine sehr wirksame Verstärkung dieser Effekte: Ohne Berücksichtigung der Abstrahlung wird $\mathrm{d}M' = 0$. Damit geht die Gleichung

$$\mathrm{d}M' = k\,\mathrm{d}M + (1-k)(M/2s)\,\mathrm{d}s \quad \text{über in} \quad \mathrm{d}M/M = (-\mathrm{d}s/s)(1-k)/2k$$

Dies besagt, daß ein Schwund $-\mathrm{d}s$ des Sternradius s einen mit $(1-k)/2k$ verstärkten Zuwachs $\mathrm{d}M$ der Stern-Eigenmasse M zur Folge hat. Diese für eine Hohlkugel exakte Beziehung ist im Prinzip auch auf die Schichten einer realen Vollkugel übertragbar: Es tritt ein Verstärkungsfaktor auf, welcher k im Nenner enthält und damit nahe an einem entkoppelnden Mittelpunkt $(k \to 0)$ über alle Maßen groß wird.

Ohne Schwund $-\mathrm{d}s$ des Sternradius s — dh ohne Entkopplung und ohne Kompressibilität — ist dieser Verstärkungsfaktor zwar wirkungslos. Mit Entkopplung oder mit Kompressibilität wird dieser aber nahe der Grenze außerordentlich wirksam: Nicht nur wird mit dem Massenzuwachs der Radiusschwund $-\mathrm{d}s$ weiter vorangetrieben (entweder über Entkopplung von noch mehr Neutronen, oder über Erhöhung der Dichte des Sternkörpers), sondern es wird auch noch der Verstärkungsfaktor selbst hochgetrieben (indem $k = 1 - MG/sc^2$ mit $\mathrm{d}M$ weiter gegen 0 geht; nahe der Grenze extrem schnell).

Vereinfacht ausgedrückt:

(1) Herrscht der Effekt der Abstrahlung $(-\mathrm{d}M' > 0)$ vor, so bleibt der Stern immer stabil: Ab Entkopplung seines Mittelpunktes verstrahlt er laufend gerade jene Zahl von Neutronen, welche durch Ansaugung von Materie aus dem Interstellarraum und durch G-Anstieg jeweils überzählig wird. Vermutlich werden die kleinen Grenzmassen der kosmischen Endzeit stabil sein.

(2) Herrscht der Effekt der Kompressibilität vor, so kann der Stern sogar schon weit vor Entkopplung seines Mittelpunktes instabil werden. Die Instabilitäts-Dynamik treibt dann den Stern in einer schlagartigen Selbsterregung zur Entkopplung und Verstrahlung.

(3) Herrscht der Effekt des Verstärkungsfaktors vor, so wird der Stern mit Entkopplung seines Mittelpunktes instabil. Vermutlich wird unter den heutigen Gegebenheiten (geringe Kompressibilität eines Neutronen-Sternkörpers) die Instabilität unmittelbar vor Entkopplung des Sternmittelpunktes einsetzen.

Die Art des Verstrahlungsablaufes ist noch nicht geklärt. Bei Instabilität stellt sich ein dynamisches Gleichgewicht zwischen Ausbreitung der Strahlung im Sternkörper bzw Abstrahlung in den Interstellarraum und dem immer schnelleren Zusammenstürzen der Stern-Neutronen ein, wobei das Sternzentrum an der Existenzgrenze anliegt. Es werden zumeist extrem verrotete, nicht mehr wechselwirkungsfähige Neutrinos abgestrahlt. Möglicherweise fällt nicht verstrahlte Materie wieder zu einem kleineren Neutronenstern zusammen, während ein Rest in den Interstellarraum abgeblasen wird. Möglicherweise steigert sich jedoch der dynamische Prozeß — vielleicht sogar als ganzheitlicher Vorgang — derart heftig, daß die gesamte Sternmasse schlagartig verstrahlt: als totaler Existenzkollaps.

Der Feldzusammenbruch

Mit einem Existenzkollaps bricht das elektrische und magnetische Feld des Stern zusammen. Der Zusammenbruch des Magnetfeldes induziert starke elektrische Wirbelfelder mit tangential extremer Beschleunigung von Atomkernen und Elektronen.

Mit der schlagartigen Verstrahlung der Sternmasse erlischt aber vor allem das gigantische Stern-Schwerefeld. Dies erscheint und wirkt in den großen Entfernungen des Weltraumes jedoch erst mit Invarianzgeschwindigkeit retardiert. Das Sternschwerefeld erlischt dann, wenn der sich kugelschalenförmig ausbreitende Schauer der Verstrahlungs-Neutrinos über den Beobachtungspunkt hinweggeht. Das schlagartige Erlöschen des Schwerefeldes der Sternmasse bzw Stern-Neutrinomasse erscheint wie eine Gravitations-Schockwelle. Der jähe Zusammenbruch des Stern-Schwerefeldes in einem Existenz-Kollaps kann indirekt merkwürdige Phänomene bewirken.

Auch Neutronensterne haben um sich Planeten, Kometen und Meteore; wohl gegen billion Kometen, wie unsere Sonne. Einzelne davon laufen dicht am Stern vorbei und erreichen dabei gewaltige Geschwindigkeiten. Die von einer Masse erreichbare Geschwindigkeit ist nur begrenzt durch die mechanische Reißfestigkeit des Meteors gegen die inhomogenen Beschleunigungskräfte. Der Existenzkollaps verdampft mit seiner Neutrinostrahlung solche Satelliten nicht, sondern gibt sie mit deren Momentangeschwindigkeit in den Interstellarraum frei. Dringt ein Meteor mit extrem hoher Bewegungsenergie — bis *MeV* pro Nukleon — in die Erdatmosphäre ein, so setzt er da H-bombenartig Energie frei. Der

Feuerball ist von Kernreaktionen aller Art begleitet, die örtliche Radioaktivität hinterläßt; wie der geheimnisvolle sibirische Meteor von 1908.

Ein übergroßer Masse-Riese kann noch mit mächtiger Helium-Wasserstoff-Atmosphäre brennen, wenn in seinem Neutronen-Kern bereits der Existenzkollaps eintritt. Mit dem Feldzusammenbruch und Kollapsstrahlungsdruck weicht die extrem überhitzte Sternatmosphäre hochexplosiv auseinander. In wenigen Tagen strahlt sie einen Großteil ihrer Energie ab und löst sich im Interstellarraum auf. Diese extrem helle Art von Supernova-Explosion ist sehr selten.

Die Grenzgrößen *

Mit Erreichen des Instabilitätspunktes erfolgt der Existenzkollaps praktisch ohne Verzug. An diesem entscheidenden Punkt besitzt der Stern die «Grenzgrößen». Zur Vereinfachung sei angenommen, daß die Sternmasse M nur aus der Masse seiner n Neutronen (Nukleonen) bestehe; kein nennenswerter Beitrag durch thermische Energie, Neutrinos, Photonen usw: $M = n \cdot m$.

Weil $h = mc\lambda$ ergibt sich: $MG/sc^2 = (n\lambda/s) \cdot G \cdot m^2/hc$.

Eine mathematische Hohlkugel, deren Masse M ausschließlich auf der Kugeloberfläche des Radius s lagert, entkoppelt bei $MG/sc^2 = 1$. Mit $G = (2/Y) \cdot hc/m^2$ folgt daraus die Grenzbedingung $n\lambda/s = Y/2$.

Dies würde freilich nur für den irrealen Fall einer Hohlkugel großer Masse gelten. Tatsächlich wie eine Hohlkugel verhält sich aber das einzelne Nukleon $(n = 1)$. Diesem ist jedoch kein «Innenraum» (die von ihm erschlossenen Wirkungsquanten sind nur im Außenraum) zuordenbar, dessen Wirkung hälftig zur stellaren Wirkungsintensität beitragen könnte. Damit ergibt sich die

Grenzbedingung für das Einzelnukleon: $n\lambda/s = Y$.

Große Nukleonenzahlen $(n \gg 1)$ formen sich real in einer Vollkugel: einen Neutronenstern mit praktisch überall Elementardichte ϱ_1 (Nukleondichte). Wird hierbei der Stern schon vor Entkopplung seines Mittelpunktes instabil, so ergibt sich die Grenzbedingung: $n\lambda/s < Y/3$.

Wird eine solche Ballung aber instabil, wenn deren Mittelpunkt entkoppelt, so liegt hierbei das Oberflächenpotential erst $(^2/_3)c^2$ unter dem Potential des flachen Weltraumes; also $MG/sc^2 = {}^2/_3$.

Mit $G = (2/Y) \cdot hc/m^2$ folgt die Grenzbedingung: $n\lambda/s = Y/3$.

Diese Bedingung ist für einen Stern immer bei Entkopplung seines Mittelpunktes erfüllt; sowohl, wenn er dabei stabil bleibt und fortlaufend verstrahlt, als auch wenn er dabei instabil wird und kollapiert.

Diese Grenzbedingung $n\lambda/s = Y/3$ gilt für Mittelpunktsentkopplung jeder Vollkugel, die überall gleiche Dichte aufweist. Hierbei kann aber die Dichte beliebig groß sein. Die konkreten Grenzgrößen verändern sich jedoch mit der Dichte: Die Grenz-Nukleonenzahl, der Grenzradius und die Grenzdauer reziprok mit der Wurzel aus der Dichte; die Grenzkraft proportional mit der Wurzel aus der Dichte; der Grenzdruck proportional der Dichte selbst. Infolge des nach innen ansteigenden Druckes bilden sich Schalen mit verschiedenen Aggregatzuständen und Dichten. Mit überall Nukleonendichte (ϱ_1) ergeben sich die Grenz-Größen:

Grenz-Größen:

$n\lambda/s$ Allgemeine Grenzbedingung $n\lambda/s = n_0\lambda/s_0 = Y/3$
(heute ist $Y/3 = 7{,}0963 \cdot 10^{38}$)
Für Dichte $\varrho_1 = m/V_1$ gilt: $n_0 = (s/\lambda)^3$; damit:

n_0 Grenz-Nukleonenzahl $n_0 = (Y/3)^{3/2}$
(heute ist $n_0 = 19 \cdot 10^{57}$; 16 fach der Sonne)

s_0 Grenz-Radius $s_0 = \lambda \cdot (Y/3)^{1/2}$
(heute ist $s_0 = 35\ km$; $^1/_{20000}$ der Sonne)

t_0 Grenz-Dauer $t_0 = \tau \cdot (Y/3)^{1/2}$
(heute ist $t_0 = 120\ \mu sec$; wie Blitzlicht)

K_0 Grenz-Schwerkraft auf m $K_0 = (^2/_3)(h/\lambda\tau)/(Y/3)^{1/2}$
(Kraft/Masse an der Oberfläche heute $1{,}70 \cdot 10^{12}\ N/kg$)

p_0 Grenz-Druck $p_0 = (h/\lambda\tau)/(4\pi\lambda^2)$
(statischer Druck im Mittelpunkt, stets $5{,}18 \cdot 10^{33}\ N/m^2$)

Mit K_0 wird ein Nukleon an der Oberfläche vom Grenzstern angezogen; $2{,}85 \cdot 10^{-15}\ N$; dh $173 \cdot 10^9$ Erdfeld ; stärkstes Schwerefeld im Kosmos.

Mit p_0 werden die Nukleonen im Mittelpunkt des Sterns gepreßt; $5{,}18 \cdot 10^{33}\ N/m^2 = 51{,}8 \cdot 10^{27}\ Bar$; stärkster statischer Druck im Kosmos.

Wie die Invarianzgeschwindigkeit c eine quasi-unendliche Größe darstellt, so ergeben sich an der Existenzgrenze quasi-unendliche Grenzgrößen: wie unendlich groß werdend bzw zu null verschwindend.

Die Grenzgrößen werden von der Existenzvariablen Y, dh von der Welt-Wirkungsintensitätszahl festgelegt. Sie bestimmt die Materialität des Kosmos und sie bestimmt die Seinstiefe, das Niveau des Seins unter dem Nichts. Sie bestimmt die Mächtigkeit der Massenballungen innerhalb des Kosmos und den Materiegehalt des Kosmos im Ganzen.

Der ganze Kosmos ist eine Ansammlung von Nukleonen, von Materie; eine «Grenzmasse» mit von außen verschwindenden Größenwerten (wie ein Punkt), aber mit von innen gewaltigen Abmessungen. Die innere Masse des Kosmos wird von der Existenzvariablen Y festgelegt. Zur Zeit Z_i der Inhomogenisierung und die folgenden 5 Jahrmilliarden (also vor 12 bis 18 milliarden Jahren) ergab sich mit dem maximalen Y von knapp $\frac{1}{2}\cdot 10^{40}$ der maximale Nukleonengehalt des Kosmos von parametrisch 10^{80}; absolut 10^{85}. In dieser Zeit maximaler Grenzgrößen begannen sich die Galaxien zu strukturieren und die Sterne zu ballen.

Diese Phase mit dem Höchstwert der Existenzvariablen Y ist gleichsam in jeder Weise am weitesten vom Nichts entfernt; die mächtigste Seinsentfaltung in einem existentiellen Maximum; die Vollkraft des Kosmos zwischen einem jugendlichen Aufstieg des noch Unstrukturierten und einem greisenhaften Abstieg des schon Überstrukturierten.

Seither ist die Existenzvariable Y, die Welt-Wirkungsintensitätszahl, und damit der Materieinhalt des Kosmos stetig abgefallen. Zur Zeit ist $Y = 2{,}1289\cdot 10^{39}$. Damit ist G schon wieder auf das doppelte des Minimalwertes angestiegen. Der Gravitationsfaktor G steigt zunehmend an; heute mit rund 3% pro Jahrmilliarden. Damit fällt die Grenznukleonenzahl n_0 ab; heute ungefähr reziprok mit dem Weltalter.

Bei dem kleineren G der Frühzeit haben sich mehr massereiche Sterne gebildet. Weil die Abbrenngeschwindigkeit eines Sterns mit der 3. Potenz seiner Masse zunimmt, sind die in der Anfangszeit mit mehr als 1,5facher Sonnenmasse gebildeten Sterne bereits ausgebrannt. Mit wenig oder ganz ohne Kohlenstoff brennen Masseriesen — paradoxerweise — sogar schneller, weil sie sich mit dem «langsameren» *pp*-Prozeß auf ein Gleichgewicht mit höherer Temperatur und Dichte einstellen müssen. Auch das viele Interstellargas — rund 10% der sichtbaren Materie —, welches bereits nuklearen Brennprozessen in Galaxenkernen und in Sternen unterworfen war, deutet darauf hin, daß der größte Teil der Materie bereits verstrahlt ist. Schätzungsweise ist von der noch nicht verstrahlten Materie auch schon fast so viel in Neutronensternen entartet, wie noch in Sternen leuchtet.

Durch Ansaugung von Gas und Staub kommen die Neutronensterne an die Existenzgrenze, an welcher die Materie verstrahlt und verschwindet. Mit dem steigenden Gravitationsfaktor G nimmt zudem der Grenzwert n_0 der Stern-Nukleonenzahl ab, so daß Neutronensterne mit schon immer kleineren Massen an die Existenzgrenze kommen.

Mit dem Verschwinden immer kleinerer Massen geht die kosmische Geschichte unaufhaltsam einem absoluten Weltende entgegen. Am Ende des Kosmos wird sogar das Einzelnukleon zur Grenzgröße. Ein einzelnes Nukleon, das keinen wirkungserfüllten Innenraum besitzt, entkoppelt mit seiner Oberfläche $(s = \lambda)$. Damit geht für das Einzelnukleon $(n = 1)$ die allgemeine Grenzbedingung $n\lambda/s = Y/3$ in $n\lambda/s = Y$ über. Weil für das Einzelnukleon $n\lambda s = 1$ ist, verschwinden die letzten Nukleonen, wenn Y wieder bis auf 1 abgefallen ist. Dies ist das absolute Weltende: bei Z_e für $Y = Y_e = 1$.

Mit $Y = 1$ ist das erste Nukleon entstanden und mit $Y = 1$ verschwindet das letzte Nukleon wieder aus dem Dasein: eine eindrucksvolle Konsequenz des kosmischen Geschehens.

Die Grenzgrößen bestimmen somit die Materie-Entstehung und vor allem die Materie-Vergehung: die Entwicklung des Kosmos.

Ballungsdynamik und Weltende

Die Grenzgrößen-Werte und der G-Anstieg bestimmen die Materievergehung im Weltall. Die totale Vergehung mit Verschwinden der letzten Nukleonen ist bei Z_e von rund Z_i^2; das ist in etwa 10^{50} Jahren. Die konkrete Geschichte des Kosmos wird hierbei noch entscheidend davon bestimmt, welche und wie große Kräfte die Ballung der Materie verursachen bzw dem raschen Zusammenfall entgegenwirken.

Die Ballungsdynamik ist nur schwer erfaßbar. Die Uranfänge der Wasserstoffballungen knüpfen sich vermutlich sogar an mikrophysikalische Keimbildungen, aus denen heraus sich der Kosmos in prinzipiell freien Spielräumen gestaltete. Gleichsam würde jeder neue Kosmos, trotz völlig gleichen Anfangs, immer wieder anders aussehen. Die späteren Ballungsvorgänge sind zwar determiniert, aber wegen ihrer unübersehbaren Vielseitigkeit theoretisch kaum erfaßbar.

Der Umstand, daß vor 15 milliarden Jahren die vielfache Nukleonenzahl wie heute vorhanden war, deutet auf eine sehr starke Ballungsneigung der Nukleonen. Nur die einsetzenden kernatomaren Reaktionen, deren

Energien vom Zentrum her die Sterne aufblasen, haben bisher die Materievergehung wenigstens soweit bremsen können, daß heute überhaupt noch strahlende Sterne vorhanden sind. Nach Erschöpfung des kernatomaren Brennstoffs steht der Ballung und Vergehung nichts mehr entgegen. Die kernatomaren Reaktionen verlängern auch über den Massenabtrieb die Gestaltungsphase des Kosmos. Mit dem noch unverbrauchten Gas, das aus den oberen Sphären der brennenden Sterne abgetrieben wird, können sich wieder neue Sterne ballen. Haben sich aber einmal zu viele Neutronensterne gebildet (wie heute schon etwa im Zentrum der kleinen elliptischen Galaxien), welche das angebotene Gas verschlucken, dann entstehen keine neuen Sterne mehr.

In 30 milliarden Jahren werden keine neuen Sterne mehr gebildet werden; in 100 milliarden Jahren keine Sterne mehr brennen: Der Tod des Weltalls ist damit eingetreten; als Vergehung des lebendigen, leuchtenden, gestalteten Kosmos.

In 200 milliarden Jahren sind alle Weltkörper mit Sonnenmasse, in billion Jahren sind alle Weltkörper mit mehr als $^1/_{10}$ Sonnenmasse bereits verschwunden. Als gähnend leerer, grauenhaft dunkler, absolut kalter, unrettbar toter Staub- und Gaskosmos wird er während einer unvorstellbar langen Zeit langsam seinem absoluten Ende entgegen gehen: dem Verschwinden jeglicher Materie, ja von Raum und Zeit selbst.

Unmittelbar vor der vollständigen Vergehung aller Materie sind in dieser sich selbst entfremdenden Raumzeit schon keine Sterne, keine Steine, keine Staubkörner mehr existenzfähig; nur noch vereinzelte Atome, Nukleonen. Mit schließlicher Totalentleerung ist kein Raum und keine Zeit, der ein Nebeneinander und die ein Nacheinander begründen könnte: Brächte gleichsam ein Dämon ein Nukleon, ein Atom oder was immer hinein, würde dies sofort verschwinden; er könnte es gar nicht hineinbringen; es gäbe gar kein «Hinein» mehr. Raum und Zeit könnten auch nicht die kleinste Masse im Dasein halten; sie haben ihr Wesen und Dasein verloren; Raum und Zeit selbst sind nicht mehr; nichts.

Das ondulierte Nichts

Ist mit dem Verschwinden jeglicher Materie wirklich alles verschwunden? Existieren die Neutrinos und Photonen, deren Massen sich unbegrenzt verkleinern können, dann auch nicht mehr; gleichsam in einer quasi-Raum-Zeit?

Ein Neutrino, ebenso ein Photon, ist überhaupt kein objektivierbares «Teilchen»: Es ist das Energiequantum, das der Potentialität (Möglichkeit) einer Reaktion eines ausgedehnten Wellenfeldes zugeordnet ist. Immer und überall im Bereich der unbegrenzt ausdehnungsfähigen Welle ist diese Potenz als «Reaktionswahrscheinlichkeit» gegeben. Eine Reaktionspotentialität, eine Reaktionswahrscheinlichkeit gibt es aber prinzipiell nur, sofern ein Reaktionsobjekt existiert. Ist nach Vergehen aller Materie die Potentialität prinzipiell erloschen, so ist eine Neutrino- und Photonenexistenz wesenhaft leer und nichtig.

Dieses aktuelle und essentielle Verschwinden ist zugleich ein energetisch-existentielles Verschwinden: Wie jeder Masse, so ist auch der Strahlungsmasse m'' eines Neutrinos oder Photons die Massenenergie $E = m''c^2$ und die Potentialenergie $P = m''\Phi = -m''c^2$ eigen. Wie groß auch immer m'' und wie groß auch immer ein c-Wert nach Verschwinden der Nukleonen sein möge, gilt: $E + P = m''c^2 - m''c^2 = 0$.

Somit war und ist auch die Gesamtenergie eines Neutrinos oder Photons immer null; bei totaler Nichtobjektivierbarkeit, Nichtindividualisierbarkeit und Nichtlokalisierbarkeit in Homogenität. Der vollständige Energie-Impuls-Tensor der Massen- und Potentialenergie aller Strahlung ist null. Im Verschwinden aller energetischen Größen geschieht die absolute Existenz-Nichtigung.

Die Welt-Expansion und Welt-Alterung ist der Existenz dieses Kosmos wesenhaft eigen; Raum *ist* Expansion, Zeit *ist* Alterung. Immer weiter fortschreitende Expansion und immer weiter fortschreitende Alterung ist der Geschichte dieses Kosmos wesenhaft eigen; es gibt keine Kontraktion, es gibt keine Verjüngung. Welttiefe R und Weltalter T sind miteinander in der universellen Naturkonstanten $c = R/T$ verbunden; eben diese Expansion und Alterung macht diese Größe c zur universellen Invarianten mit quasi-unendlicher Größe.

Expansion und Alterung ist identisch dem Raum und Zeit erschließenden Versinken jeden Nukleons; dies eben macht die Existenz des Nukleons und aller Materie. Mit Auftreten des ersten Nukleons taucht Raum und Zeit — ungewesen — aus dem Nichts auf. Mit Verschwinden des letzten Nukleons geht Raum und Zeit — gewesen — wieder unter. Aus dem Nichts mit einem punktförmigen Raum-Zeit-Anfang hervorbrechend, kommt das Weltall; in gigantischen Abmessungen seine mächtige Materialität entfaltend, existiert das Weltall; immer weiter expandierend und alternd vergeht das Weltall in einem entleerten Raum-Zeit-Ende wieder in das Nichts.

Allmacht und Ewigkeit

Die Schöpfung

Vor der Schöpfung war nur Gott; jenseits allen Raumes, aller Zeit, aller Materie. Alle Räume, Zeiten, Massen und alles Sein ist in Gott. Außer Gott ist nichts; das Nichts selbst ist von Gott umfangen.

Die Materie des Weltalls ist heute in Sternen — wie unsere Sonne — geballt. Hundertmilliarden Sonnen gehören einer Galaxie an, wie unsere Milchstraße; einem «Himmel der Sterne», wie die Bibel dies bezeichnet. Und wiederum zehnbilliarden solcher Galaxien bilden das totale Weltall; den «Himmel der Himmel». Wie die Heilige Schrift sagt, hat Gott noch über diesem Himmel der Himmel Seinen Thron. Gott ist noch über dem Universum.

Doch als die Materie dieses Himmels der Himmel und darunter auch der künftigen Erde geschaffen wurde, war noch nichts gestaltet. Und Dunkelheit verhüllte die gewaltigen Tiefen des Raumes. Die Materie entstand als Neutronen, die sich in Wasserstoff-Plasma verwandelten. Aus diesem sollten sich die künftigen Galaxien mit ihren Sternen und deren Planeten gestalten.

Damit war die eigentliche Schöpfungsphase, die Entstehung der Materie aus dem Nichts abgeschlossen. In einer milliarde Lichtjahre Raumtiefe mit absolut einer milliarde Jahre Weltalter war Wasserstoff von zehntrilliarden Sonnenmassen präsent; absolut billion mal zehnbilliarden Sonnenmassen. Es begann das Werk der Scheidung.

Der schöpfungsmächtige Geist zwang die Materie zur Gestaltung. Die Materiewellen der Entstehungs-Neutronen leiteten die Inhomogenisierung ein. Hundertmillion Jahre vor den ersten Atomkernreaktionen begannen sich in der Dunkelheit Ballungen abzuzeichnen. Die Protonen und die Elektronen des Wasserstoff-Plasmas kamen einander näher und in gegenseitigen Stößen entstanden Photonen einer intensiven Licht-Strahlung. Die Ballungen begannen zu leuchten; eine jede 100fach wie heute eine ganze Galaxie. Aus der Gravitationsenergie gespeist, kam eine Überfülle von Licht in den Kosmos; geschieden von der Dunkelheit des Raumes zwischen den Ballungen.

Das Wasserstoff-Plasma begann sich nun in jene Wasserstoff-Massen zu teilen, welche an den Ballungen noch nicht teilnahmen, und jene, welche die Ballungen bildeten. So grenzte sich jede einzelne Ballung im Raume ab. Mit der Totalverstrahlung riesiger Massen im existenzentartenden Zentrum setzten gigantische Turbulenzen und Explosionen in einer jeden Ballung ein, womit sich diese zur Galaxie entwickelte.

Milliarden von Jahren nach der Scheidung von Licht und Finsternis und hundertmillionen von Jahren nach Scheidung des kosmischen Wasserstoffs, entstanden die ersten Sterne. Sechs milliarden Jahre danach entstanden erst unsere Sonne, unser Mond und unsere Erde. Damit erst ergab sich nun auf der Erde die Abscheidung der Wasser von den Kontinenten in den Ozeanen — und die Besiedelung von Meer und Land mit allen Arten von Lebewesen; unter dem Licht von Sonne, Mond und Sternen.

In der Entstehungsphase des Homogenkosmos waren die Nukleonen voneinander wesenhaft ununterschieden; jedes dem Ursprung zugeordnet. Sie waren nicht lokalisiert und nicht individualisiert; in einer All-Einheit des Weltalls: die notwendige Voraussetzung für die Entstehung von Nukleonen, von Materie.

Mit der Inhomogenisierung begann die Lokalisierung und Individualisierung der Materie, mit welcher zwangsläufig die Nukleonen-Entstehung endete. Es begann die Strukturierung des Weltalls: die Gestaltungsphase. Es bildeten sich absolut zehnbilliarden Galaxien. In jeder Galaxie ballten sich hundertmilliarden Sterne. Und viele Sterne bekamen Planeten. In einer gigantischen Evolution bildeten sich immer mehr unterschiedene und immer höher organisierte Gestalten: bis zu den höchsten Lebewesen auf unserer Erde.

Mit der Inhomogenisierung wird aber zugleich auch das Vergehen der Materie eingeleitet. Der Brennstoff der leuchtenden Sterne erschöpft sich. Die Sterne entarten mit Nukleonendichte und schwinden an ihren Grenzgrößen aus dem Dasein. Immer kleinere Massen verschwinden. Heute — 20 milliarden Jahre nach dem Ursprung — existieren nur noch kleine Anteile der ehemaligen Materie als leuchtende Sterne. In hundertmilliarden Jahren gibt es keine leuchtenden Sterne mehr im Weltall. Damit ist das Weltall in die Vergehungsphase getreten: trillion mal trillion mal billiard Jahre in Kälte, Nacht und Grauen; bis zur Vergehung der letzten Reste der Materie, als Totalvergehung von Masse, Raum und Zeit ins Nichts.

Eine unheimliche Ureigenart allen Seins wird offenkundig: Das Heraustreten aus der All-Einheit ist Individualisation und Isolation, ist Gestaltung und Zerstörung, ist Entfaltung und Vergehung, ist Leben und Tod zugleich.

So hat das Weltall Anfang und Ende in der Zeit. Und ebenso ist es auch endlich im Raum. Vom Ursprungspunkt, dem raum- und zeitlosen Anfang der Welt ausgehend, weitet sich das Weltall unentwegt: als 4-dimensionales Kontinuum mit 3 Raumdimensionen und einer jeweils verschieden gerichteten Zeitdimension. Mit einer Expansion im Raum und einer Alterung in der Zeit — niemals kontrahierend und nirgends verjüngend — läuft das Weltall gegen sein Ende: in der Nichtigung von Raum und Zeit selbst.

Das Weltall ist in einer untrennbaren Raum-Zeit-Union strukturiert. Und in dieser Union ist es von einer wunderbaren Anschaulichkeit und Einfachheit. Das Weltall ist endlich und begrenzt; aber in offener Endlichkeit begrenzt: in Unerreichbarkeit seiner Grenzen.

Das Weltall ist nicht derart geschlossen, daß es umlaufbar wäre. Es gibt einen in allen Richtungen räumlich weitest entfernten und zeitlich weitest zurückliegenden Punkt. Dies ist der «Rand» und zugleich «Ursprung» des Weltalls. Der Rand ist räumlich am weitesten entfernt; er ist uns gegenüber am ausgedehntesten expandiert. Der Ursprung ist zeitlich am weitesten zurück; er ist gegenüber uns am längsten vergangen.

Von wo ist dieser Rand räumlich am weitesten entfernt; von wann ist der Ursprung zeitlich am weitesten zurückliegend? Von unserem Hier und Jetzt, von unserem Bezugspunkt. Wie für uns, so gilt dies aber für jeden Bezug, mit seinem anderen Hier und Jetzt. Jede Galaxie, jedes Existierende ist für sich im Mittelpunkt des Kosmos: eine Ur-Eigenheit allen Seins; Jeder ist in seinem Ich Mitte.

Was ist jenseits von Rand und Ursprung; jenseits des Anfangspunktes des Weltalls? Außerhalb der Schaffung des Raumes ist eben kein Raum; vor der Schaffung der Zeit ist eben keine Zeit. Jenseits von Rand und Ursprung ist das raumlose und zeitlose Nichts; nicht nur Leerheit: das absolute Nichts. An dieser Grenze ist das Weltall geschlossen; aber nicht geschlossen als ein Endpunkt, sondern als Anfangspunkt.

Ist diese Grenze erreichbar? Man müßte in die Vergangenheit zurücklaufen, um Rand und Ursprung zu erreichen. Umgibt uns aber nicht dieser Rand — wie die Oberfläche einer Kugel den Kugelmittelpunkt — von allen Seiten in 20 milliarden Lichtjahren Entfernung, so daß man mit genügend großen Geschwindigkeiten doch dorthin gelangen müßte?

Nähmen wir auch eine Geschwindigkeit, welche der quasi-unendlichen Invarianzgeschwindigkeit extrem nahe kommt, so könnten wir fast ohne Alterung extrem große Strecken laufen. Der Grenze des Weltalls in Rand und Ursprung kämen wir trotzdem nicht näher. Die Galaxien, die wir auf dieser Reise erreichen, würden wir in ihrem Raum und in ihrer Zeit sogar in noch weiter vertieftem Raum und in noch weiter vorangeschrittener Zeit antreffen; noch tiefer und noch älter. Nie läuft man gegen den Anfang; mit jedwelcher Geschwindigkeit — schnellstbewegt wie ruhend — läuft man immer nur gegen das Ende.

Was ist aber, wenn wir einfach verharren; im Hier und Jetzt verbleiben? In unserem Hier und Jetzt ist das Weltall offen; offen in fortlaufender Vertiefung des expandierenden Raumes; offen im fortlaufenden Gleiten unserer Gegenwart in die Zukunft der alternden Zeit. Gibt es in dieser Richtung eine Grenze; einen das Weltall schließenden Punkt? Diesen Punkt gibt es: eben als Ende, welches das Weltall abschließt. Aber auch diese Grenze ist wesenhaft für kein Existierendes erreichbar:

Diese Grenze wäre dann erst erreicht, wenn im Verschwinden des letzten Nukleons keine neuen Raumelemente und keine neuen Zeitelemente mehr erschlossen werden. An dieser Grenze ist nicht nur jede Materialität verschwunden; auch Raum und Zeit werden selbst leer und nichtig. Und was ist jenseits dieser Grenze? Wo der Raum selbst nicht mehr ist, gibt es auch kein tiefer; wo die Zeit selbst nicht mehr ist, gibt es auch kein später; da ist nur noch das raum- und zeitlose Nichts; nicht nur Leerheit: das absolute Nichts. An dieser Grenze ist das Weltall offen; als unerreichbarer Endpunkt.

Das Weltall ist endlich und begrenzt; aber begrenzt in Unerreichbarkeit seiner Grenzen. Das Sein ist ein Loch im Nichts; aber ein Loch, in welchem das Sein dem Nichts nirgends begegnet. Es ist eine Ureigentümlichkeit alles Seienden: Keinem Geschaffenen ist die Grenze seines Seins erreichbar; kein Seiendes kann sich selbst einholen.

Alles innerkosmische Sein ist in der Tiefe des existentiellen Potentials. Jede Materie — wie immer bewegt und geballt und wie groß auch die relativen Unterschiede — ist in der gleichen Tiefe $-c^2$ unter dem Nullpotential; unter der Raum- und Zeitlosigkeit des Überweltlichen, des Ewigen. Alles und jedes ist zu Null defektiert vor dem Absoluten, ist in seiner Totalenergie nichtig. Noch so große Energie reicht nicht aus, eine noch so kleine Masse das Nullpotential erreichen zu lassen. Vor Gott, dem allein Absoluten und Ewigen, ist alles und jedes in gleicher Weise nichtig. Keine noch so große Anstrengung eines Endlichen ist ausreichend, die Grenze zur raum- und zeitlosen Ewigkeit zu erreichen, in der alle Räume, Zeiten und alle Materie in Allmacht geschaffen sind.

Mit Entstehung des ersten Nukleons wurde das Weltall eröffnet; in einem Anfang des Daseins von Raum und Zeit — und des Daseins von Materie in Raum und Zeit. Mit Vergehung des letzten Nukleons wird das Weltall wieder geschlossen; in einem Ende des Daseins der Materie — und des Daseins von Raum und Zeit selbst. Dazwischen traten gewaltige Weltmassen in das Dasein und aus dem Dasein. So gibt es eine kleinste Masse als Einheit der eigentlichen Materie: die Elementarmasse m, welche sich im Proton verkörpert, zusammen mit der Masse seiner Ladungsergänzung, welche sich im Elektron verkörpert. So gibt es eine größte Masse als Weltmasse: in der Gesamtheit aller Nukleonen.

Der Homogenkosmos war noch kein gestaltetes Sein; unfaßbare Schattenhaftigkeit in homogenem Potential. Schon die winzigen Potentialschwankungen der statistischen Verteilung leiteten die Inhomogenisierung, die Ballung der Massen ein. Damit wurde der Kosmos zu strukturiertem, gestaltetem Dasein; zugleich einem Dasein in Unterschieden des Potentials, des energetischen Status, des Ranges des Daseins. Ein Oben und Unten begann das Sein zu bestimmen.

Urgewaltig ist der Blick nach oben; der Anblick der Sternheere der Galaxis — und der Heere der Galaxien im Weltall. Und unheimlich ist der Blick nach unten; der Anblick der Neutronensterne. Dort lauert eine untere Grenze, die schließlich alle Materie des Weltalls verschlingen wird: das relative Grenzpotential $-c^2$.

Wie jeder Punkt dieses Kosmos gegenüber dem absoluten Nullpotential gleiches existentielles Potential $-c^2$ besitzt, so besitzt das Grenzpotential nochmals den immer gleichen Relativwert $-c^2$ gegenüber jedem Bezugspunkt, der relativ zu sich selbst naturgemäß das Relativpotential Null inne hat. Dieses Grenzpotential ist die für Materie unerreichbare untere Existenzgrenze. In der Ballung der erschöpften Materie wird unaufhaltsam alle Materie gegen diese Grenze der Vernichtung getrieben: verstrahlend geht sie in eine Energie über, die unbegrenzt verrotend sich selbst nichtigt.

Im Schwerefeld ist jede Masse mit jeder verhaftet. Die damit gegebene Potentialenergie ist negativ gleich der Massenenergie. Die Totalenergie jeder Masse ist Null. Vor dem Absoluten ist jedes Sein nichtig. Aber in der Relation sind gewaltige Massen in Raum und Zeit, ist gewaltiges Sein. Vollzieht eine Massenballung die Null-Bilanz schon in sich, so hat sie ihre Existenzmöglichkeit verloren. Die Grenzballung schwindet im Existenzkollaps aus dem Dasein.

Das Selbstgenügen ist Nichtigung, Tod. Nur Gott genügt sich selbst.

Das Weltall im Ganzen hat die Totalenergie Null. Aber auch die Totalladung, der Totalimpuls und alle Totalgrößen sind Null. Auch das Weltall im Ganzen ist eine Grenzballung; ähnlich und doch anders: Die Grenzsingularitäten haben kein «Innen», sie sind keine «Eigenkosmen». Und das Weltall hat kein «Außen», es ist keine Grenzsingularität in einem «Überkosmos». Aber seine Existenz ist Fluß; unentwegte Ausweitung im Raum und in der Zeit; mit anfänglicher Vermehrung seiner Masse und endlich wieder Verminderung. Der Kosmos ist Entstehung, Gestaltung und Vergehung; Vergehung in Grenzsternen, die das seinsauflösende Ende des Kosmos im Einzelnen vorwegnehmen und im Ganzen einleiten und vollenden. Die Existenz, das Sein des Kosmos, ist Durchgang vom Nichts in das Nichts.

Das Weltall ist begrenzt. Am Anfang und Ende, außen und innen, oben und unten grenzt es an das Nichts; ist es vom Nichts begrenzt. Doch diese Grenze, dessen Erreichen die Vernichtung der Existenz bedeuten würde, ist von keinem Existierenden erreichbar. Unerreichbar ist jedem geschaffenen Sein jener Aspekt der Allmacht und Ewigkeit, welcher nur Gott selbst eigen ist: jenem über allen Räumen und Zeiten thronenden Gott, dem Herrn über das Sein und das Nichts.

Die in den Massen verkörperten positiven Energien des Weltalls existieren, weil ihnen in ihrer Raum-Zeit-Versunkenheit gleichgroße negative Potentialenergien die Waage halten; gleichsam das Sein im Nichts ausbalancieren. So sind in der Tiefe des Potentials des Weltalls endliche Massen da, größer als nichts; sind endliche Räume da, größer als nichts; sind endliche Zeiten da, größer als nichts. Gegenüber dem Nichtablauf von Zeit in der Zeitlosigkeit des Nullpotentials, gibt es Zeitablauf im existentialen Potential des Kosmos. Darum *ist* Zeit, darum *sind* Ereignisse, Massen und Energien im existentiellen Potential, im geschaffenen Sein. Gegenüber dem Nullpotential ist — gleichsam in einer totalen Zeitkontraktion, begleitet von einem totalen Zeitgradienten — alle Zeit und alle Geschichte des Kosmos wie punktförmig für ewig gegenwärtig.

Diese Allgegenwart aller Zeiten und Ereignisse in der Zeitlosigkeit des geheimnisvollen Nullpotentials, des unerreichbaren Nichts, ist eine Allgegenwärtigkeit in der Personalität Gottes. Dies ist die absolute, all-einfache Bewußtheit; bewußte Gegenwart alles Seienden: die Allwissenheit des souveränen Herrn aller Welten. Allmächtigkeit und Allwissenheit in Allgegenwart ist die Dreiheit der absoluten, ewigen Majestät Gottes. Eine Ahnung dämmert auf von jenem uneinnehmbaren, undenkbaren Jenseits allen Seins; eine Ahnung von der Ewigkeit, die nicht als unbegrenzt weiterlaufende Zeit ist, sondern als zeitlose Überzeitlichkeit; als Immer-Gegenwart aller Ereignisse:

Sein von Massen als Galaxien und Sternheere in fortgesetztem raum- und zeiterschließendem Versinken; gegenüber einem existentiell nicht-vollziehbaren «Oben»; einem Oben, das gegenüber allem Seienden Unendlichkeit und Ewigkeit in Allgegenwart bedeutet. All und Nichts zugleich, in welchem das Weltall — mit allen Energien, Massen, Ereignissen — als immer und überall gegenwärtiges, übermaterielles Sein existiert; mit allen Ausdehnungen wie als verschwindender Punkt und mit seiner gesamten Geschichte als blitzartige und doch immer gegenwärtige Vergänglichkeit. «Vor Gott sind tausend Jahre wie ein Tag»; Gottes Räume sind nicht unsere Räume — und Gottes Zeiten sind nicht unsere Zeiten. Vor Gott dem Ganz-Anderen, vor der schöpfungsgewaltigen Allmacht wird Sein und Nichts, wird Anfang und Ende eins:

«Ich bin der Erste und der Letzte, der Anfang und das Ende.»

Die Nichtigkeit aller Grenzen

Weltentstehung und Weltvergehung! Ungewesen entsteht das Weltall aus dem Nichts — und gewesen vergeht es wieder in das Nichts. Übergigantische Räume, Zeiten und Massen kommen und gehen wie ein Hauch.

Gewaltig berichtet das letzte Buch der Bibel, die Apokalypse, vom Weltende; *Apk 20, 11*: «Vor dem auf dem Throne flohen Himmel und Erde, wie eine Buchrolle, die man schließt, und es fand sich keine Stätte mehr für sie.» *Apk 21, 5:* «Der auf dem Throne saß, sprach: Was war, ist vergangen. Siehe, Ich mache alles neu. Ich bin das Alpha und das Omega; der Anfang und das Ende.»

Unfaßbar gewaltig sind Raum, Zeit und Masse dieses Weltalls. Aber sie sind endlich: ein irgendwie beruhigender Gedanke.

Eine unheimliche Frage taucht auf: Hat dieser Gott etwas Endliches geschaffen; ist dieser Gott selbst endlich? Ist aber dieses «Weltall» wirklich das All, das erschöpfende Alles?

Siehe, Ich mache alles neu! Gibt es nach diesem Weltall, nach dessen Vergehen in Raumlosigkeit und Zeitlosigkeit, ins Nichts, nochmals ein neues Weltall? Gibt es vielleicht überhaupt andere «Alls», andere Kosmen?

Wann waren diese anderen Kosmen, wann werden sie sein; früher, gleichzeitig oder später als unser Kosmos? Wo sind diese anderen Kosmen; wie weit entfernt in welcher Richtung, hier oder dort?

In der Torheit und Leerheit dieser Fragen wird die Allmacht erahnbar: «Früher und später» sind Ordnungen in der Zeit; in der Zeit dieses unseres Kosmos. Es gibt kein früher und später außerhalb dieser Zeit. «Hier und dort» sind Ordnungen im Raum; im Raum dieses unseres Kosmos. Es gibt kein hier und dort außerhalb dieses Raumes. Andere Kosmen, mit ihren eigenen Zeiten und Räumen, sind außerhalb jeglicher zeitlichen und räumlichen Relation. Sie sind nicht «früher», nicht «jetzt» und nicht «später»; sie sind nicht «hier» und nicht irgendwo «dort». Ob sie überhaupt «sind» oder «nicht-sind», ist unserem Sein unerreichbar entzogen. Ihr Sein und ihr Nichts ist nur im Wort der unbegrenzten Allmacht; jenseits aller Zeiten und Räume in der Ewigkeit.

In jenem Nichts, jenseits aller Räume und Zeiten, ist alles nichtig. Da sind auch alle Begrenzungen nichtig — und das Unbegrenzte, das Unendliche wird zu einer unheimlichen Möglichkeit und Tatsächlichkeit:

Nichtig ist die Grenze der Zahl der Kosmen. Jede noch so große Zahl erschöpft nicht die Zahl der Kosmen; nicht abzählbar. Darin gründet die Unendlichkeit. Zahllose Kosmen; jeder — nach außen gegen das Nichts — in Nichtigkeit verschwindend; jeder — nach innen in sich selbst — in frageloser Daseinhaftigkeit, von gewaltigem Sein.

Nichtig ist die Grenze der Absonderlichkeit. Jede Gott-Nähe ist vollziehbar; unbegrenzt bis zur Vereinigung: «er ist in Mir und Ich bin in ihm». Darin gründet das herrschaftliche Geheimnis der Eucharistie. Jede Gott-Ferne ist vollziehbar; unbegrenzt, bis zur Abschließung: «wahrlich, wahrlich, Ich kenne euch nicht». Darin gründet das furchtbare Geheimnis des Bösen. Ich-hafte Bewußtseins-Elemente sind, mit jedem Grad von Weite und Macht und in jedem Maß der Entfernung vom unbegrenzten Bewußtsein Gottes, möglich und tatsächlich.

Nichtig ist damit jede Grenze der Eigenart der Kosmen. Zu jeder Art von Wesen, zu jedem Maße der von ihnen gewollten und vollzogenen Absonderung, schafft das gesetzgebende Wort des absoluten Souveräns die ihnen arteigene Welt. Darin gründet die göttliche Gerechtigkeit. So gibt es alle Arten von Gesellschaften und Lebensräumen; die verschiedenartigsten Welten und Kosmen: unermeßlich herrliche, aber auch unausdenklich grauenvolle. Damit wird der Himmel, aber auch die Hölle zum Schöpfungsakt göttlicher Liebe, der jedem das seinige zuwendet. So ist die Gerechtigkeit zugleich ein Akt der Liebe Gottes, die jeden im Dasein hält; nach Art der von ihm selbst vollzogenen Wahl.

Kosmen, unbegrenzt an Zahl; größer als jede noch so hoch angebbare Zahl. Kosmen, unbegrenzt an Eigenart; von wundervoller Herrlichkeit, aber auch von abgrundloser Entsetzlichkeit.

Zugleich ist dies die absolute Voll-Kommenheit; eine unheimliche Voll-Ständigkeit, in welcher nichts, auch nichts Unvollkommenes fehlt. Welten allen Grades von Vollkommenheit wie Unvollkommenheit sind vor Gott existent. Keine Phantasie kann diese grundlosen Tiefen ausloten. Nichts kann vor dieser erschreckenden Vollkommenheit, über diesem gähnenden Abgrund der Grenzenlosigkeit, Geborgenheit geben.

Diese Unbegrenztheit ist von einer geradezu unerträglichen Gewalt: sie raubt dem Schauenden den Atem, sie droht das Leben zu erdrücken, das Denken dem Wahnsinn preiszugeben. Urangst und Urgrauen überfällt den Geschaffenen vor der Allmacht und Ewigkeit: Erlöscht das Feuer meiner Personalität einmal für immer; für alle Zeiten aller Welten, in ein nicht endendes Nichts? Ist mein Ich verurteilt, alle Herrlichkeit und alle Qual zahlloser Kosmen zu durchleben; ohne Ende? Solch ewiger Tod und solch ewiges Leben ist gleichwohl schonungsloses Preisgegebensein an die Unermeßlichkeit; beides ist die Hölle.

Gleichsam: Das Nichts ohne das Sein, ebenso das Sein ohne das Nichts sind gleichwohl Grauenhaftigkeit und Verlorenheit; sind Verlust Gottes. Allein in Gott — in Seiner Allmacht und Herrlichkeit — ist Sein und Nichts in unerschöpflichem Spiel vereinigt. Allein in Gott, dem Unwandelbaren, ist die «ewige Ruhe»: ewig lebend angesichts Gottes in all Seiner Schöpfung, doch dem Wandel alles Geschaffenen nicht preisgegeben; himmlische Ruhe in feurigem Leben: «Gott, alles in allem.»

Nur ein einziger vermag vor der Unermeßlichkeit den Frieden zu geben, Frieden aus der Allgewalt in Ewigkeit: Jener auf dem Throne, der diese Allgewalt und Ewigkeit inne hat; vor dem Dreieinen und Seiner Verheißung: «Meinen Frieden gebe Ich euch.»

Kommt und geht unser Kosmos nach einem «ewigen Naturgesetz»? Existiert ein solches Gesetz fraglos jenseits aller Räume und Zeiten; als Sein neben Gott; wie Gott selbst? Müssen andere Kosmen nach eben diesem gleichen Gesetz entstehen und vergehen?

Von diesem Gesetz — dem Götzen der Gottlosen — gilt wahrhaftig: «Das Gesetz aber führt zur Verurteilung.»

Ist die Nichtigung aller Räume, Zeiten und Massen eines Kosmos vor Gott, ist die Nichtigung jeder Begrenzung der Zahl der Kosmen vor Gott, ist diese die Allmacht und Ewigkeit gleichsam begründende Nichtigung, ein absolutes Gesetz neben Gott? Solche Gedanken wären wahnsinniger, schrecklicher Irrtum: Das Wort des souveränen Gesetzgebers ist eine Drei-Einheit mit dem Sein und dem Nichts. Dies sind die drei Wesen Gottes; drei in einem. Diese Dreieinheit ist bei Gott; sie IST Gott. Und dieses *Ist* Gottes ist jenseits allen Seins, ist Gott selbst: ein *Ist* völlig anderen Wesens und unermeßlich höheren Ranges als alles sonstige Sein, als alles geschaffene Sein. Kein geschaffenes Sein kann sich selbst einholen. Gott ist der Alleine und Einzige, der sich selbst einholt.

Im Nichts sind auch alle Gesetze nichtig. Nichts beschränkt die Allmacht, jedem Kosmos sein eigenes Gesetz zu geben. Gott selbst ist das Gesetz. Gott in Seiner unbegrenzten Freiheit. So schuf Gott diesen Kosmos im Wort des souveränen und personalen Gesetzgebers:

Joh 1, 1-3: «Im Anfang war das Wort, Und das Wort war bei Gott, Und das Wort war Gott. Dies war im Anfang bei Gott. Durch dies ist alles geworden. Und ohne es ward nichts von allem, was geworden ist.»

Dann folgt etwas Wunderbares, das allein Frieden und Erlösung bringt: Joh 1, 14: «Und dieses Wort ist Mensch geworden und hat unter uns gewohnt. Und wir haben geschaut Seine Herrlichkeit: die Herrlichkeit des Eingeborenen vom Vater, voll der Gnade und Weisheit.»

So konnte Jesus Christus tatsächlich sagen: «Himmel und Erde werden vergehen, Meine Worte aber werden nicht vergehen.»

Warum muß dieser Erlöser Gott Selbst sein, aber zugleich als Mensch kommen, «in allem uns gleich, außer der Sünde» (dh ohne «Getrenntsein» von Gott)? Niemand und nichts vermag sich selbst aus der Tiefe des Potentials seines Daseins herauszuheben; aus jener Tiefe, die seine Existenz selbst *ist*. Nur jener Souverän selbst kann diese überexistentielle «Heimführung aus der Gefangenschaft» vollbringen: in der Vereinigung des Menschen mit Sich Selbst, indem Er uns in unserer eigenen Natur begegnet und «in die Höhe des Himmels» heimholt; in jene überkosmische Höhe, in der alle Grenzen nichtig sind: jenseits aller Räume und Zeiten der unendlich vielen Kosmen; in ewigem Frieden.

Und durch alle Räume und Zeiten hallt die Frohbotschaft der Erlösung durch den Gott-Sohn in der Allmacht des Geistes und der Ewigkeit des Vaters. Unfaßbar, nur in der göttlichen Gnade des Glaubens, der Hoffnung und der Liebe offenbar: In Gott selbst — unserem ewigen Vater, im allmächtigen Geist, durch den Sohn — ist unsere wahre Heimat.

In der Allmacht des Herrn über das Sein und das Nichts, des Herrn des Gerichtes, wird Null und Unendlich eines. Nichtigkeit und Unendlichkeit begegnen sich jenseits aller Räume und Zeiten aller Welten; in der Ewigkeit des «Ich Bin, der Ich bin»: JAHWEH.

1. Wie das Sein, hat auch die Physik drei komplementäre Komponenten: die Aktualität der Wechselwirkungen wird von der Quantenphysik, die Essentialität der Größenverhältnisse wird von der Relativitätsphysik, die Existenz der Elementar- und Weltgrößen wird von der Existenzphysik — einer Physik des Daseins – erfaßt.

2. Die Existenzphysik zeigt Elementarteilchen und Weltall als strukturelle Einheit. Sie verbindet Quanten- und Relativitätsphysik und trifft aus deren Möglichkeiten eine eindeutige Auswahl. Es verschwinden die freien Parameter. Es bleibt *eine* Mikro-Makro-Struktur.

3. Dies ist Einheit des Wesens in Vielfalt der Formen. Die Mannigfaltigkeit wird durch komplementäre Offenheiten möglich: zur quantenphysikalischen Unbestimmtheitsrelation und zur relativistischen Systemwahlfreiheit tritt eine existentielle Mehrschichtigkeit in verschiedenen, seinsgestaltenden Aspekten.

4. Der Mikro- wie Makrokosmos ist beherrscht vom Wirkungsquantum h und der Invarianzgeschwindigkeit c. Die Wirkungsdichten eines mit c expandierenden Weltraumes bestimmen die kosmische Entwicklung. Wirkungsdichten und Expansion sind im Nukleon begründet.

5. Mit der Elementarmasse m (statische Proton-Masse) gibt es eine Elementarlänge $\lambda = h/mc$. Diese ist zugleich der Radius von Proton, Elektron und Pion. Dazu gibt es eine Elementardauer $\tau = \lambda/c$. Das Weltall hat ein Alter von Z (Zeitzahl; heute $14 \cdot 10^{40}$) Elementardauern. Jedes Nukleon hat in seinem Feld Z Wirkungsquanten und Z Perioden.

6. Die Grundstrukturen des Mikro- wie Makrokosmos sind mit λ und τ gequantelt. Relativistisch variante «Elementargrößen» sind keine «Kleinstgrößen». Dies sind überhaupt wesenhaft verschiedene Begriffe.

7. Die Elementarmasse m (dh ein jedes Nukleon) erschließt mit jeder weiteren Elementardauer τ der Alterung ein neues Wirkungsquantum h. Diese Wirkungsquanten ordnen sich umeinander in λ-starken Kugelschalen, konzentrisch zum Teilchen: jede λ-Schale mit $1\,h$ Wirkung.

8. Diese Wirkungsquanten «lagern» sich nicht nur mit der Zeit im Raum, sondern diese Wirkung *ist* überhaupt die Raumzeit des Nukleons. Die Gesamtwirkung aller Nukleonen des Weltalls *ist* die Welt-Raumzeit. In der mit τ fortlaufenden Wirkungserschließung ist diese λ-Schalenvermehrung wesenhaft identisch der «Expansion» des Nukleonraumes und damit des Weltraumes; eine Expansion identisch c.

9. Diese periodische Wirkungserschließung ist die Materiewelle und das Feld des Teilchens. Expansion, Wirkungserschließung, Materiewelle und Feld sind verschiedene Aspekte derselben Wesenheit.

10. In Alterung und Expansion ist das Weltall vollkommen raum-zeit-einheitlich. Die Kugelschalen eines Nukleons altern nicht. Je weiter eine Schale schon entfernt ist, um so früher wurde sie erschlossen — und dieser frühe Moment ist ihr unverändert eigen.

11. Die zuerst erschlossene Schale ist zugleich die weitest entfernte: Am «Ursprung» des Kosmos, zeitlich das volle Weltalter T zurück; und am «Rand» des Kosmos, räumlich die volle Welttiefe R entfernt. Die im Nukleon begründete Expansion des Weltalls ist wesenhaft ungebremst. Die Galaxen-Anziehung bremst nicht: wegen der kosmischen Null-Ergänzung der positiven Massen- und negativen Potentialenergie.

12. Das Weltall ist endlich und begrenzt: in Unerreichbarkeit seiner Grenzen. Trotz aller relativen Potentialunterschiede ist das absolute existentielle Potential — unter dem Nullpotential — immer konstant $-c^2$. Keine Energie kann eine Masse auf das Nullpotential heben. Keine Geschwindigkeit läßt den Rand erreichen.

13. Das Weltalter T im wesenhaft ungebremsten Kosmos ist genau reziprok der Hubble-Konstanten. Die Tiefe R des Weltalls ist $T \cdot c$. Zur Zeit ist etwa $T = 14 \cdot 10^{40} \tau$, das sind 20 milliarden Jahre; R ist demgemäß 20 milliarden Lichtjahre. Dies bestätigt sich mit den astronomischen Fakten: Parabolische oder gar elliptische Expansion würde die Singularität weniger weit zurück extrapolieren (12 milliarden Jahre), als das für Kugelhaufen-Sterne bestimmte Alter (15 milliarden Jahre).

14. Jedes Wirkungsquantum pro seinem Raum·Zeit-Abstand gibt eine «Wirkungsintensität». Der Summenwert aus dem Feld eines Teilchens ergibt die Feldkonstante φ; mit dem halbquantigen Spin der Fermionen: $\varphi = {}_1\Sigma(n+\frac{1}{2})^{-2} = \frac{1}{2}\pi^2 - 4$. Der Summenwert aus dem ganzen Weltraum ergibt die Existenzvariable Y; mit der effektiven Weltmasse M und dem Weltradius R gilt: $Y = M\lambda/mR$; $Y' = Mc^2/R$.

15. Die Feldkonstante φ ergibt sich aufgrund der λ-Quantelung: ebenso aus der von der Elementarmasse m erzeugten, mit c expandierenden Raumzeit; wie aus dem von der Elementarladung e erzeugten, mit c sich ausbreitendem, elektrostatischen Kugelfeld. Die Feldkonstante φ, die Feinstrukturkonstante α und die Kreiskonstante π beherrschen die gesamte Elementarteilchenphysik.

16. Die Elektron-Masse ist (von der kleinen Magnetfeldmasse abgesehen) genau die Verkörperung der elektrostatischen Hohlkugel-Energie der Elementarladung e. Der reale Elektron-Radius ist gleich der Elementarlänge λ : Elektron-Radius $\langle \varphi e^2/2m_{es}c^2 \rangle$.

17. Es ist die statische Protonmasse $m_{ps} = m$ (Elementarmasse); die statische Elektronmasse $m_{es} = m \cdot \varphi \alpha / 4\pi$; die Pionmasse $m_\pi = m \cdot \varphi / 2\pi$. Die totale Protonmasse $m_p = m + m_{pm}$ bzw Elektronmasse $m_e = m_{es} + m_{em}$ ist um die Magnetfeldmasse m_{pm} (0,1‰) bzw m_{em} (3,4‰) größer. Feinkorrekturen ergeben Verhältnisse innerhalb der Meßgenauigkeit.

18. Eine mit c kreisende Elementarladung e induziert einen Elementar-Magnetfluß $\varphi \alpha h/e$. Auf λ-Radius ergibt sich damit eine Elektronmasse m_{es}. Mit deren Compton-Länge als Umfang ergibt sich damit die Elektron-Magnetfeldmasse m_{em}. Mit dem Proton-Magnetmoment auf λ-Radius ergibt sich damit die Proton-Magnetfeldmasse m_{pm}.

19. Die drei Grund-Elementarteilchen sind: das Proton, als leichtestes und einzig stabiles Baryon; das Elektron, als leichtestes und einzig stabiles Lepton; das Pion als leichtestes Meson. Ihre Grund-Terme — auch der Supraleit- und Kernbindungsterm, die schwache und starke Wechselwirkung — werden von einer Grundformel als Gruppe erfaßt.

20. Sie existieren vertauscht in drei Grund-Eigenheiten; mit verschiedenen Masseanteilen an der Welt-Materialität: erstrangig Masse mit Schwerefeld (999,4‰); zweitrangig Ladung mit elektrischem Feld (0,5‰); drittrangig Spin und Kernfeld bzw Magnetfeld (0,1‰).

21. Das Proton ist als Elementarmasse m fundamental existent; Ladung und Spin kommen komplementär hinzu. Die Elementarmasse m ist nicht die Verkörperung einer eigenen Feldenergie des Protons, sondern strukturgebendes Element des Weltalls. Die Ladungsergänzung zur Protonladung e^+ — als Ladungsloch e^- — ist das Elektron.

22. Das Elektron ist als Elementarladung e fundamental existent; Masse und Spin kommen komplementär hinzu. Die Elektronmasse ist die Verkörperung der elektrischen Feldenergie des Kugelfeldes, das strukturell gleich dem raumzeitlichen Feld der Elementarmasse ist.

23. Das Pion ist als geschlossenes Spin-Feld fundamental existent; Masse und Ladung kommen komplementär hinzu. Es *hat* nicht Drehimpuls und Magnetmoment; es *ist* Umlauf. Die Pionmasse ist die Verkörperung der Energie des geschlossenen, materiellen Feldes: Träger der Kern-Bindungsenergie, die sich daraus zu 9 *MeV*/Nukleon errechnet.

24. Die Elementar-Ladung e und die Elementar-Masse m besitzen je ein über den gesamten Weltraum erstrecktes, radial-offenes, λ-periodisches Feld. Die individuelle Wirkung dieses Feldes gibt die Ladungskraft (Coulomb-Kraft); die kollektive Wirkung gibt die Schwerkraft. Zwischen Proton (e^+ ; m) und Elektron (e^- ; m_{es}) ist die Ladungskraft K_{e1} ebenso protortional λ/e (Elementarlänge/Elementarladung), wie die Schwerkraft K_{g1} proportional R/M (Weltradius/Weltmasse):

$$K_{e1} = 2 \cdot (e/\varphi)(\lambda/e) \cdot m_{es} c^2/r^2 \quad ; \qquad K_{g1} = 2 \cdot (m/1)(R/M) \cdot m_{es} c^2/r^2 \quad .$$

25. Die individuell-mikrophysikalisch auf das Teilchen orientierte Ladungskraft ist ebenso reziprok der Partikel-Wirkungsintensitätszahl φ, wie die kollektiv-makrophysikalisch auf das Weltall orientierte Schwerkraft reziprok der Welt-Wirkungsintensitätszahl Y :

$$K_{e1} = (2/\varphi) \cdot \lambda \cdot m_{es} c^2/r^2 \quad ; \qquad K_{g1} = (2/Y) \cdot \lambda \cdot m_{es} c^2/r^2 \quad .$$

26. Den Makrokosmos beherrscht die Existenzvariable $Y = Z \cdot \eta_{eff}$. Diese ist mit der Zeitzahl Z und der effektiven Wirkungsdichte η zeitlich variabel. Sie ist räumlich konstant; aber nahe von Massen aufgespalten in einen verdünnten kosmischen und einen zusätzlichen stellaren Anteil.

27. Der Gravitationsfaktor G ist durch Y bzw durch Y' bestimmt: $G = (2/Y) \cdot hc/m^2 = 2c^4/Y'$. Die Gravitation ist, ebenso wie es die relativistische Raumkrümmung nahe von Massen ist, eine Folge des Wirkungsinhaltes des Weltraumes. Wie im Mikrokosmos, so sind auch im Makrokosmos die Wirkungen (Energie·Zeit-Produkte) bestimmend.

28. Alle Stellen des Alls sind im Präsenzraum retardiert präsent. Dieser «wirkliche» Weltraum hat die c-expandierende Tiefe $R = cT$. Der an jeder Stelle auf gleiches Eigenalter T bezogene Absolutraum ist positiv geschlossen. Infolge der λ-Quantelung des Rand-Abstandes hat er das endliche Volumen $(R \cdot ln Z_i)^2 \cdot 16/\pi$ und eine endliche Masse: bei der Inhomogenisierung $T_i = Z_i \tau$ das Maximum von 10^{60} Gramm.

29. Das Pulsations-Modell oder das Steadystate-Modell wäre raumzeitlich uneinheitlich und hätte mit seiner unbegrenzten Zeit einen unbegrenzt großen Wirkungsinhalt. Ein Bigbang-Modell mit einer Singularität großer Masse erklärt nicht deren Herkunft und hätte einen irrealen Wirkungsinhalt. Demgegenüber führt die Anknüpfung an ältere Vorstellungen (Eddington, Dirac) zum realen Modell:

30. Die Gesamtenergie des Weltalls — die Summe aus positiver Massenenergie und negativer Potentialenergie — ist immer gleich Null. Die Galaxien haben nur mit der Peculiarbewegung kinetische Energie.

31. Der Satz der Energieerhaltung ist streng gültig: absolut kosmisch in dem Sinne, daß die Gesamtenergie zu allen Zeiten gleich null ist; relational für jeden beliebigen Beobachter im Sinne des ersten Hauptsatzes. Die elektrische Ladung des Weltalls ist insgesamt immer null.

32. Anfänglich entsteht die Materie, endlich vergeht sie wieder: unter unsymmetrischer Teilung des Nichts in positive und negative Energien: ohne Antimaterie; nur mit Materie, nur mit Expansion und Alterung.

Die homogene Entstehungsphase

33. Im Ursprung existierte 1 Nukleon zu einer Weltzeit von $1\,\tau$, in einem Weltraum mit der Tiefe $1\,\lambda$. Alle Größen hatten den Zahlenwert 1. Die Schwerkraft war gleich der Ladungskraft. $Y = 1$.

34. Die Materie entstand in vollkommener Homogenität; quadratisch mit der Weltzeit in einem kollektiven Feld mit genau $1\,h$ pro Elementar-Volumen; in völliger Vertauschbarkeit: als absolut kalte Neutronen, die in heißes, reines Wasserstoffplasma zerfielen.

35. Die Schwerkraft nahm reziprok dem Weltalter ab, während die Ladungskraft konstant blieb. Das kosmische Potential war immer $-c^2$.

36. Die Stoßzeiten zwischen den Teilchen waren länger als ein Weltalter; keinerlei Kernfusionen. Der Weltraum war völlig dunkel. Die Nukleonenentstehung endete durch Inhomogenisierung; bei $Y = 3 \cdot 10^{39}$.

37. Die Inhomogenisierung wurde erst möglich, als die Neutronenzahl relativ zur Protonenzahl zu klein wurde, um deren statistische Schwankungen auszugleichen. Aus der Neutronen-Lebensdauer berechnet sich diese Zeit zu rund 1 Jahrmilliarde; recht genau übereinstimmend mit der Berechnung aus dem heutigen Gravitationsfaktor G_0.

38. Am Ende der Homogenphase war die größte Nukleonenzahl im Weltall gegeben, als homogenes Gas (absolut 10^{85} Protonen und Elektronen; 10 Paare pro Liter), das sich nun in Wolken zu ballen begann.

Die inhomogene Gestaltungsphase

39. Die Inhomogenisierung wurde durch wellenmechanische Entstehungssteuerung eingeleitet. Die Neutronen-Zerfallsenergie ergibt die Zahl der Ballungszentren: heute präsent zehnmilliarden Galaxien.

40. Die noch drehimpulsfreien Wolken kontrahierten. Die Energie der Elektronen-Bewegung und des Ballungs-Potentials verstrahlte langwellig: qualitativ und quantitativ die Hintergrundstrahlung. Mit der weiteren Verdichtung begannen die Ballungen intensiv zu leuchten.

41. Es bildeten sich die Quasare als Proto-Galaxien. Der Lichtdruck der Quasare schob intergalaktische Gasmassen zu Wolken zusammen, welche die Kugelhaufen der späteren Halo bildeten.

42. In übergigantischen Explosionen, durch Totalverstrahlung großer Massen im existenz-entarteten Zentrum, wurden riesige Teilwolken abgestoßen. Deren Wechselwirkung mit dem Raum-Plasma verursachte Radiostrahlung und Drehimpulse der Massen der späteren Galaxien.

43. Ausgestoßene Gasstrahlen gestalteten sich in den rotierenden Galaxien zu Spiralarmen, in denen sich die Materie zu Sternen ballte. Von der jetzigen Materie sind noch $^1/_{10}$ als Gas, schon $^9/_{10}$ als Sterne: präsent sind 10^{21} Sterne in 10^{10} Galaxien; absolut 10^{27} Sterne in 10^{16} Galaxien.

44. Die kernatomare Verbrennung von Wasserstoff zu Helium bestimmte die Leuchtkraft und Lebensdauer der Sterne. Die ehemalige Welt-Materie ist durch Verstrahlung bis jetzt auf $^1/_8$ abgefallen; die totale Weltmasse — verrotende Strahlung und restliche Materie — auf $^1/_2$.

Die entartete Vergehungsphase

45. Ein ausgebrannter Stern fällt zum Neutronenstern zusammen. Im nukleonendichten Endzustand wird der Stern selbst unsichtbar: ein unechtes «Schwarzes Loch», das fortlaufend Materie ansaugt.

46. Erreicht ein Stern die Größen einer Grenzballung, so pressen seine Neutronen im Mittelpunkt gegen das quasi-unendliche, nicht erreichbare Grenzpotential, das $-c^2$ unter jedem endlichen Bezugspunkt liegt. Es gibt kein Jenseits dieser Existenzgrenze. Es gibt kein echtes Schwarzes Loch, kein Innerhalb eines Schwarzschildradius.

47. An der Existenzgrenze wird die Defektmassen-Funktion fallend. Dies ergibt eine existentielle Instabilität. Damit setzt eine sich selbst beschleunigende, existentielle Entartung ein, mit der die Materie total verstrahlt; fortgleitend oder kollapsartig.

48. Der anfänglich linear abgefallene, dann ein flaches Minimum durchlaufende Gravitationsfaktor G steigt jetzt ($Y = 2 \cdot 10^{39}$) wieder mit $3 \cdot 10^{-11}/\alpha$ an. Später wird er bis linear mit dem Weltalter T ansteigen.

49. Aufgrund des Anstieges des Gravitationsfaktors G erreichen immer kleinere Massen die Entkopplungs-Grenze, an der sie verstrahlen.

50. Nach und nach verstrahlt alle Materie. Die Energie der Strahlung nimmt reziprok mit der Weltzeit ab. Am Ende — in 10^{50} Jahren; bei $Y = 1$ — werden Raum und Zeit selbst wesenlos und nichtig: Das Weltall ist wieder ins Nichts versunken.

c	Invarianzgeschwindigkeit (Lichtgeschw.)		$299\,792\,458\ m/s$	$\pm 0{,}004\ ppm$
h	Wirkungsquantum (Elementar-Wirkung)		$6{,}626\,176 \cdot 10^{-34}\ J{\cdot}s$	$\pm 5{,}4\ ppm$
m	Elementarmasse (statische Proton-Masse)		$1{,}672\,447 \cdot 10^{-27}\ kg$	S. 236
m_{pm}	Proton-Magnetfeldmasse	$m \cdot (2/9) \cdot \varphi a/4\pi$	$0{,}000\,201 \cdot 10^{-27}\ kg$	S. 236
m_p	Proton-Masse, total	$m + m_{pm}$	$1{,}672\,648 \cdot 10^{-27}\ kg$	S. 236
		Meßwert	$1{,}672\,648 \cdot 10^{-27}\ kg$	$\pm 5{,}1\ ppm$
m_{es}	Elektron-Masse, statische	$m \cdot \varphi a/4\pi$	$9{,}078\,777 \cdot 10^{-31}\ kg$	S. 238
m_{em}	Elektron-Magnetfeldmasse	$m_{es} \cdot \varphi a/2$	$0{,}030\,966 \cdot 10^{-31}\ kg$	S. 238
m_e	Elektron-Masse, total	$m_{es} + m_{em}$	$9{,}109\,743 \cdot 10^{-31}\ kg$	S. 238
		Meßwert	$9{,}109\,535 \cdot 10^{-31}\ kg$	$\pm 5{,}1\ ppm$
m_π	Pion-Masse, geladen	$m \cdot \varphi/2\pi$	$2{,}488\,239 \cdot 10^{-28}\ kg$	S. 223
		Meßwert	$2{,}488\,033 \cdot 10^{-28}\ kg$	$\pm 5{,}8\ ppm$
$m_{\pi o}$	Pion-Masse, neutral	Meßwert	$2{,}405\,953 \cdot 10^{-28}\ kg$	$\pm 28\ ppm$
m_n	Neutron-Masse	Meßwert	$1{,}674\,954 \cdot 10^{-27}\ kg$	$\pm 5{,}5\ ppm$
τ_n	Neutron-Lebensdauer 917 s ;	Neutron-Zerfallsenergie	$0{,}78\ MeV = 1{,}25 \cdot 10^{-13}\ J$	
e	Elementarladung	$1{,}602\,1892 \cdot 10^{-19}\ A{\cdot}s$;	$\langle 1{,}518\,9185 \cdot 10^{-14}\ (J{\cdot}m)^{1/2} \rangle$	$\pm 2{,}9\ ppm$
ε	Dielektrizitätskonstante	$e^2/2\alpha hc \mathrel{\cdot}= \langle 1/4\pi \rangle$	$8{,}854\,188 \cdot 10^{-12}\ As/Vm$	S. 232
α	Feinstrukturkonstante	$e^2/2\varepsilon hc$; Meßwert	$1/137{,}036\,04$	$\pm 0{,}8\ ppm$
μ_p	Proton-Magnetmoment	Meßwert	$1{,}410\,617 \cdot 10^{-26}\ A{\cdot}m^2$	S. 233
μ_e	Elektron-Magnetmoment	Meßwert	$9{,}284\,832 \cdot 10^{-24}\ A{\cdot}m^2$	S. 238
μ_1	Elementar-Magnetmoment	$eh/2m$	$3{,}173\,909 \cdot 10^{-26}\ A{\cdot}m^2$	S. 233
Φ_1	Elementar-Magnetfluß	$\varphi a h/e$	$2{,}821\,201 \cdot 10^{-17}\ V{\cdot}s$	S. 235
τ	Elementardauer	h/mc^2	$4{,}408\,281 \cdot 10^{-24}\ s$	S. 147
λ	Elementarlänge	h/mc	$1{,}321\,569 \cdot 10^{-15}\ m$	S. 147
	[= realer Radius von Proton (S. 218), Pion (S. 223), Elektron (S. 243), Urkapazität/ε]			
V_1	Elementar-Volumen	$(4\pi/3) \cdot \lambda^3$	$0{,}966\,849 \cdot 10^{-44}\ m^3$	S. 148
ϱ_1	Elementar-Massendichte (Nukleon)	m/V_1	$1{,}729\,791 \cdot 10^{17}\ kg/m^3$	S. 148
η_1	Elementar-Wirkungsdichte	h/V_1	$0{,}685\,337 \cdot 10^{11}\ kg/ms$	S. 148
χ_1	Elementar-Wirkungsintensität	$h/\lambda\tau$	$1{,}137\,375 \cdot 10^5\ N$	S. 148
K_π	Kernkraft	$(\varphi/\pi) \cdot h/\lambda\tau$	$0{,}338\,434 \cdot 10^5\ N$	S. 227
η	Welt-Wirkungsdichtezahl ;	effektiv η_{eff0}	$0{,}014\,869$	S. 203
φ	Partikel-Wirkungsintens.zahl (Feldkonstante)		${}_1\Sigma (n+\tfrac{1}{2})^{-2} = 0{,}934\,802\,200$	S. 219
Y	Welt-Wirkungsintens.zahl (Existenzvariable)	$Z\eta_{eff}$;	$Y_0 = 0{,}21289 \cdot 10^{40}$	S. 203
G_e	Elektrostat. Grundk. $(m_{es}/m)(2/\varphi) \cdot hc/e^2 = 1/4\pi\varepsilon$;		$2{,}307\,114 \cdot 10^{-28}\ N{\cdot}m^2/e^2$	S. 247
G	Gravitationsfaktor	$(2/Y)\,hc/m^2$;	$G_0 = 6{,}6720 \cdot 10^{-11}\ N{\cdot}m^2/kg^2$	S. 203

Z Zeitzahl (Welt-Parameter) T/τ, R/λ; $Z_0 = 143 \cdot 10^{39}$; $Z_i = 4{,}5 \cdot 10^{39}$; $T_i = 0{,}63 \cdot 10^9\ a$

T	Welt-Alter $Z \cdot \tau$;	$T_0 = 20$ milliarden Jahre	$= 6{,}3 \cdot 10^{17}\ s$	
R	Welt-Tiefe $Z \cdot \lambda$ (Weltradius) ;	$R_0 = 20$ milliarden Lichtjahre	$= 1{,}9 \cdot 10^{26}\ m$	
V_{abs}	Welt-Volumen $2 \cdot 10^6 \cdot R^3$;	abs. $V_0 = 16 \cdot 10^{36}$ Kubik-Lichtjahre	$= 1{,}4 \cdot 10^{85}\ m^3$	
M_{abs}	Welt-Masse, total (Neutrinos + Nukl.);	abs. M_0	$= 9 \cdot 10^{57}\ kg$	S. 200
$M_{abs\,r}$	Welt-Ruhemasse, materiell (Nukleonen);	abs. M_{r0}	$= 3 \cdot 10^{57}\ kg$	S. 200
ϱ	Welt-Massendichte, total (Neutrinos + Nukl.);	ϱ_0	$= 6 \cdot 10^{-28}\ kg/m^3$	S. 204
ϱ_r	Welt-Ruhemassendichte, materiell (Nukl.) ;	ϱ_{r0}	$= 2 \cdot 10^{-28}\ kg/m^3$	S. 204

Sonne: $1{,}98 \cdot 10^{30}\ kg$ Masse ; $1{,}18 \cdot 10^{57}$ Nukleonen ; $696\,000\ km$ Radius

$1\,a$ (sid. Jahr) = 365,256 Tage = $3{,}1558 \cdot 10^7\ s$ = $7{,}1588 \cdot 10^{30}\ \tau$

1 Lichtjahr = 0,3066 Parsec = $9{,}4608 \cdot 10^{15}\ m$ = $7{,}1588 \cdot 10^{30}\ \lambda$

$1\ J = 1\ kg{\cdot}m^2/s^2 = 1\ N{\cdot}m = 1\ Ws = 0{,}23900\ cal$; $\pi = 3{,}141\,592\,654$

$1\ N = 1\ kg{\cdot}m/s^2 = 1\ J/m = 0{,}10197\ kp$; $1\ eV$/Partikel $= 11604{,}5\ °K$

$1\ MeV = 1{,}602\,1892 \cdot 10^{-13}\ J$; $0\ °K = -273{,}15\ °C$; $k_b = 1{,}380\,662 \cdot 10^{-23}\ J/°K$

$1\ MeV/c^2 = 1{,}782\,6759 \cdot 10^{-30}\ kg$; Masseneinheit $C^{12}/12 = 931{,}5016\ MeV/c^2$

Meßwerte mit Standard Abweichung: Part. Data Group 1982. Heutige kosmische Werte mit Null-Index.